中国高等教育学会工程教育专业委员会新工科“十四五”规划教材



# 机械设计基础

朱　花　刘　静　主　编
林　玲　于双洋　王浦舟　邓华军　田青云　副主编
王英惠　夏福中　谢文涓　参　编

ZHEJIANG UNIVERSITY PRESS
浙江大学出版社
·杭州·

**图书在版编目(CIP)数据**

机械设计基础 / 朱花,刘静主编. — 杭州:浙江大学出版社,2022.8

ISBN 978-7-308-22394-2

Ⅰ.①机… Ⅱ.①朱… ②刘… Ⅲ.①机械设计—高等学校—教材 Ⅳ.①TH122

中国版本图书馆CIP数据核字(2022)第038798号

**内容简介**

本书是课堂教学改革的配套教材,是一本可面向机械类、近机类工科专业学生开设相关课程使用的普适性教材,内容包含齿轮传动、平面连杆机构、凸轮机构、轮系系统、带传动和链传动等系列常用机构,以及螺栓、螺钉、轴承、轴、联轴器和离合器等通用零件。教材最后,提供了往届学生竞赛获奖的部分作品,作为学习拓展资料。

教材基于"对分课堂"系列理念和心理学原理,从内容概要、个性化作业、拓展材料等多个维度激发学习热情,促进主动学习,师生可结合"对分课堂"的讲授、独学、讨论、对话等四个环环相扣、结构严整的流程构建一个全新的教学模式。

此外,本书也可作为工程技术类人员掌握常用机构与通用零件的参考书。

**机械设计基础**

JIXIE SHEJI JICHU

朱花　刘静　主编

**责任编辑**　吴昌雷
**责任校对**　王　波
**封面设计**　周　灵
**出版发行**　浙江大学出版社
(杭州市天目山路148号　邮政编码310007)
(网址:http://www.zjupress.com)
**排　　版**　杭州朝曦图文设计有限公司
**印　　刷**　杭州宏雅印刷有限公司
**开　　本**　787mm×1092mm　1/16
**印　　张**　17.5
**字　　数**　414千
**版 印 次**　2022年8月第1版　2022年8月第1次印刷
**书　　号**　ISBN 978-7-308-22394-2
**定　　价**　45.00元

# 前 言

本书是一本针对“对分课堂”教学模式编纂的教材。“对分课堂”是复旦大学张学新教授提出的一种新型教学模式，它采用教师讲授(presentation)、内化吸收(assimilation)、生生讨论(discussion)、师生对话(dialogue)四个环节。在形式上，总体把课堂时间一分为二，一半留给教师(讲授和解惑)，一半留给学生(内化和讨论)；实质上，它在讲授和讨论之间还引入一个心理学的内化环节，使学生对讲授内容吸收之后，有备而来地参与讨论。该模式既保留了中国传统教学模式，又吸收了国外研讨型课堂的精髓。

“对分课堂”教学模式，有助于培养学生的语言表达能力、人际交往能力及团队合作能力，能增进师生之间、生生之间的认识和理解，建立更为深厚的师生感情和生生感情。

对分课堂，具体又分为以下两大模式，教师们可根据章节内容及自身教学的习惯，进行选择。

**模式一：**当堂对分。首先，教师讲授，主要讲解框架和重难点内容。接下来让学生们进行独立学习，然后进入小组讨论，最终是教师答疑。我们可以看出，这种模式，在一次课上完整地实施了 4 个环节(讲授、独学、讨论、对话)。在当堂对分时，在一般独学的时候教师可以适当布置一些微作业，也就是相对简单的思考题或练习题，让学生结合思考和练习，进行内化吸收。

**模式二：**隔堂对分。我们以一个运行周期为例，教师在前一次课的第 2 节课讲授新知识，然后学生在课外进行消化吸收，到了第二次课的第 1 节课，先安排小组讨论，讨论时间通常不少于 15 分钟，最后是师生对话，即教师答疑。第 2 节课继续讲授新的内容，开始新的循环。

“对分课堂”有一项极具特色的反思性作业：“亮、考、帮”。“亮”，也称为“亮闪闪”，学生列出自己在学习过程中印象深刻的方面或者认为最大的收获。“考”，也称为“考考你”，学生针对自己掌握得还不错的内容，试着设计问题，考考组内的同伴，同时他要为这些问题准备好答案。学生设计问题的过程，促进了他们的进一步深度学习，甚至是创新性学习。“帮”，也称为“帮帮我”，学生可以把存在的问题记录下来，让组内的同学帮忙解答。学生准备“亮、考、帮”的过程，就是促进自己对相关知识点的梳理和进一步学习思考的过程。

**温馨提示：**

(1)对分课堂模式下，教师的讲授是一种精讲，也就是不要面面俱到地把所有的内容都讲透，要注意留有一些给学生自主探索和提升的空间。有的内容甚至可以考虑采取导读的方式，快速地介绍框架、重难点内容，以及知识点之间的联系，剩下的逐步引导学生补全。概念尽量用精炼、通俗易懂的语言告知学生即可。在传统教学过程中，通过举多个例子进行讲授的计算内容，可考虑先举一个例子，其他例子只告诉学生它们之间的区别，然后引导学生进一步思考和解决问题。

(2)对分课堂模式下，需重视科学合理的分组。通常小组内人数越少，学生的参与度越高。如果是小班教学，可以2人/组。大班教学控制在4～6人一组比较合适。同时，兼顾学生的学情（例如每4名同学一组，我们可采取ABBC模型建立小组，也就是每个组里由1名成绩相对优秀、2名成绩中等、1名基础较弱的同学组成），最好能兼顾组内学生的性格特点（内向、外向），以及性别（男女生尽量错开）。

(3)对分课堂模式下，提倡学生通过“亮、考、帮”和思维导图等方式的交流和参与，在对所学知识进行传达的过程中，既能够展现不同主体对知识掌握的个性化特点，又能促成生生之间彼此的互补和完善。

(4)为促进学生之间的相互学习，有时可以采取作业互评的方式。学生在互评中反思，进一步提升。通过观摩他人的作业，可以互相取长补短。互评主要分为3个等级（完成、态度认真与有新意创意），只要上交了有效的作业表示完成，就给3分（即合格），态度比较认真的给4分（即良好），如果作业有新意创意，则给5分（即满分）。

全书由江西理工大学朱花（负责全书统稿）、江西理工大学刘静（负责第4—6章及统稿）担任主编。赣南科技学院林玲（负责第12、13、15章初稿及动画视频）、江西理工大学于双洋（负责第7章初稿及动画视频）、江西应用技术职业学院王浦舟（负责第2、9、10章部分初稿）、赣州职业技术学院邓华军（负责第5、11、14章部分初稿）、南阳理工学院田青云（负责3、4、8章部分初稿）担任副主编，九江学院王英惠、江西理工大学夏福中、江西理工大学谢文涓参编。

本书受到以下资助与支持：朱花主持的中国高等教育学会2018年度高等教育科学研究“十三五”规划课题“移动互联＋对分课堂——新工科人才培养教学改革与实证研究”（课题编号：2018GCJYB19），朱花主持的江西省2018年度重点教改项目“基于移动互联的‘机械设计基础’对分课堂教学改革研究”（项目编号：JXJG-18-7-5），江西理工大学教材建设项目。

最后，感谢在本书的设计、写作过程中给予细心指导的复旦大学张学新教授，全程参与实践对分的所有师生，以及所有关心和关注课堂教育教学改革的人！

朱花

2022年5月1日

# 课程目标及重难点

## 一、课程目标

学生通过学习机械中常用机构和通用零件的工作原理、结构特点、基本的设计理论和计算方法，获得机械方面必要的知识，为学习其他有关课程及以后从事机械设计的工作奠定必要的基础，培养学生具备扎实的机械设计水平、良好的团队协作素养，以及优秀的创新实践能力。

## 二、课程重难点

### (一)课程重点

运动副及平面机构自由度计算；铰链四杆机构的基本型式和特性、曲柄存在条件、传动角、死点、极位夹角和行程速比系数的概念、平面四杆机构的设计；凸轮机构从动件的常用运动规律及图解法设计凸轮轮廓；齿廓啮合基本定律、直齿圆柱齿轮、斜齿圆柱齿轮、圆锥齿轮传动的正确啮合条件、基本参数和几何尺寸计算；定轴轮系、周转轮系、混合轮系的传动比计算；螺纹联接的基本类型、受力分析、主要参数、预紧、防松和强度计算；齿轮传动中轮齿的失效形式、受力分析、设计准则、强度计算；蜗杆传动的主要参数、失效形式、受力分析、强度计算；带传动的受力分析、应力分析、设计计算、弹性滑动和打滑；轴的结构设计、强度设计；滚动轴承的代号、失效形式、选择计算、组合设计。

### (二)课程难点

自由度计算中的虚约束；齿轮机构的正确啮合条件、重合度；混合轮系的传动比计算；螺纹联接的受力分析和强度计算；斜齿圆柱齿轮传动的受力分析和强度计算；带传动的受力分析和应力分析；按弯扭合成法验算轴的强度；角接触滚动轴承的寿命计算。

# 目 录

# 第一章　绪　论

在长期的生产实践中，人类为了减轻体力劳动和脑力劳动，改善劳动条件，提高劳动生产率，发明创造了各种各样的机械，例如汽车、洗衣机、电动机、机床等。机械行业虽然古老，但不会过时。从“神舟十号”宇宙飞船到“嫦娥四号”登月着陆器，从万吨游轮到纳米级医疗器械，都是机械行业的产物。

习近平总书记指出，制造业高质量发展是我国经济高质量发展的重中之重，随着信息化、工业化不断融合，以机器人技术为代表的智能产业蓬勃兴起，成为新时代科技创新的一个重要标志。

让我们来看看，什么是机械，机器与机构有什么不同，机械零件为什么有通用和专用的区分。

**学习目标：**

(1)能够正确描述本课程研究的对象、内容和任务。

(2)能够准确区分机器和机构的组成及相关概念。

## 一、理论要点

### (一)现代机械及其组成

随着科学技术的迅速发展，机械的种类日益纷繁复杂，功能和形式也各不相同，但都有一些共同的特征。

(1)动力部分。这是机械的动力来源，其作用是把其他形式的能量转变为机械能，以驱动机械运动，并对外(或对内)做功，如电动机、内燃机等。

(2)传动部分。这是将运动和动力传递给执行部分的中间环节，它可以改变运动速度，转换运动形式，以满足工作部分的各种要求，如减速器将高速转动变为低速转动，螺旋机构将旋转运动转换成直线运动。

(3)执行部分。这是直接完成机械预定功能的部分，也就是工作部分，如机床的主轴和刀架、起重机的吊钩、挖掘机的挖斗机构等。

(4)控制部分。这是用来控制机械的其他部分，使操作者能随时实现或停止各项功能，如机器的启动、运动速度和方向的改变、机器的停止和监测等，通常包括机械和电子控制系统等。

当然，并不是所有的机械系统都具有上述四个部分，有的只有动力部分和执行部分，如水泵、砂轮机等；而有些复杂的机械系统，除具有上述四个部分外，还有润滑、照明装置和框架支撑系统等。

## （二）机器与机构

机器是机械装置与装备整机的通用名称。根据工作类型的不同，一般可将机器分为动力机器、工作机器和信息机器三类。动力机器的功用是将某种能量变换为机械能，或者将机械能变换为其他形式的能量，例如内燃机、电动机、发电机等。工作机器的功用是完成有用的机械功或搬运物品，例如起重机、运输机、金属切削机床、各种食品机械等。信息机器的功用是完成信息的变换和传递，例如传真机、打印机、复印机、照相机等。

## （三）机构的组成

不同机器的功用不同，其构造、性能和用途也各不相同。

从制造角度来分析机器，可以把机器看成是由若干机械零件组成的。零件是指机器的制造单元。机械零件又分为通用零件和专用零件两大类：通用零件是指各种机器经常用到的零件，如螺栓、螺母、轴和齿轮等；专用零件是指只有某种机器才用到的零件，如内燃机曲轴、汽轮机叶片和机床主轴等。

从运动角度来分析机器，可以把机器看成是由若干构件组成的，构件是指机器的运动单元，构件可能是一个零件，也可能是若干个零件组成的刚性组合体。

从装配角度来分析机器，可以认为较复杂的机器是由若干部件组成的。部件是指机器的装配单元，例如车床就是由主轴箱、进给箱、溜板箱及尾架等部件组成的。

机构与机器的区别在于：机构只是一个构件系统，而机器除构件系统之外还包含电气、液压等其他装置；机构的主要职能是传递运动和动力，而机器的主要职能除传递运动和动力外，还能转换机械能或完成有用的机械功。

机构是多个具有确定相对运动的构件的组合体，它在机器中起到改变运动规律或形式、改变速度大小和方向的作用。尽管机构也有许多不同种类，其用途也各有不同，但它们都有与机器的前两个特征相同的特征。由上述分析可知，机构是机器的重要组成部分，用以实现机器的动作要求。一台机器可能只包含有一个机构，也可由若干个机构所组成。

从结构和运动角度来看，机器和机构没有什么区别。因此，为了叙述方便，通常用“机械”一词作为“机器”和“机构”的总称。

## （四）本课程研究的内容、性质和任务

**1. 本课程研究的内容**

（1）机械设计基础知识。主要介绍机械设计的基本要求及一般设计程序；零件的主要失效形式和工作能力；零件的设计准则和一般设计步骤；机械设计中常用材料及其选择原则。

（2）常用机构及机械传动。介绍平面机构的自由度；平面连杆机构；凸轮机构；齿轮传动；轮系设计；带与链传动。

（3）通用机械零部件。介绍螺纹连接；键连接和销连接；滚动轴承；联轴器；轴。

（4）机械创新设计。

**2. 本课程的性质和任务**

（1）掌握常用机构的工作原理、运动特性和机械动力学等基本知识，初步具备分析、设计基本机构和确定机构运动方案的能力。

(2)了解机械设计的基本要求、基本内容和一般设计过程,掌握通用零部件的工作原理、结构特点、材料选用、设计计算的基本知识,并初步具有设计简单机械与常用机械装置的能力。

(3)掌握运用标准、规范、手册、图册等相关技术资料的能力。

(4)初步具有正确使用、维护一般机械和分析、处理常见机械故障的能力。

## 二、案例解读

图 1-1 所示的焊接机器人是典型的现代机器,它的执行部分是操作机 4,该部分可以实现六个独立的回转运动,完成焊接操作。驱动部分按动力源的不同可分为电动、液动或气动,其驱动机为电动机、液压马达、液压缸、汽缸及气马达。传动部分可以是齿轮传动、谐波传动、带传动或链传动等,也可以将上述驱动机直接与执行系统相连。控制部分是控制装置 2,它由计算机硬件、软件和一个专用电路组成。焊接机器人由计算机协调控制操作机的运动,用于完成各种焊接工作。

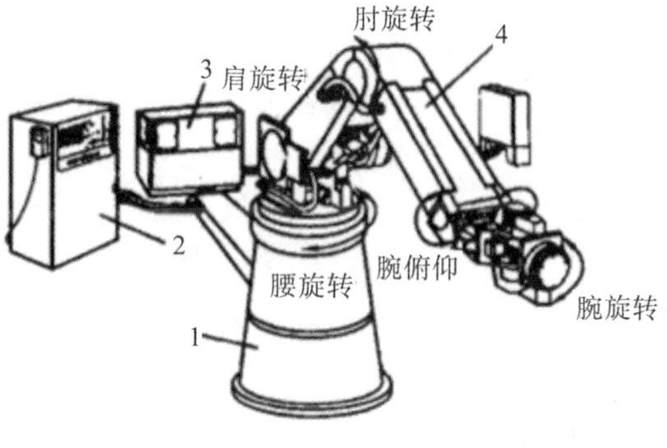


图 1-1 焊接机器人

1-机座;2-控制装置;3-电源装置;4-操作机。

以汽车为例,如图 1-2 所示,发动机(汽油机或柴油机)是汽车的动力部分;变速箱、传动轴、差速器和离合器组成传动部分;车轮、悬挂系统及底盘是执行部分;转向盘和转向系统、挂挡杆、刹车及其踏板、离合器踏板及油门组成控制部分;速度表、里程表、油量表、润滑油温度表和电压表等组成显示系统;前后灯及仪表盘等组成照明系统;转向信号灯及车位红灯组成信号系统;后视镜、刮雨器、车门锁和安全装置等为其他辅助装置;车架为框架支撑系统。

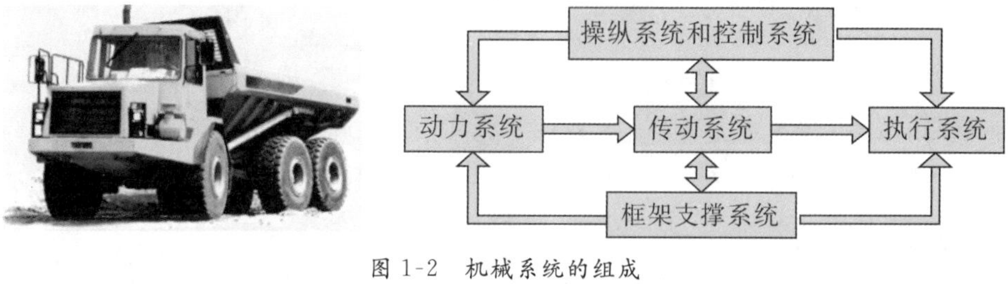


图 1-2 机械系统的组成

图 1-3 所示为单缸四冲程内燃机。工作开始时,排气阀 4 关闭,进气阀 3 打开,燃气由进气管通过进气阀 3 被下行的活塞 2 吸入汽缸体 1 的汽缸内,然后进气阀 3 关闭,活塞 2 上行压缩燃气,点火后燃气在汽缸中燃烧、膨胀产生压力,从而推动活塞下行,并通过连杆

7使曲柄8转动,这样就把燃气的热能变换为曲柄转动的机械能。当活塞2再次上行时,排气阀4打开,燃烧后的废气通过排气阀4由排气管排出。曲轴8上的齿轮10带动两个齿轮9,从而带动两根凸轮轴转动,两个凸轮轴再推动两个推杆5,使它按预定的规律打开或关闭排气阀4和进气阀3。以上各机件协同配合、循环动作,便可使内燃机连续工作。

组成内燃机的机构有:

(1)曲柄滑块机构。由活塞2、连杆7、曲轴8和汽缸体1组成,把活塞的上下移动变换为曲轴的连续转动,实现了运动方式的变换。

(2)齿轮机构。由齿轮9、齿轮10和汽缸体1组成,把曲轴的转动传递给了凸轮,两个齿轮的齿数比为1∶2,使曲轴转两周时,进气阀、排气阀各启闭一次,实现了运动的传递。

(3)凸轮机构。由凸轮6、进(排)气阀推杆5及汽缸体1组成,把凸轮轴的转动变换成了推杆的上下移动,实现了运动方式的变换。

虽然机器的种类很多,但其都具有三个共同的基本特征:机器都是由一系列构件(也称运动单元体)组成;组成机器的各构件之间都具有确定的相对运动;机器均能转换机械能或完成有用的机械功。

图1-4所示为内燃机的连杆总成,是由连杆体1、连杆螺栓2、螺母3和连杆头4等零件组成的构件。组成连杆的各零件与零件之间没有相对的运动,成为平面运动的刚性组合体。

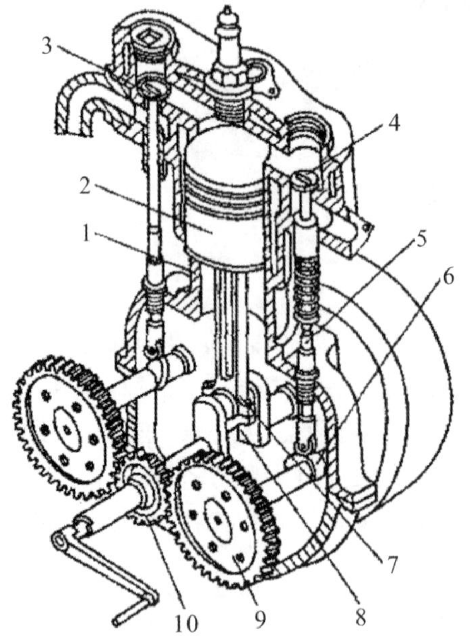


图1-3 单缸内燃机

1-汽缸体;2-活塞;3-进气阀;4-排气阀;5-推杆;6-凸轮;7-连杆;8-曲柄;9-大齿轮;10-小齿轮。

内燃机

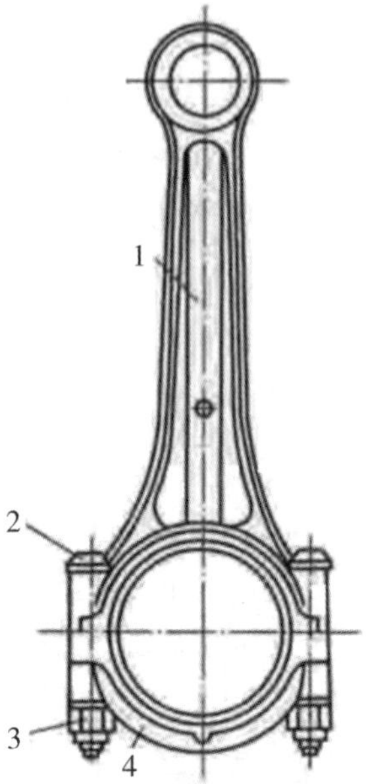


图1-4 内燃机的连杆组成

1-连杆体;2-连杆螺栓;3-螺母;4-连杆头。

## 三、学习任务

1. 对教师讲过的案例进行分析。
2. 任意选取1～2个机器的案例,结合本章所学知识进行分析。
3. 请写出学习本章内容过程中形成的"亮、考、帮"。

# 第二章　机械设计基础知识

机械设计是机械工程中的重要组成部分，是机械生产的第一步，是决定机械性能的最主要因素。机械设计的主要目标是：在各种限定的条件（如材料、加工能力、理论知识和计算手段等）下设计出最好的机械，即做出优化设计。

让我们来看看，机械设计需要注意些什么，要遵循什么准则，一般的设计步骤是什么。

**学习目标：**

（1）能够结合具体案例，正确阐述机械设计的一般程序。

（2）能够结合具体案例，准确描述零件的失效形式及其原因。

（3）能够结合具体案例，进行零件的选材设计。

## 第一节　机械设计的基本要求和一般程序

### 一、理论要点

#### （一）机械零件设计的基本要求

机械零件设计应满足的基本要求可以总结为零件工作可靠并且成本低廉，也就是"物美"和"价廉"。

**1. 物美：工作能力要求**

零件的工作能力是指零件在一定的工作条件下抵抗可能出现的失效的能力，对载荷而言称为承载能力。失效是指零件由于某些原因不能正常工作。只有每个零件都能可靠地工作，才能保证机器的正常运行。

**2. 价廉：经济性要求**

机械零件设计还必须坚持经济观点，力求综合经济效益高。为此要注意以下几点：一是要合理选择材料，降低材料费用；二是要保证良好的工艺性，减少制造费用；三是要尽量采用标准化、通用化设计，简化设计过程，从而降低成本。

#### （二）机械设计的基本要求

机械设计的基本要求是：在完成规定功能的前提下，性能好、效率高、成本低；在规定使用期间内安全可靠、操作方便、维护简单和造型美观等。一般可以细化为以下要求：

**1. 实现预定功能**

功能要求是对机械产品的首要要求，也就是机械产品的设计必须满足用户对所需要的功能的要求，这是机械设计最根本的出发点。

**2. 满足可靠性要求**

机械产品在规定的使用条件下，在规定的时间内，应具有完成规定功能的能力。安全可靠是机械产品的必备条件。机械系统的零件越多，可靠性也就越低，因此在设计机器时应尽量减少零件数目。但就目前而言，对机械设计的可靠性难以提出统一的考核指标。

**3. 满足经济性要求**

经济性要求是指所设计的机械产品在设计、制造方面周期短、成本低；在使用方面效率高、能耗少、生产率高、维护与管理的费用少等。

**4. 操作方便、工作安全**

机械系统越简便可靠，越有利于减轻操作人员的劳动强度；机械系统还要有保险装置以消除由于误操作而引起的危险，避免人身伤害及设备事故的发生。另外，机械产品还应具有宜人的外形和色彩，符合国家环境保护和劳动法规的要求。

**5. 其他特殊要求**

有些机械产品由于工作环境和要求不同，对设计提出了某些特殊要求。例如对航空飞行器有质量小、飞行阻力小和运载能力大的要求；流动使用的机械(如塔式起重机、钻探机等)要便于安装、拆卸和运输；对机床有长期保持高精度的要求；对食品、印刷、纺织、造纸机械等应有保持清洁、不得污染产品的要求等。

### (三)机械设计的一般程序

机械设计的程序并不完全固定，一般可以总结为以下几个阶段。

**1. 计划阶段**

计划阶段应对所设计机械的需求情况做充分的调查研究和信息分析，并确定机器所应具有的功能和用途，然后从环境、经济、加工以及时限等各方面提出约束条件，在此基础上写出设计任务的要求以及细节，最后形成设计任务书，作为本次阶段的总结。如图 2-1 所示。

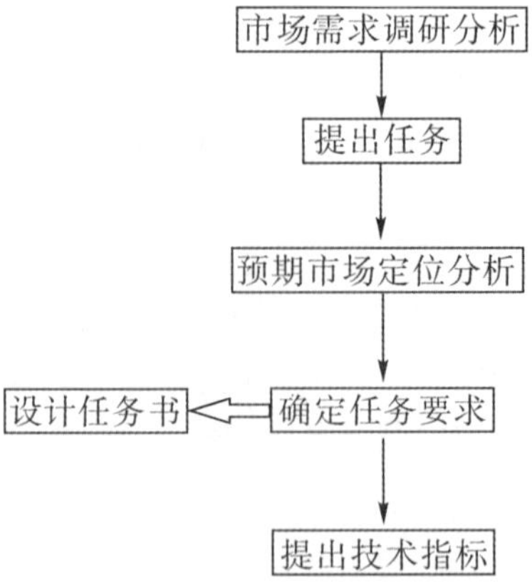


图 2-1　计划阶段流程图

**2. 方案设计阶段**

在满足上一阶段设计要求的前提下，由设计人员构思出多种可行方案并进行分析比较，从中优选出一个或几个方案，对设备的功能、用材、原理等提出可能的解决方案并反复确认，最终确认一个最优的方案。确定方案时，需要提供原理图、机械结构图或机构运动简图。如图 2-2 所示。

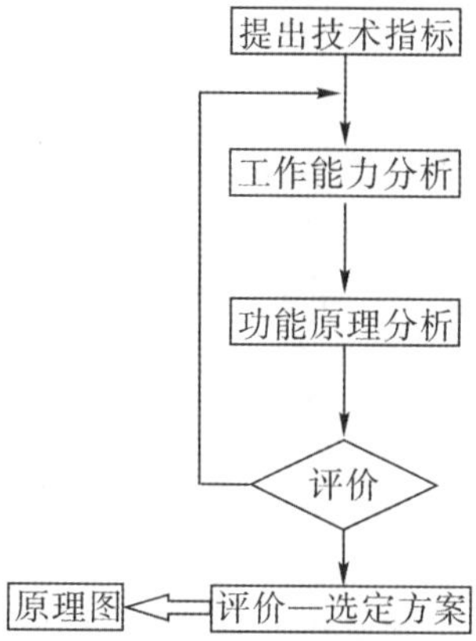


图 2-2　方案设计阶段流程图

**3. 技术设计阶段**

这一阶段的目标是产生总装配草图及部件装配草图，通过草图设计确定出各部件及其零件的外形及基本尺寸，包括各部件之间的连接、零部件的外形及基本尺寸。最后绘制零件的工作图、部件装配图和总装图。为了确定主要零件的基本尺寸，需要完成机械的运动学设计、动力学计算、零件的工作能力设计、部件装配草图及总装配草图的设计、主要零件的校核等。如图 2-3 所示。

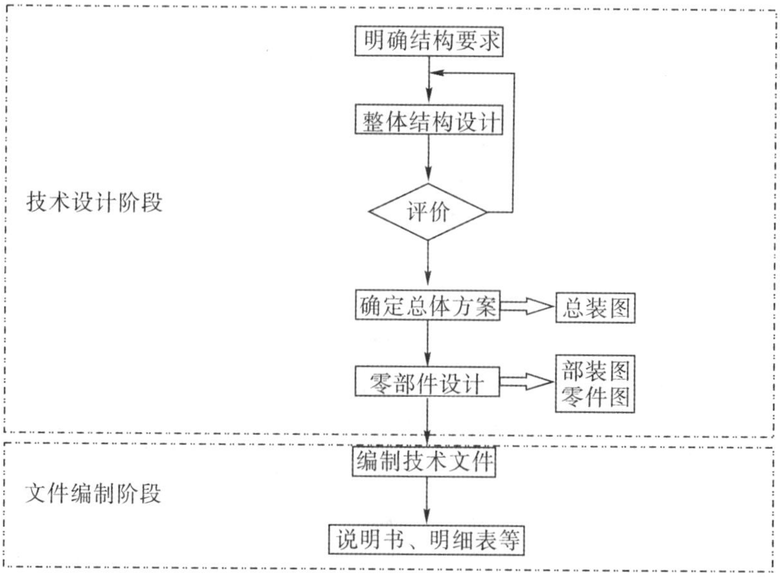


图 2-3　技术设计阶段及文件汇编阶段流程图

**4. 文件编制阶段**

技术文件的种类较多，常用的有机器的设计计算说明书、使用说明书、标准件明细表等。编制设计计算说明书时，应包括方案选择及技术设计的全部结论性的内容。编制供用户使用的机器使用说明书时，应向用户介绍机器的性能参数范围、使用操作方法、日常保养及简单的维修方法、备用件的目录等。其他技术文件，如检验合格单、外购件明细表、验收条件等，视需要与否另行编制。如图 2-3 所示。

**5. 计算机在机械设计中的应用**

随着计算机技术的发展，计算机在机械设计中得到了日益广泛的使用，并出现了许多高效率的设计、分析软件。利用这些软件可以在设计阶段进行多方案的对比，可以对不同的包括大型的和很复杂的方案的结构强度、刚度和动力学特性进行精确的分析。同时，还可以在计算机上构建虚拟样机，利用虚拟样机仿真对设计进行验证，从而实现在设计阶段充分地评估设计的可行性。可以说，计算机技术在机械设计中的推广使用已经并正在改变机械设计的进程，它在提高设计质量和效率方面的优势是难以预估的。

## 二、案例解读

**案例 2-1** 以上介绍的机械设计过程，在实际的工作中，一般是各步骤交叉反复进行，这是因为机械设计的过程是一个不断发现和改进的过程。下面我们以一张"一体式"绘图桌为例介绍这一过程。

**1. 整体构思阶段**

首先明确设计要求，假设某客户需要生产一款用以绘制 A0 号图纸绘图桌，并提供了如图 2-4 所示的设计草图，要求有(但不限于)以下内容：图板可以在某个角度范围内调整倾斜角度，图板支架可以在一定范围内调节高度，另外至少还需要留有置物台，用于放置台灯、绘图工具、设计手册等物品。

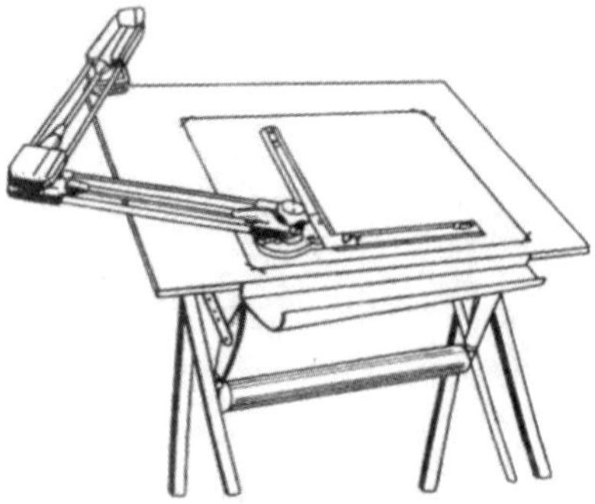

图 2-4 绘图桌设计简图

以上要求均可在设计展开后进行分析和解决，特别要注意的是——"能够适用的最大图纸尺寸"这样的要求属于该产品的"需求定位"，需求定位是整个设计的基础，必须在开始确定设计任务时经过慎重分析研究并加以明确(或由委托方确定)，绝不可跨越这一步就进入局部的细节设计。可以说，需求定位的重要性在于它指明了总体的大方向。比如一般来讲，A0 号图样属于大图纸，绘制时的工作状态一般是站立的，而绘制 A1 号以下图样的需求定位是能舒适地坐着绘图，两者截然相反，所以总体方案必有很大的差异。

根据这样的构思，在分析研究几个关键的总体尺寸以后，可以大致画出图 2-4 所示那样的"总体方案草图"。这个草图是没有具体尺寸的，但总体的外形、各大部分的布置形式和大致的比例等均已初步明确，它是设计继续推进的基础。

**2. 零部件设计阶段**

根据客户要求，整个绘图桌可以分为四个部件：①支架及其调节机构；②图板及其调节机构；③绘图机机头；④置物台。接着进行各零部件的设计，设计时注意以下几点：

(1)设计部件应以总体草图为依据,以保证该部件与其他部件在尺寸、形状上能顺利配合。如果在设计部件的过程中发现总草图的原方案应改进,最好及时对总体草图进行修改,时时保持总体草图与部件图的一致性。不要等这类“不一致”的问题积攒得很多以后再进行“统一修改”。问题攒多了,难免遗漏、遗忘,会给后面的工作带来麻烦。

(2)部件设计同样应遵循“从总体到局部、从方案到细节”的次序,即先画出部件整体草图,然后从图上“拆”零件,以保证部件内部各零件的尺寸、形状能顺利配合。同样,如果在零件设计中发现部件草图应改进,也宜及时对部件草图进行修改,及时维持两者的一致性,同样不可等问题积攒得很多以后才去“解决”。

(3)零件虽然都是独立制造的个体,但其选材、构造、形态、色彩和表面涂饰处处都要顾及部件和产品的总体。

**3. 总体设计阶段**

参考上述机械设计的一般程序,可画出此绘图桌的具体设计流程,如图 2-5 所示。这里需要强调指出:任何一件设计工作,从开始到最终都是在“边设计边修改”中行进的,不仅初级设计人员如此,经验丰富的设计师同样如此。可以说,设计过程就是构思加修改的过程。因此,在前面所说设计程序的每一步骤里,实际上都伴随着大大小小的修改工作。

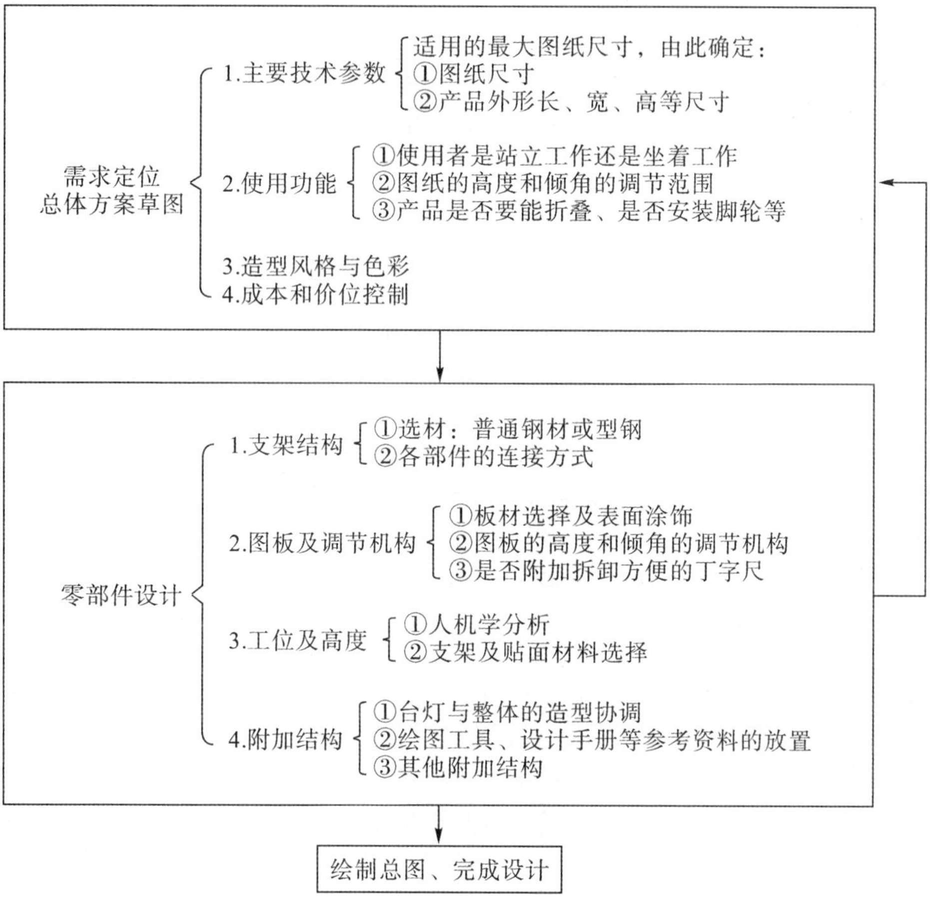


图 2-5　绘图桌的具体设计流程

## 三、学习任务

1. 对教师讲过的案例进行分析。

2. 思考:你认为有哪些指标可以衡量机械设计的可靠性?

# 第二节　机械零件的主要失效形式

## 一、理论要点

### (一)机械零件的失效形式

零件丧失正常工作能力或达不到设计要求性能的现象,称为机械零件的失效。常见的失效形式有:过量变形失效、断裂失效、表面损伤失效、破坏正常工作条件引起的失效等。

**1. 过量变形失效**

零件因变形量过大超过允许范围而造成的失效。它主要包括过量弹性变形、塑性变形和高温下发生的蠕变等失效形式。

**2. 断裂失效**

零件承载过大或疲劳损伤等而导致其分离为互不相连的两个或两个以上部分的现象。断裂是最严重的失效形式,它包括韧性断裂失效、低温脆性断裂失效、疲劳断裂失效、蠕变断裂失效和环境破断失效等几种形式。

**3. 表面损伤失效**

零件工作时由于受到表面的相对摩擦或环境介质的腐蚀在零件表面造成损伤或尺寸变化而引起的失效。它主要包括表面磨损失效、腐蚀失效、表面疲劳失效等形式。

**4. 破坏正常工作条件引起的失效**

有些零件只有在规定的工作条件下才能正常工作。例如,液体摩擦的滑动轴承,只有在存在完整的润滑油膜时才能正常工作;带传动和摩擦轮传动机构,只有在传递的有效圆周力小于临界摩擦力时才能正常工作;高速转动的零件,只有在其转速与转动件系统的固有频率避开一个适当的间隔时才能正常工作等。如果破坏了这些必备的条件,则将发生不同类型的失效。例如,滑动轴承将发生过热、胶合、磨损等形式的失效;带传动机构将发生打滑的失效;高速转子将发生共振从而使振幅增大,以致断裂失效等。

零件到底经常发生哪种形式的失效,这与很多因素有关,并且在不同行业和不同的机器上也不尽相同。根据统计,由于腐蚀、磨损和各种疲劳破坏所引起的失效就占了73.88%,而由于断裂所引起的失效只占4.79%。所以可以说,腐蚀、磨损和疲劳是引起零件失效的主要原因。需要指出,同一种机械零件在工作中往往不只是一种失效方式起作用。但是,一般零件失效时总是有一种方式起主导作用。失效分析的核心问题就是要找出主要的失效方式。

### (二)机械零件失效的原因

引起机械零件失效的因素很多且较为复杂,涉及零件的结构设计、材料选择、材料的加工制造、产品的装配及使用保养等多个方面。

**1. 设计不合理**

这主要是指零件结构和形状不正确或不合理，如零件存在缺口、小圆弧转角、不同形状过渡区等。另一方面是指对零件的工作条件、过载情况估计不足，造成零件实际工作能力不足，致使零件早期失效。

**2. 选材不合理**

这主要是指设计中对零件失效的形式判断错误，所选的材料性能不能满足工作条件需要；选材所依据的性能指标不能反映材料对实际失效形式的抗力，选择了错误的材料；所选用的材料质量太差，成分或性能不合格导致不能满足设计要求等都属于选材不合理。

**3. 加工工艺不合理**

零件的加工工艺不当，可能会产生各种缺陷，导致零件在使用过程中较早地失效。如热加工过程中出现过热、过烧和带状组织；热处理过程中出现脱碳、变形、开裂；冷加工过程出现较深的刀痕、磨削裂纹等。

**4. 安装使用不当**

装配和安装过程不符合技术要求，如安装时配合过紧、过松，对中不准，固定不稳等都可能导致零件不能正常工作或过早出现失效。此外，使用过程中违章操作、超载、超速、不按时维修和保养等也会造成零件过早出现失效。

## 二、案例解读

**案例 2-2**　如图 2-6(a)所示，为一载重汽车变速箱中的一对失效齿轮，该对齿轮由渗碳钢制造而成。该对齿轮在进行台架试验时，因未达到设计要求，发生断齿现象，下面我们来分析一下这对齿轮失效的原因。

首先，通过观察断口的形貌，可以初步判定该齿轮的断裂为高应力作用下引起的快速断裂，属于韧性断裂失效。主动齿轮(小齿轮)芯部断口基本为韧窝，被动齿轮(大齿轮)具有规则的断裂形貌，说明主动齿轮韧性较好，但强度较低。为了验证这一初判的准确性，我们用显微硬度证实了主动齿轮硬度较被动齿轮低，如图 2-6(b)所示。两只齿轮渗碳层中均有网状渗碳体析出，这将使表层韧性较低，致使在运转过程经受不了启动冲击应力的作用。

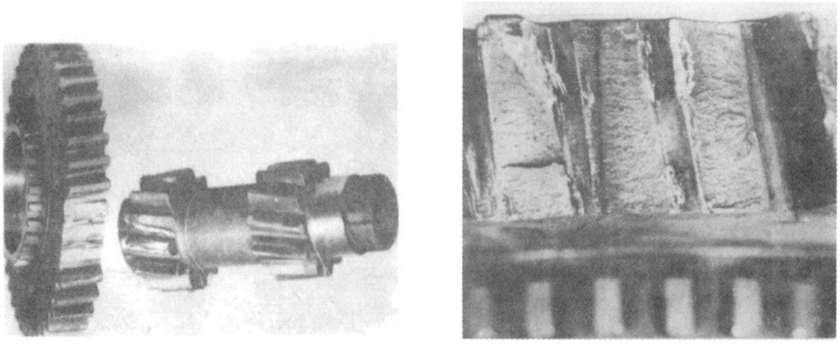

(a)　　　　　　　　　　(b)

图 2-6　变速箱齿轮发生断齿后的实物图

本次断裂事故是由主动齿轮先断裂，进而引起被动齿轮崩齿，故在被动齿轮上还能看到碰伤的痕迹。根据分析和经验，确定齿轮失效的原因为渗碳工艺控制不当(热处理不当)而引起断齿。被动齿轮的断口形貌是沿齿根断裂，断口形貌与主动齿轮断口相似，断齿周围的几个齿不同程度都发生小块崩裂及碰伤。

**案例 2-3** 如图 2-7 所示，为一大型推土机的失效齿轮，该齿轮为被动轮，热处理工艺为渗碳后淬火及回火。热处理后，由于该齿轮发生形变，采用局部加热后再进行回火。四个月后，在磨内孔时发现该齿轮开裂。

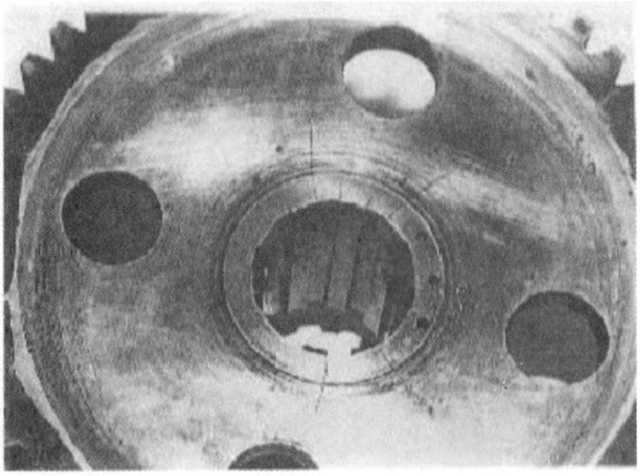

图 2-7 大型推土机发生开裂后的实物图

通过观察齿轮的断口形貌特征，可以初步判定：齿轮断裂失效可能是由于构件基体内含氢量较高使其脆化，并在较大的拉应力共同作用下产生的。通过调查齿轮的生产工艺得知，基体内含氢量过高的原因是齿轮在渗碳过程中应用了煤油、三乙醇胺饱和链羟和不饱和链羟的混合物，这种混合物在高温下会释放大量的氢；并且从工单上发现，低温回火时间仅为 2 小时，回火不充分(原)，对于这样的大构件回火时间太短，这样构件内部的氢无法排出，构件在较大正应力作用下产生氢脆断裂。

### 三、学习任务

1. 对教师讲过的案例进行分析。
2. 说一说失效对机器将产生什么样的影响。
3. 思考一下零件的疲劳点蚀产生的机理是什么?

## 第三节　机械零件的工作能力和设计准则

### 一、理论要点

#### (一)机械零件的工作能力

机械零件的工作能力是指在一定的运动、载荷和环境情况下，在预定的使用期限内，不发生失效的安全工作限度。其一般包括以下内容：

(1)强度，即零件抵抗破坏的能力。强度可分为体积强度和表面强度两种。表面强度又可分为表面挤压强度与表面接触强度。

(2)刚度,即零件抵抗弹性变形的能力。

(3)耐磨性,即零件抵抗磨损的能力。

(4)耐热性,即零件承受热量的能力。

(5)可靠性,即零件能持久可靠地工作的能力。

(6)振动稳定性,即机器工作时不发生超过允许范围的振动的能力。

## (二)机械零件的设计准则

零件的设计准则是指衡量零件工作能力的指标。所谓机械零件的设计准则,就是为防止产生各种可能的失效而拟定的作为零件工作能力计算所依据的基本原则。

**1. 强度准则**

强度准则要求零件中的应力不得超过允许的限度,即 $\sigma \leqslant \sigma_{\lim}$。其中$\sigma_{\lim}$为材料的极限应力。对于脆性材料$\sigma_{\lim}=\sigma_B$(强度极限),对于塑性材料$\sigma_{\lim}=\sigma_S$(屈服极限)。考虑到各种偶然性或难以精确分析的影响,上式右边要除以设计安全系数(简称安全系数),即:

$$\sigma \leqslant \frac{\sigma_{\lim}}{S} \tag{2-1}$$

$$\sigma \leqslant [\sigma] \tag{2-2}$$

式中:安全系数 $S$ 为大于 1 的数。$S$ 越大越安全,但浪费材料; $S$ 越小越节省材料,但趋于危险,故 $S$ 的选取应适当。$[\sigma]$称为许用应力。

**2. 刚度准则**

刚度准则要求零件在载荷作用下产生的弹性变形 $y$ 小于或等于机器工作性能所允许的极限值$[y]$(许用变形量)。其表达式为:

$$y \leqslant [y] \tag{2-3}$$

弹性变形量 $y$ 可按各种变形理论或实验方法来确定,而许用变形量$[y]$则应随不同的使用场合,根据理论或经验来确定其合理的数值。

**3. 寿命准则**

寿命即机械零件正常工作的时间。影响机械零件寿命的主要因素包括腐蚀、磨损和疲劳,这是三个不同范畴的失效问题,所以它们各自发展过程的规律也不同。迄今为止,人们还没有提出实用有效的腐蚀寿命计算方法,因而也无法列出腐蚀的计算准则。关于磨损的计算方法,由于其类型众多,产生的机理还未完全搞清,影响因素也很复杂,所以尚无通用的能够进行定量计算的方法。关于疲劳寿命,通常是将求出使用寿命时的疲劳极限作为计算的依据。

**4. 振动稳定性准则**

机器中存在着很多周期性变化的激振源,如齿轮的啮合、滚动轴承中的振动、滑动轴承中的油膜振荡、弹性轴的偏心转动等。当某一零件本身的固有频率与上述激振源的频率重合或成整数倍关系时,这个零件就会发生共振,以致零件破坏或机器工作关系失常等。所谓振动稳定性,就是在设计时要使机器中受激振作用的各零件的固有频率与激振源的频率错开。例如:令 $f$ 代表零件的固有频率,$f_p$代表激振源的频率,则通常应保证如下的条件:

$$f_p < 0.85f \quad f_p > 1.15f \tag{2-4}$$

如果不能满足上述条件，则可通过改变零件及系统的刚性、改变支承位置、增加或减少辅助支承等办法来改变 $f$ 值。

把激振源与零件隔离，使激振的周期性改变的能量不会传递到零件上去，或采用机构以减小受激振动零件的振幅，都可改善零件的振动稳定性。

**5. 可靠性准则**

零件的可靠性主要用可靠度来衡量，假设有一大批某种零件（件数为 $N_0$），在一定的工作条件下进行试验，如果在 $t$ 时间后仍有 $N$ 件在正常工作，则此零件在该工作环境条件下工作 $t$ 时间的可靠度 $R$ 可表示为 $R=N/N_0$。如果试验时间不断延长，则 $N$ 将不断地减小，故可靠度也将改变。这就是说，零件的可靠度是一个与时间相关的函数。

## 二、案例解读

**案例 2-4** 图 2-8 所示是 1 台 H355 2P 280kW 的铸铝转子电机，客户称调试过程出现了明显的振动，换了轴承也不起作用，迫于供热的时间要求，制造厂家只能求助于就近的修理单位。结合客户已采取过的措施，拆解检修时用手动方式将轴抽出来，检测该电机转子铁芯轴孔与轴在铁芯位置的尺寸。两者配合是明显的间隙配合，配合的最小间隙为单边 0.08mm。修理单位将该问题向制造厂做了反馈，就问题的发生过程进行了全面核查。分析过程如下。

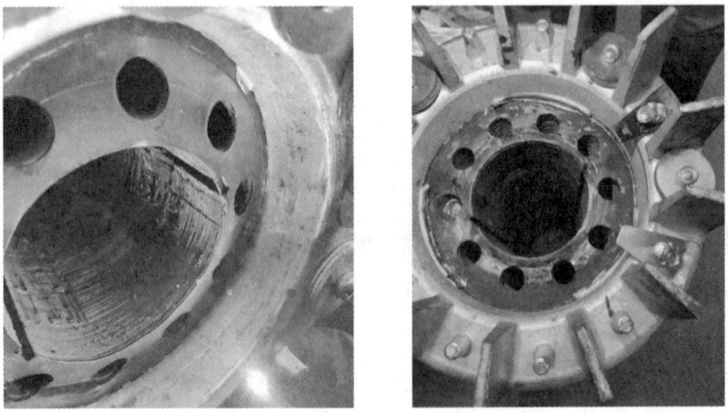

图 2-8 H355 2P 铸铝转子电机故障

**1. 故障表象描述**

轴的圆周方向有周向擦痕，但未对原加工表面造成太大影响，按照制造厂提供的数据，轴加工尺寸没有太大问题。但转子的轴孔直径明显超差。在发现转子轴孔尺寸偏大的同时，一端轴孔损伤严重，而且铁芯端部有明显的发黑迹象。轴孔轴向有明显的摩擦拉痕，应该是轴退出的过程所致。该转子表面全部发黑，是明显的受热后的状态。

**2. 基于故障的分析和判断**

从核查情况中发现，该转子轴曾被加热和退出过，这个过程导致轴孔直径受损和变大，标准轴再次套入后，电机运行过程出现转子离心，与轴发生周期与非周期性的撞击，最终的结果是电机振动。该问题可能发生在电机的试验阶段，也可能发生在电机的使用阶段，但无论发生在哪一阶段对电机本身都是致命性的打击。

**3. 分析结果**

该电机转子在出厂前做动平衡试验时无法达到平衡控制要求，检查发现转子有问题，便通过油闷冷压方式将轴退出，而后穿入校正工装(类似假轴)对铸铝转子铁芯进行整形，整形完成后，校正工装与铁芯粘合得比较紧无法退出，又通过冷压方式强行将共退出，最终导致铁芯孔受到较严重的损伤、变形，而且轴孔直径也严重正超差。导致转子发黑的原因是初期整形时曾将轴与转子加热。

### 三、学习任务

1. 对教师讲过的案例进行分析。

2. 列举并描述 1 个机械零件失效的案例。

3. 思考一下机械零件的设计计算准则与失效形式有什么关系？它们是针对什么失效形式建立的？

## 第四节　机械零件的设计步骤及材料选择

### 一、理论要点

#### (一)机械零件设计的一般步骤

零件设计大体要经过以下几个步骤：

(1)根据零件的使用要求(如功率、转速等)，选择零件的类型和结构形式。

(2)根据机器的工作要求，计算作用在零件上的载荷。

(3)根据零件的类型、结构和所受载荷，分析零件可能的失效形式，从而确定零件的设计准则。

(4)根据零件的工作条件及对零件的特殊要求(如高温或在腐蚀性介质中工作等)，选择适当的材料及热处理方法。

(5)根据相应的计算准则进行有关计算，确定零件的基本尺寸。

(6)按结构工艺性及标准化要求，进行零件的结构设计。

(7)必要时进行详细的校核计算，以判定结构的合理性。

(8)绘制零件工作图，并写出计算说明书。

在实际工作中，也可以采用与上述步骤相逆的方法进行设计，即先参照已有实物或图样，用经验数据或类比法初步设计出零件的结构尺寸，然后再按有关准则进行校核。

#### (二)机械零件的常用材料

机械零件的常用材料有碳素钢、合金钢、铸铁、有色金属、非金属材料及各种复合材料，其中碳素钢和铸铁应用最为广泛。常用材料的分类和应用举例见表 2-1。

**表 2-1　机械零件常用材料分类及应用举例**

| 材料分类 | | | 应用举例或说明 |
|---|---|---|---|
| 钢 | 碳素钢 | 低碳钢(碳的质量分数≤0.25%) | 铆钉、螺钉、连杆、渗碳零件等 |
| | | 中碳钢(碳的质量分数>0.25%～0.60%) | 齿轮、轴、蜗杆、丝杠、联接件等 |
| | | 高碳钢(碳的质量分数≥0.60%) | 弹簧、工具、模具等 |
| | 合金钢 | 低合金钢(合金元素总质量分数≤5%) | 较重要的钢结构和构件、渗碳零件、压力容器等 |
| | | 中合金钢(合金元素总质量分数>5%～10%) | 飞机构件、热锻模具、冲头等 |
| | | 高合金钢(合金元素总质量分数>10%) | 航空工业蜂窝结构、液体火箭壳体、核动力装置、弹簧等 |
| 铸钢 | 一般铸钢 | 普通碳素铸钢 | 机座、箱壳、阀体、曲轴、大齿轮、棘轮等 |
| | | 低合金铸钢 | 容器、水轮机叶片、水压机工作缸、齿轮、曲轴等 |
| | 特殊用途铸钢 | | 耐蚀、耐热、无磁、电工零件，水轮机叶片、模具等 |
| 铸铁 | 灰铸铁(HT) | 低牌号(HT100、HT150) | 对力学性能无一定要求的零件，如盖、底座、手轮、机床床身等 |
| | | 高牌号(HT200～HT400) | 承受中等静载的零件，如机身、底座、泵壳、齿轮联轴器、飞轮、带轮等 |
| | 可锻铸铁(KT) | 铁素体型 | 承受低、中、高动载荷和静载荷的零件，如差速器壳、犁刀、扳手、支座、弯头等 |
| | | 珠光体型 | 要求强度和耐磨性较高的零件，如曲轴、凸轮轴、齿轮、活塞环、轴套、犁刀等 |
| | 球墨铸铁(QT) | 铁素体型 | 与可锻铸铁基本相同 |
| | | 珠光体型 | |
| | 特殊性能铸铁 | | 耐热、耐蚀、耐磨等场合 |
| 铜合金 | 铸造铜合金 | 铸造黄铜 | 轴瓦、衬套、阀体、船舶零件、耐蚀零件、管接零件等 |
| | | 铸造青铜 | 轴瓦、蜗轮、丝杠螺母、叶轮、管配件等 |
| | 变形铜合金 | 黄铜 | 管、销、铆钉、螺母、垫圈、小弹簧、电气零件、耐蚀零件、减摩零件等 |
| | | 青铜 | 弹簧、轴瓦、蜗轮、螺母、耐磨零件等 |
| 轴承合金(巴氏合金) | 锡基轴承合金 | | 轴承衬，其摩擦因数低，减摩性、抗烧伤性、磨合性、韧度、导热性均良好 |
| | 铅基轴承合金 | | 韧度和耐蚀性稍差，但价格较低 |
| 塑料 | 热塑性塑料(如聚乙烯、有机玻璃、尼龙等) | | 一般结构零件，减摩、耐磨零件，传动件，耐腐件，绝缘件，密封件，透明件等 |
| | 热固性塑料(如酚醛塑料、氨基塑料等) | | |
| 橡胶 | 通用橡胶 | | 密封件，减振、防振件，传动带，运输带和软管绝缘材料，轮胎，胶辊，化工衬里等 |
| | 特种橡胶 | | |

合理的材料选择是机械零件设计中非常重要的环节，随着工程实际对机械及零件要求的提高，以及材料科学的不断发展，材料的合理选择愈来愈成为提高零件质量、降低成本的重要手段。机械零件在选材时一般遵循以下原则：

**1. 满足使用性能要求**

使用性能好是保证零件完成规定功能的必要条件。使用性能是指零件在使用条件下材料应具有的力学性能、物理性能以及化学性能。对机械零件而言，最重要的是力学性能。

**2. 具有良好的加工工艺性**

将零件坯件材料加工成型有许多方法，主要有热加工和切削加工两大类，不同材料的加工工艺性不同。热加工要考虑的工艺性能主要包括铸造性能、锻造性能、焊接性能和热处理性能。金属的切削加工性能一般用刀具寿命为 60min 时的切削速度 $v_{60}$ 来表示。$v_{60}$ 越高，则金属的切削性能越好。

**3. 经济性要求**

选择材料也要分析材料价格、材料利用率、零件加工和维护费用、零件组合结构、零件的合理代用等因素，综合考虑经济性要求。

## 二、案例解读

**案例 2-5**　两种轴类零件的选材设计实例。

图 2-9 所示是 C620 车床主轴的结构示意图，这是典型的受扭转—弯曲复合作用的轴件。它受的应力不大（中等载荷），承受的冲击载荷也不大，如果使用滑动轴承，则轴颈处要求耐磨，因此大多采用 45 钢制造，并进行调质处理，轴颈处由表面淬火来强化；载荷较大时则用 40Cr 等低合金结构钢来制造。该轴工作应力很低，冲击载荷不大，45 钢热处理后屈服极限可达 400MPa 以上，完全可满足要求。现在有部分机床主轴已经可以用球墨铸铁制造。

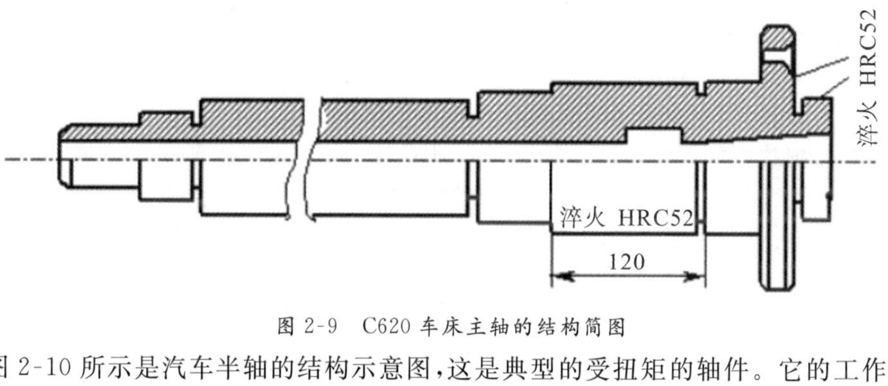


图 2-9　C620 车床主轴的结构简图

图 2-10 所示是汽车半轴的结构示意图，这是典型的受扭矩的轴件。它的工作应力较大，且受相当大的冲击载荷。最大直径达 50mm 左右，用 45 钢制造时，即使水淬也只能使表面淬透深度为 10%半径。为了提高淬透性，并在油中淬火防止变形和开裂，中、小型汽车的半轴一般用 40Cr 钢制造，重型车用 40CrMnMo 钢等淬透性很高的钢制造。两种轴类零件的具体选材和热处理工艺如表 2-2 所示。

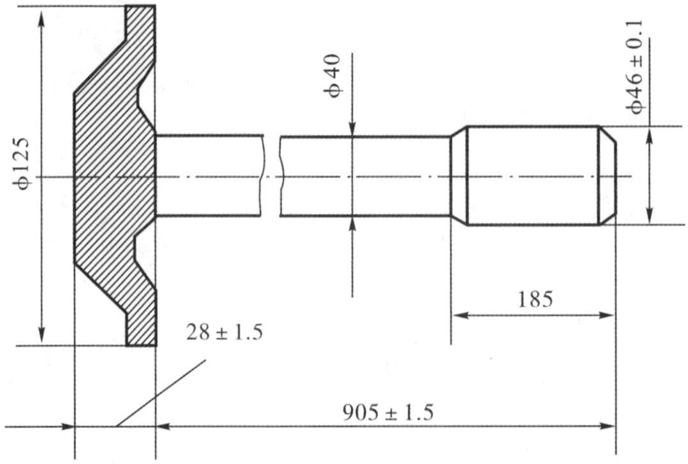


图 2-10　130 载重车半轴

**表 2-2　两种轴类零件的选材和热处理工艺**

| 零件名称 | C620 车床主轴 | 130 载重车半轴 |
| --- | --- | --- |
| 材料 | 45 钢 | 40Cr 钢 |
| 热处理 | 整体调质，轴颈及锥孔表面淬火 | 整体调质 |
| 性能要求 | 整体硬度 HB220～HB240；<br>轴颈及锥孔处硬度 HRC52 | 杆部 HRC37～HRC44；<br>盘部外圆 HRC24～HRC34 |
| 工艺路线 | 锻造→正火→粗加工→调质→精加工<br>→表面淬火及低温回火→磨削 | 下料→锻造→正火→机械加工<br>→调质→盘部钻孔→磨花键 |

**案例 2-6**　两种齿轮零件的选材设计实例。

在普通车床床头箱中的齿轮工作条件较好，工作中受力不大，转速中等，工作平稳无强烈冲击，因此其齿面强度、芯部强度和韧性的要求均不太高，一般用 45 钢制造，采用高频淬火表面强化，齿面硬度可达 HRC52 左右，这对抵抗弯曲疲劳或表面疲劳来说足够了。齿轮调质后，芯部可保证有 HB220 左右的硬度及大于 $4kg \cdot m/cm^2$ 的冲击韧性，能满足工作要求。对于一部分要求较高的齿轮，可用合金调质钢（如 40Cr 钢等）制造。这时芯部强度及韧性都有所提高，弯曲疲劳及表面疲劳抗力也都有所增大。

而在农用拖拉机中的齿轮的工作条件远比机床齿轮恶劣，特别是主传动系统中的齿轮，它们受力较大，超载与受冲击频繁，因此对材料的要求更高。由于弯曲与接触应力都很大，用高频淬火强化表面不能保证要求，所以拖拉机的重要齿轮都用渗碳、淬火进行强化处理。因此这类齿轮一般都用合金渗碳钢 20Cr 钢或 20CrMnTi 钢等制造，特别是后者在我国拖拉机齿轮生产中应用最广。为了进一步提高齿轮的耐用性，除了渗碳、淬火外，还可以采用喷丸处理等表面强化处理工艺。喷丸处理后，齿面硬度可提高 HRC1～3 单位，耐用性可提高 7～11 倍。两种齿轮的具体选材和热处理工艺如表 2-3 所示。

表 2-3　两种齿轮的选材和热处理工艺

| 零件名称 | 普通车床床头箱传动齿轮 | 拖拉机后桥圆锥主动齿轮 |
| --- | --- | --- |
| 材料 | 45 钢 | 20CrMnTi 钢 |
| 热处理 | 正火或调质，齿部高频淬火和低温回火 | 渗碳、淬火、低温回火，渗碳层深 1.2～1.6mm |
| 性能要求 | 齿轮芯部硬度为 HB220～HB250；齿面硬度 HRC52 | 齿面硬度 HRC58～HRC62，芯部硬度 HRC33～HRC48 |
| 工艺路线 | 下料→锻造→正火或退火→粗加工→调质或正火→精加工→高频淬火→低温回火（拉花键孔）→精磨 | 下料→锻造→正火→切削加工→渗碳、淬火、低温回火→磨加工 |

以上各类零件的选材，只能作为机械零件选材时进行类比的参照，其中不少是长期经验积累的结果。经验固然很重要，但若只凭经验是不能得到最好的效果的。在具体选材时，还要参考有关的机械设计手册、工程材料手册，结合实际情况进行初选。重要零件在初选后，需进行强度计算校核，确定零件尺寸后，还需审查所选材料的淬透性是否符合要求，并确定热处理技术条件。目前比较好的方法是，根据零件的工作条件和失效方式，对零件可选用的材料进行定量分析，然后参考有关经验做出选材的最后决定。

## 三、学习任务

1. 对教师讲过的案例进行分析。
2. 列举 1 个机械设备中的零件，并描述其基本设计步骤及材料如何选择。
3. 讨论一下材料热处理的方式有哪些，分别可以提高材料的哪些性能。
4. 请用思维导图对本章内容进行梳理。

# 第三章　平面机构及其自由度

在工程实际中，特别在分析和设计阶段，工程师常常使用平面机构运动简图，简明直观地呈现庞大复杂机器的机构运动。利用运动简图计算机构自由度，是对设计机器进行探讨和验证的重要方法。

让我们来看看，平面机构运动简图如何绘制，机构的自由度如何计算。

**学习目标：**

(1)能够结合具体模型或示意图，绘制出机构的运动简图。

(2)能够结合具体实例，计算平面机构的自由度，并判断机构是否具有确定的运动。

(3)能够正确查找给定机构的瞬心，并准确应用三心定理。

## 第一节　平面机构运动简图

### 一、理论要点

#### (一)运动副分类及其表示方法

一个做平面运动的自由构件具有三个自由度。如图3-1所示，在 $XOY$ 坐标系中，构件1可以随其上任一点 $A$ 沿 $X$ 轴、$Y$ 轴方向独立移动和绕 $A$ 点独立转动。这种相对于参考系构件所具有的独立运动称为构件的自由度。

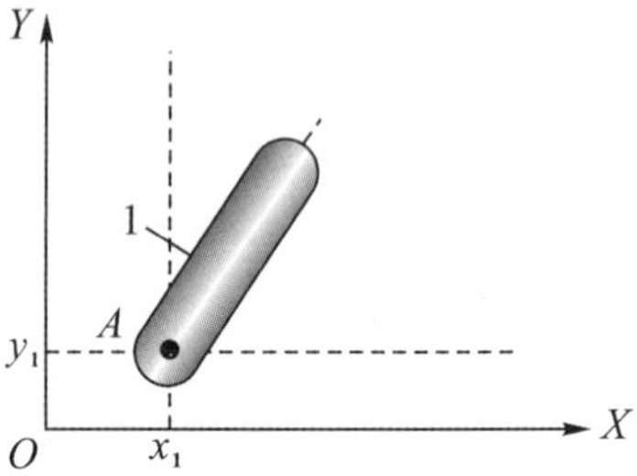


图 3-1　平面机构的自由度

两构件直接接触并能产生相对运动的活动连接，称为运动副。按照接触的特性，通常把运动副分为低副和高副两大类。

**1. 低副**

两构件通过面接触所组成的运动副称为低副。根据形成低副的两构件可以产生相对运动的形式，低副又可以分为转动副和移动副两大类。

(1) 转动副。组成运动副的两构件只允许在某一个平面内作相对转动，这种运动副称为转动副，或称为铰链。如图3-2、图3-3所示，构件1和2之间只能在两构件所形成的平面内绕轴发生相对转动，即只有一个自由度。

(2)移动副。组成运动副的两构件只允许沿某一轴线相对移动，这种运动副称为移动副，如图3-4、图3-5所示。

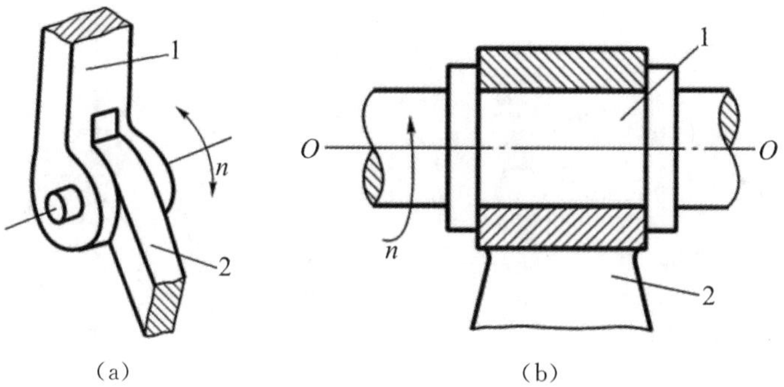


图 3-2　转动副

转动副

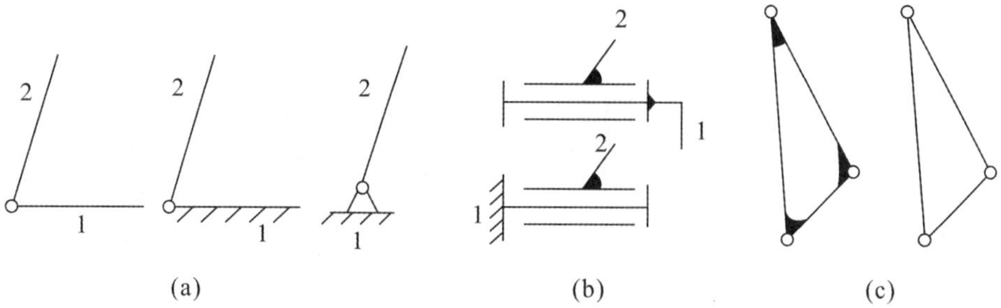


图 3-3　转动副的表示方法

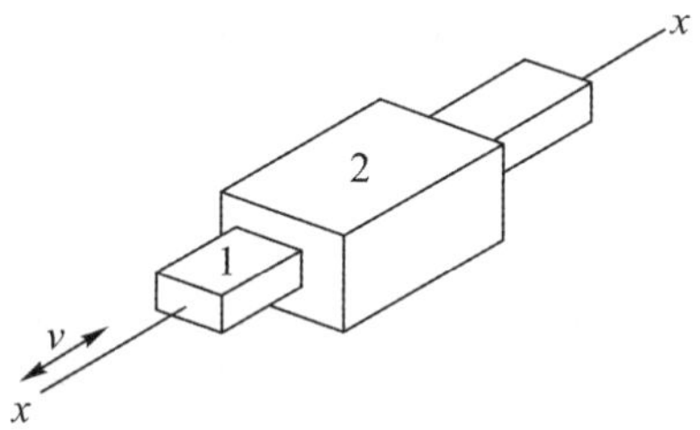


图 3-4　移动副

移动副

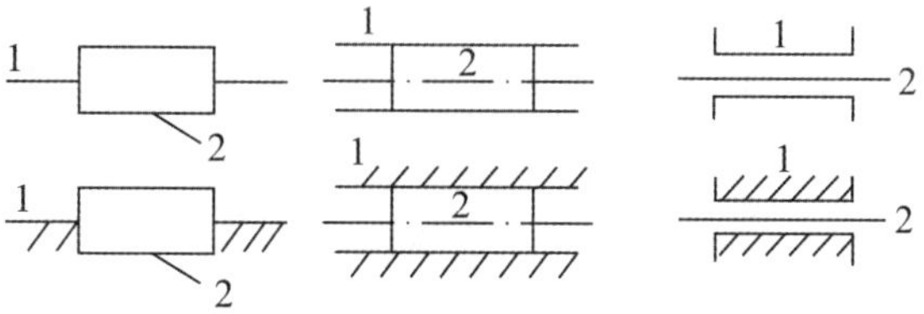


图 3-5　移动副的表示方法

**2. 高副**

两构件通过点或线接触所组成的运动副称为高副，常用高副机构简图见图 3-6。如图 3-7(a)所示的凸轮机构中，凸轮 1 与从动件杆 2 之间为点接触；如图 3-7(b)所示的齿轮机构中，轮齿 1 和 2 之间为线接触。它们的相对运动是绕 $A$ 点的转动和沿切线 $t$-$t$ 方向的移动，限制了沿 $A$ 点切线 $n$-$n$ 方向的移动。

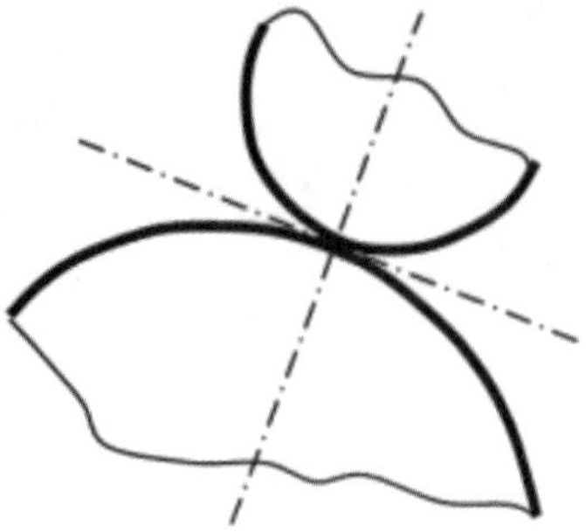

(a)平面高副

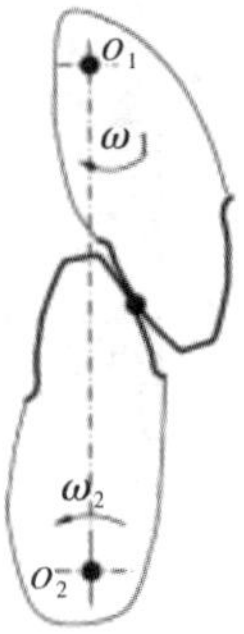


(b)齿轮副

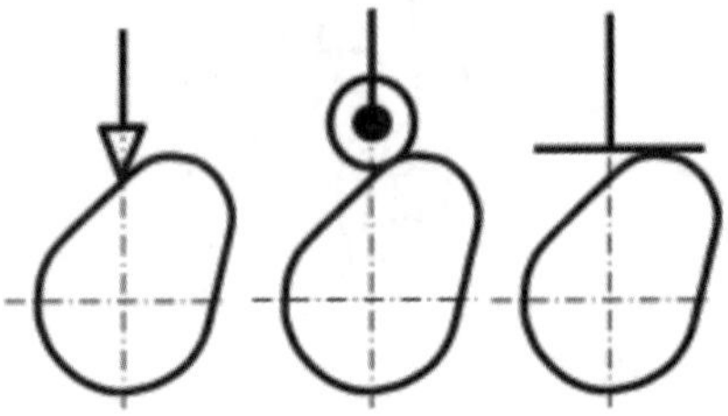

(c)凸轮机构简图

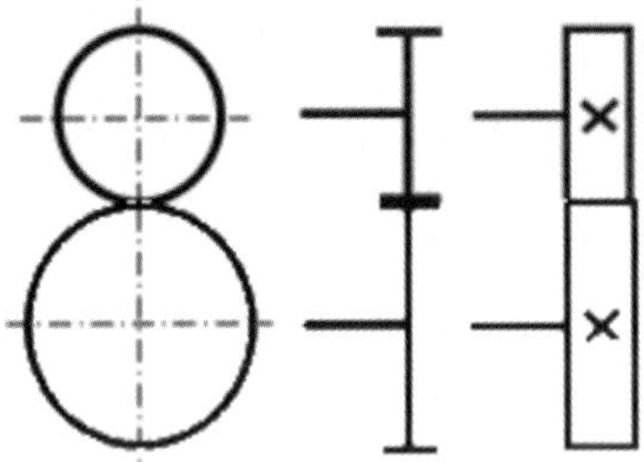

(d)外啮合圆柱齿轮简图

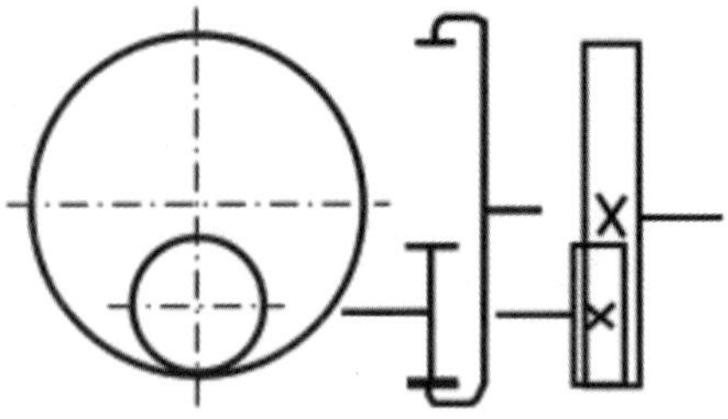

(e)内啮合圆柱齿轮简图

图 3-6　平面高副及常用高副机构简图

高副 a 凸轮副

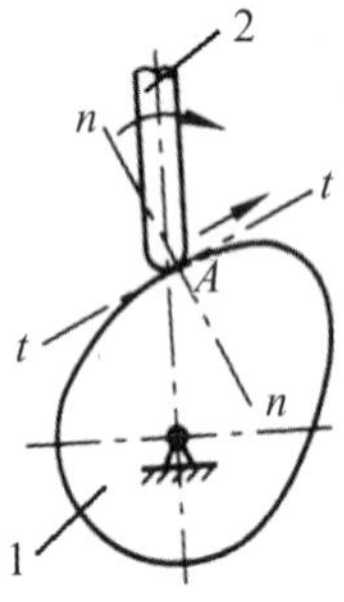


(a)

(a)凸轮机构

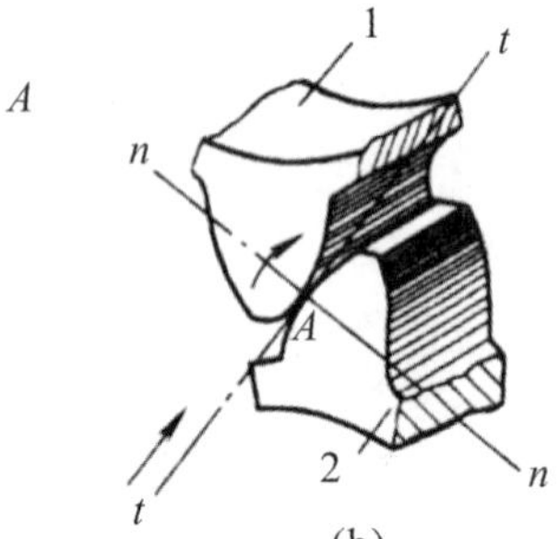


(b)

(b)齿轮机构

高副 b 齿轮副

图 3-7　高副

## (二)构件的分类及其表示方法

**1. 构件的分类**

组成机构的构件，根据运动副的性质可分为以下三类。

(1)固定构件(机架)：机构中相对固定不动的构件称为固定构件，它是用来支撑其他活动构件(运动构件)的构件。如图 3-8 中的机座 1。

(2)原动件(主动件)：运动规律已知的活动构件，又称为输入构件，它一般与机架相连。如图 3-8 中的主动齿轮 2。

(3)从动件：机构中随原动件运动而运动的其余活动构件。其中，输出预期运动的从动件称为输出构件。如图 3-8 中的刨头 7。

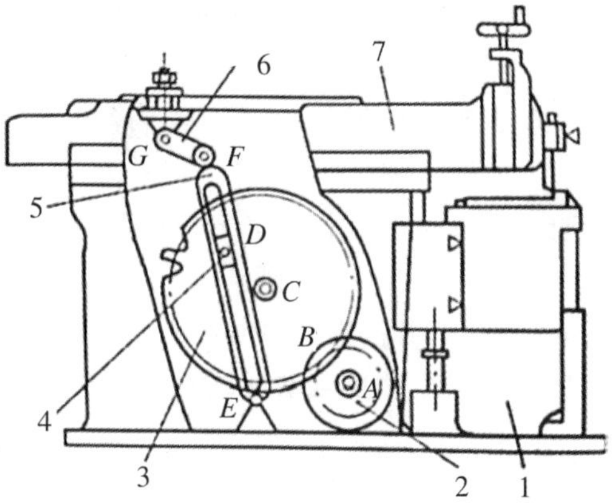


1-机座；
2-主动齿轮；
3-从动齿轮；
4-导块；
5-导杆；
6-连杆；
7-刨头。

图 3-8　牛头刨床

**2. 构件的表示方法**

构件常用直线段或小方块等来表示，其中直线段代表杆状构件，小方块代表块状构件。各种构件的表示方法见表 3-1。

**表 3-1　构件的表示方法**

| | |
|---|---|
| 杆、轴类构件 | |
| 固定构件 |  |
| 同一构件 | 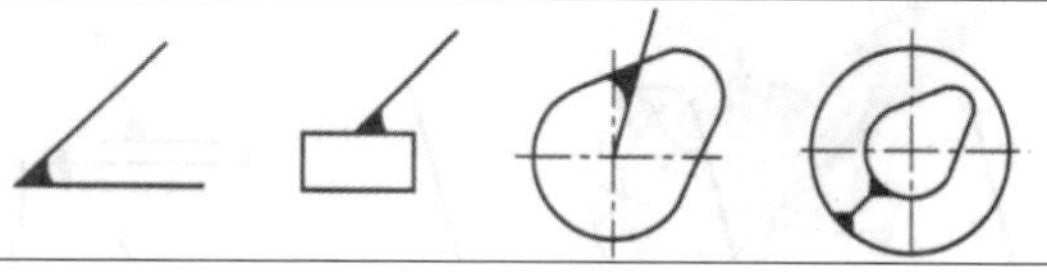 |
| 两副构件 | 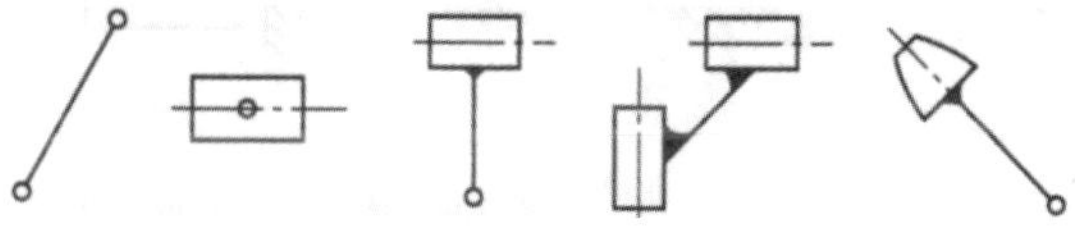 |
| 三副构件 | 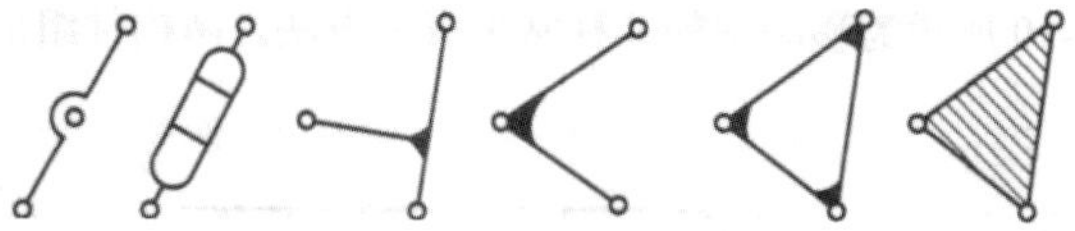 |

## (三)平面机构运动简图

机构中实际构件的形状往往很复杂。在研究机构运动时，为了使问题简化，需要将与运动无关的构件外形和运动副具体构造撇开，仅将与运动相关的部分用简单线条和符号来表示构件和运动副，并按比例定出各运动副的位置。这种表明机构各构件间相对运动关系的简化图形，称为机构运动简图。

机构运动简图可以简明地表示出一部复杂机器的运动和动力的传递过程，还可以用于图解法求机构上各点的轨迹、位移、速度和加速度以及对机构进行受力分析。

机构运动简图的绘制步骤如下：

(1)分析运动情况，找出原动件、从动件和机架。

(2)从原动件开始，按运动的传递顺序确定各运动副的类型、数目及构件的数目，并测出各运动副间的相对位置尺寸。

(3)选择与机构中多数构件的运动平面相平行的平面作为绘制机构运动简图的投影面。

(4)选取适当的比例尺，$\mu_l$=实际尺寸(m)/图上尺寸(mm)。

(5)用规定符号画出机构运动简图(从原动件开始画)。

作图时需注意：通常用阿拉伯数字表示出各构件；用大写英文字母表示出各运动副；用带箭头的圆弧或直线标明机构中的原动件及其运动形式；在构件边用斜线来标记固定构件(机架)。

## 二、案例解读

**案例 3-1** 绘制如图 3-9(a)所示活塞泵的机构运动简图。

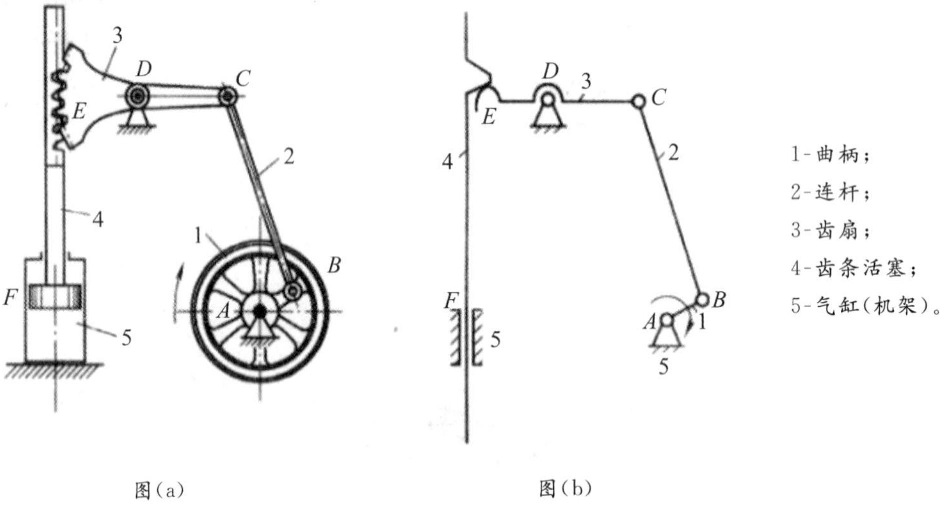


图 3-9 活塞泵及其机构运动简图

分析：

(1)活塞泵机构由曲柄 1、连杆 2、齿扇 3、齿条活塞 4 和气缸(机架)5 等五个构件通过转动副和移动副连接而成。曲柄 1 与机架 5 在点 $A$ 连接，由驱动源带动曲柄绕点 $A$ 转动，故曲柄 1 是原动件，2、3、4 是从动件，其中 4 为输出构件。当原动件 1 回转时，齿条活塞 4 在气缸 $F$ 中做上下往复运动。

(2)从原动件开始，曲柄 1 和机架 5、连杆 2 和曲柄 1、齿扇 3 和连杆 2、齿扇 3 和机架 5 之间为相对转动，分别组成了 $A$、$B$、$C$、$D$ 四个转动副；齿扇 3 的轮齿与齿条活塞 4 的齿之间组成平面高副 $E$；齿条活塞 4 与机架 5 之间为相对移动，组成移动副 $F$，如图 3-9(a)所示。

(3)当前朝向可看到多数构件的运动，因此选择当前平面作为投影面比较合适。

(4)根据绘图的图面大小，选取适当的作图比例。

(5)从曲柄(原动件)1 与机架 5 连接的转动副 $A$ 开始，按照运动与动力传递的路径及相对位置关系依次画出各运动副和构件，构件用阿拉伯数字、运动副用大写英文字母标注，并用斜线标记固定构件(机架)。

最后，用带箭头的圆弧或直线标明原动件及其运动形式，即得到机构的运动简图，如图 3-9(b)所示。

## 三、学习任务

1. 对本节知识点进行梳理，字数不少于 200 字。
2. 对教师讲过的案例进行分析。
3. 结合本节所学内容，绘制下列图示机构的运动简图。

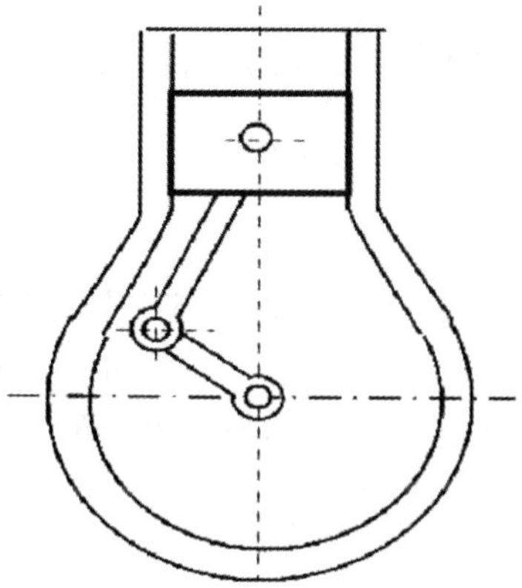

题图 3-1　曲轴活塞连杆机构

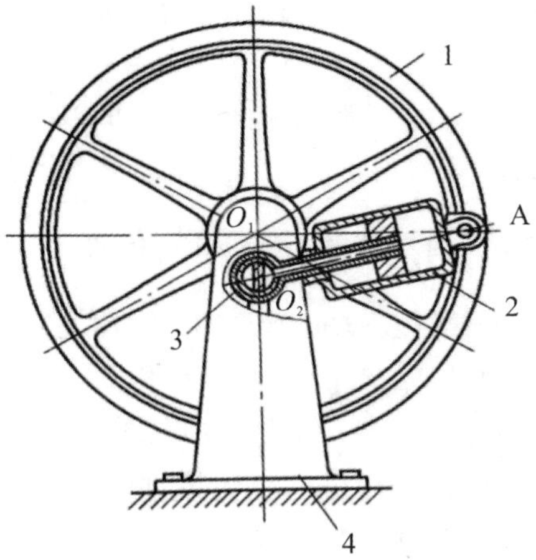


题图 3-2　回旋柱塞泵

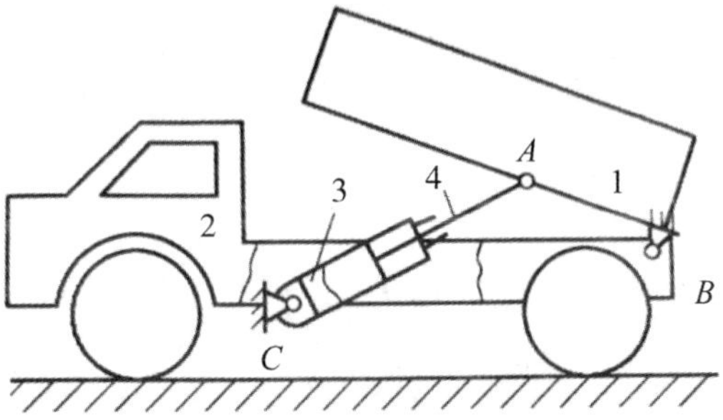


题图 3-3　自卸货车

# 第二节　平面机构的自由度

## 一、理论要点

### (一)平面机构的自由度的计算

机构的自由度是指机构中的各构件相对于机架所具有的独立运动数目。显然，机构的自由度与组成机构的构件数目与运动副的类型及数目有关。

如前所述，任意一个作平面运动的自由构件具有三个自由度。当两个构件组成运动副之后，构件间的相对运动受到约束，相应的自由度数减少。运动副类型不同，失去的自由度数目即引入的约束数目也就不同；每个低副使构件失去两个自由度，即引入了两个约束；每个高副使构件失去一个自由度，即引入了一个约束。每个平面机构的自由度数目与约束数目之和恒等于 3。

设某平面机构中共有 $n$ 个活动构件（机架不动，不计算在内），若各构件彼此没有通过运动副相连接，那么这 $n$ 个活动构件就具有 $3n$ 个自由度。若各构件彼此通过运动副相连接后，那么机构中各构件具有的自由度数随之减少。若机构中低副数为 $P_L$ 个，高副数为 $P_H$ 个，则运动副引入的约束总数为 $2P_L+P_H$。因此，活动构件的自由度总数减去运动副引入的约束总数就是机构自由度，以 $F$ 表示，即：

$$F=3n-2P_L-P_H \tag{3-1}$$

由公式可知，平面机构自由度 $F$ 取决于活动构件的数目以及运动副的类型（低副或高副）和个数。

### (二)机构具有确定运动的条件

有一个铰链五杆机构（见图 3-10），它具有 4 个活动构件，组成了 5 个转动副，且图中可以看出原动件数等于 1，然而机构的自由度 $F=3\times4-2\times5=2$。我们可以试着分析一下，当只给定原动件 1 的位置角时，从动件 2、3、4 的位置其实是不唯一确定的。只有使构件 1 和 4 都处于某个给定的位置，也就是有两个原动件时，才能使从动件 2 和 3 获得确定的唯一的运动规律。

有一个铰链四杆机构（见图 3-11），具有 3 个活动构件，组成 4 个转动副，原动件有 2 个，但是这个机构的自由度 $F=3\times3-2\times4=1$，如果让 1 和 3 都给定一个运动规律，也就是两个的运动规律都要同时满足，那么构件 2 该听从 1 还是 3 呢？这样一来，往往机构中最薄弱的环节会先被破坏，例如将杆 2 拉断，也可能是杆 1 或杆 3 折断等。

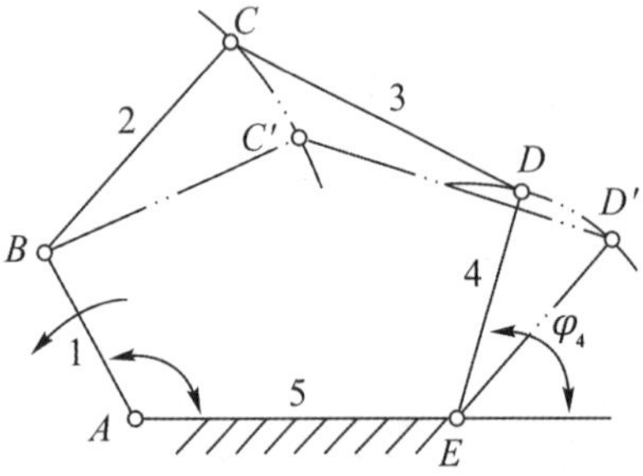


图 3-10　铰链五杆机构

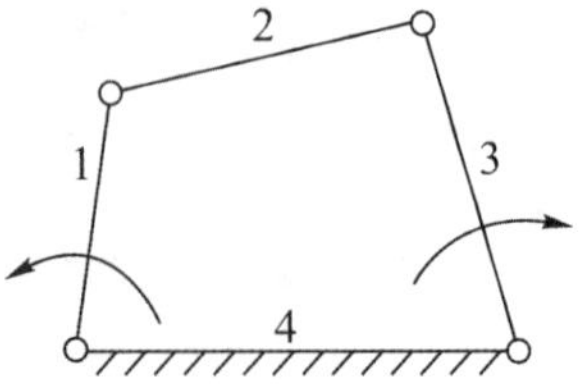


图 3-11　铰链四杆机构

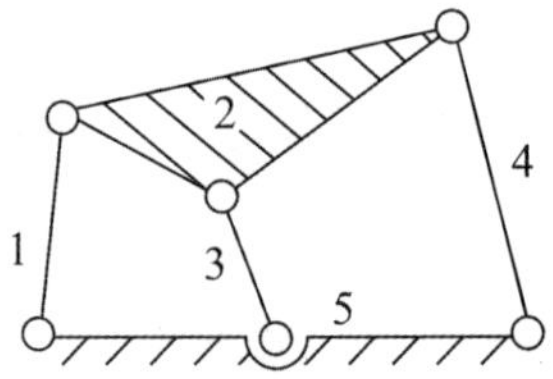


图 3-12　桁架

还有一种情况是桁架（见图 3-12）。它的自由度 $F=3\times4-2\times6=0$，说明它是各构件之间不可能产生相对运动的刚性桁架。

综上所述，机构具有确定的运动条件是：机构自由度 $F>0$，且等于原动件数。

### (三)计算平面机构自由度的注意事项

在计算机构的自由度时，如遇到以下几种情况时必须加以注意，否则将会出现结果与机构的实际运动不吻合的情况。

**1. 复合铰链**

两个以上的构件在同一处以转动副相连接，所构成的运动副称为复合铰链。如图3-13(a)所示，有三个构件1、2、3在$A$处汇交成复合铰链；图3-13(b)所示为它的俯视图，可以看出这三个构件在$A$处形成两个转动副。以此类推，$K$个构件汇交而成的复合铰链有($K$-1)个转动副。

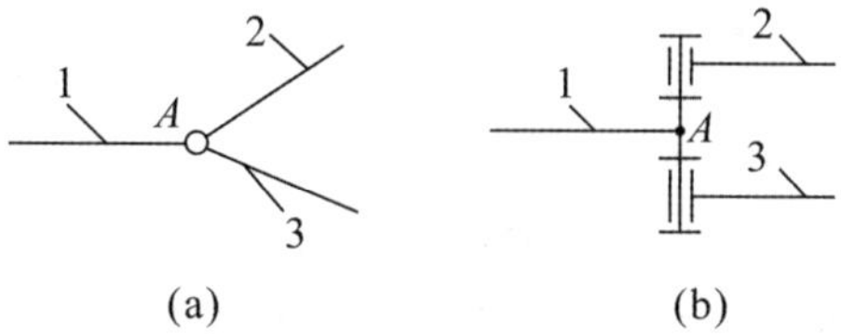


图3-13　复合铰链

在计算机构自由度时，应注意正确地识别复合铰链，以免把转动副的个数算错。

**2. 局部自由度**

机构中常出现一种与输出构件运动无关的自由度，称为局部自由度或多余自由度，在计算机构自由度时应予以排除。可以把中间的转动副去除，将滚子和从动杆件看成同一个构件。如图3-14所示。

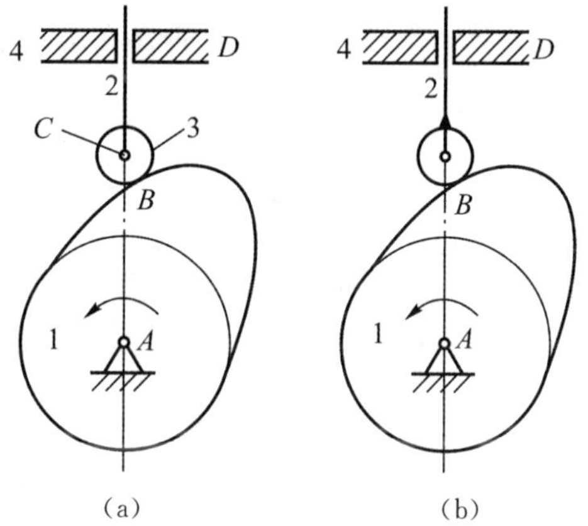


图3-14　局部自由度

**3. 虚约束**

在运动副引入的约束中，有些约束对机构自由度的影响是重复的，这种重复而对机构运动不起独立限制作用的约束称为虚约束或消极约束。在计算机构的自由度时应将虚约束除去不计。

虚约束是构件间几何尺寸满足某些特殊条件的产物。平面机构中的虚约束常出现在下列场合。

(1)两个构件之间组成多个移动副，且导路相互平行或重合时，如不考虑构件的受力，仅从运动方面考虑，其中只有一个移动副起约束作用，其余都是虚约束，如图3-15(a)所示机构的导路平行和如图3-15(b)所示机构的导路重合中，$D$、$E$两个移动副中有一个是虚约束。

(2)两个构件之间组成多个转动副，且轴线重合时，其中只有一个转动副起约束作用，其余都为虚约束。如图3-16所示两个轴承支撑一根轴，该机构的$A$、$B$两个转动副中有一个是虚约束。

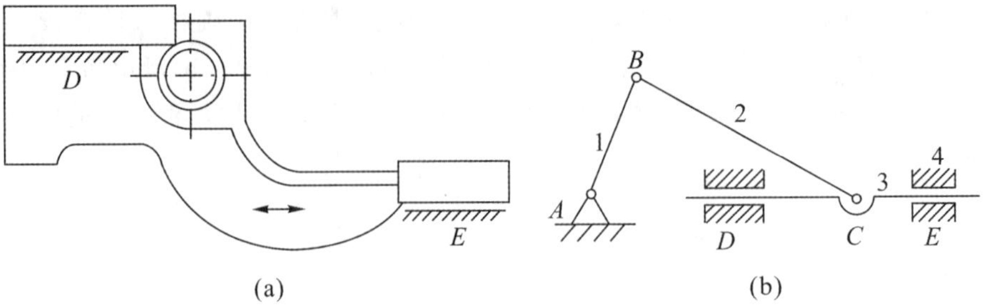


图 3-15 移动副虚约束

(3)两个构件之间组成多个高副，且各高副接触点处公法线重合时，只考虑一处高副引入的约束，其余都为虚约束，如图 3-17 所示，该机构的 $A$、$B$ 两个高副中有一个是虚约束。

(4)机构中对运动不起限制作用的对称部分，其对称部分可视为虚约束。如图 3-18 所示的行星轮系中，中心轮 1 通过对称布置的三个完全相同的行星齿轮 2、2′和 2″驱动内齿轮 3，其中有两个行星齿轮对传递运动不起独立作用是虚约束。此处采用三个完全相同的行星轮对称结构，其目的是改善构件的受力。

在计算机构的自由度时，需认真分析机构中是否存在虚约束，应排除虚约束后，再进行自由度计算。

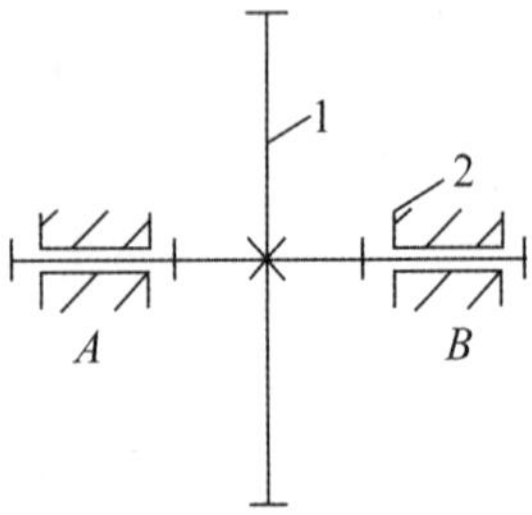


图 3-16 转动副虚约束

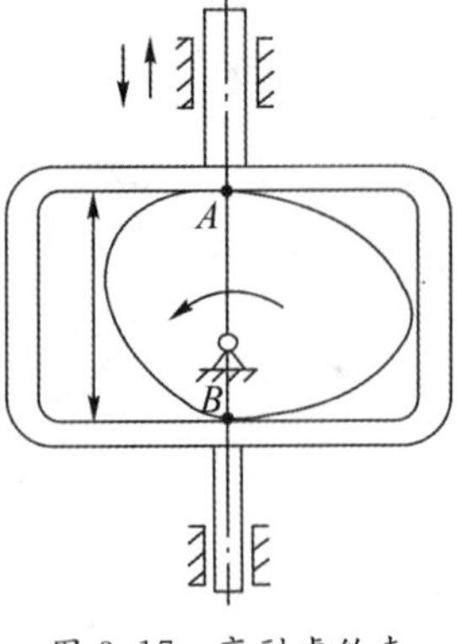


图 3-17 高副虚约束

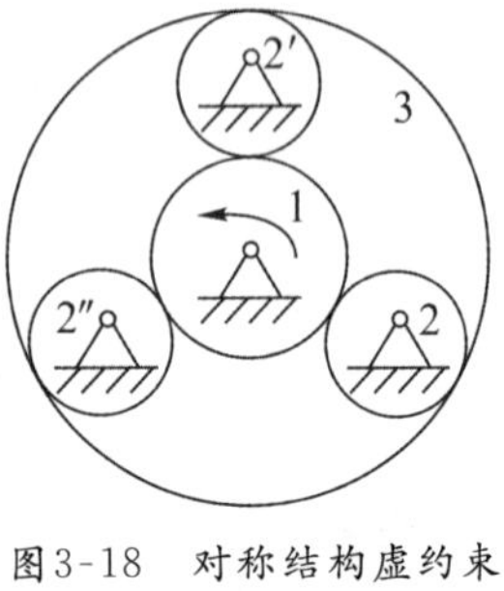


图3-18 对称结构虚约束

## 二、案例解读

**案例 3-2** 试计算图 3-19 所示钢板剪切机传动系统的自由度。

解：由图可知，机构中有五个活动构件 $n=5$，$B$ 处是三个构件汇交成的复合铰链，有两个转动副，$O$、$A$、$C$ 各处分别有一个转动副，滑块 5 与机架 6 之间组成一个移动副，故低副个数 $P_L=7$，高副个数 $P_H=0$。由式(3-1)得机构的自由度：

$$F=3n-2P_L-P_H=3\times5-2\times7-0=1$$

该机构的自由度与原动件数相等，故具有确定的运动。当原动件 1 转动时，滑块 5 沿机架 6 作上下移动。

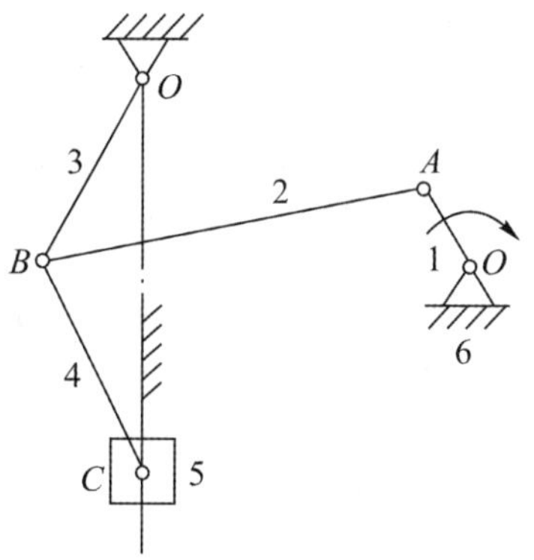


图 3-19　钢板剪切机

**案例 3-3**　试计算图 3-20(a)所示大筛机构的自由度。

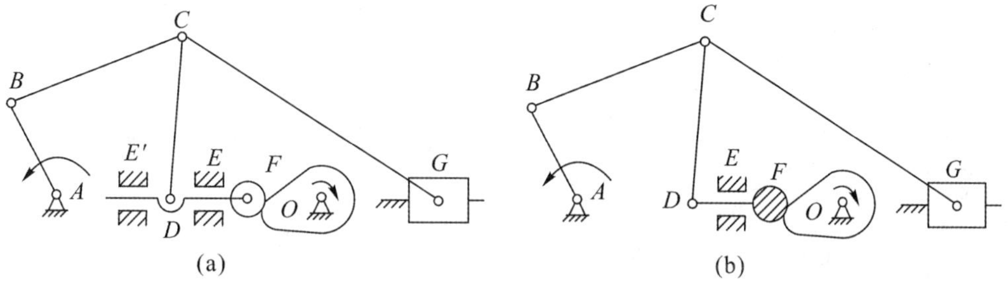


图 3-20　大筛机构

解:机构中的滚子有一个局部自由度;顶杆与机架在 $E$ 和 $E'$,组成 2 个导路平行的移动副,其中之一为虚约束;$C$ 处是复合铰链。现将滚子与顶杆焊成一体,去掉移动副 $E'$,并将 $C$ 点的转动副记为 2 个,如图 3-20(b)所示。此时,$n=7$,$P_L=9$(7 个转动副,2 个移动副),$P_H=1$。由式(3-1)得机构的自由度:

$$F=3n-2P_L-P_H=3\times7-2\times9-1=2$$

该机构具有两个原动件,且原动件数与机构自由度相等,故该机构的运动是确定的。

## 三、学习任务

1. 对教师讲过的案例进行分析。

2. 结合本节所学内容,计算下列图示机构的自由度。若有复合铰链、局部自由度或虚约束应明确指出,并判断机构的运动是否确定(图中绘有箭头的构件为原动件)。

3. 用思维导图对本章内容进行总结。

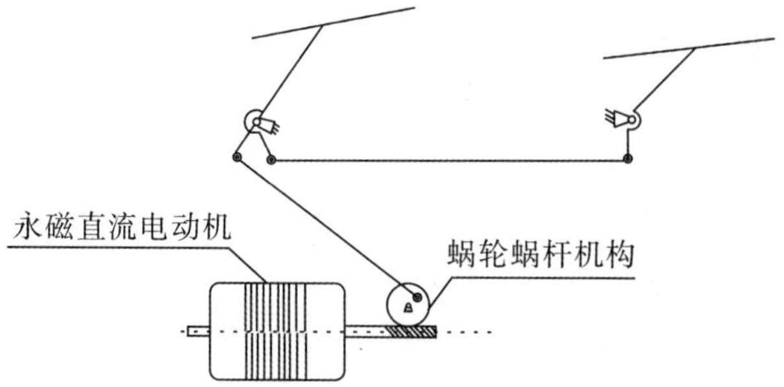


题图 3-4　雨刷器机构简图

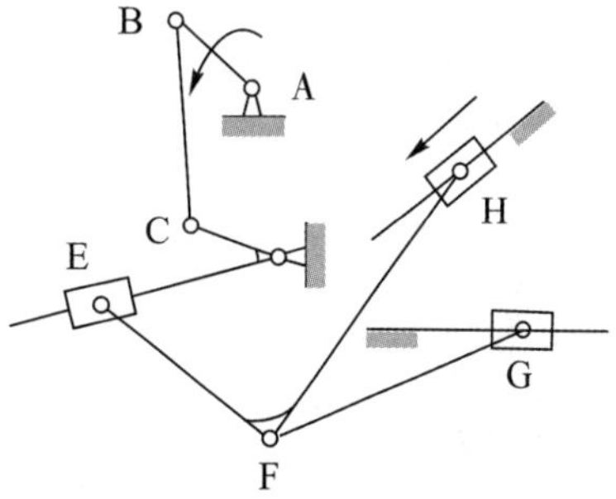


题图 3-5　加药泵加药机构

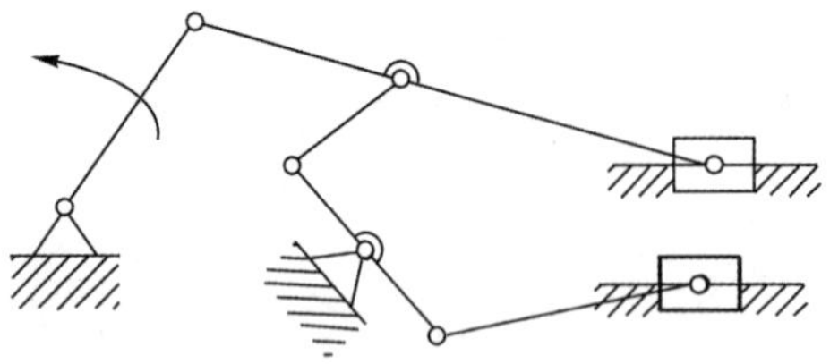

题图 3-6　发动机机构

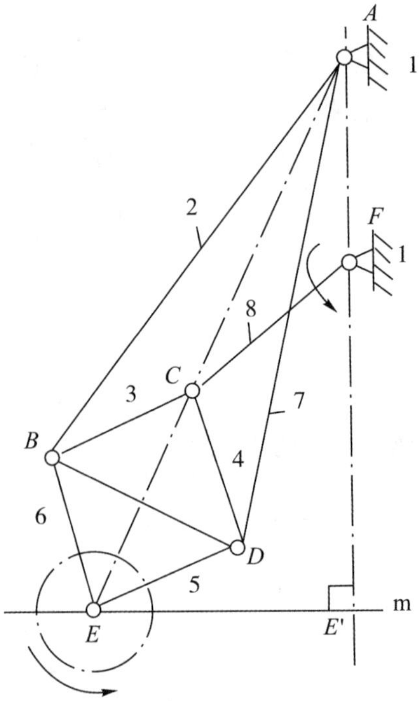


题图 3-7　圆盘锯机构

# 第三节　平面机构的速度分析

## 一、理论要点

### (一)速度瞬心及其求法

如图 3-21 所示,刚体 2 相对杆体 1 作平面运动,在任一瞬时,其相对运动可看作是绕某一重合点的转动,该重合点称为速度瞬心或瞬时回转中心,简称瞬心。因此,瞬心是该两刚体上绝对速度相同的重合点(简称同速点)。如果这两个刚体都是运动的,则其瞬心称为相对瞬心;如果两刚体之一是静止的,则其瞬心称为绝对瞬心。因静止构件的绝对速度为零,所以绝对瞬心是运动刚体上瞬时绝对速度等于零的点。

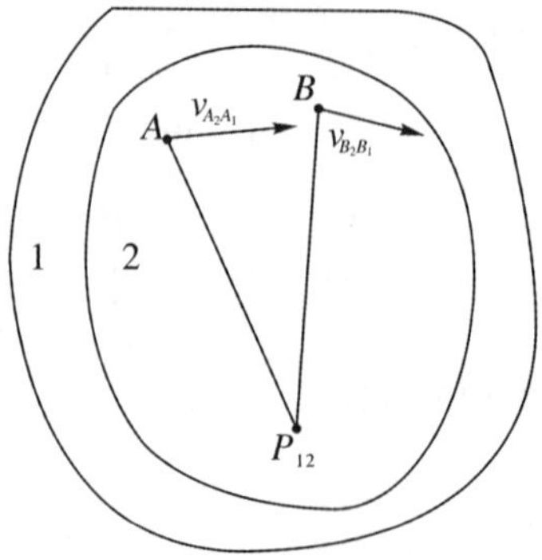


图 3-21　相对速度瞬心

发生相对运动的任意两构件间都有一个瞬心，如机构由 $K$ 个构件组成，则瞬心数为：

$$N=C_K^2=\frac{K(K-1)}{2} \tag{3-2}$$

当构件数 $K$ 较多时，找出全部瞬心是一项比较烦琐的工作。所以，速度瞬心法通常适用于构件数较少的简单机构的速度分析。

当两刚体的相对运动已知时，其瞬心位置可根据瞬心定义求出。例如：①在图 3-21，设已知重合点 $A_2$ 和 $A_1$ 的相对速度 $v_{A_2A_1}$ 的方向以及 $B_2$ 和 $B_1$ 的相对速度 $v_{B_2B_1}$ 的方向，则折两个速度向量垂线的交点便是构件 1 和构件 2 的瞬心 $P_{12}$；②如图 3-22(b)所示，当两构件组成转动副时，转动副的中心便是它们的瞬心，当一个物体静止时这个相对瞬心便是绝对瞬心，如图 3-22(a)所示；③如图 3-22(c)所示，当两构件组成移动副时，由于所有重合点的相对速度方向都平行于移动方向，所以其瞬心位于导路垂线的无穷远处；④如图 3-22(d)所示，当两构件组成滑动兼滚动的高副时，由于接触点的相对速度沿切线方向，因此其瞬心应位于过接触点的公法线上，具体位置还要根据其他条件才能确定；⑤如图 3-22(e)所示，当两构件组成纯滚动高副时，接触点相对速度为零，所以接触点就是其瞬心。

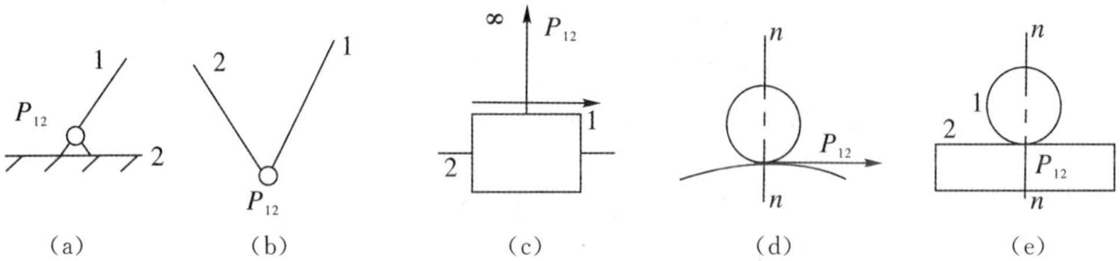


图 3-22　瞬心位置的确定

对于不直接接触的各个构件，其瞬心可用三心定理寻求。该定理是：作相对平面运动的三个构件共有三个瞬心，这三个瞬心位于同一直线上。现证明如下：

如图 3-23 所示，按式(3-2)，构件 1、2、3 共有三个瞬心。为证明方便起见，设构件 1 为固定构件，则 $P_{12}$ 和 $P_{13}$ 各为构件 1、2 和构件 1、3 之间的绝对瞬心。下面采用反证法证明相对瞬心 $P_{23}$ 应位于 $P_{12}$ 和 $P_{13}$ 的连线上。如图 3-23 所示，假定 $P_{23}$ 不在直线 $P_{12}$ 和 $P_{13}$ 上，而在其他任一点 $C$，重合点 $C_2$ 和 $C_3$ 的绝对速度 $v_{c_2}$ 和 $v_{c_3}$，各垂直于 $CP_{12}$ 和 $CP_{13}$，显然这时 $v_{c_2}$ 和 $v_{c_3}$ 的方向不一致。瞬心应是绝对速度相同(方向相同，大小相等)的重合点，今 $v_{c_2}$ 和 $v_{c_3}$ 的方向不同，故 $C$ 点不可能是瞬心。只位于 $P_{12}$ $P_{13}$ 直线上的重合点速度方向才可能一致，所以瞬心 $P_{23}$ 必在 $P_{12}$ 和 $P_{13}$ 的连线上。

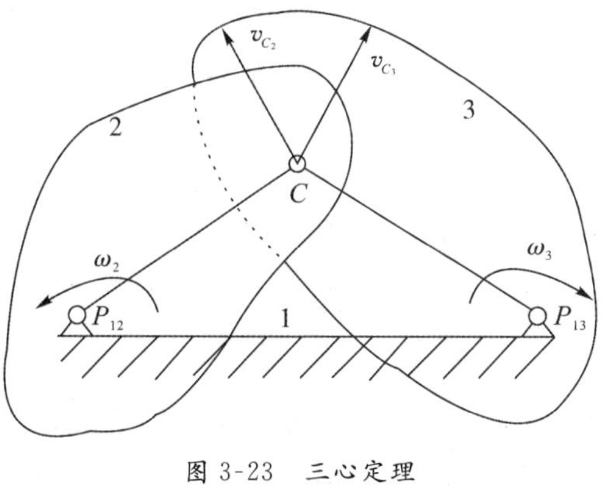


图 3-23　三心定理

### (二)平面机构的速度分析

平面机构的速度分析是根据给定的原动件速度，求解从动件上某点的运动速度。本节主要讲述速度瞬心法求解。

如图 3-24 所示，构件 1 是固定件，构件 2 是原动件。$P_{24}$是构件 2 和构件 4 的相对速度瞬心(同速点)，由于构件 1 是静止的，$P_{12}$和$P_{14}$分别是构件 2 和构件 4 的绝对速度瞬心。构件 2 上的$P_{24}$绝对速度为：

$$v_{P_{24}}=\omega_2 l_{P_{24}P_{12}}$$

构件 4 上的$P_{24}$绝对速度为：

$$v_{P_{24}}=\omega_4 l_{P_{24}P_{14}}$$

故得：

$$\omega_4 l_{P_{24}P_{14}}=\omega_2 l_{P_{24}P_{12}}$$

$$\omega_4=\frac{l_{P_{24}P_{12}}}{l_{P_{24}P_{14}}}\omega_2=\frac{P_{24}P_{12}}{P_{24}P_{14}}\omega_2$$

从而可以求出构件 4 上任意点的速度。

点$P_{13}$是构件 1 和构件 3 的相对速度瞬心，由于构件 1 固定，则$P_{13}$是构件 3 的绝对速度瞬心，根据上面的方法可求出构件 3 的角速度：

$$\omega_3=\frac{l_{P_{23}P_{12}}}{l_{P_{23}P_{13}}}\omega_2=\frac{P_{23}P_{12}}{P_{23}P_{13}}\omega_2$$

从而可以求出构件 3 上任意点的速度。

自此，铰链四杆机构上的所有点的速度均可以求出。

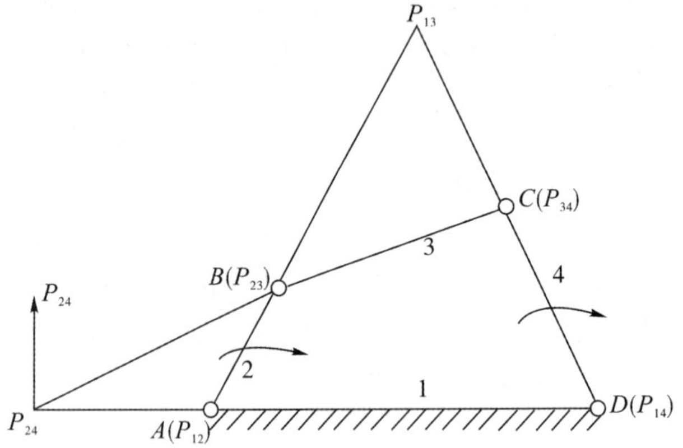


图 3-24　铰链四杆机构

## 二、案例解读

**案例 3-4**　试求出图 3-25 所示机构的所有瞬心。

解：由图 3-25(a)可知，该机构的瞬心数 $N=C_K^2=\frac{K(K-1)}{2}=\frac{4(4-1)}{2}=6$，转动副中心 $A$、$B$、$C$、$D$ 各位瞬心$P_{12}$、$P_{23}$、$P_{34}$、$P_{14}$。

由三心定理知，$P_{13}$、$P_{12}$、$P_{23}$三个瞬心在同一直线上，$P_{13}$、$P_{14}$、$P_{34}$也应位于同一直线上，因此$P_{12}P_{23}$和$P_{13}P_{14}$两直线的交点就是瞬心$P_{13}$。

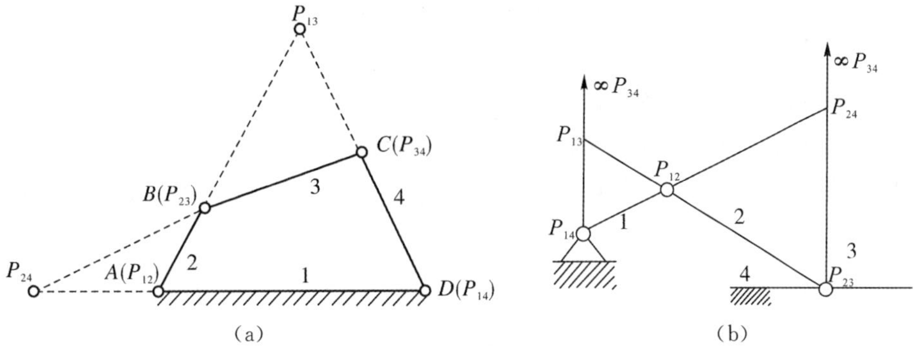


图 3-25　四杆机构

同理，直线$P_{14}P_{12}$和$P_{34}P_{23}$的交点就是$P_{24}$。

因构件 1 是机架，所以$P_{13}$、$P_{12}$、$P_{14}$是绝对瞬心，$P_{23}$、$P_{34}$、$P_{24}$是相对瞬心。

由图 3-25(b)可知，该机构的瞬心数 $N=C_K^2=\dfrac{K(K-1)}{2}=\dfrac{4(4-1)}{2}=6$，三个铰接处的转动副分别为瞬心$P_{12}$、$P_{24}$、$P_{14}$。$P_{34}$位于垂直于构件 3 的运动方向无穷远处。

同理，直线$P_{14}P_{12}$和$P_{34}P_{23}$的交点就是$P_{24}$；$P_{12}P_{23}$和$P_{34}P_{14}$两直线的交点就是瞬心$P_{13}$。

因构件 4 是机架，所以$P_{14}$、$P_{24}$、$P_{34}$是绝对瞬心，$P_{23}$、$P_{13}$、$P_{12}$是相对瞬心。

**案例 3-5**　试求出图 3-26 所示导杆机构中构件 1 和构件 3 的角速比。

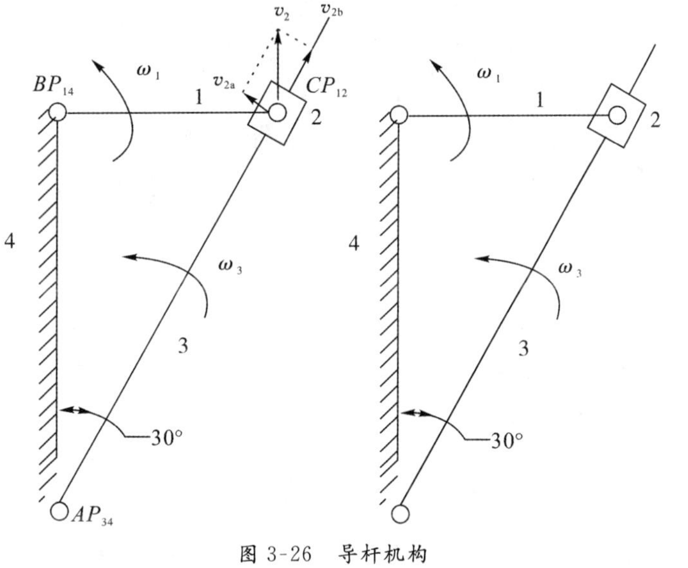


图 3-26　导杆机构

解：由图 3-26 所示，三个铰接处的转动副分别为：

瞬心$P_{12}$、$P_{34}$、$P_{14}$，由于构件 4 为机架，所以$P_{34}$、$P_{14}$为绝对瞬心。

构件 2 的速度$v_2$为瞬心$P_{12}$的速度，$v_2=v_{P_{12}}=\omega_1 l_{BC}$，将$v_2$沿 $AB$ 和垂直 $AB$ 方向分解，得到$v_{2a}$和$v_{2b}$，

$v_{2a}=v_2\sin30°$

$v_{2a}$为构件 3 上 $C$ 点的速度，$v_{2a}=\omega_3 l_{AC}$，

$\omega_3=\dfrac{v_2\sin30°}{l_{AC}}$　　$\dfrac{\omega_1}{\omega_3}=\dfrac{1}{(\sin30°)^2}=4$

## 三、学习任务

1. 对教师讲过的案例进行分析。

2. 结合本节所学内容，求出下列各机构的瞬心及速度。

(1)求出题图 3-8 所示正切机构的全部瞬心。

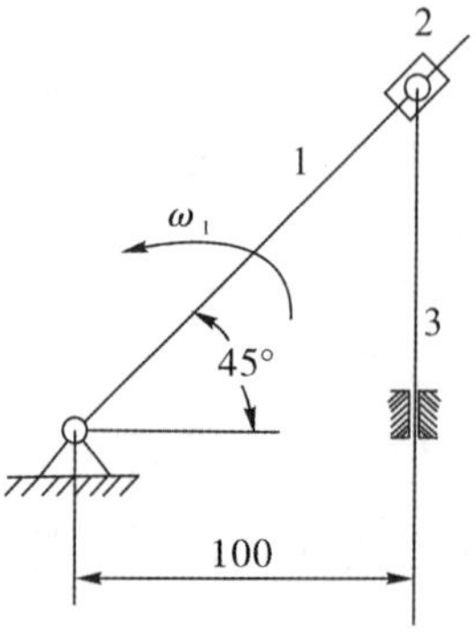


题图 3-8　正切机构

(2)如题图 3-9 所示，$l_{OA}=8$mm，$l_{AB}=19.3$mm，$l_{AC}=13.3$mm，偏距 $e=3.8$mm，图示瞬时曲柄与水平位置夹角为 34.3°，角速度 $\omega_2=15$rad/s，$\angle BAC=38.6°$，求各瞬心及 $\omega_3$、$v_C$。

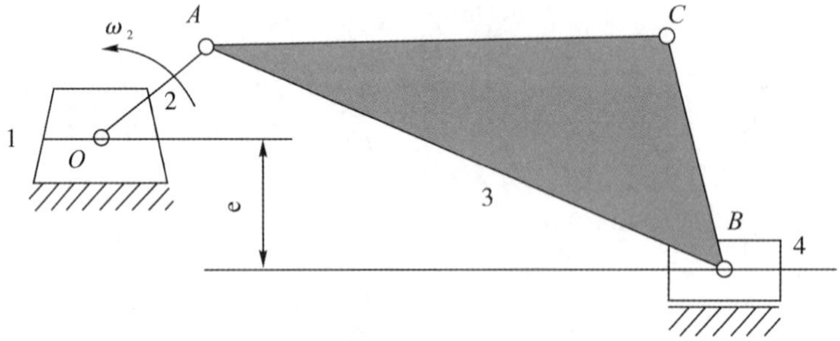


题图 3-9　冲压机构

(3)题图 3-10 所示平底摆动从动件凸轮机构，已知凸轮 1 为半径 $r=20$mm 的圆盘，$l_{CA}=15$mm，$l_{AB}=90$mm，$\omega_1=10$rad/s，求各瞬心及 $\theta=0°$或 180°时，从动件 $\omega_2$ 的速度值和方向。

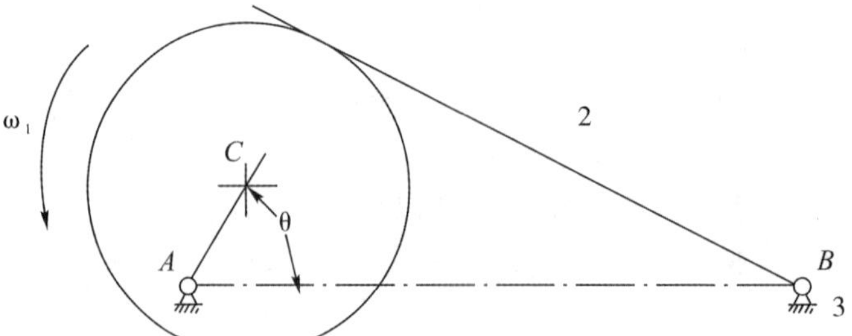


题图 3-10　平底摆动从动件凸轮机构

3. 用思维导图对本章内容进行总结。

# 第四章　平面连杆机构

在生产实际中，机器运转的条件各不相同，对机器运动的要求也是多种多样的。平面连杆机构能实现多种运动规律和运动轨迹，且结构简单、易于制造、工作可靠，在工农业机械和工程机械中都有广泛应用。

让我们来看看，平面连杆机构有什么工作特性，不同类型之间如何演化，以及如何设计它们。

**学习目标：**

(1)能够准确陈述平面四杆机构的组成及其应用。

(2)能够正确区分平面四杆机构的演化方式。

(3)能够正确描述平面四杆机构的基本特性。

(4)能够结合给定条件，设计出符合要求的平面四杆机构。

## 第一节　平面连杆机构的类型和应用

### 一、理论要点

#### (一)平面连杆机构的有关概念

平面连杆机构是指在同一平面或相互平行平面内的由若干刚性构件用低副(转动副、移动副)连接组成的机构，又称平面低副机构。

铰链四杆机构

所有运动副均为转动副的平面四杆机构称为铰链四杆机构，它是平面四杆机构的基本形式。图 4-1 所示的铰链四杆机构中，固定构件 4 为机架，直接与机架相连的构件 1 和 3 为连架杆，不直接与机架相连的构件 2 称为连杆。若组成转动副的两构件能作整周相对转动，则称该转动副为整转副，如转动副 $A$、$B$；否则称为摆动副，如转动副 $C$、$D$。能绕其轴线做整周回转，且与机架组成整转副的连架杆称为曲柄，如构件 1；仅能绕其轴线在小于 360°范围内往复摆动，且与机架组成摆动副的连架杆称为摇杆，如构件 3。

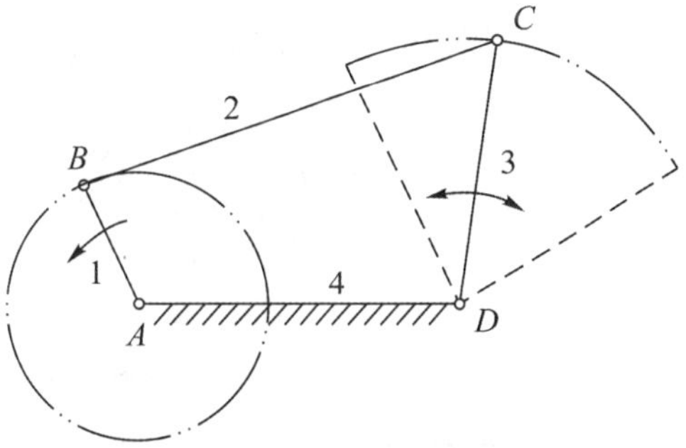


图 4-1　铰链四杆机构

1、3-连架杆；2-连杆；4-机架。

## (二)平面四杆机构的基本类型

**1. 曲柄摇杆机构**

在铰链四杆机构中,若两个连架杆中一个为曲柄,另一个为摇杆,则此铰链四杆机构称为曲柄摇杆机构(见图 4-1)。若以曲柄为原动件驱动摇杆,则将曲柄的整周转动转换成摇杆的往复摆动;若以摇杆为原动件,则情况恰好相反。

**2. 双曲柄机构**

在铰链四杆机构中,若两个连架杆均为曲柄,则此铰链四杆机构称为双曲柄机构,如图 4-2 所示。双曲柄机构可以将原动件的匀速转动转变为输出件的变速转动。

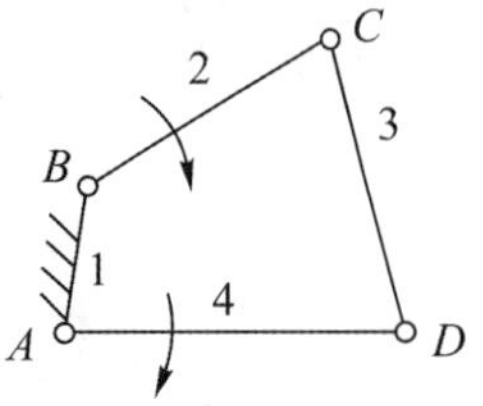


1-机架;
2、4-曲柄;
3-连杆。

双曲柄机构

图 4-2 双曲柄机构

在双曲柄机构中,若两对边构件长度相等且平行,则称为平行四边形机构。如图 4-3 所示。该机构具有两个重要的特性:一是从动曲柄和主动曲柄以相同角速度转动;二是连杆作平动。

若两杆长度相等,但彼此不平行,则称为反平行四边形机构,如图 4-4 所示。该机构的特点是两曲柄的转向相反。

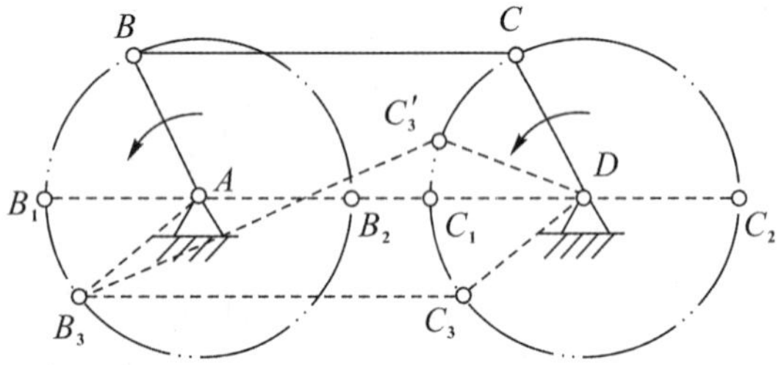


图 4-3 平行四边形机构

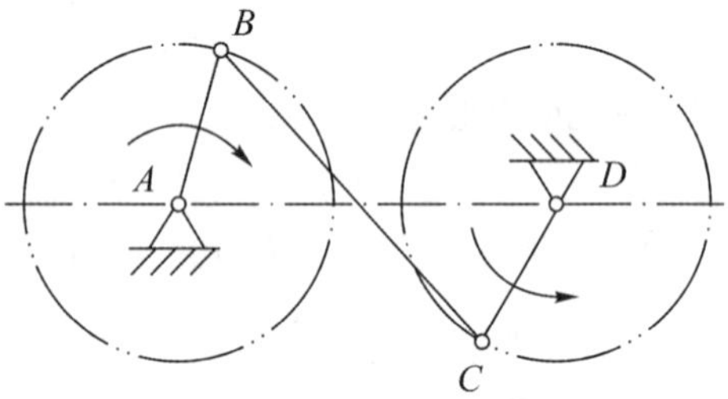


图 4-4 反平行四边形机构

**3. 双摇杆机构**

在铰链四杆机构中,若两连架杆均为摇杆,则此铰链四杆机构称为双摇杆机构,如图 4-5 所示。

对于双摇杆机构,若两摇杆长度相等,则称为等腰梯形机构。

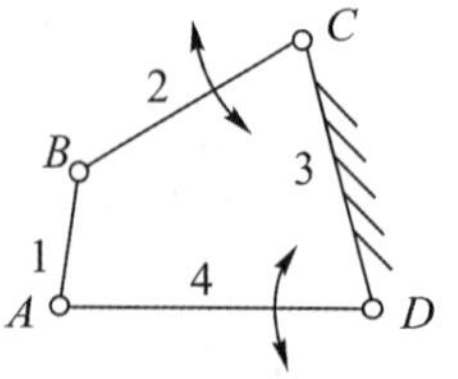


1-连杆;
2、4-摇杆;
3-机架。

双摇杆机构

图 4-5 双摇杆机构

## 二、案例解读

学习了平面连杆机构的有关概念及基本类型,要求识别机构的类型并分析其运动情况。

**案例 4-1**　雷达天线的俯仰机构，如图 4-6 所示。

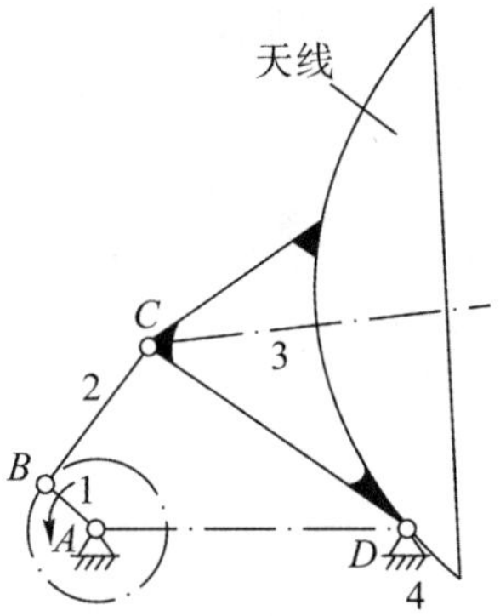

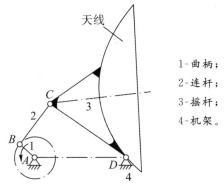

1-曲柄；
2-连杆；
3-摇杆；
4-机架。

图 4-6　雷达天线的俯仰机构

分析：该机构为曲柄摇杆机构。曲柄 1 缓慢匀速转动，通过连杆 2 使天线（摇杆）3 在一定角度范围内摆动，从而调整雷达天线俯仰角的大小。

**案例 4-2**　缝纫机脚踏驱动机构，如图 4-7 所示。

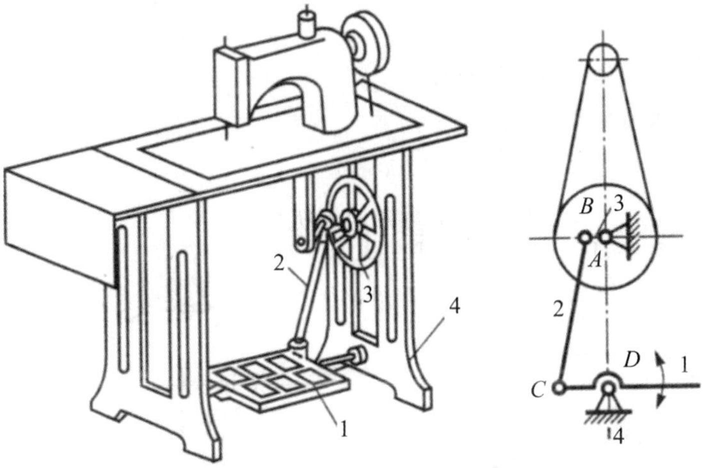


(a)实物简图　　(b)机构运动简图

1-脚踏板（摇杆）；
2-连杆；
3-下带轮（曲柄）；
4-机架。

图 4-7　缝纫机脚踏驱动机构

分析：它是以摇杆为原动件的曲柄摇杆机构。脚踏板（摇杆）1 做往复摆动，通过连杆 2 使下带轮 3（固定在曲柄上）转动。图 4-7(b) 为该机构的运动简图。

**案例 4-3**　惯性筛机构，如图 4-8 所示。

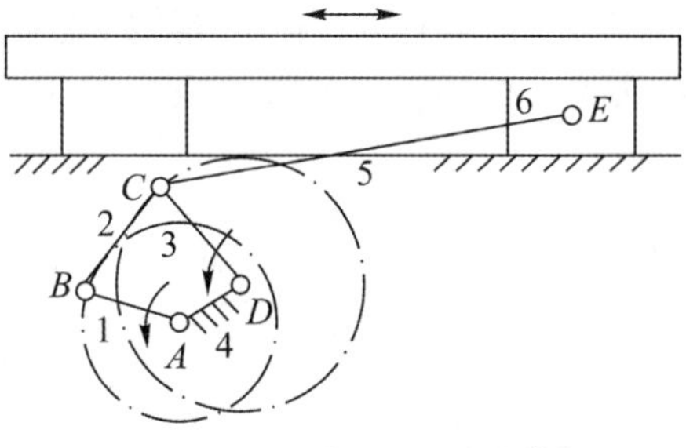

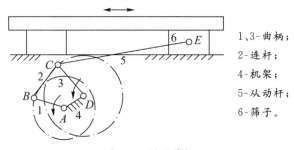

1、3-曲柄；
2-连杆；
4-机架；
5-从动杆；
6-筛子。

图 4-8　惯性筛机

分析:该机构为双曲柄机构。当主动曲柄1做匀速转动时,从动曲柄3做变速转动,再通过从动杆5使筛子6具有更大的加速度,从而实现物料的分离。

**案例 4-4** 飞机起落架收放机构,如图 4-9 所示。

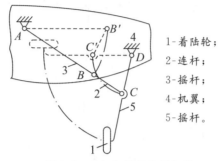

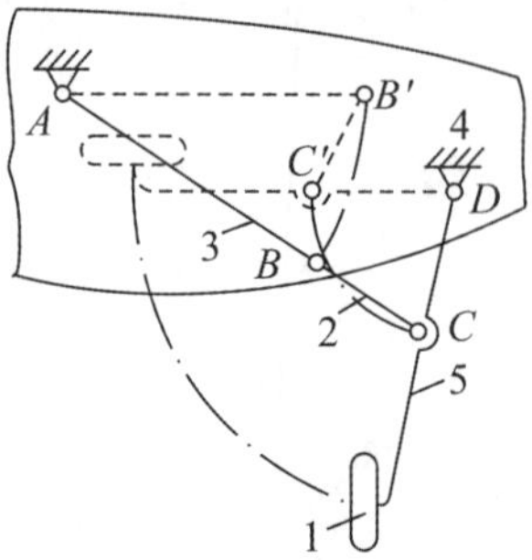


图 4-9 飞机起落架收放机构

分析:该机构为双摇杆机构。飞机着陆前,需要将着陆轮1从机翼4中推放出来(图中实线所示);起飞后,为了减小空气阻力,又需要将着陆轮收入翼中(图中虚线所示)。这些动作是由原动摇杆3,通过连杆2、从动摇杆5带动着陆轮来实现的。

## 三、学习任务

1. 用不少于200字对本节知识点进行梳理。
2. 对教师讲过的案例进行分析。
3. 举例并分析几个生活中见到的平面连杆机构。

# 第二节 平面四杆机构的演化

## 一、理论要点

### (一)将转动副演化成移动副

如图 4-10(a)所示的曲柄摇杆机构中,当曲柄1转动时,摇杆3上的$C$点的轨迹为以$D$为圆心、$l_{CD}$为半径的圆弧。若将摇杆3改为图 4-10(b)所示的圆弧滑块,并使其沿着圆弧滑道$mm$滑行,则铰链$C$点的运动轨迹不变,即机构的运动特性不变。当摇杆3长度越长时,曲线$mm$就越平直,当摇杆3趋于无限长时,$mm$将成为一条直线,这时圆弧滑道变成直线滑道,转动副$D$演化成移动副,摇杆演化成做直线运动的滑块,铰链四杆机构演化成为曲柄滑块机构,如图 4-10(c)所示。该图中滑块移动导路到曲柄回转中心$A$之间的距离$e$称为偏距。如果$e$不为零,称为偏置曲柄滑块机构;如果$e$等于零,则称为对心曲柄滑块机构,如图 4-10(d)所示。

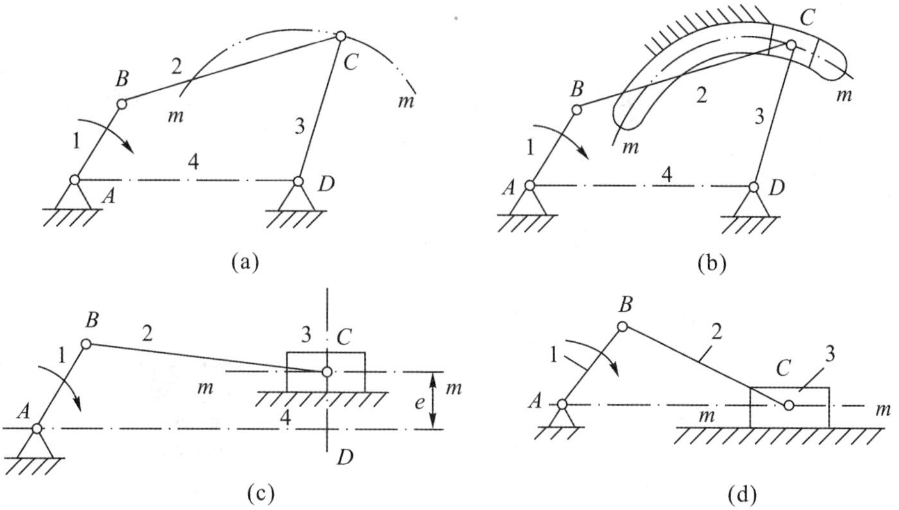


图 4-10　曲柄摇杆机构演化为曲柄滑块机构

1-曲柄；2-连杆；3-摇杆(滑块)；4-机架。

## (二)变更机架

如图 4-11(a)所示的曲柄滑块机构，通过取其不同的构件为机架可以得到不同的机构，如图 4-11(b)(c)(d)所示。演化后的机构都具有能在滑块中做相对移动的构件(导杆)，因此称它们为导杆机构。

曲柄滑块机构的演化 a 曲柄滑块机构

曲柄滑块机构的演化 b 回转导杆机构

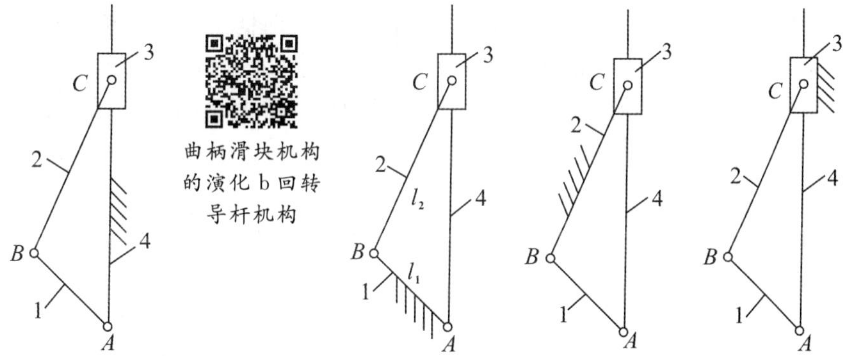

(a)曲柄滑块机构　(b)曲柄转动导杆机构　(c)摆动滑块机构　(d)移动导杆机构

图 4-11　曲柄滑块机构的演化

(1)曲柄转动导杆机构。如图 4-11(a)所示的曲柄滑块机构，若改取杆 1 为机架，即得图 4-11(b)所示的导杆机构。滑块 3 相对导杆 4 滑动并一起绕 $A$ 点转动，通常取杆 2 为原动件。当 $l_1 < l_2$ 时，两连架杆 2 和 4 均可相对于机架 1 整周回转，称为曲柄转动导杆机构或转动导杆机构。

(2)摆动滑块机构(摇块机构)。若改取杆 2 为机架，即得图 4-11(c)所示的摆动滑块机构或称摇块机构。

(3)移动导杆机构(定块机构)。若改取滑块 3 为机架，即得图 4-11(d)所示的移动导杆机构或称定块机构。

### (三)变更杆长

如图 4-11(b)所示的曲柄转动导杆机构中，杆 1 为机架，$l_1 < l_2$，若改变杆长，使 $l_1 > l_2$，如图 4-12 所示，则连架杆 4(导杆)只能往复摆动，曲柄转动导杆机构演化为曲柄摆动导杆机构(摆动导杆机构)。

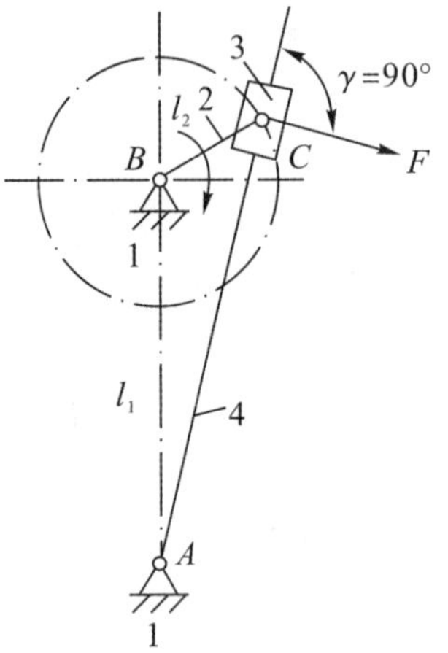

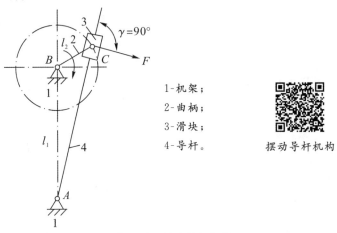

1-机架；
2-曲柄；
3-滑块；
4-导杆。

摆动导杆机构

图 4-12　摆动导杆机构

### (四)扩大转动副

在图 4-13(a)所示的曲柄摇杆机构中，如果将曲柄 1 端部的转动副 $B$ 的半径加大到超过曲柄 1 的长度 $AB$，便得到如图 4-13(b)所示的机构。此时，曲柄 1 变成了一个以 $B$ 为几何中心、$A$ 为回转中心的偏心轮。$A$、$B$ 之间的距离 $e$ 称为偏心距，即原曲柄的长度。

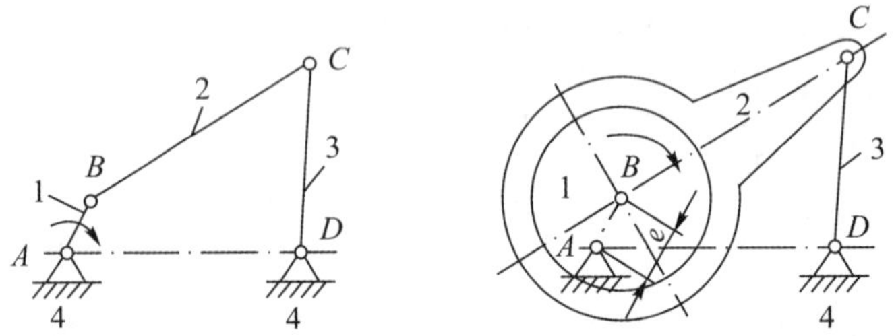


(a)曲柄摇杆机构　　(b)具有偏心轮的四杆机构

1-曲柄；2-连杆；3-摇杆；4-机架。　　1-偏心轮；2-连杆；3-摇杆；4-机架。

图 4-13　曲柄摇杆机构演化为具有偏心轮的四杆机构副

## 二、案例解读

学习了平面连杆机构的演化，要求识别演化后的机构类型并分析其运动情况。

**案例 4-5**　货车车厢自动翻转卸料机构，如图 4-14 所示。

分析：该机构属于摆动滑块导杆机构(摇块机构)，由曲柄滑块机构演化而来。当油缸 3 中的压力油推动活塞杆 4 运动时，车厢 1 便绕转动副中心 $B$ 倾斜，当达到一定角度时，物料就自动卸下。

**案例 4-6**　抽水唧筒机构，如图 4-15 所示。

分析：该机构属于移动导杆机构（定块机构），由曲柄滑块机构演化而来。当扳动手柄 1 时，活塞 4 便在筒体 3 内做往复运动，从而完成抽水和压水的工作。

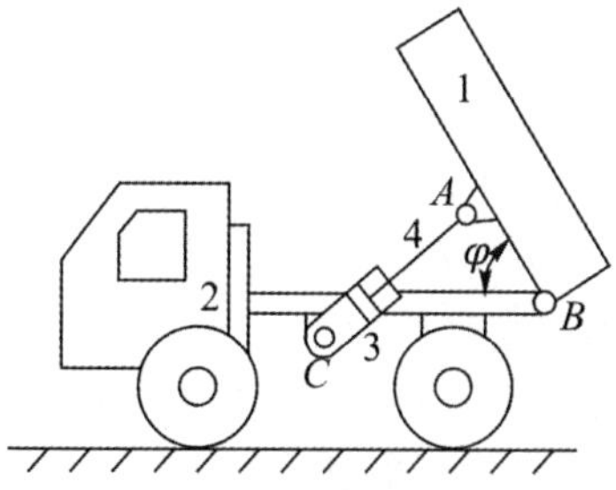


图 4-14　货车卸料机构

1-车厢；2-车身（机架）；3-油缸；4-活塞杆。

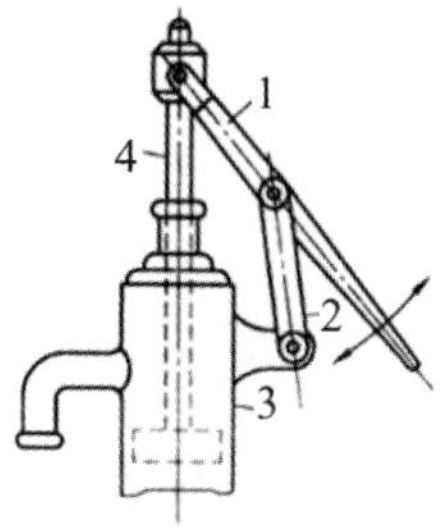


图 4-15　抽水唧筒机构

1-手柄；2-连杆；3-唧筒筒体（机架）；4-活塞。

## 三、学习任务

1. 对教师讲过的案例进行分析。

2. 回顾所学知识，归纳出具有一个移动副的四杆机构有哪些？它们是如何演化而来的？

# 第三节　平面四杆机构的工作特性

## 一、理论要点

### （一）铰链四杆机构有整转副的条件

在如图 4-16 所示的曲柄摇杆机构中，各杆长度分别用 $l_1$、$l_2$、$l_3$、$l_4$ 表示。因杆 1 为曲柄，故杆 1 与杆 4 的夹角 $\varphi$ 的变化范围为 0°～360°；当摇杆 3 处于左、右极限位置时，曲柄与连杆两次共线，故杆 1 与杆 2 的夹角 $\beta$ 的变化范围也是 0°～360°；摇杆 3 与相邻两杆的夹角 $\psi$、$\gamma$ 的变化范围小于 360°。为了实现曲柄 1 整周回转，$AB$ 杆必须顺利通过与连杆共线的两个位置 $AB'$ 和 $AB''$。

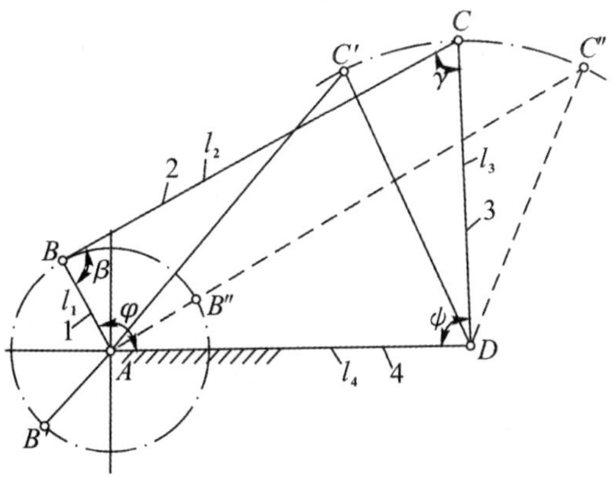


图 4-16　铰链四杆机构有整转副的条件

当杆 1 处于 $AB'$ 位置时，形成 $\triangle AC'D$。根据三角形任意两边之和必大于(极限情况下等于)第三边的定理可得：

$$l_4 \leqslant (l_2 - l_1) + l_3 \tag{4-1}$$

及

$$l_3 \leqslant (l_2 - l_1) + l_4 \tag{4-2}$$

当杆 1 处于 $AB''$ 位置时，形成 $\triangle AC''D$。可写出以下关系式：

$$l_1 + l_2 \leqslant l_3 + l_4 \tag{4-3}$$

将式(4-1)、式(4-2)、式(4-3)两两相加，经简化后可得：

$$l_1 \leqslant l_2, l_1 \leqslant l_3, l_1 \leqslant l_4$$

它表明杆 1 为最短杆，在杆 2、杆 3、杆 4 中有一杆为最长杆。

因此，铰链四杆机构中转动副 $A$ 为整转副的条件是：

(1)最短杆与最长杆长度之和小于或等于其余两杆长度之和，此条件称为杆长条件。

(2)整转副是由最短杆与其邻边组成的。

以上两个条件也称为平面铰链四杆机构曲柄存在的必要条件。要判断具有整转副的铰链四杆机构是否存在曲柄，还应考虑机架的选取：

(1)最短杆为机架时，机架上有两个整转副，故得双曲柄机构。

(2)取最短杆的邻边为机架时，机架上只有一个整转副，故得曲柄摇杆机构。

(3)取最短杆的对边为机架时，机架上没有整转副，故得双摇杆机构。

如果铰链四杆机构中的最短杆与最长杆长度之和大于其余两杆长度之和，则该机构中不存在整转副，无论取哪个构件作为机架都只能得到双摇杆机构。

### (二) 急回运动特性

**1. 急回特性**

在某些从动件做往复运动的平面连杆机构中，若从动件回程的平均速度大于工作行程的平均速度，则称该机构具有急回特性。

**2. 极位与极位夹角**

如图 4-17 所示的曲柄摇杆机构，当曲柄与连杆两次共线时，摇杆处于左、右两个极限位置($DC_1$ 和 $DC_2$)，简称极位，两极位之间的摆角为 $\psi$。此时，对应曲柄的一个位置与另一个位置的反向延长线间所夹的角度称为极位夹角 $\theta$。

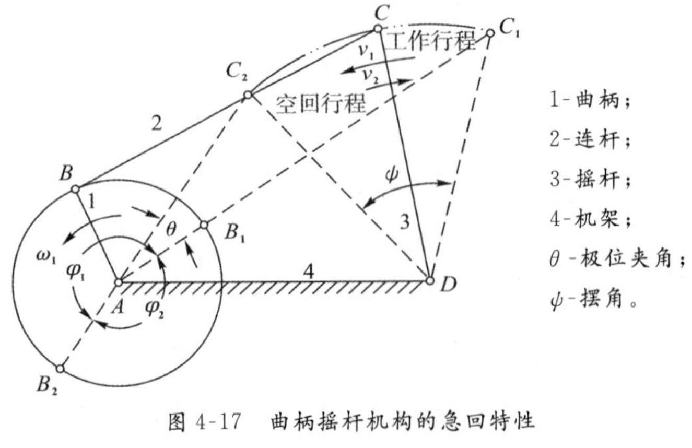


图 4-17　曲柄摇杆机构的急回特性

**3. 行程速度变化系数 $K$**

行程速度变化系数(或称行程速比系数)$K$ 是为了表明急回运动的程度而引入了的概念,它等于回程的平均速度 $v_2$ 与工作行程的平均速度 $v_1$ 之比,即:

$$K=\frac{v_2}{v_1}=\frac{C_1C_2/t_2}{C_1C_2/t_1}=\frac{t_1}{t_2}=\frac{\varphi_1}{\varphi_2}=\frac{180^\circ+\theta}{180^\circ-\theta} \tag{4-4}$$

其中,$t_1$、$t_2$ 分别为从动摇杆工作行程和回程所花的时间。$\varphi_1$、$\varphi_2$ 为从动摇杆工作行程和回程中对应的曲柄转过的角度。

上式表明,$\theta$ 与 $K$ 之间存在一一对应关系,因此,机构的急回特性也可用 $\theta$ 角来表征。$\theta$ 越大,$K$ 越大,急回运动的特性也越显著。

实际设计机械时,往往给定行程速度变化系数 $K$ 值,需先根据 $K$ 值求出极位夹角 $\theta$,再设计杆长。极位夹角为:

$$\theta=180^\circ\frac{K-1}{K+1} \tag{4-5}$$

## (三) 压力角和传动角

如图 4-18 所示的曲柄摇杆机构,若不计各杆质量和运动副中的摩擦,当主动件运动时,通过连杆作用于从动件上的力 $F$ 是沿 $BC$ 方向的。此力的方向线与该力作用点处的绝对速度 $v_c$ 之间所夹的锐角称为压力角。

在连杆机构设计中,为了度量方便,通常以压力角的余角 $\gamma$ 来衡量机构的传力性能,$\gamma$(即连杆和从动件之间所夹的锐角)称为传动角。$\gamma$ 越大,机构传力性能越好;反之 $\gamma$ 越小,机构传力越费劲,传动效率越低。

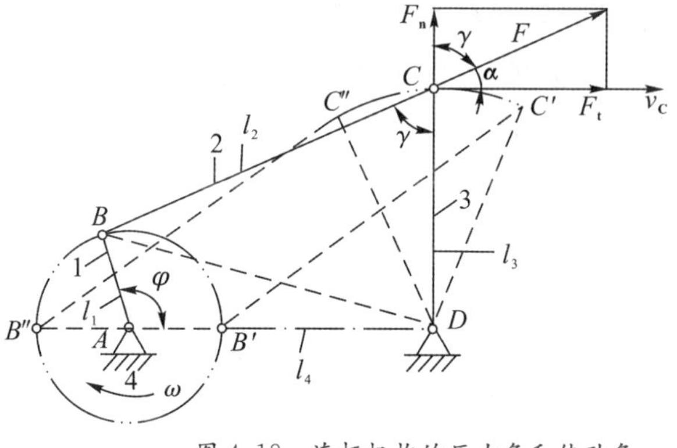


1-曲柄;
2-连杆;
3-摇杆;
4-机架;
$\alpha$ -压力角;
$\gamma$ -传动角。

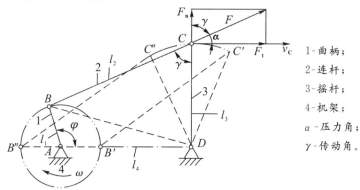

图 4-18　连杆机构的压力角和传动角

在机构的运动过程中,其传动角 $\gamma$ 的大小是时刻变化的,为了保证机构正常工作,设计时必须规定最小传动角 $\gamma_{min}$ 的下限。对于一般机械,通常取 $\gamma_{min}\geqslant 40^\circ$;对于高速和大功率如颚式破碎机、冲床等的传动机械,可取 $\gamma_{min}\geqslant 50^\circ$;对于小功率的控制机构和仪表,可取 $\gamma_{min}$ 略小于 $40^\circ$。

## (四)死点位置

机构处于传动角为零的位置称为死点位置。如图 4-19 所示的曲柄摇杆机构中,以摇杆 $CD$ 为原动件,而曲柄 $AB$ 为从动件,则当摇杆摆到极限位置 $C_1D$ 和 $C_2D$ 时,连杆 $BC$ 与曲柄 $AB$ 共线,若不计各杆的质量、惯性力和运动副的摩擦力,则这时连杆加给曲柄的力

将经过铰链中心 $A$，此力对点 $A$ 不产生力矩，因此不能使曲柄转动。此时从动件的传动角 $\gamma=0°$（即 $\alpha=90°$）。

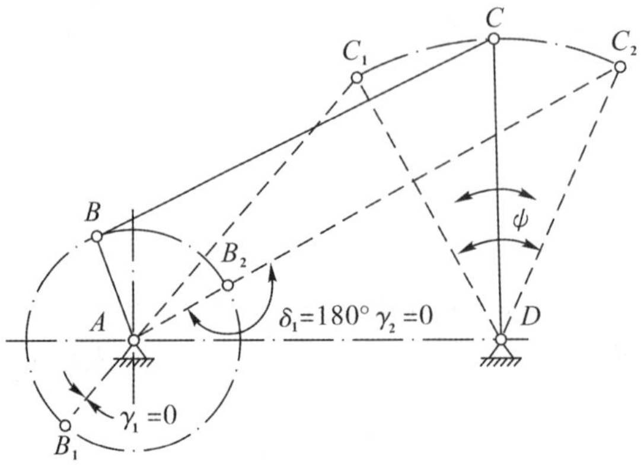


图 4-19　铰链四杆机构的死点

死点位置会使机构的从动件出现卡死或运动的不确定现象，这对传动机构来说是不利的，应采取措施使其顺利通过。通常采取的措施有：

(1) 对从动曲柄施加外力；

(2) 加装飞轮，或利用从动件自身的惯性，使之闯过死点；

(3) 采用多组相同机构错位排列。

但若以夹紧、增力为目的，则机构的死点位置可以加以利用。

## 二、案例解读

**案例 4-7**　试分析曲柄摇杆机构在什么情况下没有急回特性。

分析：连杆机构有无急回运动特性，完全取决于极位夹角 $\theta$。当极位夹角 $\theta=0°$时，行程速度变化系数 $K=1$，机构没有急回运动特性。

解：在曲柄摇杆机构 $ABCD$ 中，设曲柄 $AB$ 为主动件，$BC$ 为连架杆，摇杆 $CD$ 为从动件，$AD$ 为机架，摇杆 $CD$ 的摆角为 $\varphi$。机构无急回特性时，极位夹角 $\theta=0°$，即 $CD$ 处于两极限位置时，$AB_1C_1$ 和 $AB_2C_2$ 共线，如图 4-20 所示。

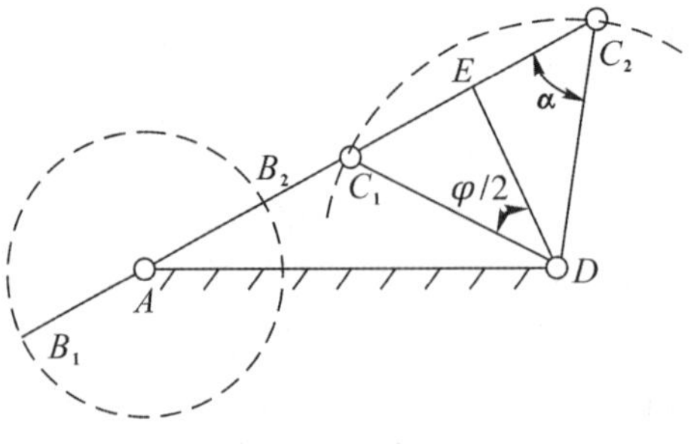


图 4-20　$\theta=0°$时曲柄摇杆机构的极限位置

**案例 4-8**　试分析曲柄摇杆机构的最小传动角 $\gamma_{min}$ 出现的位置。

解：如图 4-18 所示，设机构中各杆的长度分别为 $l_1$、$l_2$、$l_3$、$l_4$，在△$ABD$ 和△$CBD$ 中，由余弦定理可得：

$$BD^2=l_1^2+l_4^2-2l_1l_4\cos\varphi$$

$$BD^2=l_2^2+l_3^2-2l_2l_3\angle BCD$$

由此可得：

$$\cos\angle BCD=\frac{l_2^2+l_3^2-l_1^2-l_4^2+2l_1l_4\cos\varphi}{2l_2l_3} \tag{4-6}$$

当 $\varphi=0°$时，$\angle BCD$ 出现最小值$(\angle BCD)_{\min}$，此值也是传动角的一个极小值；当 $\varphi=180°$时，$\angle BCD$ 出现最大值$(\angle BCD)_{\max}$，若该角是钝角，则其补角 $180°-(\angle BCD)_{\max}$应为 $\gamma$ 的另一极小值。$\gamma$ 的两个极小值中最小的一个即为机构的最小传动角 $\gamma_{\min}$。

综上所述，曲柄摇杆机构的最小传动角 $\gamma_{\min}$ 必出现在曲柄与机架共线($\varphi=0°$或 $\varphi=180°$)的位置。

**案例 4-9**　试分析如图 4-21 所示的连杆式快速夹具机构是如何利用死点位置来夹紧工件的。

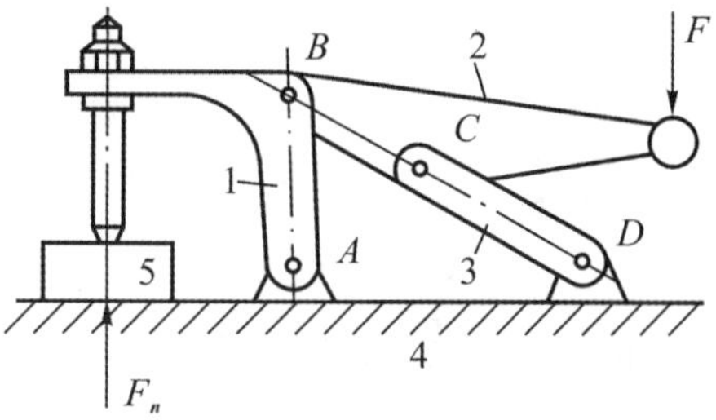

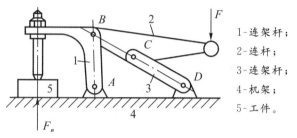

1-连架杆；
2-连杆；
3-连架杆；
4-机架；
5-工件。

图 4-21　利用死点工作的夹具

分析：在连杆 2 上的手柄处施以作用力 $F$，使连杆 2 和连架杆 3 成一直线，机构处于死点位置，这时构件 1 的左端夹击工件 5。外力 $F$ 撤出后，此时工件加在构件 1 上的反作用力 $F_n$ 无论多大，也不能使连架杆 3 转动，因此，工件仍处在被夹紧的状态。当需要取出工件时，只需向上扳动手柄，即能松开夹具。

### 三、学习任务

1. 对本节的知识点进行梳理，字数不少于 200 字。
2. 是否任意的曲柄滑块机构都具有急回特性？举例说明。
3. 列举几个生产生活中避开死点及利用死点位置的机构。

## 第四节　平面四杆机构的设计

### 一、理论要点

平面四杆机构设计的内容，主要是根据已知给定的条件来选择合适的四杆机构形式，确定出各构件的尺寸，并作出机构的运动简图。有时为了使机构设计得可靠、合理，还应考虑几何条件和动力条件(如最小传动角 $\gamma_{\min}$)等。

平面四杆机构的设计可以归纳为两种类型：

(1)按照给定从动件的运动规律(位置、速度、加速度)设计四杆机构，即位置设计；

(2)按照给定点的运动轨迹设计四杆机构，即轨迹设计。

四杆机构设计的方法有图解法、解析法和实验法。本章主要介绍图解法，包括按照给定的行程速度变化系数 $K$ 设计四杆机构和按给定连杆位置设计四杆机构。

## 二、案例解读

要求按照给定从动件的运动规律设计四杆机构。

**案例 4-10** 已知极位夹角 $\theta$，摇杆长度 $l_3$，摆角 $\psi$，要求设计一曲柄摇杆机构。

分析：其设计的实质就是根据机构在极限位置的几何关系，确定铰链中心 $A$ 点的位置，然后结合有关辅助条件求出其他三杆曲柄、连杆、机架的长度尺寸 $l_1$、$l_2$ 和 $l_4$。

解：设计步骤如下：

(1)选取适当的作图比例尺。如图 4-22 所示，任选固定铰链中心 $D$ 的位置，按摇杆长度 $l_3$ 和摆角 $\psi$，作出摇杆两个极限位置 $C_1D$ 和 $C_2D$，则 $\angle C_1DC_2=\psi$。

(2)连接 $C_1$ 和 $C_2$，并过 $C_1$ 点作 $C_1M$ 垂直于 $C_1C_2$。

(3)作 $\angle C_1C_2N=90°-\theta$，$C_2N$ 与 $C_1M$ 相交于 $P$ 点，则 $\angle C_1PC_2=\theta$。

(4)作 $\triangle C_1C_2P$ 外接圆，在此圆周(弧 $\overset{\frown}{C_1C_2}$ 和弧 $\overset{\frown}{EF}$ 除外)上任取一点 $A$ 作为曲柄的固定铰链中心。连 $AC_1$ 和 $AC_2$，因同一圆弧上对应的圆周角相等，故 $\angle C_1AC_2=\angle C_1PC_2=\theta$。

(5)因为摇杆在极限位置时，曲柄与连杆共线，故 $AC_1=l_2-l_1$，$AC_2=l_2+l_1$，从而得曲柄长度 $l_1=(AC_2-AC_1)/2$，连杆长度 $l_2=(AC_2+AC_1)/2$。由图得 $AD=l_4$。

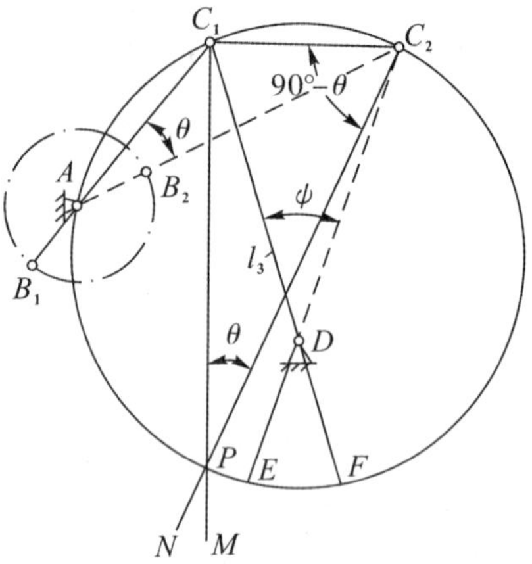

图 4-22 按 $K$ 设计曲柄摇杆机构

由于 $A$ 点是 $\triangle C_1C_2P$ 外接圆上任选的点，所以满足按给定的行程速度变化系数 $K$ 设计的结果有无穷多个。但 $A$ 点位置不同，机构传动角及曲柄、连杆和机架的长度也各不相同。为了使机构获得良好的传动性能，可按照最小传动角 $\gamma_{min}$ 或其他辅助条件来确定 $A$ 点的位置。

**案例 4-11** 已知摆动导杆机构中机架的长度 $l_4$ 和行程速度变化系数 $K$，要求设计此摆动导杆机构。

分析：由图 4-23 可知，摆动导杆机构的极位夹角等于导杆的摆角 $\psi$，所需要确定的尺寸是曲柄的长度 $l_1$。

解：设计步骤如下：

(1)按式(4-5)求出极位夹角 $\theta$，即：

$$\theta=180°\frac{K-1}{K+1}$$

(2)任选固定铰链中心 $C$，以摆角 $\psi$ 作出导杆两极限位置和。

(3)作摆角 $\psi$ 的角平分线 $AC$，按选定的比例尺在线上取 $AC=l_4$，得到固定铰链中心 $A$ 的位置。

(4)过点 $A$ 作导杆极限位置的垂线 $AB_1$(或 $AB_2$)，即得曲柄长度 $l_1=AB_1$。

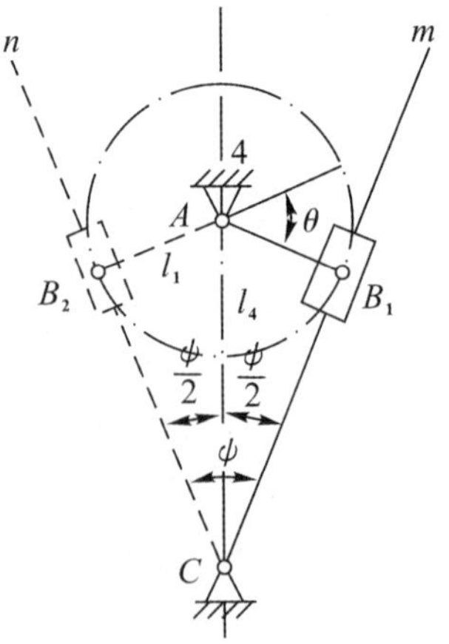

图 4-23 按 $K$ 设计摆动导杆机构

要求按照给定的运动轨迹设计四杆机构。

**案例 4-12**　已知连杆 $BC$ 长度及连续的三个位置（$B_1C_1$、$B_2C_2$、$B_3C_3$），如图 4-24 所示。要求设计此铰链四杆机构。

分析：设计的实质是要确定固定铰链中心 $A$、$D$ 的位置，由于在铰链四杆机构中，活动铰链 $B$、$C$ 的轨迹为圆弧，所以 $A$、$D$ 应分别为其圆心。通过几何作图找到其圆心即可。

解：设计步骤如下：

(1)连接 $B_1B_2$、$B_2B_3$。作线 $B_1B_2$、$B_2B_3$ 的垂直平分线，其交点即为固定铰链 $A$ 的位置。

(2)同样连接 $C_1C_2$、$C_2C_3$。作线 $C_1C_2$、$C_2C_3$ 的垂直平分线，其交点即为另一固定铰链 $D$ 的位置。

(3)连接 $AB_1$、$C_1D$，可得所设计的四杆机构。

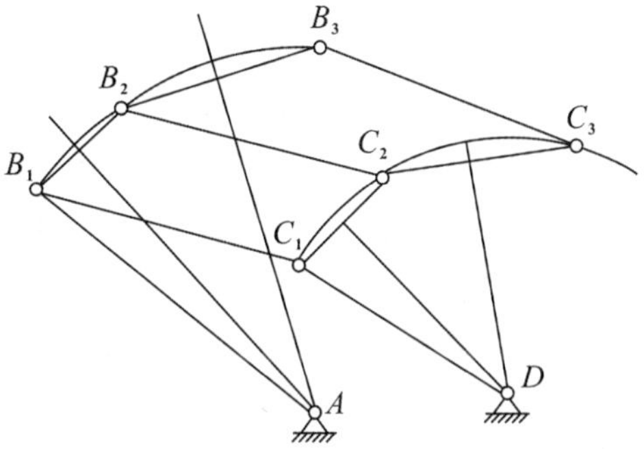


图 4-24　按给定连杆位置设计四杆机构

## 三、学习任务

1. 对教师讲过的案例进行分析。

2. 已知曲柄滑块机构的行程速度变化系数 $K$、行程 $H$ 和偏心距 $e$，要求设计此曲柄滑块机构。

3. 用思维导图对本章内容进行总结。

# 第五节　工程应用实训

## 一、理论要点

从实际工程问题出发，联系本章所学平面连杆机构基本知识，解决问题，满足实际工程需求。学习过程中融合理论知识，提炼实际问题中的相关内容，建立理论模型，发散思维，有创意地解决实际问题。

## 二、案例解读

根据实际工程问题，建立模型，并解决问题。

**案例 4-13**　设计一个加热炉炉门的启闭结构。炉门打开后成水平位置，要求炉门温度较低的一面朝上。

分析：根据工程需求建立模型，联系实际情况添加已知条件，如图 4-25(a)所示，配合已知炉门上两个活动铰链的中心距为 50mm，设固定铰链安装在 $y-y$ 轴线上，其相关尺寸如图所示，求此铰链四杆机构其余三杆的长度。

如图 4-25(b)所示，根据炉门的两个位置 $B_1C_1$ 和 $B_2C_2$，做 $B_1B_2$ 的垂直平分线交 $y-y$ 于 $A$ 点，做 $C_1C_2$ 的垂直平分线，交 $y-y$ 于 $D$ 点，则 $A$、$D$ 点可为机架上的固定铰链，联合 $B$、$C$ 铰链，组成的 $ABCD$ 的铰链四杆机构可实现该炉门的功能。

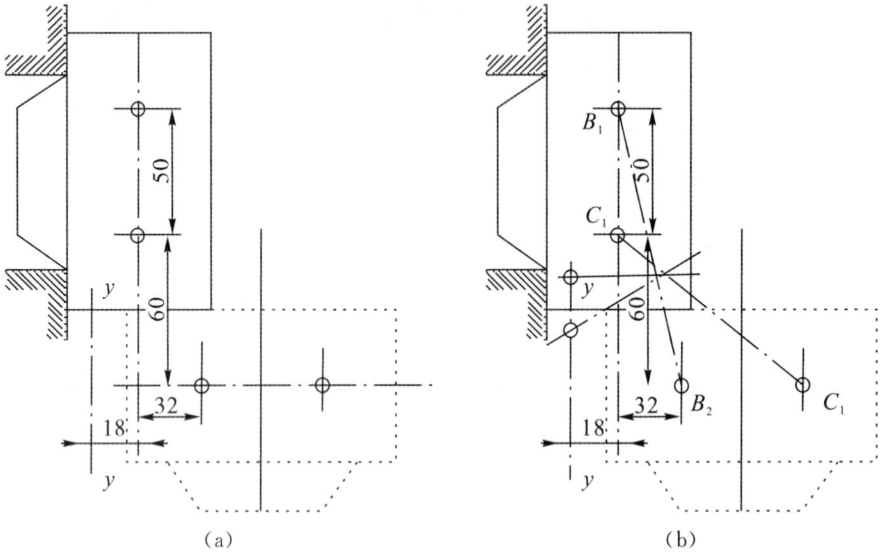


图 4-25　加热炉炉门启闭机构

**案例 4-14**　铸工车间翻台振实式造型机，要求在某个位置实现振实造型，然后翻转到另一个位置，起模砂型。

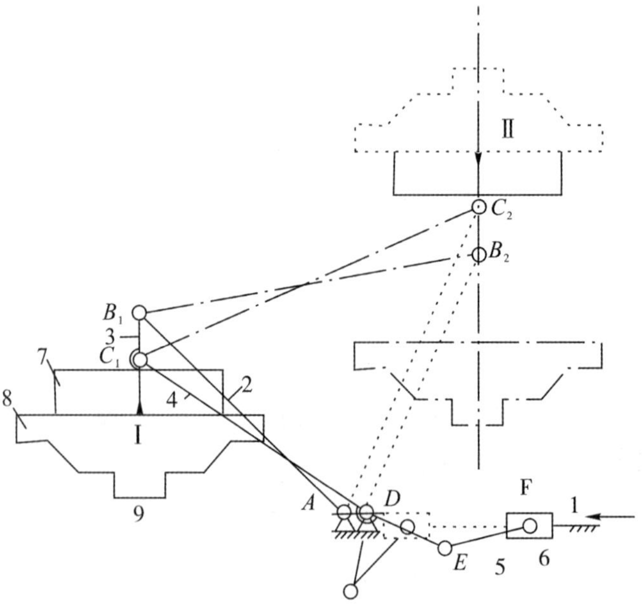


图 4-26　造型机翻转机构

分析：根据工程需求建立基本模型，如图 4-26 所示为铸工车间翻台振实式造型机的翻转机构。它是用一个铰链四杆机构来实现翻台的两个工作位置。在图中实现位置Ⅰ，砂箱 7 与翻台 8 固连，并在振实台 9 上振实造型。当压力油推动活塞 6 移动时，通过连杆使摇杆 4 摆动，从而将翻台与砂箱转到虚线位置Ⅱ。然后托台上升接触砂箱，解除砂箱与翻台间的紧固连接并起模。

根据实际情况，给定与翻台固连的连杆 3 的长度 $BC$ 及其两个位置 $B_1C_1$ 和 $B_2C_2$，然后确定连架杆与机架组成的固定铰链中心 $A$ 和 $D$ 的位置，并求出其余三杆的长度。

根据砂型的两个位置的两个位置 $B_1C_1$ 和 $B_2C_2$，$A$ 点位于 $B_1B_2$ 的垂直平分线上，$D$ 点位于 $C_1C_2$ 的垂直平分线上，$A$、$D$ 点为机架上的固定铰链，再根据实际情况（如 $A$、$D$ 在同一水平面，$AD$ 的距离或实际间隔需求等）确定 $A$、$D$ 的位置，联合 $B$、$C$ 铰链，组成的 $ABCD$ 的铰链四杆机构可实现该翻转机构的功能。

## 三、学习任务

1. 对教师讲过的案例进行分析。

2. 请联系本章教学案例，探索实际工程中某些功能（翻转、倒置、倾斜某个角度、实现某个运行轨迹等）的实现所需要的机构。

3. 请用思维导图对本章内容进行梳理。

# 第五章　凸轮机构

凸轮是一种通过直接接触将运动传递给从动件的机械零件。相对于连杆机构，凸轮机构可以在更为紧凑的机械装置中将旋转运动转化为直线运动，且可使从动件严格按照预定规律变化，在高速度、高精度传动中，具有突出的优点，用途十分广泛，是最常用的机械结构之一。

让我们来看看，凸轮机构有什么类型，从动件常用的运动规律有哪些，在工程实际中如何根据所需的运动规律设计凸轮的轮廓形状。

**学习目标：**

(1)能够结合具体实例，准确分析判断凸轮机构的类型。

(2)能够正确归纳凸轮机构从动件常用运动规律。

(3)能够结合给定条件，设计出符合要求的凸轮轮廓。

## 第一节　凸轮机构的应用及分类

### 一、理论要点

#### (一)凸轮机构的应用、组成和特点

凸轮是一种具有曲线轮廓或凹槽的构件，它与从动件通过高副接触，使从动件获得连续或不连续的任意预期运动。

凸轮机构主要由凸轮 1、从动件 2 和机架 3 三个基本构件组成，如图 5-1 所示。

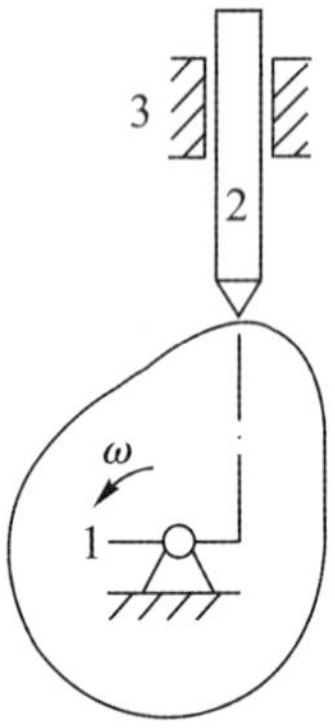


图 5-1　凸轮机构示意图

1-凸轮；2-从动件；3-机架。

凸轮机构的优点为：只需设计适当的凸轮轮廓，便可使从动件得到所需的运动规律，并且结构简单、紧凑、设计方便。它的缺点是凸轮轮廓与从动件之间为点接触或线接触，易于磨损。

#### (二)凸轮机构的分类

**1. 按凸轮的形状分**

(1)盘形凸轮。如图 5-2(a)所示。这种凸轮是一个绕固定轴转动并且具有变化半径的盘形零件。它是凸轮的最基本形式。

(2)移动凸轮。如图 5-2(b)所示。当盘形凸轮的回转中心趋于无穷远时，凸轮相对机架做直线运动，这种凸轮称为移动凸轮。

盘形凸轮　　移动凸轮　　圆柱凸轮

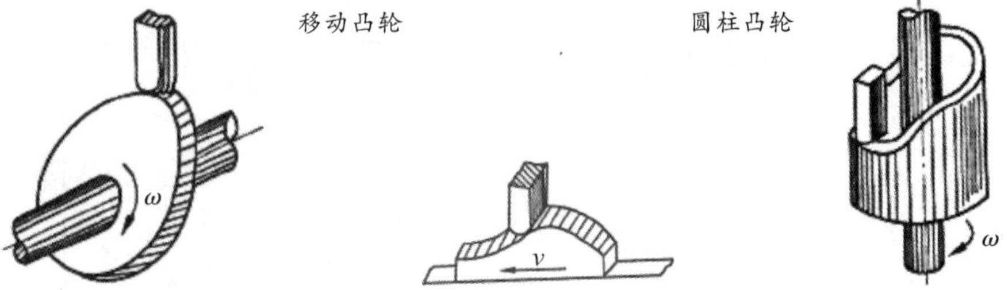


(a)盘形凸轮　　(b)移动凸轮　　(c)圆柱凸轮

图 5-2　凸轮的类型

(3)圆柱凸轮。如图 5-2(c)所示。将移动凸轮卷成圆柱体即成为圆柱凸轮。

**2. 按从动件的形式分**

(1)尖顶从动件。如图 5-3(a)所示。尖顶能与复杂的凸轮轮廓保持接触,因而能实现任意预期的运动规律。但尖顶与凸轮是点接触,磨损快,只适用于受力不大的低速凸轮机构。

(2)滚子从动件。如图 5-3(b)所示。在从动件前端安装一个滚子,即成为滚子从动件。滚子和凸轮轮廓之间为滚动摩擦,耐磨损,可以承受较大载荷,是最常用的一种形式。

(3)平底从动件。如图 5-3(c)所示。从动件与凸轮轮廓表面接触的端面为一平面。这种从动件的优点是:当不考虑摩擦时,凸轮与从动件之间的作用力始终与从动件的平底相垂直,传动效率较高,且接触面易于形成油膜,利于润滑,常用于高速凸轮机构。

尖顶从动件　　滚子从动件

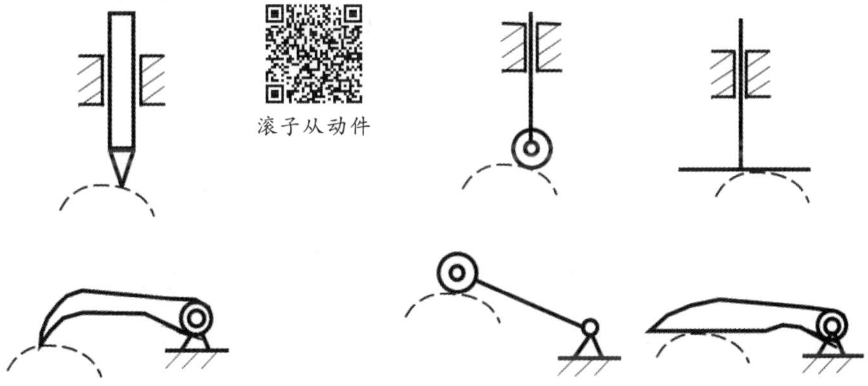

(a)尖顶从动件　　(b)滚子从动件　　(c)平底从动件

图 5-3　凸轮从动件的类型

## 二、案例解读

学习了凸轮机构的有关概念及基本类型,要求识别机构的类型并分析其运动情况。

**案例 5-1**　内燃机配气凸轮机构,如图 5-4 所示。

分析:该机构为平底从动件盘形凸轮机构。凸轮 1 以等角速度回转,它的轮廓驱使从动件 2(阀杆)按预期的运动规律启闭阀门。

内燃机配气机构

绕线机构

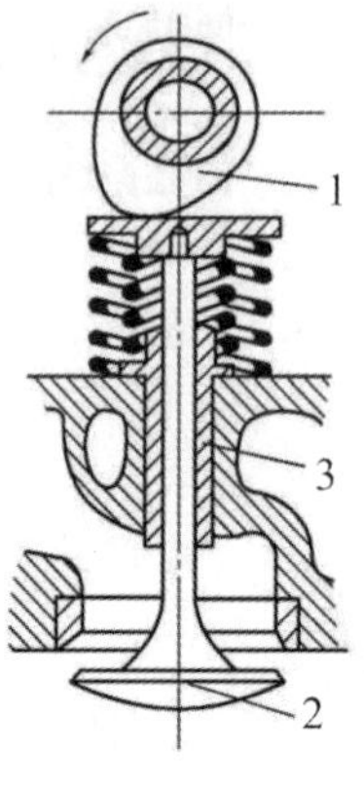


图 5-4　内燃机配气机构

1-凸轮;2-从动件(阀杆);3-机架。

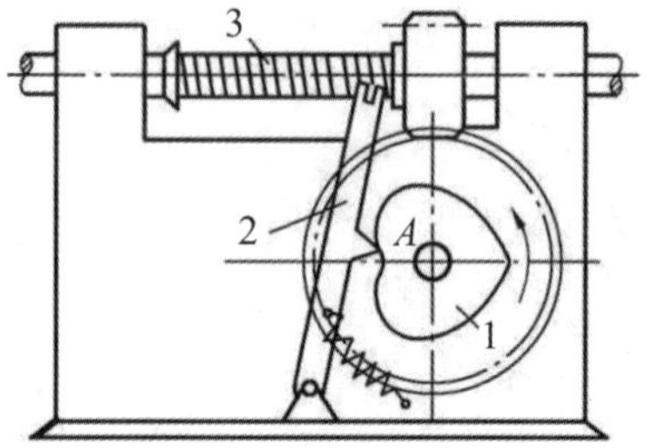


图 5-5　绕线机构

1-凸轮;2-从动件;3-绕线轴。

**案例 5-2**　绕线机中用于排线的凸轮机构,如图 5-5 所示。

分析:该机构为尖顶从动件盘形凸轮机构。当绕线轴 3 快速转动时,经齿轮带动凸轮 1 缓慢地转动,通过凸轮轮廓与尖顶 $A$ 之间的作用,驱使从动件 2 往复摆动,因而使线均匀地缠绕在轴上。

## 三、学习任务

1. 通过老师分享的案例,尝试归纳凸轮机构的命名规律。
2. 指出下列凸轮机构的组成和所属类型,并分析其运动情况。

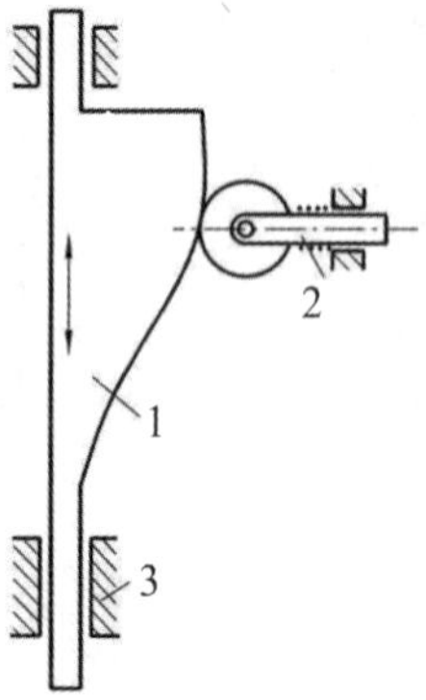


题图 5-1　冲床装卸料凸轮机构

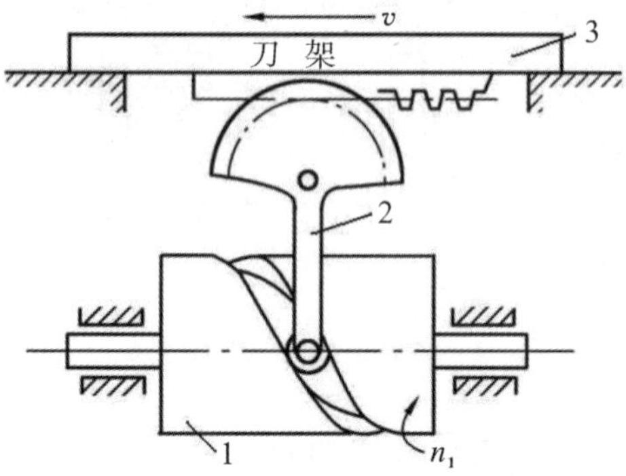


题图 5-2　自动车床的横向进给机构

# 第二节　从动件常用运动规律

## 一、理论要点

### (一)基本概念

**1. 凸轮的基圆**

图 5-6(a)所示为一尖顶直动从动件盘形凸轮机构,以凸轮轮廓曲线的最小向径 $r_0$ 为

半径所作的圆称为基圆。

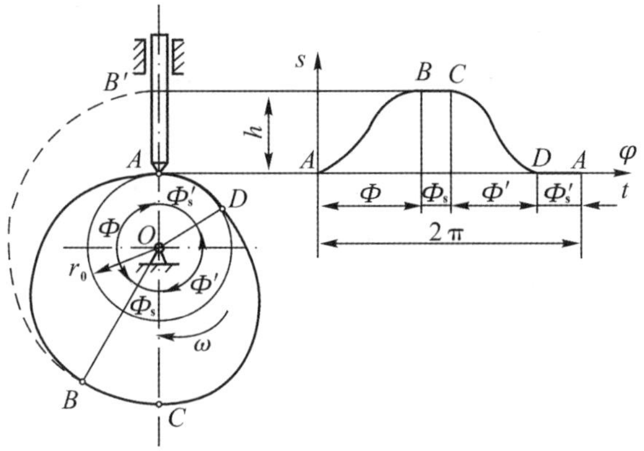


(a)盘形凸轮　　(b)位移线图

图 5-6　凸轮轮廓与从动件位移线图

**2. 推程与推程角**

从动件处于图 5-6(a)所示位置时为其从开始上升的位置，简称初始位置。此时尖顶与凸轮轮廓上的点 $A$(基圆与轮廓曲线 $AB$ 的连接点)接触，当凸轮以等角速度 $\omega$ 顺时针回转角度 $\Phi$ 时，向径渐增的轮廓 $AB$ 将从动件尖顶以一定的运动规律推到离凸轮回转中心最远的点 $B$，这个过程称为推程。此过程从动件的位移 $h$(即为最大位移)称为升程，凸轮对应转过的角度 $\Phi$ 称为推程运动角。

**3. 远休止角**

当凸轮继续回转 $\Phi_s$ 时，以点 $O$ 为中心的圆弧$\overset{\frown}{BC}$与尖顶相接触，从动件在最远位置停止不动，其对应的凸轮转角 $\Phi_s$ 称为远休止角。

**4. 回程与回程角**

凸轮再继续回转 $\Phi'$时，向径渐减的轮廓 $CD$ 与尖顶接触，从动件从最远处以一定运动规律返回到初始位置，这个过程称为回程，其对应的凸轮转角 $\Phi'$称为回程运动角。

**5. 近休止角**

当凸轮继续回转 $\Phi_s'$时，以点 $O$ 为中心的圆弧$\overset{\frown}{DA}$与尖顶接触，从动件在最近位置停止不动，其对应的凸轮转角 $\Phi_s'$称为近休止角。

**6. 从动件的位移线图**

从动件在运动过程中，其位移、速度和加速度随时间或凸轮转角变化而变化，如果以直角坐标系的纵坐标代表从动件的位移 $s$，横坐标代表凸轮转角 $\varphi$，则可画出从动件的位移 $s$ 与凸轮转角 $\varphi$ 之间的关系曲线，称为从动件位移线图。

## (二) 从动件常用运动规律

**1. 等速运动**

当凸轮转动时，从动件在运动过程中的速度为一定值，这种运动规律称为等速运动规律。

如图 5-7 所示，从动件推程作等速运动时，其速度为常数，位移线图为一斜直线，从动件运动开始时，速度由零突变为 $v_0$，故此时 $a=+\infty$，从动件运动终止时，速度由 $v_0$ 突变为零，故理论上 $a=-\infty$，由此产生的巨大惯性力将引起强烈冲击，这种冲击称为刚性冲击。

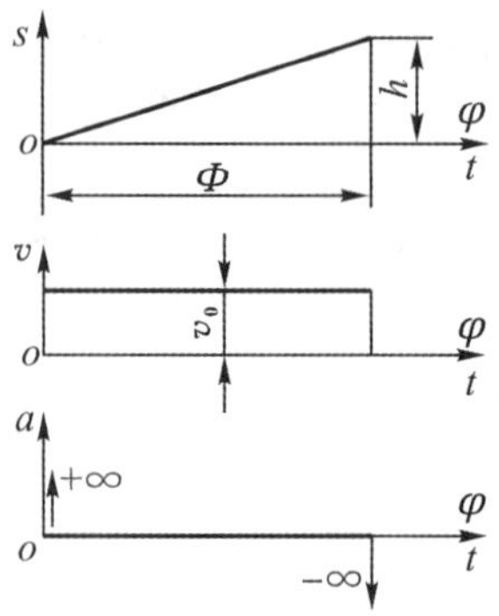


图 5-7　推程中等速运动规律的运动线图

**2. 简谐运动**

点在圆周上做匀速运动时，它在这个圆的直径上的投影所构成的运动称为简谐运动。因从动件的加速度按余弦规律变化，又称余弦加速度运动。

简谐运动规律位移线图的作图方法如图 5-8 所示。将从动件的行程 $h$ 作为直径，在 $s$ 轴上做半圆，将此半圆分成若干等份(如图为 6 等份)，得 $1''$，$2''$，…，$6''$的点，再把凸轮运动角 $\Phi$ 也分为相应等份，并做垂线 $11'$，$22'$，…，$66'$，将半圆上的等分点投影到相应的垂线上得 $1'$，$2'$，…，$6'$，用光滑曲线连接这些点，即可得到从动件的位移线图。

这种运动规律的从动件在行程的始点和终点加速度数值有突变，导致惯性力突然变化而产生冲击，因此处加速度的变化量和冲击都是有限的，故称这种冲击为柔性冲击。当远、近休止角均为零，且推程、回程均为简谐运动时，加速度无突变，因而也无冲击。

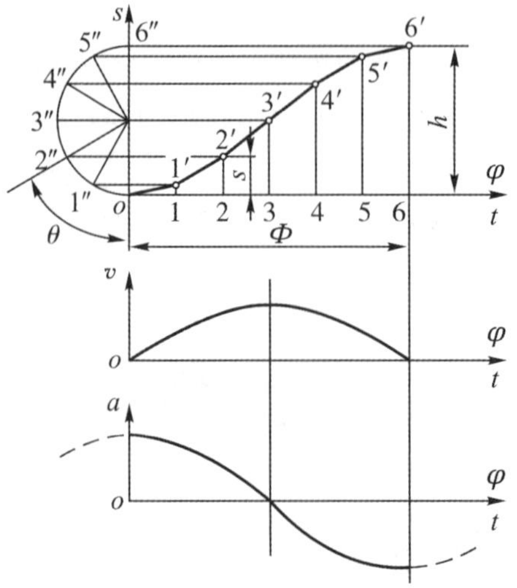


图 5-8　推程中简谐运动规律的运动线图

**3. 正弦加速度运动**

当滚圆沿纵轴等速滚动时，圆周上一点的轨迹为一条摆线，此时该点在纵轴上的投影所构成的运动称为摆线运动。因从动件的加速度按正弦规律变化，称之为正弦加速度运动。其位移线图如图 5-9 所示。

这种运动规律既无速度突变，也无加速度突变，没有任何冲击。但缺点是加速度最大值 $a_{max}$ 较大，惯性力较大。

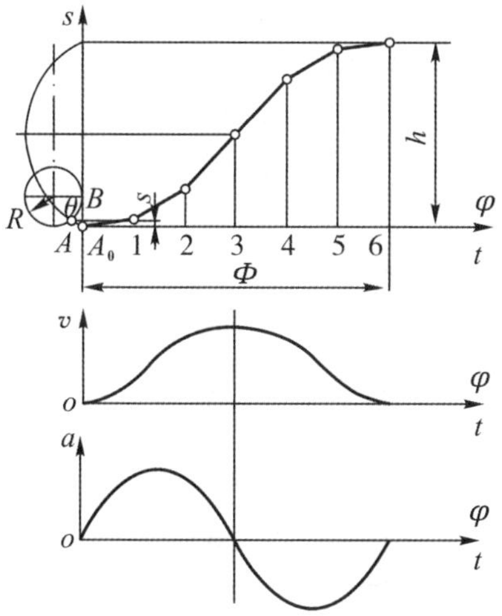


图 5-9　推程中正弦加速运动规律的运动线图

**4. 等加速等减速运动规律**

所谓等加速等减速运动，是指一个行程中，物体前半程做等加速运动，后半程做等减速运动，且加速度与减速度的绝对值相等。因此，做等加速和等减速运动时所经历的时间相等，各为 $T/2$；从动件的等加速和等减速运动中所完成的位移也必然相等，各为 $h/2$，凸轮以 $\omega$ 均匀转动的转角也各为 $\Phi/2$。等加速等减速运动规律的位移线图如图 5-10 所示。

由图 5-10 可知，等加速等减速运动在 $O$、$A$、$B$ 三处加速度有突变，由此会产生柔性冲击；但其速度变化是连续的，因此不会产生刚性冲击。

为了克服单一运动规律的某些缺点，进一步提高传动性能，还可以采用多项式运动规律或上述几种运动规律的组合。

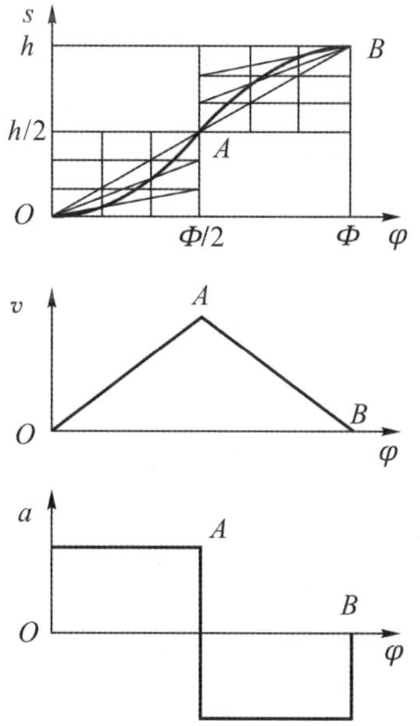


图 5-10　推程中等加速等减速运动规律的运动线图

## 二、案例解读

学习了常用的几种凸轮从动件运动规律及它们的组合，要求根据运动线图识别从动件运动规律，并分析其优点。

**案例 5-3** 组合运动规律 1 如图 5-11 所示。

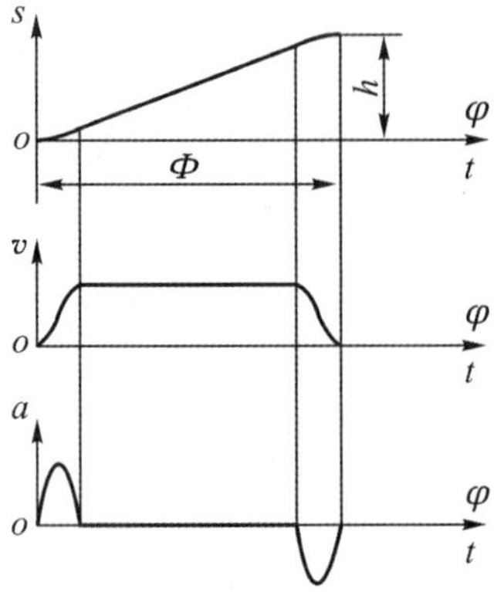


图 5-11 组合运动规律(1)

分析：该组合运动规律采用了等速运动和正弦加速度两种运动规律的组合。其优点是既保持了从动件大部分行程等速运动，又消除了开始和终止时的冲击。

**案例 5-4** 组合运动规律 2 如图 5-12 所示。

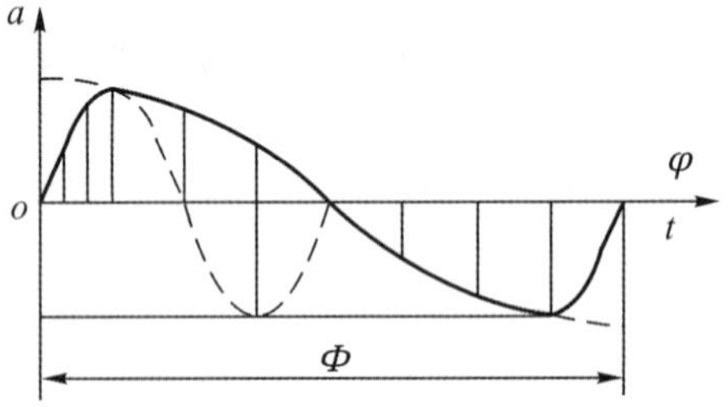


图 5-12 组合运动规律(2)

分析：该组合运动规律采用了余弦加速度和正弦加速度两种运动规律的组合，既消除了从动件的柔性冲击，又减小了余弦加速度的最大值。

## 三、学习任务

1. 用不少于 200 字对本节知识点进行梳理。

2. 已知凸轮机构如下图所示，试在图上：

①画出凸轮的理论廓线；

②标注凸轮的基圆半径 $r_0$；

③标出推程运动角 $\Phi$；

④标出回程运动角 $\Phi'$；

⑤标出远休止角 $\Phi_s$；

⑥标出近休止角 $\Phi_s'$；

⑦标出从动件的升程 $h$。

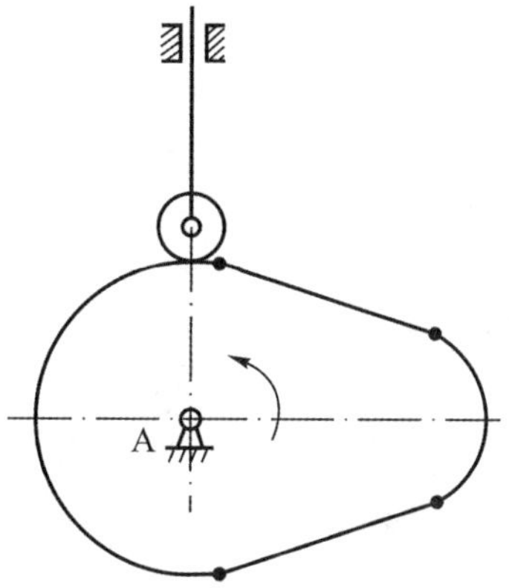


题图 5-3　滚子从动件盘形凸轮机构

# 第三节　图解法设计凸轮轮廓

## 一、理论要点

### (一)尖顶直动从动件盘形凸轮轮廓绘制

图 5-13(a)所示为偏距 $e=0$ 的对心尖顶直动从动件盘形凸轮机构。已知从动件位移线图[图 5-13(b)]、凸轮的基圆半径 $r_0$ 以及凸轮以等角速度 $\omega$ 顺时针方向回转,要求绘制出此凸轮的轮廓。

凸轮机构工作时凸轮是运动的,而绘制凸轮轮廓时却需要凸轮与图纸相对静止。为此,在设计中采用“反转法”。根据相对运动原理:如果给整个机构加上绕凸轮轴心 $O$ 的公共角速度 $-\omega$,机构各构件间的相对运动不变。这样,凸轮不动,而从动件一方面随机架和导路以角速度 $-\omega$ 绕 $O$ 点转动,另一方面又在导路中往复移动。由于尖顶始终与凸轮轮廓相接触,所以反转后尖顶的运动轨迹就是凸轮轮廓。根据“反转法”原理,可以作图如下:

(1)选择与绘制位移线图中凸轮行程 $h$ 相同的长度比例尺,以点 $O$ 为圆心、以 $r_0$ 为半径作基圆。此基圆与导路的交点 $A_0$ 便是从动件尖顶的起始位置。

(2)自 $OA_0$ 沿 $-\omega$ 方向取角度 $\Phi=180°$、$\Phi_s=30°$、$\Phi'=120°$、$\Phi_s'=30°$,并将它们各分成与位移线图[图 5-13(b)]对应的若干等份,在基圆上得 $A_1'$、$A_2'$、$A_3'$、…各相应分点。以 $O$ 为起始点分别过 $A_1'$、$A_2'$、$A_3'$、…各点作射线,它们便是反转后从动件导路的各个位置。

(3)在射线上量取各个位移量,即取 $A_1A_1'=11'$、$A_2A_2'=22'$、$A_3A_3'=33'$、…,得反转后尖顶的一系列位置 $A_1$、$A_2$、$A_3$、…。

(4)将 $A_0$、$A_1$、$A_2$、$A_3$、…连成一条光滑的曲线,便得到所要求的凸轮轮廓曲线。

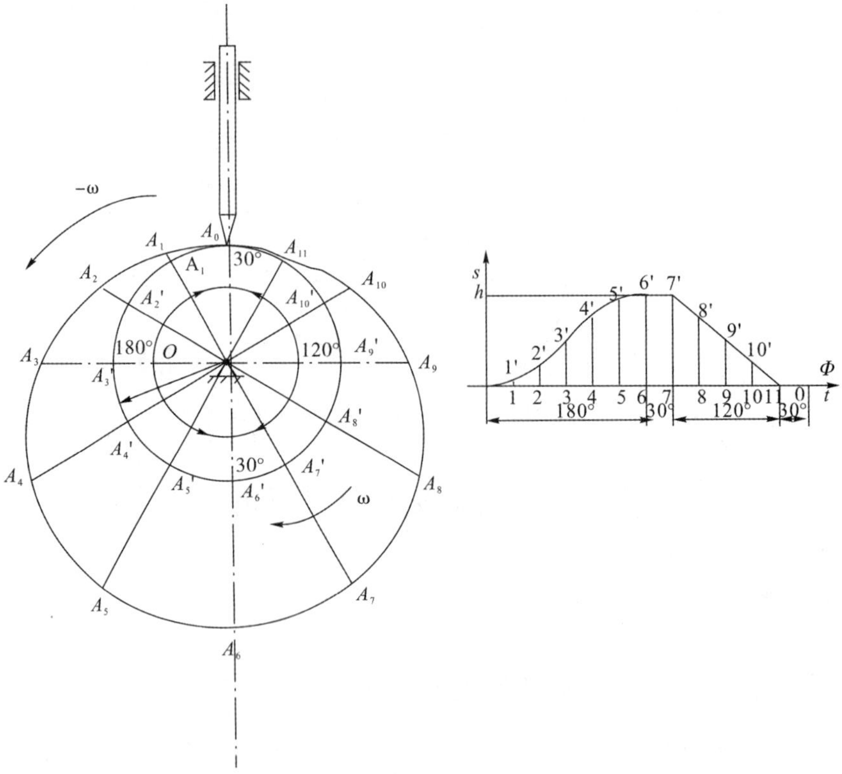


(a) (b)

图 5-13 尖顶直动从动件盘形凸轮

若偏距 $e\neq0$ 则为偏置尖顶直动从动件盘形凸轮机构，如图 5-14 所示，从动件在反转运动中，其往复移动的轨迹线始终与凸轮轴心 $O$ 保持偏距 $e$。因此，在设计这种凸轮轮廓时，首先以 $O$ 为圆心及偏距 $e$ 为半径作偏距圆切于从动件的导路，其次，以 $r_0$ 为半径作基圆，基圆与从动件导路的交点 $A_0$ 即为从动件的起始位置。自 $OA_0$ 沿 $-\omega$ 方向取角度 $\Phi=180°$、$\Phi_s=30°$、$\Phi'=120°$、$\Phi_s'=30°$，并将它们各分成与位移线图[图 5-13(b)]对应的若干等份，得基圆上的相应分点 $A_1'$、$A_2'$、$A_3'$、…点。过这些点作偏距圆的切线，它们便是反转后从动件导路的一系列位置。从动件的对应位移应在这些切线上量取，即取 $A_1A_1'=11'$、$A_2A_2'=22'$、$A_3A_3'=33'$、…，最后将 $A_0$、$A_1$、$A_2$、$A_3$、…连成一条光滑的曲线，便得到所要求的凸轮轮廓曲线。

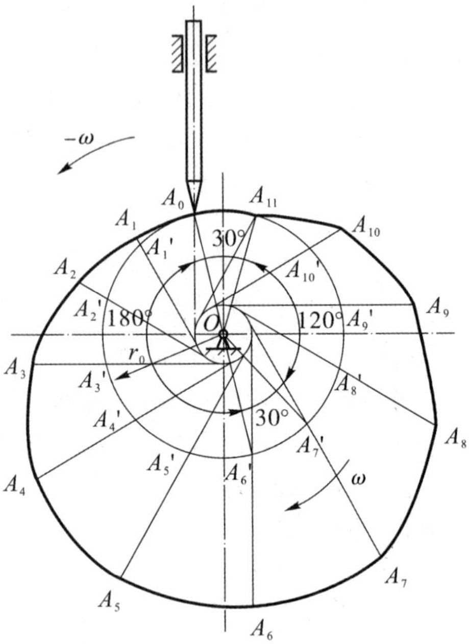


图 5-14 偏置尖顶直动从动件盘形凸轮

### (二)滚子直动从动件盘形凸轮轮廓绘制

若将图 5-13、5-14 中的尖顶改为滚子,如图 5-15 所示,它们的凸轮轮廓可按如下方法绘制:首先,把滚子中心看作尖顶从动件的尖顶,按上述方法求出一条轮廓曲线 $\beta_0$,再以 $\beta_0$ 上各点为中心,以滚子半径为半径作一系列圆,最后作这些圆的包络线 $\beta$,它便是使用滚子从动件时凸轮的实际廓线,$\beta_0$ 称为该凸轮的理论廓线。

由上述作图过程可知,滚子从动件盘形凸轮的基圆半径 $r_0$ 是指理论轮廓曲线的最小向径。滚子从动件盘形凸轮的实际轮廓曲线与理论轮廓曲线为两条法向等距的曲线,其间的等距离为滚子半径。

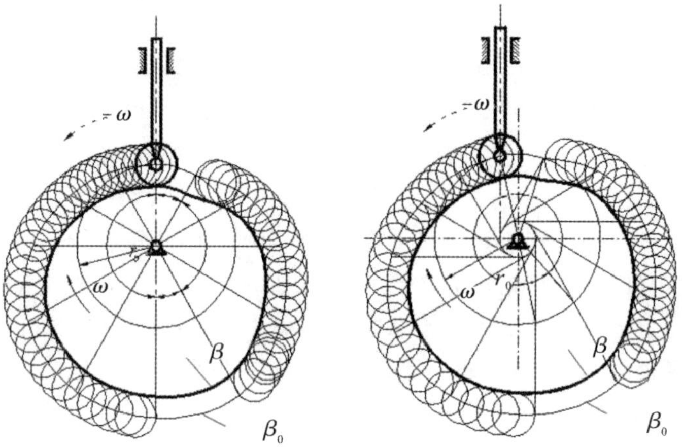


(a) (b)

图 5-15 滚子直动从动件盘形凸轮

## 二、案例解读

**案例 5-5** 图 5-16 所示为一对心直动尖顶推杆盘形凸轮机构。已知凸轮的基圆半径 $r_0=38$mm,凸轮以角速度 $\omega$ 沿逆时针方向等速回转,推杆运动规律如下:

| 凸轮转角 | 0°～150° | 150°～180° | 180°～300° | 300°～360° |
|---|---|---|---|---|
| 推杆位移 $s$ | 等速上升<br>$h=15$mm | 上停 | 等加速等减速下降<br>$h=15$mm | 下停 |

该凸轮廓线设计步骤如下:

(1)取长度比例尺 $\mu_L$。绘出凸轮基圆,如图 5-16 所示。

(2)作反转运动。在基圆上由起始点位置 $C_0$ 出发,沿 $-\omega$ 回转方向依次量取 $\varphi_0$、$\varphi_S$、$\varphi_0'$、$\varphi_S'$,并将推程运动角 $\varphi_0$ 和回程运动角 $\varphi_0'$ 各细分为若干等份(例如 5 等份和 6 等份)。在基圆上得各分点 $C_0$、$C_1$、…、$C_{11}$、$C_{12}$。过凸轮回转中心 $O$ 作这些等分点的射线,此即在反转运动中推杆轴线所占据的一系列位置。

(3)计算推杆的预期位移。

①等速推程时,有

$$s=\frac{h\varphi}{\varphi_0}=\frac{15\varphi}{150°}\quad(\varphi=0°\sim150°)$$

| 凸轮转角 | 0° | 30° | 60° | 90° | 120° | 150° |
|---|---|---|---|---|---|---|
| 推杆位移 $s$ | 0mm | 3mm | 6mm | 9mm | 12mm | 15mm |

②等加速回程时，有

$$s=h-\frac{2h\varphi^2}{\varphi_0'^2}=15-30\times\left(\frac{\varphi}{120^\circ}\right)^2 \quad (\varphi=0^\circ\sim60^\circ)$$

等减速回程时，有

$$s=\frac{2h}{\varphi_0'^2}(\varphi_0'-\varphi)^2=\frac{30}{(120^\circ)^2}\times(120^\circ-\varphi)^2 \quad (\varphi=60^\circ\sim120^\circ)$$

| 凸轮转角 | 0° | 20° | 40° | 60° | 80° | 100° | 120° |
|---|---|---|---|---|---|---|---|
| 推杆位移 $s$ | 15mm | 14.17mm | 11.67mm | 7.50mm | 3.33mm | 0.83mm | 0mm |

(4)做复合运动。在推杆反转运动中的各轴线上，从基圆开始量取推杆的相应位移，即取$\overline{C_0B_0}=0$、$\overline{C_1B_1}=3/\mu_L$、…、$\overline{C_{11}B_{11}}=0.83/\mu_L$、$\overline{C_{12}B_{12}}=0$。得推杆尖顶在复合运动中的一系列位置 $B_0$、$B_1$、$B_2$、…。

(5)将 $B_0$、$B_1$、$B_2$、…各点连接成光滑曲线，即为所求的凸轮廓线。

对于直动滚子推杆，其凸轮轮廓绘制方法如图 5-17 所示。首先把滚子中心看作尖顶推杆的尖顶，按照上述方法求出一条轮廓曲线 $\beta$，称为凸轮的理论廓线；再以 $\beta$ 上一系列点为中心，以滚子半径为半径，画一系列小圆；最后作这些小圆的内包络线 $\beta'$ 便是使用滚子推杆时凸轮的实际廓线。注意：滚子推杆盘形凸轮的基圆半径是指凸轮理论廓线上的最小向径。

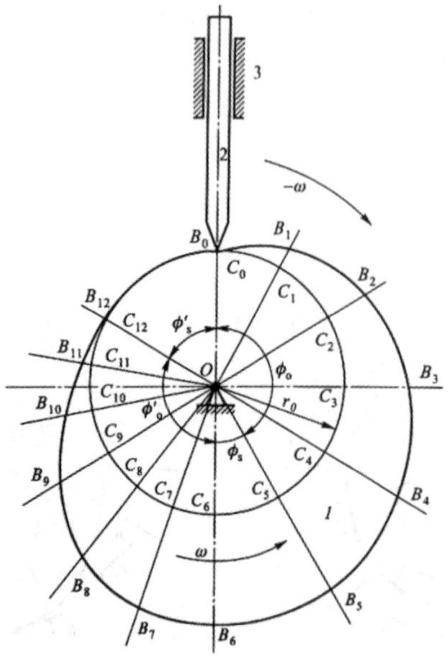

图 5-16　对心直动尖顶推杆盘形凸轮廓线作图法设计

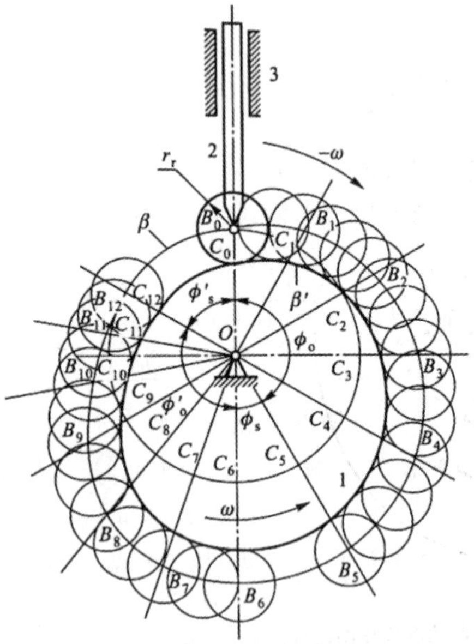

图 5-17　滚子推杆盘形凸轮廓线作图方法

对于直动平底推杆，其凸轮廓线的绘制方法如图 5-18 所示。以导路中心线和平底的交点作为推杆的尖顶，按照直动尖顶推杆盘形凸轮廓线的绘制方法，求出理论廓线上一系

列点 $B_0$、$B_1$、$B_2$、…，然后过这些点画出对应的平底直线，这些平底直线的包络线即为凸轮的实际廓线。

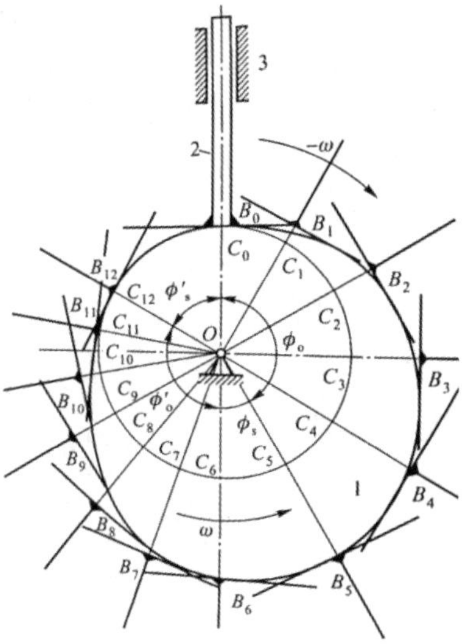


图 5-18　平底推杆盘形凸轮廓线作图方法

## 三、学习任务

1. 与其他机构相比，凸轮机构最大的优点是什么？

2. 从动件的常用运动规律有哪几种？它们各有什么特点？各适用什么场合？

3. 已知对心直动滚子从动件盘形凸轮机构的从动件的运动规律为：推程中从动件以等速运动规律上升，推程运动角 $\Phi=150°$，行程 $h=50$mm；远休止角 $\Phi_s=30°$，回程中从动件以等加速等减速运动规律下降，回程角 $\Phi'=120°$，近休止角 $\Phi_s'=60°$。凸轮以等角速度逆时针方向旋转，基圆半径 $r_0=60$mm，滚子半径 $r_T=15$mm。

（1）选定比例尺，画出从动件的运动规律位移线图。

（2）根据运动规律线图，应用图解法设计该凸轮的轮廓曲线。

# 第四节　盘形凸轮机构基本尺寸确定

## 一、理论要点

凸轮机构的设计，不仅要保证从动件实现预期的运动规律，还要求其传力性能良好、结构紧凑。这些要求与滚子半径、凸轮基圆半径、压力角等因素有关。

### （一）滚子半径的选择

在滚子从动件凸轮机构中，需合理地选择滚子的半径。滚子半径的选取，不仅要考虑滚子的结构、强度，还要考虑凸轮轮廓曲线形状等因素。图 5-19 中，$\eta$、$\eta'$分别表示凸轮的理论廓线和实际廓线；$\rho$ 和 $\rho'$分别表示凸轮的理论廓线曲率半径和实际廓线曲率半径；$r_T$ 是滚子半径。

对于凸轮的内凹部分，$\rho'=\rho+r_T$，如图 5-19(a)所示，无论 $r_T$大小如何，实际廓线总大于零，可以画出。

对于凸轮的外凸部分，$\rho'=\rho-r_T$。若 $\rho>r_T$，如图 5-19(b)所示，实际廓线的 $\rho'>0$，同样可以画出；若 $\rho=r_T$，如图 5-15(c)所示，实际廓线的 $\rho'=0$，此处实际轮廓出现尖点，凸轮极易磨损；若 $\rho<r_T$，如图 5-19(d)所示，实际廓线的 $\rho'<0$，此处实际轮廓相交，图中阴影部分在加工时将被切去，使从动件不能与被切去廓线接触，因而不能按预定的规律运动，这种现象称为失真。

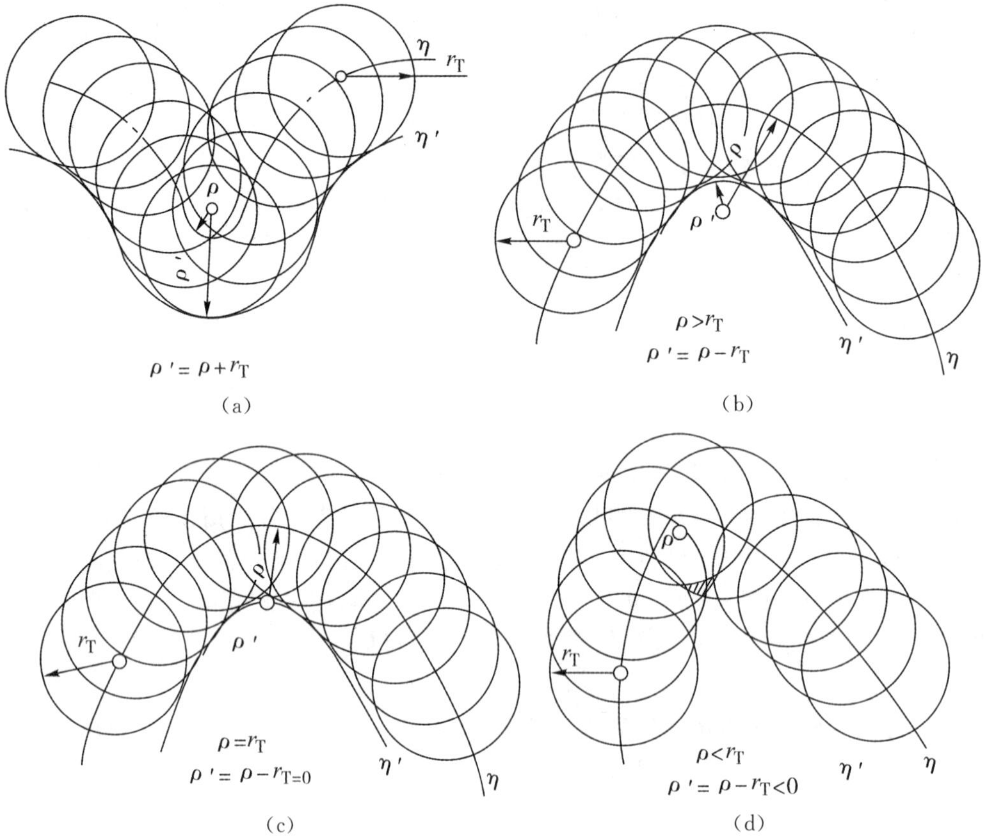


图 5-19 滚子半径与凸轮轮廓

根据以上分析可知，为避免运动失真，对于外凸凸轮，应使理论廓线的最小曲率半径 $\rho'$大于滚子半径 $r_T$，通常取 $r_T\leqslant 0.8\rho'_{min}$。实际设计中，在满足结构和强度要求的前提下，滚子半径通常按经验公式 $r_T=(0.1\sim0.5)r_b$取值，再按 $r_T\leqslant 0.8\rho'_{min}$进行校核。

凸轮轮廓曲线上各点的 $\rho'$可用作图法求，如图 5-20 中点 A 的曲率 $\rho'_A$。

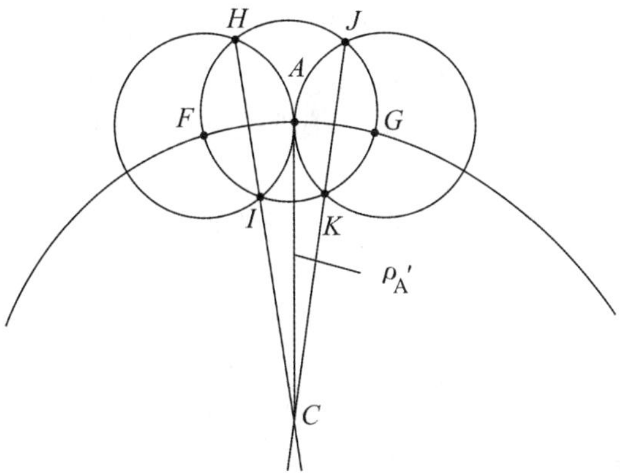


图 5-20 作图法求曲率半径

## (二)凸轮机构的压力角

如图 5-21 所示为对心尖端直动从动件盘形凸轮机构在推程中某一位置的受力情况，$F_Q$ 为从动件所受的外载荷，若不计摩擦，则凸轮对从动件的作用力 $F$ 沿着接触处的公法线方向。力 $F$ 可以分解为两个分力，即沿着从动件运动方向的分力 $F_1$ 和与运动方向垂直的分力 $F_2$。由图 5-21 可知：

$$F_1 = F\cos\alpha$$

$$F_2 = F\sin\alpha$$

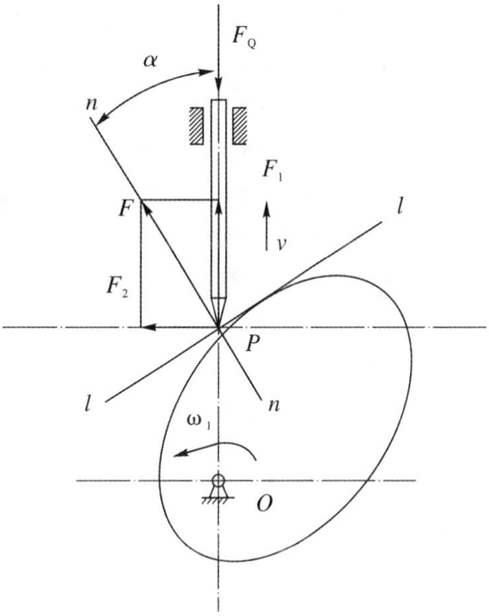


图 5-21 凸轮机构的压力角

式中，$\alpha$ 称为压力角，它是从动件在接触点所受力的方向与该点速度方向所夹的锐角。显然，$F_1$ 是推动从动件运动的有效分力；而 $F_2$ 使从动件压紧导路，是产生摩擦阻力的有害分力。若 $F$ 不变，$\alpha$ 值越大，有效分力 $F_1$ 越小，而有害分力 $F_2$ 越大。当 $\alpha$ 值增加到一定值时，由有害分力 $F_2$ 引起的摩擦阻力将超过有效分力 $F_1$，此时，不管凸轮施加给从动件的力 $F$ 有多大，都不能推动从动件运动，即机构发生自锁。由此可知，$\alpha$ 值越小，机构的传力性能越好。一般设计中，应使最大压力角 $\alpha_{max}$ 不能超过许用压力角$[\alpha]$，即 $\alpha_{max} \leqslant [\alpha]$。许用压力角$[\alpha]$的数值推荐如下：

推程时，对于直动从动件，其许用压力角$[\alpha]=30°\sim40°$；对于摆动从动件，其许用压力角$[\alpha]=35°\sim45°$。回程时，由于受力较小，发生自锁的可能性很小，故许用压力角可取大些，通常可取许用压力角$[\alpha]=70°\sim80°$。

滚子从动件、润滑良好或支撑刚性较好时，取上述数据的上限，否则取下限。

## (三)凸轮机构的基圆半径

在凸轮机构中，基圆半径的大小除了直接影响到凸轮机构的压力角之外，还对整个机构的结构尺寸、受力状态、工作性能等产生影响。现以偏置尖端直动从动件盘形凸轮机构为例子来说明，如图 5-21 所示。先过从动件与凸轮接触点 $B$ 作公法线 $nn$，再过凸轮回转中心点 $O$ 作垂直于从动件导路的直线 $ll$，两直线交与点 $P$，点 $P$ 即为凸轮和从动件的相对速度瞬心。

若从动件的运动规律为 $s=f(\varphi)$，可得(推导略)：

$$\tan\alpha=\frac{\frac{ds}{d\varphi}\pm e}{\sqrt{r_b^2-e^2}+s} \tag{5-1}$$

由式(5-1)可知，当 $s=f(\varphi)$、偏距 $e$ 确定后，基圆半径 $r_b$ 越大，压力角 $\alpha$ 就越小，机构总体尺寸会增大。欲使机构传力性能良好，结构紧凑，在设计时，通常在 $\alpha_{max}\leqslant[\alpha]$前提下，尽量采用较小基圆半径。

## 二、案例解读

**案例 5-6**　在凸轮机构中，压力角的大小与基圆半径有何关系？如何选择压力角？

分析：基圆半径 $r_b$ 越小，压力角 $\alpha$ 越大，机构的传力性能下降。若基圆半径 $r_b$ 过小，压力角 $\alpha$ 会超过许用值而使机构效率太低甚至发生自锁现象。

为了保证从动件顺利运行，必须限制最大压力角 $a_{max}$。直动从动件凸轮机构推程时，$a_{max}\leqslant30°$；摆动从动件凸轮机构推程时，$a_{max}\leqslant45°$；空回行程时，$a_{max}\leqslant80°$。

**案例 5-7**　什么是凸轮机构的运动失真现象？如何避免这种现象？

分析：滚子或平底从动件凸轮机构，如果滚子或平底的尺寸选择不当，将使凸轮的实际轮廓不能完全实现原设计时所预期的运动规律，这种现象成为运动的失真。

凸轮理论轮廓曲率半径 $\rho$ 大于滚子半径 $r_T$，可避免失真现象。

## 三、学习任务

1. 试比较压力角、基圆半径、滚子半径三者之间的关系。

2. 结合本节所学内容，完成以下练习。

一尖底对心移动从动件盘形凸轮机构，凸轮按逆时针方向移动，其运动规律为：

| 凸轮转角 $\delta$ | 0°～90° | 90°～150° | 150°～240° | 240°～360° |
|---|---|---|---|---|
| 从动件位移 $s$ | 等速上升 40mm | 停止 | 等加速、等减速下降到原处 | 停止 |

要求：

(1)画出位移曲线；

(2)若基圆半径 $r_b=45$mm，画出凸轮轮廓；

(3)校核从动件在起始位置和回程中最大速度时的压力角。

3. 请写出学习本章内容过程中形成的“亮考帮”。

# 第六章　间歇运动机构

能产生有规律的停歇和运动的机构称为间歇运动机构。这类机构可以将原动件的连续回转运动或往复摆动转换为从动件的间歇回转运动或直线运动，在印刷、医药食品包装以及电子元器件组装等各种自动机械中得到广泛应用。

让我们来看看，各类常用的间歇运动机构有哪些特点，它们是如何运动的。

**学习目标：**

(1)能够正确阐述棘轮机构、槽轮机构、不完全齿轮机构的工作原理。

(2)能够准确描述和区分棘轮机构、槽轮机构、不完全齿轮机构的特性。

## 一、理论要点

### (一)棘轮机构

**1. 棘轮机构的组成和工作原理**

如图 6-1 所示，棘轮机构主要由棘轮 3、主动棘爪 2、止动棘爪 4、主动摆杆 1 和机架组成。棘轮 3 固定在轴 $O_3$ 上，其轮齿分布在棘轮的外缘。

棘轮机构的工作原理是：当主动摆杆 1 逆时针摆动时，摆杆上铰接的主动棘爪 2 插入棘轮 3 的齿内，推动棘轮 3 同向转动一定的角度，同时止动棘爪 4 在棘轮 3 是齿背上滑过；当主动摆杆 1 顺时针摆动时，止动棘爪 4 阻止棘轮 3 顺时针转动，棘轮 3 静止不动，同时主动棘爪 2 在棘轮 3 是齿背上滑过，回到原位。棘轮机构最终实现了将原动件连续往复摆动运动转换为棘轮的单向间歇运动。为了保证棘爪的工作可靠，常利用弹簧 5 使棘爪紧贴齿面。

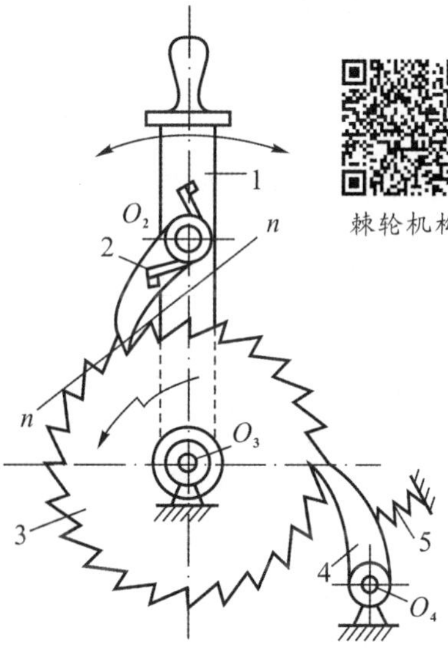


图 6-1　棘轮机构

1-主动摆杆；2-主动棘爪；3-棘轮；4-止动棘爪；5-弹簧。

棘轮机构

**2. 棘轮机构的分类**

(1)轮齿式棘轮机构。轮齿式棘轮机构的棘轮上分布有刚性的轮齿，轮齿大多分布在棘轮的外缘上，称为外接棘轮机构(图 6-1)，也有分布在圆筒内缘上的，称为内接棘轮机构(图 6-2)，还有分布在端面上的，称为端面棘轮机构(图 6-3)。当棘轮的直径为无穷大时，变为棘条(图 6-4)，此时棘轮的单向转动变为棘条的单向移动。

根据棘轮的运动方式又可分为单动式棘轮机构、双动式棘轮机构和可变向棘轮机构。

①单动式棘轮机构。如图 6-1 所示，其特点是主动摆杆向一个方向摆动时，棘轮沿同

方向转过某个角度，而主动摆杆反向摆动时，棘轮静止不动。

②双动式棘轮机构。双动式棘轮机构如图 6-5 所示，其特点是主动摆杆在往复摆动的双向行程里，都能驱使棘轮朝单一方向转动，棘轮的转动方向不会改变。

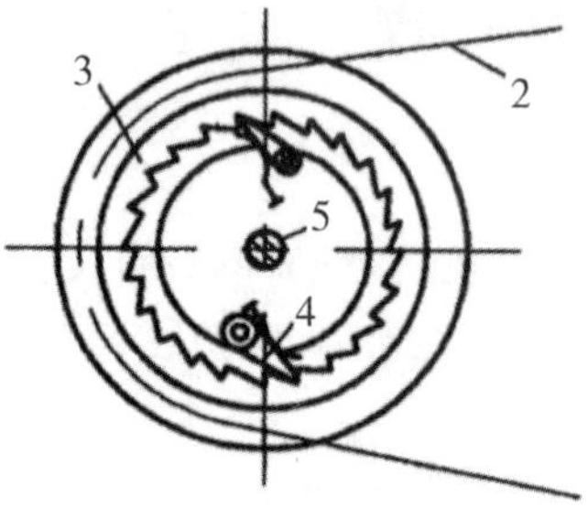


图 6-2　内接棘轮机构

1、3-链轮；2-链条；
4-棘爪；6-后轮轴。

图 6-3　端面棘轮机构

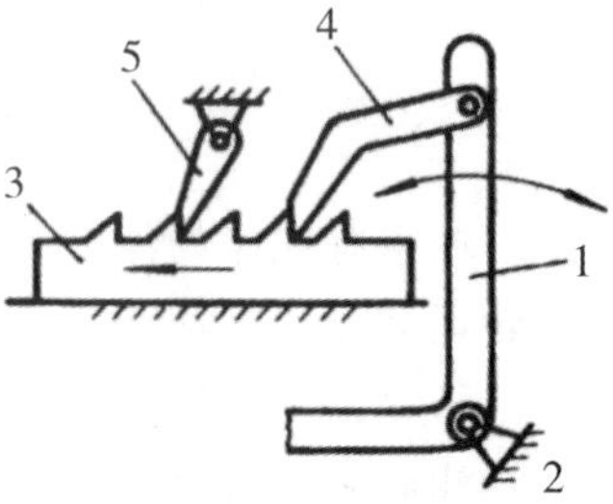


图 6-4　棘条机构

1-主动摆杆；2-机架；
3-棘条；4-主动棘爪；
5-止动棘爪。

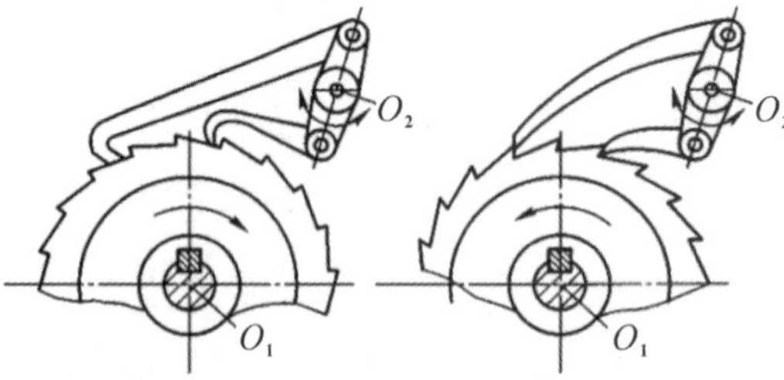


(a)　(b)

图 6-5　双动棘轮机构

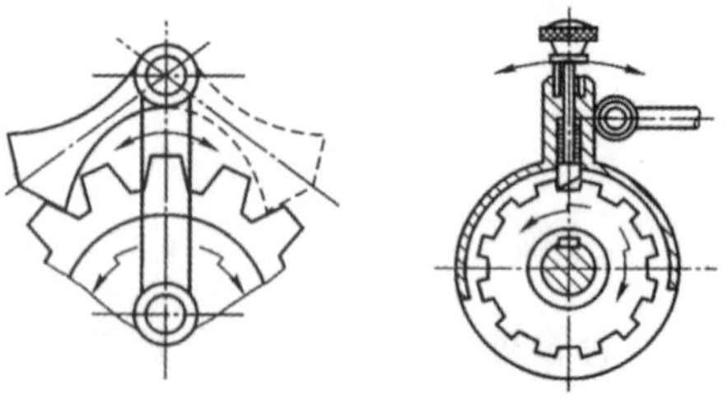

(a)　(b)

图 6-6　可变向棘轮机构

③可变向棘轮机构。可变向棘轮机构如图 6-6 所示，图 6-6(a)中机构的特点是当棘爪在实线位置时，主动摆杆的往复摆动将使棘轮沿逆时针方向间歇转动；而当棘爪翻转到虚线位置时，主动摆杆的往复摆动将使棘轮沿顺时针方向间歇转动。图 6-6(b)中机构也是一种可变向棘轮机构，当棘爪在图示位置时，棘轮将沿逆时针方向间歇转动；若将棘爪提起并绕自身轴线旋转 180°后放下，则可改变棘轮的转动方向。

(2)摩擦式棘轮机构。如图 6-7 所示。它以偏心扇形楔块代替轮齿式棘轮中的棘爪，以无齿摩擦轮代替棘轮。当主动摆杆 1 逆时针方向摆动时，扇形块 2 楔紧摩擦轮 3 成为一体，使摩擦轮 3 也一起逆时针转动，这时止回扇形块 4 打滑；当主动摆杆 1 顺时针方向摆动时，扇形块 2 在摩擦轮 3 上打滑，这时止回扇形块 4 楔紧摩擦轮 3，防止倒转。这样当主动摆杆连续往复摆动时，摩擦轮 3 得到单向的间歇转动。

轮齿式棘轮机构结构简单，易于制造，运动可靠，棘轮转角容易实现有级调整，但棘爪在齿面滑过引起噪音和冲击，棘齿易磨损，在高速时就更为严重，所以轮齿式棘轮机构常用于低速、轻载的场合。

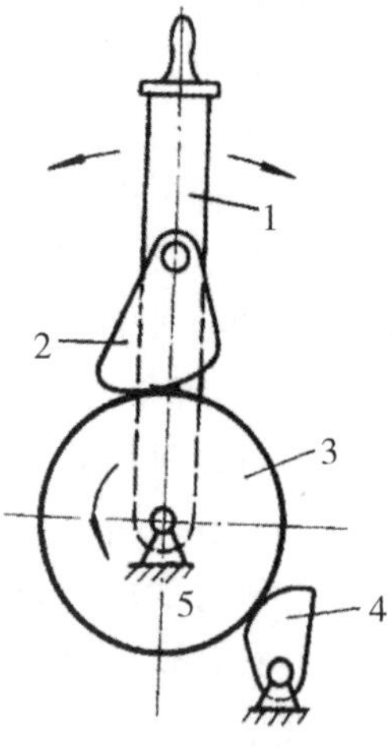


图 6-7　摩擦式棘轮机构

1-主动摆杆；2-扇形块；
3-摩擦轮；4-止回扇形块；

摩擦式棘轮机构传递运动较平稳，无噪音，从动件的转角可作无级调整，缺点是难以避免打滑现象，因此运动的准确性较差，不适合用于精确传递运动的场合。

## (二)槽轮机构

**1.槽轮机构的工作原理**

槽轮机构如图 6-8 所示，它是由带有径向槽和锁止弧的槽轮 2、带有圆销的拨盘 1 和机架组成。拨盘 1 做匀速转动时，可驱使槽轮 2 作间歇运动。当圆销进入径向槽时，拨盘上的圆销将带动槽轮转动。拨盘转过一定角度后，圆销将从径向槽中退出。为了保证圆销下一次能正确地进入径向槽内，槽轮的内凹锁止弧$\overset{\frown}{efg}$被拨盘的外凸锁止弧$\overset{\frown}{abc}$卡住，直到下一个圆销进入径向槽后才放开，这时槽轮又可随拨盘一起转动，即进入下一个运动循环。

槽轮机构

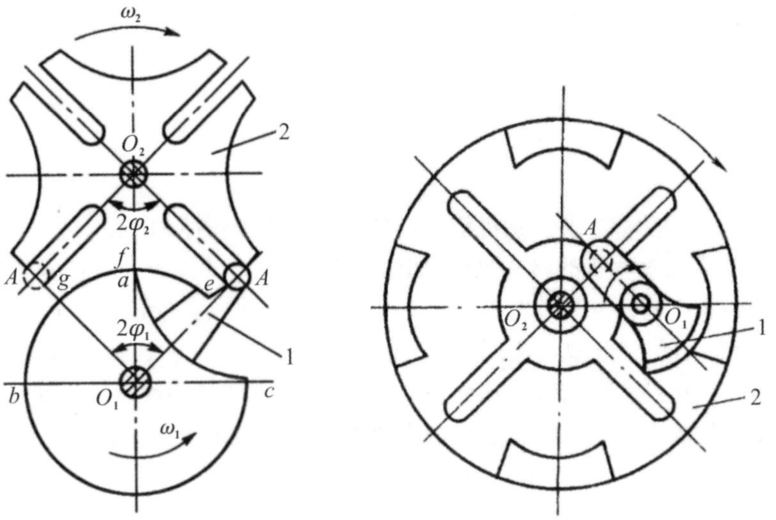


(a)外槽轮机构　　(b)内槽轮机构

图 6-8　槽轮机构

1-拨盘；2-槽轮。

**2.平面槽轮机构的分类**

(1)外槽轮机构。如图 6-8(a)所示，其槽轮上径向槽的开口是自圆心向外，主动构件与槽轮转向相反。

(2)内槽轮机构。如图 6-8(b)所示，其槽轮上径向槽的开口是向着圆心的，主动构件与槽轮转向相同。

槽轮机构构造简单，机械效率较高。由于圆销是沿圆周切向进入和退出径向槽的，所以槽轮机构运动平稳。

## (三)不完全齿轮机构

如图 6-9 所示为不完全齿轮机构。这种机构的主动轮 1 为只有一个齿或几个齿的不完全齿轮，从动轮 2 由正常齿和带锁住弧的厚齿彼此相间地组成。当主动轮 1 的有齿部分作用时，从动轮 2 就转动；当主动轮 1 的无齿圆弧部分作用时，从动轮 2 停止不动，因而当主动轮连续转动时，从动轮 2 获得时转时停的间歇运动。为了防止从动轮在停歇期间游动，两轮轮缘上各设置有锁止弧。

不完全齿轮机构与其他机构相比，结构简单，制造方便，从动轮的运动时间和静止时间的比例可不受机构结构的限制。但由于齿轮传动为定传动比运动，所以从动轮从静止到转动或从转动到静止时，速度有突变，冲击较大，故一般只用于低速或轻载场合。

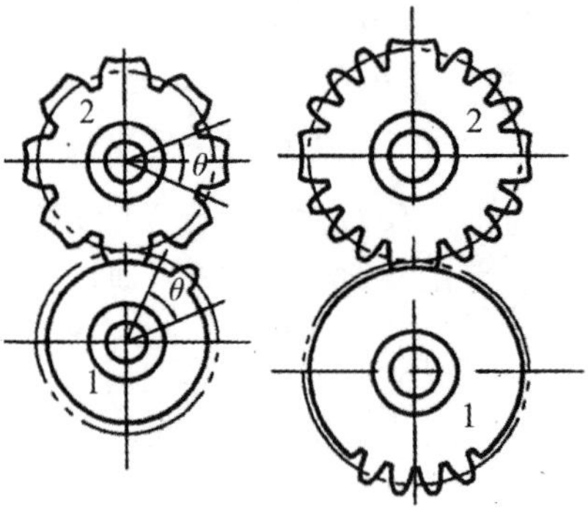


1-主动轮；
2-从动轮。

不完全齿轮机构

图 6-9　不完全齿轮机构

## 二、案例解读

学习了常用间歇运动机构，要求识别机构的类型并分析其工作原理。

**案例 6-1**　Z7105 钻孔攻丝机的转位机构，如图 6-10 所示。

分析：该机构为棘轮机构。蜗杆 1 经蜗轮 2 带动分配轴上的定位凸轮 3，使摆杆 4 上的定位块离开定位盘 5 上的 V 形槽，这时分度凸轮 6 推动杠杆 7 带动连杆 8，装在连杆 8 上的棘爪便推动棘轮 9 顺时针方向转动，从而使工作盘 10 实现转位运动。转位完毕，定位凸轮 3 和拉簧 11 使定位块再次插入定位盘 5 的 V 形槽中进行定位。

**案例 6-2**　超越棘轮棘爪机构，如图 6-11 所示。

分析：运动由蜗杆 1 传到蜗轮 2，通过装在蜗轮 2 上的棘爪 3 使棘轮 4 逆时针方向转动，棘轮与输出轴 5 固连，由此得到输出轴 5 的慢速转动。当需要输出轴 5 快速转动时，可逆时针转动手轮，这时由于手动速度大于由蜗轮蜗杆传动的速度，所以棘爪在棘轮上打滑，从而在蜗杆蜗轮继续转动的情况下，可用快速手动来实现超越运动。

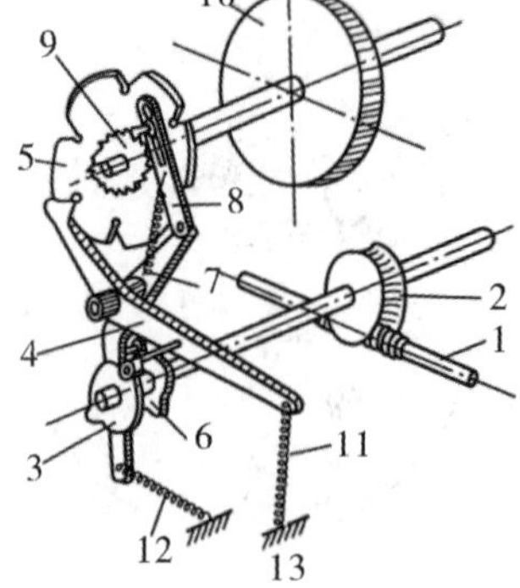


图6-10　Z7105 钻孔攻丝机的转位机构

1-蜗杆；2-蜗轮；3-定位凸轮；4-摆杆；5-定位盘；6-分度凸轮；7-杠杆；8-连杆；9-棘轮；10-工作盘；11-拉簧。

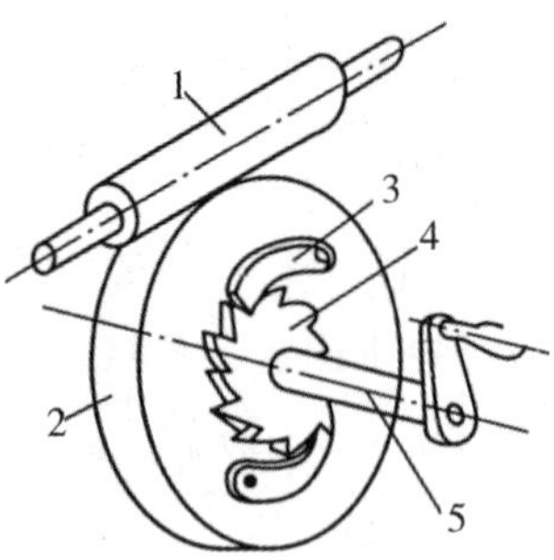


图 6-11　超越棘轮棘爪机构

1-蜗杆；2-蜗轮；3-棘爪；4-棘轮；5-输出轴。

**案例 6-3**　电影放映机中的卷片机构,如图 6-12 所示。

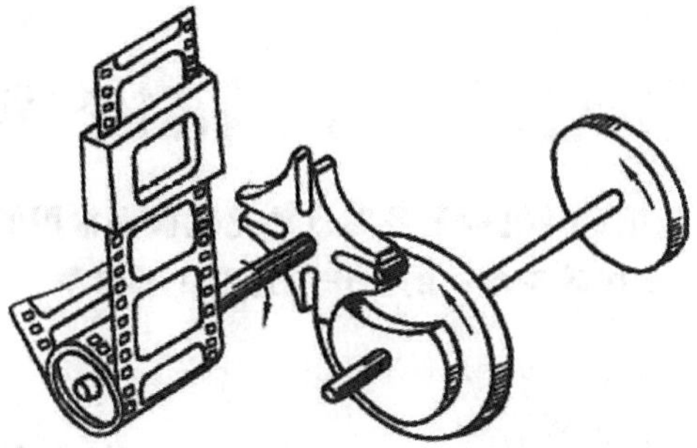

电影放映机卷片机构

图 6-12　电影放映机卷片机构

解:槽轮上有四个径向槽,拨盘每转一周,圆柱销将拨动槽轮转过 1/4 周,胶片移过一副画面,并停留一定时间。从而实现影片的间歇移动,以适应人眼的视觉暂留现象。

## 三、学习任务

1. 对教师讲过的案例进行分析。
2. 分析自行车后轮轴上的飞轮超越机构。
3. 请用思维导图对本章内容进行梳理。

# 第七章　齿轮传动

齿轮机构广泛应用于各种机械设备和仪器仪表中，它的设计与制造水平会直接影响机械产品的性能和质量，在工业发展中具有突出的地位。

让我们来看看，各类齿轮机构有什么特点，渐开线齿轮是怎么形成的，直齿圆柱齿轮和斜齿圆柱齿轮是如何进行传动的，它们有哪些常用的结构形式。

**学习目标：**

(1)能够正确描述齿轮传动的类型、特点。

(2)能够准确证实齿廓啮合基本定律。

(3)能够准确分析渐开线直齿圆柱齿轮的啮合原理、结构、材料、加工、失效形式和强度计算。

(4)能够正确分析斜齿圆柱齿轮传动的结构特点、受力情况，并结合实例进行强度计算。

(5)能够准确分析直齿圆锥齿轮、蜗杆传动的组成、特点及受力。

## 第一节　齿轮机构及渐开线齿轮

### 一、理论要点

#### (一)齿轮机构的特点及分类

齿轮机构由主动齿轮、从动齿轮和机架等构件组成，两齿轮以高副相连，属于高副机构。该机构广泛用于传递空间任意两轴间的运动和动力，其圆周速度可达到 300m/s，具有传递功率大、效率高、传动比准确、能传递任意夹角两轴间的运动、使用寿命长、工作平稳、安全可靠等优点。其主要缺点是制造和安装精度要求较高，成本较高，不适用于两轴间距离较远的传动。

**1. 按照轴线间相互位置、齿向和啮合情况**

按照轴线间相互位置、齿向和啮合情况可作如下分类：

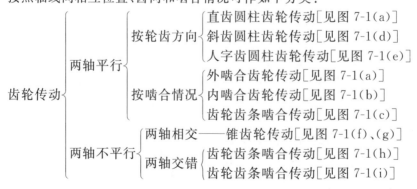

- 齿轮传动
  - 两轴平行
    - 按轮齿方向
      - 直齿圆柱齿轮传动[见图 7-1(a)]
      - 斜齿圆柱齿轮传动[见图 7-1(d)]
      - 人字齿圆柱齿轮传动[见图 7-1(e)]
    - 按啮合情况
      - 外啮合齿轮传动[见图 7-1(a)]
      - 内啮合齿轮传动[见图 7-1(b)]
      - 齿轮齿条啮合传动[见图 7-1(c)]
  - 两轴不平行
    - 两轴相交——锥齿轮传动[见图 7-1(f)、(g)]
    - 两轴交错
      - 齿轮齿条啮合传动[见图 7-1(h)]
      - 齿轮齿条啮合传动[见图 7-1(i)]

**2. 按照齿廓曲线的形状**

按照齿廓曲线的形状齿轮传动可分为渐开线齿轮传动、摆线齿轮传动和圆弧齿轮传动等。

**3. 按照齿轮传动的工作条件**

按照齿轮传动的工作条件齿轮传动可分为开式齿轮传动和闭式齿轮传动。在开式齿轮传动中，齿轮完全外露，易落入灰尘和杂物，不能保证良好的润滑，故齿面易磨损，常用于低速或不重要的场合。在闭式齿轮传动中，齿轮封闭在箱体内.可以保证良好的润滑，适用于速度较高或重要的传动，应用广泛。

**4. 按齿面硬度**

齿轮传动可分为硬齿面(硬度＞350HBS)齿轮和软齿面(硬度≤350HBS)齿轮，前者应用广泛，后者主要用于强度、速度和精度要求都不高的场合。

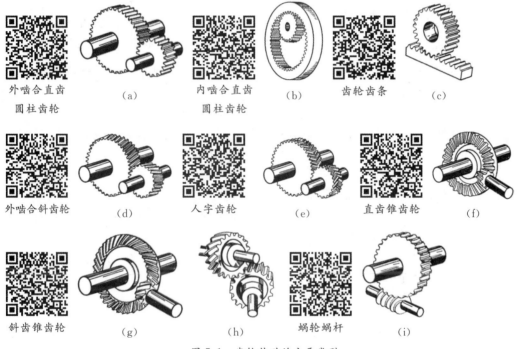

外啮合直齿圆柱齿轮

(a)

内啮合直齿圆柱齿轮

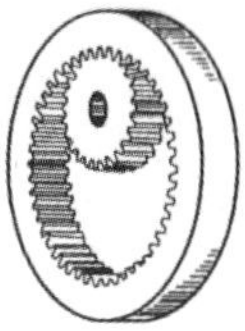

(b)

齿轮齿条

(c)

外啮合斜齿轮

(d)

人字齿轮

(e)

直齿锥齿轮

(f)

斜齿锥齿轮

(g)

(h)

蜗轮蜗杆

(i)

图 7-1　齿轮传动的主要类型

## (二)齿廓啮合基本定律

相互啮合传动的一对齿轮，主动齿轮的瞬时角速度 $w_1$ 与从动轮瞬时角速度 $w_2$ 之比 $w_1/w_2$ 称为两轮的传动比。实际工程中，对齿轮传动的基本要求之一是传动比保持不变。否则，当主动轮等角速度回转时，从动轮的角速度为变量，从而产生惯性力，影响齿轮传动的工作精度和平稳性，甚至可能导致轮齿过早失效。

齿轮机构的传动比是否恒定，直接取决于两轮齿廓曲线的形状。齿廓啮合基本定律就是研究当齿廓形状符合何种条件时，才能满足这一基本要求。

图 7-2 表示两相互啮合的齿廓 $C_1$、$C_2$ 在 $K$ 点接触，过 $K$ 点作两齿廓的公法线 $n$-$n$，它与两轮连心线 $O_1O_2$ 交于 $P$ 点，称为节点。

设 $w_1$、$w_2$ 分别为两轮的角速度，齿轮 1 驱动齿轮 2，两轮在 $K$ 点的线速度分别为：

$$\left.\begin{aligned} v_{K1} &= w_1\,\overline{O_1K} \\ v_{K2} &= w_2\,\overline{O_2K} \end{aligned}\right\} \tag{7-1}$$

两轮在 $K$ 点啮合，则两轮齿啮合点在公法线 $n-n$ 上的分速度必须相等，即：

$$v_{K1}\cos\alpha_{K1} = v_{K2}\cos\alpha_{K2} \tag{7-2}$$

式中，$\alpha_{K1}$ 和 $\alpha_{K2}$ 分别为两齿廓在 $K$ 点的压力角。

由式(7-1)、式(7-2)可得：

$$i_{12} = \frac{w_1}{w_2} = \frac{\overline{O_2K}\cos\alpha_{K2}}{\overline{O_1K}\cos\alpha_{K1}} \tag{7-3}$$

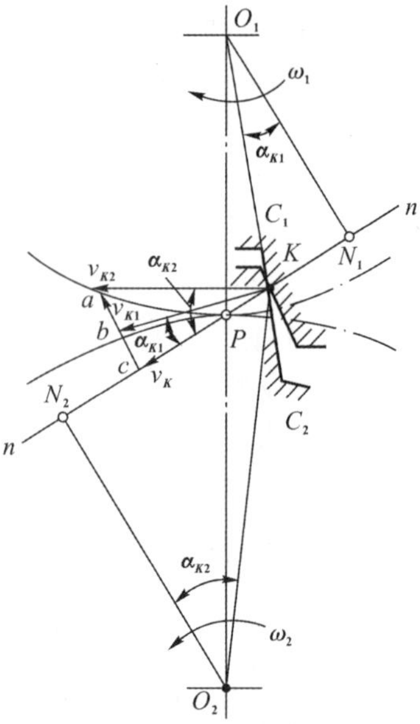

图 7-2　齿廓啮合基本定律

由图 7-2 可得：

$$i_{12} = \frac{w_1}{w_2} = \frac{\overline{O_2K}\cos\alpha_{K2}}{\overline{O_1K}\cos\alpha_{K1}} = \frac{\overline{O_2N_2}}{\overline{O_1N_1}} \tag{7-4}$$

式(7-4)进一步转化为：

$$i_{12} = \frac{w_1}{w_2} = \frac{\overline{O_2N_2}}{\overline{O_1N_1}} = \frac{\overline{O_2P}}{\overline{O_1P}} \tag{7-5}$$

式(7-5)表明，若使两齿轮的瞬时传动比恒定，则应使 $P$ 点的位置恒定不变。两轮的中心距 $O_1O_2$ 为定长，由此得出齿廓啮合基本定律：两轮齿廓不论在任何位置接触，若其啮合节点位置恒定，则两轮传动比恒定不变。

啮合节点在两轮运动平面上形成的轨迹曲线是两个相切圆，称为节圆，以 $r_1'$ 和 $r_2'$ 表示两节圆的半径，则两轮的传动比为：

$$i_{12} = \frac{w_1}{w_2} = \frac{r_2'}{r_1'} \tag{7-6}$$

凡能满足齿廓啮合基本定律的任意一对齿廓，称为共轭齿廓。齿轮机构中，常用的共轭齿廓有渐开线齿廓、摆线齿廓、圆弧齿廓等，其中以渐开线齿廓应用最广。因此，本章仅介绍渐开线齿廓的齿轮机构。

## (三)渐开线齿廓的形成及特性

### 1. 渐开线齿廓的形成

如图 7-3 所示，当直线 $BK$ 沿半径为 $r_b$ 的圆作纯滚动时，直线上任一点 $K$ 的轨迹 $AK$ 就是该圆的渐开线。这个圆称为渐开线的基圆，$r_b$ 称为基圆半径，而直线 $BK$ 称为渐开线的发生线，角 $\theta_k$ 称为渐开线在 $AK$ 段的展角。当以此渐开线作为齿轮的齿廓，并与其共轭齿廓在 $K$ 点啮合时，

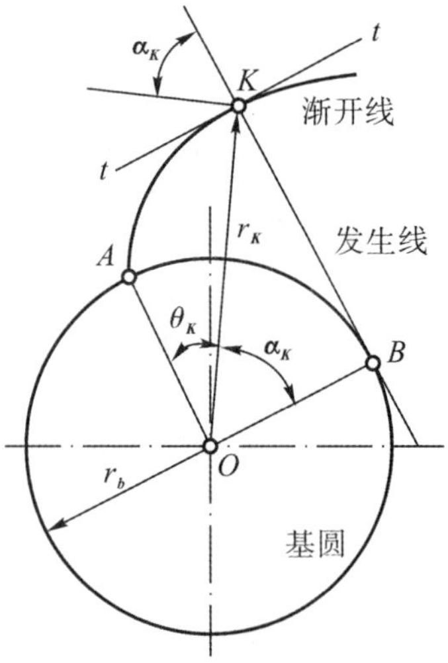

图 7-3　渐开线齿廓的形成

则在该点所受正压力的方向(即法线方向)与速度方向之间所夹的锐角 $\alpha_k$,称为 $K$ 点的压力角。

**2. 渐开线齿廓的特性**

(1)发生线沿基圆滚过的长度,等于基圆上被滚过的圆弧长度,即 $BK=\widehat{AB}$。

(2)渐开线上任意点的法线恒与基圆相切。发生线 $BK$ 为渐开线上点 $K$ 的法线,且发生线始终切于基圆,故渐开线上任意点的法线一定是基圆的切线。

(3)发生线与基圆的切点 $B$ 是渐开线在点 $K$ 的曲率中心,而线段 $BK$ 是渐开线在点 $K$ 的曲率半径。渐开线上各点的曲率半径是不同的,$K$ 点离基圆越远,曲率半径越大,渐开线越平缓。

(4)渐开线的形状取决于基圆的大小。基圆越大,渐开线越平直,基圆半径为无穷大时,渐开线为直线。齿条上的齿廓就是这种直线齿廓,见图 7-4。

(5)渐开线是从基圆开始向外展开的,故基圆内无渐开线。

(6)渐开线上各点的压力角不相等,离基圆越远,压力角越大。

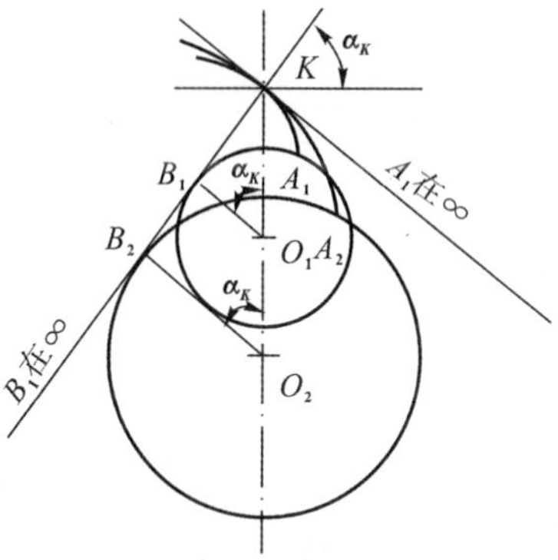

图 7-4　不同基圆上的渐开线

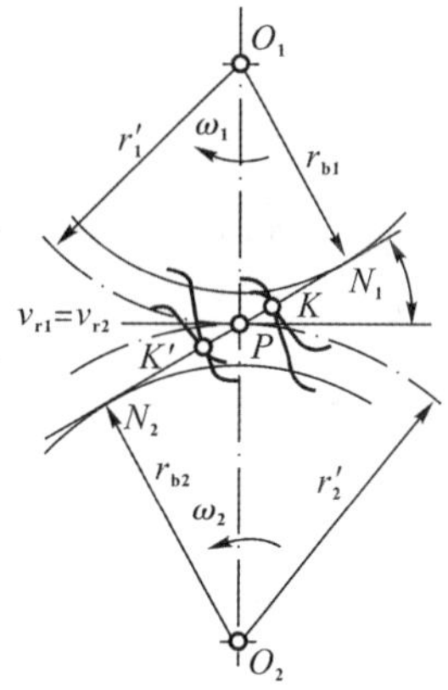

图7-5　渐开线齿廓的啮合

## (四)渐开线齿廓啮合的特点

**1. 四线合一**

对于渐开线齿廓的齿轮传动,啮合线、过啮合点的公法线、基圆的公切线和正压力线重合,称为四线合一。

齿轮传动时,其齿廓啮合点的轨迹称为啮合线。如图 7-5 所示,一对渐开线齿廓在任意点 $K$ 啮合,过 $K$ 点作两齿廓的公法线 $N_1N_2$,该公法线就是两基圆的共切线。当两齿廓转到 $K'$ 点啮合时,过 $K'$ 点所作公法线也是两基圆的公切线。由于齿轮基圆的大小和位置均固定,两圆同方向的内公切线只有一条,所有公法线 $n-n$ 是唯一的。因此不管齿轮在哪点啮合,公法线与连心线的交点 $P$ 都为一定点,其传动比恒定不变。

**2. 啮合线为一直线,啮合角为一定值**

渐开线齿廓的啮合线必与公法线 $N_1N_2$ 相重合,所以啮合线为一直线。啮合线的直线性使得传递压力的方向保持不变。啮合线与两节圆公切线所夹的锐角称为啮合角,用 $\alpha'$ 表示,齿轮传动时啮合角不变。

**3. 中心距可分性**

从图 7-5 中可知，$\triangle O_1PN_1 \backsim \triangle O_2PN_2$，所以两轮的传动比为：

$$i_{12}=\frac{\omega_1}{\omega_2}=\frac{\overline{O_2P}}{\overline{O_1P}}=\frac{r_2}{r_1}=\frac{r_{b2}}{r_{b1}}=\text{常数} \tag{7-7}$$

由式(7-7)可知渐开线齿轮的传动比是常数。齿轮一经加工完毕，基圆大小就确定了，因此在安装时若中心距略有变化也不会改变传动比的大小，此特性称为中心距可分性。

## (五)齿轮各部分名称和符号

图 7-6 所示为圆柱外齿轮的一部分，渐开线齿轮的各部分名称及符号如下：

(1)齿顶圆、齿根圆过齿轮各轮齿顶部所做的圆称为齿顶圆，其半径用 $r_a$ 表示，直径用 $d_a$ 表示；过齿轮各齿槽底部所做的圆称为齿根圆，其半径用 $r_f$ 表示，直径用 $d_f$ 表示。

(2)齿厚、齿槽宽和齿距在任意圆周上，轮齿两侧齿廓的弧线长度称为该圆周上的齿厚，用 $s_k$ 表示；齿槽两侧齿廓的弧线长度称为该圆上的齿槽宽，用 $e_k$ 表示；相邻两齿同侧齿廓之间的弧长称为该圆周上的齿距，用 $p_k$ 表示。$p_k=s_k+e_k$。

(3)分度圆在齿顶圆和齿根圆之间，取齿厚等于齿槽宽的圆作为基准圆，称为分度圆，其半径和直径分别用 $r$ 和 $d$ 表示。

(4)齿顶高、齿根高、齿全高、齿顶圆与分度圆之间的径向距离称为齿顶高，用 $h_a$ 表示；齿根圆与分度圆之间的径向距离称为齿根高，用 $h_f$ 表示；齿顶圆和齿根圆之间的径向距离称为齿全高，用 $h$ 表示。

## (六)渐开线齿轮的基本参数

(1)齿数在齿轮整个圆周上分布的轮齿总数称为齿数，用 $z$ 表示。

(2)模数人为地将 $\frac{p}{\pi}$ 规定为简单有理数并标准化，并把这个比值称为模数，用 $m$ 表示，其单位为 mm，即 $m=\frac{p}{\pi}$ 或 $p=\pi m$ 于是得：

$$d=mz \tag{7-8}$$

模数反映了轮齿及各部分尺寸的大小，$m$ 越大 $p$ 越大，轮齿的尺寸也越大，见图 7-7。我国已规定了齿轮模数的标准系列(表 7-1)。在设计齿轮时，$m$ 必须取标准值。

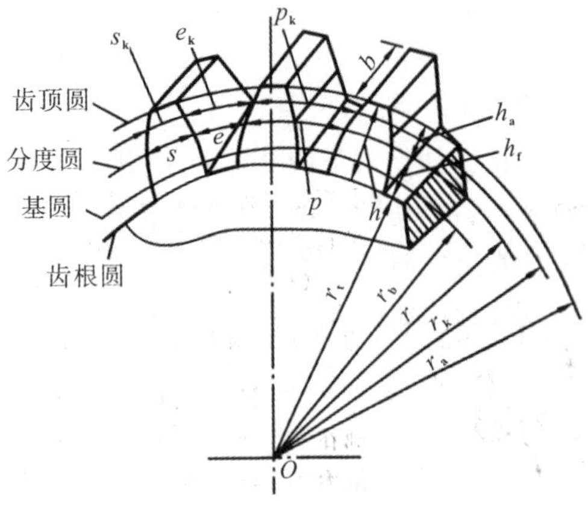

图 7-6　齿轮各部分名称图

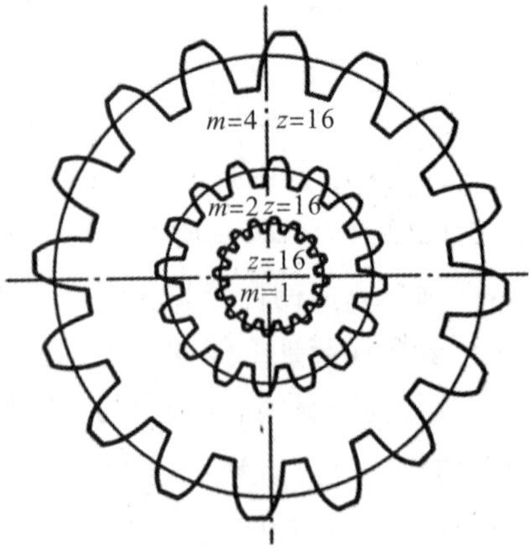

图 7-7　不同模数齿轮的比较

表 7-1　渐开线齿轮的模数(GB 1357-87)

| | |
|---|---|
| 第一系列 | 1　1.25　1.5　2　2.5　3　4　5　6　8　10　12　16　20　25　32　40　50 |
| 第二系列 | 1.75　2.25　2.75　(3.25)　3.5　(3.75)　4.5　5.5　(6.5)　7　9　(11)　14　18　22　28　(30)　36　45 |

(3)压力角由图 7-3 可知渐开线齿廓在半径为 $r_k$ 的圆周上的压力角为 $\alpha_k=\arccos\dfrac{r_b}{r_k}$，由此式可知，对于同一渐开线齿廓，$r_k$ 不同，$\alpha_k$ 不同，即渐开线齿廓在不同圆周上有不同的压力角。国家标准规定分度圆上的压力角值为 $\alpha=20°$。

(4)齿顶高系数和顶隙系数用模数来表示轮齿的齿顶高和齿根高，则

$$\left.\begin{aligned} h_a&=h_a^* m \\ h_f&=(h_a^*+c^*)m \end{aligned}\right\} \tag{7-9}$$

式中，$h_a^*$、$c^*$ 分别为齿顶高系数和顶隙系数。我国规定齿顶高系数和顶隙系数为标准值：

对于正常齿，$h_a^*=1$，$c^*=0.25$；

对于短制齿，$h_a^*=0.8$，$c^*=0.3$。

在一个齿轮的齿根圆柱面与配对齿轮的齿顶圆柱面之间留有间隙，称为顶隙，用 $c$ 表示，$c=c^* m$。

综上所述，$m$、$\alpha$、$h_a^*$、$c^*$ 和 $z$ 是渐开线齿轮几何尺寸的五个基本参数。

## (七)标准齿轮的几何尺寸计算

所谓标准齿轮是指 $m$、$\alpha$、$h_a^*$ 和 $c^*$ 均为标准值的齿轮。渐开线标准齿轮的几何尺寸计算列于表 7-2 中。

表 7-2　标准直齿圆柱齿轮几何尺寸的计算公式

| 序号 | 名称 | 符号 | 计算公式 | |
|---|---|---|---|---|
| | | | 外啮合齿轮 | 内啮合齿轮 |
| 1 | 齿顶高 | $h_a$ | $h_a=h_a^* m$ | |
| 2 | 齿根高 | $h_f$ | $h_f=(h_a^*+c^*)m$ | |
| 3 | 齿全高 | $h$ | $h=h_a+h_f$ | |
| 4 | 顶隙 | $c$ | $c=c^* m$ | |
| 5 | 分度圆直径 | $d$ | $d=mz$ | |
| 6 | 基圆直径 | $d_b$ | $d_b=d\cos\alpha$ | |
| 7 | 齿顶圆直径 | $d_a$ | $d_a=(z+2h_a^*)m$ | $d_a=(z-2h_a^*)m$ |
| 8 | 齿根圆直径 | $d_f$ | $d_f=(z-2h_a^*-2c^*)m$ | $d_f=(z+2h_a^*+2c^*)m$ |
| 9 | 齿距 | $p$ | $p=\pi m$ | |
| 10 | 基圆齿距 | $p_b$ | $p_b=p\cos\alpha$ | |
| 11 | 齿厚 | $s$ | $s=\pi m/2$ | |
| 12 | 标准中心距 | $a$ | $a=(d_1+d_2)/2$ | $a=(d_1-d_2)/2$ |

## 二、案例解读

**案例 7-1** 现有一正常齿标准直齿圆柱齿轮，测得齿顶圆直径 $d_a=134.8$mm，齿数 $z=25$。求齿轮的模数 $m$，分度圆上渐开线的曲率半径 $\rho$ 及直径 $d_K=130$mm，圆周上渐开线的压力角 $d_K$。

解：

| 计算与说明 | | 主要结果 |
|---|---|---|
| 求模数 | 由 $d_a=m(z+2)$得<br>$m=\frac{d_a}{z+2}=\frac{134.8}{25+2}$(mm)=4.99 (mm)<br>由表 6-1，取标准模数 | $m=5$(mm) |
| 分度圆半径 | $r=\frac{mz}{2}=\frac{5\times 25}{2}$(mm) | $r=62.5$(mm) |
| 基圆半径 | $r_b=r\cos\alpha=62.5\times\cos 20°$(mm) | $r_b=58.731$(mm) |
| 分度圆上渐开线曲率半径 | $\rho=\sqrt{r^2-r_b^2}$<br>$=\sqrt{62.5^2-58.731^2}$(mm) | $\rho=21.376$(mm) |
| $d_K$ 圆周上的压力角 | $\alpha_K=\arccos\frac{r_b}{r_K}=\arccos\frac{58.731}{130/2}$ | $\alpha_K=25°22'15''$ |

**案例 7-2** 一对标准直齿圆柱齿轮传动，齿数 $z_1=20$，传动比 $i=3.5$，模数为 $m=5$mm，求两齿轮的分度圆直径、齿顶圆直径、齿根圆直径、齿距、齿厚及中心距。

解：

| 计算与说明 | | 主要结果 |
|---|---|---|
| 大齿轮齿数 | $z_2=iz_1=3.5\times 20$ | $z_2=70$ |
| 分度圆直径 | $d_1=mz_1=5\times 20$(mm)<br>$d_2=mz_2=5\times 70$(mm) | $d_1=100$(mm)<br>$d_2=350$(mm) |
| 齿顶圆直径 | $d_{a1}=m(z_1+2)=5\times(20+2)$(mm)<br>$d_{a2}=m(z_2+2)=5\times(70+2)$(mm) | $d_{a1}=110$(mm)<br>$d_{a2}=360$(mm) |
| 齿根圆直径 | $d_{f1}=m(z_1-2.5)=5\times(20-2.5)$(mm)<br>$d_{f2}=m(z_2-2.5)=5\times(70-2.5)$(mm) | $d_{f1}=87.5$(mm)<br>$d_{f2}=337.5$(mm) |
| 齿距 | $p=\pi m=\pi\times 5$(mm) | $p=15.708$(mm) |
| 齿厚 | $s=\frac{p}{2}=\frac{15.708}{2}$(mm) | $s=7.854$(mm) |
| 中心距 | $a=\frac{m}{2}(z_1+z_2)=\frac{5}{2}\times(20+70)$(mm) | $a=225$(mm) |

## 三、学习任务

1. 对教师讲过的案例进行分析。

2. 用本节所学内容，完成以下练习。

(1)已知一对外啮合标准直齿圆柱齿轮 $z_1=23$，$z_2=57$，$m=2.5\text{mm}$，试求该齿轮传动比、两轮的分度圆直径、齿顶圆直径、齿根圆直径、基圆直径、中心距、齿距、齿厚、齿槽宽。

(2)已知一标准直齿圆柱齿轮 $\alpha=20°$，$m=5\text{mm}$，$z=40$，试求其分度圆、基圆、齿顶圆上的渐开线齿廓的曲率半径和压力角。

(3)某传动装置中有一对渐开线标准直齿圆柱齿轮(正常齿)，大齿轮已损坏，小齿轮的齿数 $z_1=24$，齿顶圆直径 $d_{a1}=78\text{mm}$，中心距 $a=135\text{mm}$，试计算大齿轮的主要几何尺寸及这对齿轮的传动比。

3. 用不少于200字将你对本节知识点的理解进行梳理。

# 第二节　标准直齿轮与斜齿圆柱齿轮传动

## 一、理论要点

### (一)渐开线标准直齿轮的啮合传动

**1. 正确啮合条件**

如图7-8所示为一对渐开线齿轮的啮合传动，其齿廓啮合点 $K_1$、$K_2$ 都应在啮合线 $N_1N_2$ 上。要使各对轮齿都能正确地在啮合线上啮合而不相互嵌入或分离，则当前一对齿在啮合线上的 $K_1$ 点接触时，其后一对齿应在啮合啮合线上的另一点 $K_2$ 接触。为了保证前后两对齿有可能同时在啮合线上接触，两轮相邻两齿间$\overline{K_1K_2}$的长应相等，即相邻两齿同侧齿廓间法向齿距应相等。如果不等，当 $p_{n1}>p_{n2}$ 时，传动会短时间中断，产生冲击；当 $p_{n1}<p_{n2}$ 时，齿轮会卡住。由此可知，要使两齿轮正确啮合，则它们的法向齿距必须相等，即 $p_{n1}=p_{n2}$。渐开线齿轮的法向齿距等于基圆齿距，所以

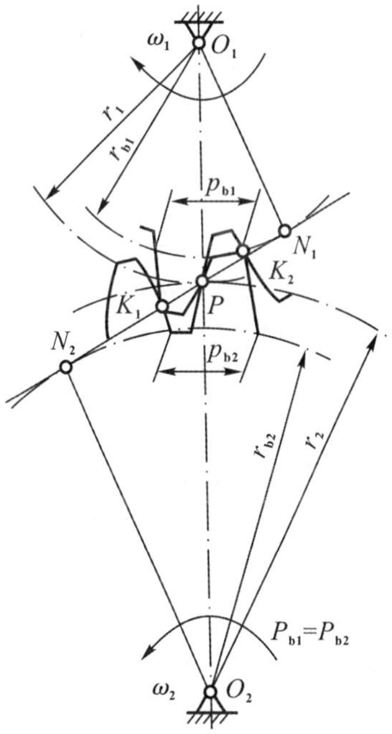

图7-8　正确啮合的条件

$$p_{b1}=\frac{\pi d_{b1}}{z_1}=\frac{\pi d_1\cos\alpha_1}{z_1}=\frac{\pi m_1 z_1\cos\alpha_1}{z_1}=\pi m_1\cos\alpha_1$$

同理，$p_{b2}=\pi m_2\cos\alpha_2$，故 $m_1\cos\alpha_1=m_2\cos\alpha_2$。

此式说明：只要两轮的模数和压力角的余弦值之积相等，两轮即能正确啮合，但由于模数和压力角都是标准值，所以两轮正确啮合的条件为：

$$\begin{cases}m_1=m_2=m\\ \alpha_1=\alpha_2=\alpha\end{cases}\tag{7-10}$$

由相互啮合齿轮模数相等的条件，可推出一对齿轮的传动比为：

$$i_{12}=\frac{\omega_1}{\omega_2}=\frac{d_2'}{d_1'}=\frac{d_{b2}}{d_{b1}}=\frac{d_2}{d_1}=\frac{mz_2}{mz_1}=\frac{z_2}{z_1} \tag{7-11}$$

**2. 标准中心距**

正确安装的一对齿轮在理论上应达到无齿侧间隙，否则啮合传动时就会产生冲击和噪音，反向啮合时会出现空行程，影响传动的精度。一对相啮合的标准齿轮，由于两轮的模数、压力角相等，且分度圆上的齿厚与齿槽宽相等，因此，当分度圆与节圆重合时便可满足无侧隙啮合。节圆与分度圆相重合的安装称为标准安装，此时的中心距称为标准中心距，用 $a$ 表示：

$$a=r_1'+r_2'=r_1+r_2=\frac{1}{2}m(z_1+z_2) \tag{7-12}$$

显然，此时啮合角 $\alpha'$ 等于分度圆压力角 $\alpha$。

由于齿轮制造和安装的误差、轴的变形以及轴承磨损等原因，两轮的实际中心距 $\alpha'$ 往往与标准中心距略有差异。此时两轮节圆与分度圆不重合，故 $\alpha'\neq\alpha$。由于渐开线齿轮中心距具有可分性，此时有 $a'\cos\alpha'=a\cos\alpha$。

由以上分析可知：节圆、啮合角是一对齿轮啮合传动时才存在的参数，单个齿轮没有；而分度圆、压力角则是单个齿轮所具有的几何参数。

**3. 重合度**

如图 7-9 所示为一对渐开线直齿圆柱齿轮传动，设轮 1 为主动轮，轮 2 为从动轮，转动方向如图 7-9 所示。一对齿廓开始啮合时，主动轮的齿根推动从动轮的齿顶运动，开始啮合点是从动轮的齿顶圆与啮合线 $N_1N_2$ 的交点 $B_2$。同理主动轮的齿顶圆与啮合线 $N_1N_2$ 的交点 $B_1$ 则为两轮齿廓开始分离点。线段 $B_1B_2$ 为啮合的实际轨迹，称为实际啮合线。线段 $N_1N_2$ 为理论上可能的最长啮合线段，称为理论啮合线段。

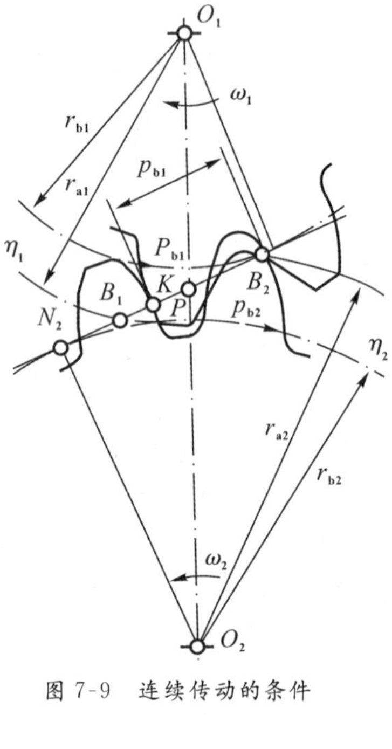

图 7-9　连续传动的条件

两齿轮在啮合传动时，若前一对轮齿尚未脱离啮合，而后一对轮齿就已进入啮合，则这种传动称为连续传动。要保证连续传动，后一对轮齿应在前一对轮齿啮合点 $K$ 尚未到达啮合终点 $B_1$ 时进入啮合开始点 $B_2$。因此连续传动的条件是 $\overline{B_1B_2}\geqslant\overline{B_2K}$，因 $\overline{B_2K}$ 等于法向齿距（即基圆齿距 $p_b$）。

通常将实际啮合线长度与基圆齿距之比称为齿轮的重合度，用 $\varepsilon$ 表示，于是齿轮连续传动的条件为：

$$\varepsilon=\frac{\overline{B_1B_2}}{p_b}\geqslant 1 \tag{7-13}$$

$\varepsilon$ 越大表示多对轮齿同时啮合的概率越大，齿轮传动越平稳。

## (二)斜齿圆柱齿轮传动

**1. 齿廓曲面的形成**

(1)直齿圆柱齿轮的齿廓形成。直齿圆柱齿轮的齿廓形成是在垂直于齿轮轴线的端面内进行的,实际上,如图 7-10(a)所示轮齿总是有一定的宽度,基圆应是基圆柱,发生线应是发生面,发生线上的 $K$ 点就是一条直线 $KK$。当发生面沿基圆柱作纯滚动时,直线在空间形成的轨迹就是一个渐开面,即直齿轮的齿廓曲面。

(2)斜齿圆柱齿轮齿廓曲面的形成。斜齿圆柱齿轮齿廓曲面的形成原理与直齿圆柱齿轮相似,所不同的是发生面上的直线 $KK$ 与基圆柱轴线成一夹角,如图 7-11(a)所示。当发生面沿基圆柱作纯滚动时,斜直线 $KK$ 在空间形成的轨迹即为斜齿圆柱齿轮齿廓曲面。它与基圆的交线 $AA$ 是一条螺旋线,夹角 $\beta_b$ 称为基圆柱上的螺旋角。由于斜线 $KK$ 上任一点的轨迹都是同一基圆上的渐开线,只是它们的起点不同,所以其齿廓曲面为渐开螺旋面。

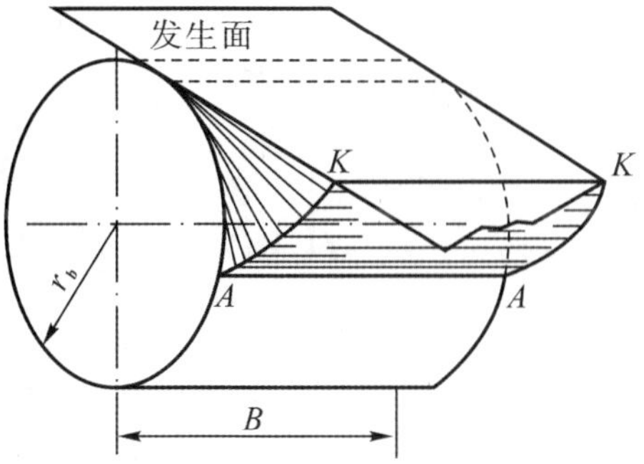


(a)渐开面

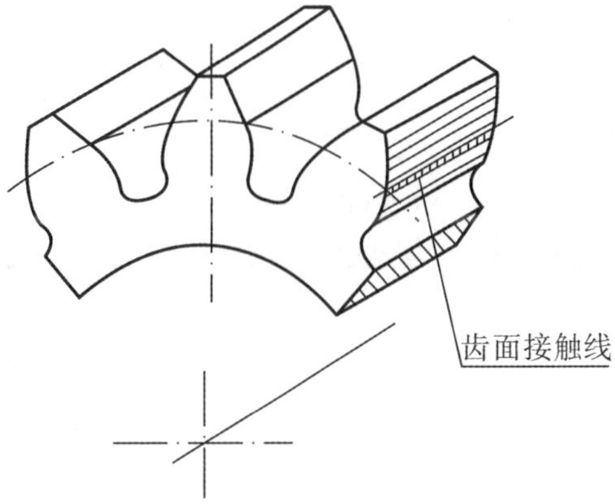


(b)齿面接触线

图 7-10　渐开线直齿轮齿面的形成图

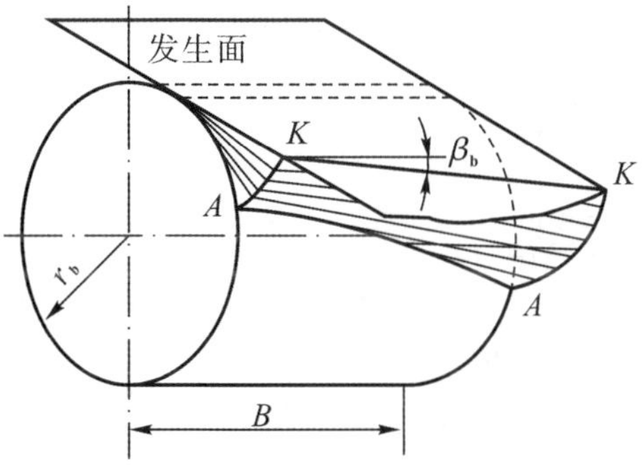


(a)渐开面

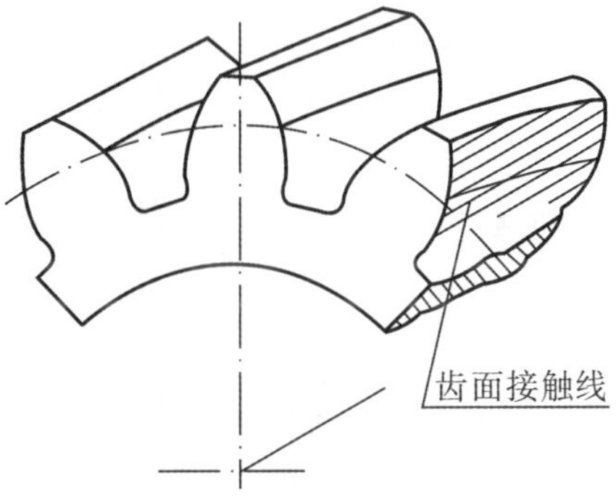


(b)齿面接触线

图 7-11　渐开线斜齿轮齿面的形成

**2. 斜齿圆柱齿轮的基本参数**

斜齿圆柱齿轮在不同的截面上,其轮齿的齿形不同。垂直于齿轮轴线的平面称为端(平)面,而垂直于轮齿螺旋线切线的平面称为法(平)面,则齿廓形状有端面和法面之分,因而斜齿轮的几何参数有端面和法面的区别。

(1)螺旋角。如图 7-12 所示为斜齿轮的分度圆柱及其展开图。图中螺旋线展开所得的斜直线与轴线之间的夹角称为分度圆柱上的螺旋角,简称螺旋角。螺旋角太小,不能充分显示斜齿轮传动的优点,而螺旋角太大,则轴向力太大,为此一般取为 8°～20°。

基圆柱面上螺旋角 $\beta_b$ 与分度圆柱面上螺旋角 $\beta$ 之间的关系为:

$$\tan\beta_b=\tan\beta\cos\alpha_t \tag{7-14}$$

式中,$\alpha_t$ 为斜齿轮端面压力角。

斜齿轮轮齿的旋向可分为右旋和左旋两种,当斜齿轮的轴线垂直放置时,其螺旋线左高右低的为左旋,反之为右旋。

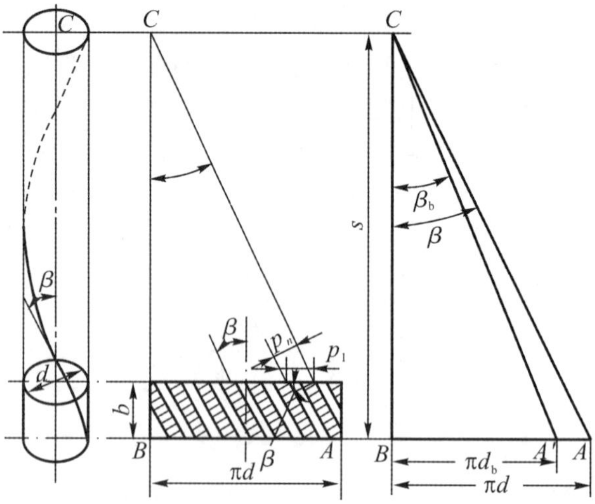


图 7-12　斜齿轮螺旋角

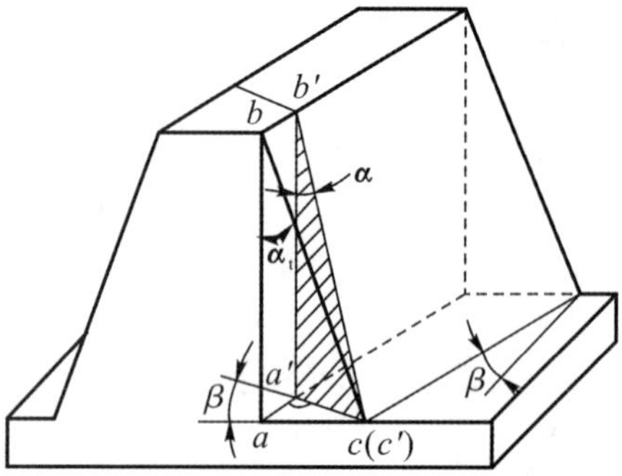


图 7-13　端面压力角和法面压力角

(2)法面模数 $m_n$ 和端面模数 $m_t$。由图 7-12 可得端面齿距与法面齿距有如下关系:

$$p_n=p_t\cos\beta \tag{7-15}$$

将上式两边同除以 π 得法面模数 $m_n$ 和端面模数 $m_t$

$$m_n=m_t\cos\beta \tag{7-16}$$

(3)法面压力角 $\alpha_n$ 和端面压力角 $\alpha_t$。由图 7-13 可知 $abc$ 为端面,$a'b'c'$ 为法面,由于 $\triangle abc$ 及 $\triangle a'b'c'$ 的高相等,于是由几何关系可知:

$$ac/\tan\alpha_t=a'c/\tan\alpha_n \tag{7-17}$$

又,在 $\triangle aa'c$ 中,$a'c=ac\cos\beta$,于是有:

$$\tan\alpha_n=\tan\alpha_t\cos\beta \tag{7-18}$$

(4)法面齿顶高系数 $h_{an}^*$ 和端面齿顶高系数 $h_{at}^*$。由于斜齿轮的径向尺寸无论在法面还是在端面都不变,故其法面和端面的齿顶高与顶隙都相等,即:

$$\begin{cases}h_a=h_{at}^*m_t=h_{an}^*m_n=h_{an}^*m_t\cos\beta\\ c=c_n^*m_n=c_t^*m_t=c_n^*m_t\cos\beta\end{cases} \tag{7-19}$$

故:

$$\begin{cases}h_{at}^*=h_{an}^*\cos\beta\\ c_t^*=c_n^*\cos\beta\end{cases} \tag{7-20}$$

**3. 斜齿圆柱齿轮的正确啮合条件和几何尺寸计算**

(1)正确啮合条件。一对外啮合斜齿轮正确啮合时，除了两齿轮的法向模数和法向压力角分别相等外，两齿轮的螺旋角还必须大小相等、方向相反，一齿轮为左旋，另一齿轮为右旋，即：

$$\begin{cases} m_{n1}=m_{n2}=m_n \\ \alpha_{n1}=\alpha_{n2}=\alpha_n \\ \beta_1=\pm\beta_2 \end{cases} \tag{7-21}$$

式中，“+”号表示内啮合，“−”号表示外啮合。

(2)几何尺寸计算。由于加工斜齿轮时，刀具是沿着齿槽方向(即垂直于法向的方向)进行切削的，所以斜齿轮以法面参数为标准值。法向模数 $m_n$、法向压力角 $\alpha_n$、法向齿顶高系数 $h_{an}^*$ 及法向顶隙系数 $c_n^*$ 均为斜齿轮的基本参数，且为标准值：$h_{an}^*=1$，$c_n^*=0.25$，$\alpha_n=20°$，$m_n$ 符合表中的标准模数系列。渐开线标准斜齿圆柱齿轮主要几何尺寸计算公式如表 7-3 所示。

表 7-3　渐开线正常齿标准斜齿圆柱齿轮的几何尺寸计算

| 名称 | 符号 | 计算公式 |
| --- | --- | --- |
| 齿顶高 | $h_a$ | $h_a=h_{an}^*m_n=m_n$ |
| 齿根高 | $h_f$ | $h_f=(h_{an}^*+c_n^*)m_n=1.25m_n$ |
| 齿全高 | $h$ | $h=h_a+h_f=2.25m_n$ |
| 分度圆直径 | $d$ | $d=m_tz=m_nz/\cos\beta$ |
| 基圆直径 | $d_b$ | $d_b=d\cos\alpha_t$ |
| 齿顶圆直径 | $d_a$ | $d_a=d+2h_a$ |
| 齿根圆直径 | $d_f$ | $d_f=d-2h_f$ |
| 中心距 | $a$ | $a=\frac{1}{2}(d_1+d_2)=\frac{m_n}{2\cos\beta}(z_1+z_2)$ |

**4. 斜齿圆柱齿轮的重合度**

图 7-14(a)所示为斜齿轮与斜齿条在前端面的啮合情况，齿廓在 $A$ 点进入啮合，在 $E$ 点终止啮合。但从俯视图 7-14(b)上来分析，当前端面开始脱离啮合时，后端面仍在啮合区内。后端面脱离啮合时，前端面已达 $H$ 点。所以，从前端面进入啮合到后端面脱离啮合，前端面走了 $FH$ 段，故斜齿轮传动的重合度为：

$$\varepsilon=\frac{FH}{p_t}=\frac{FG+GH}{p_t}=\varepsilon_t+\frac{b\tan\beta}{p_t} \tag{7-22}$$

式中，$\varepsilon_t$ 为端面重合度，其值等于与斜齿轮端面齿廓相同的直齿轮传动的重合度；

$b\tan\beta/p_t$ 为轮齿倾斜而产生的附加重合度。

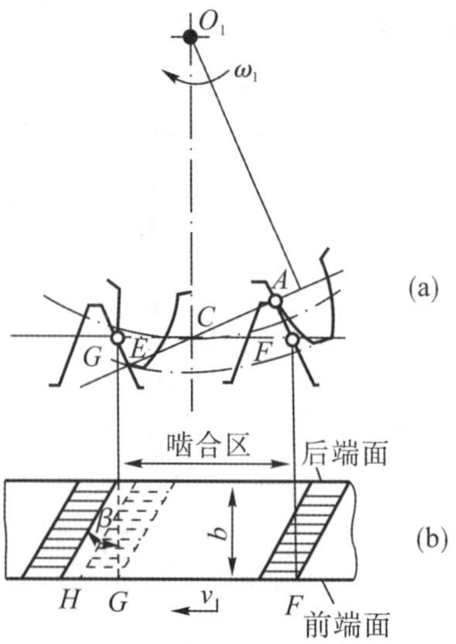


(a)前端面啮合情况　　(b)俯视图

图 7-14　斜齿轮传动的重合度

**5. 斜齿圆柱齿轮传动的特点**

(1)斜齿轮齿面的接触线为斜直线，轮齿是逐渐进入啮合和逐渐退出啮合，故传动平稳，冲击和噪声小。

(2)由于斜齿圆柱齿轮重合度大，降低了每对轮齿的载荷，从而相对地提高了齿轮的承载能力，延长了齿轮的使用寿命。

(3)不发生根切的最少齿数比直齿轮要少，可获得更为紧凑的机构。

(4)斜齿轮传动在运转时会产生轴向推力。

如图 7-15 所示，其轴向推力为 $F_a=F_t\tan\beta$，所以螺旋角 $\beta$ 越大，则轴向推力越大。

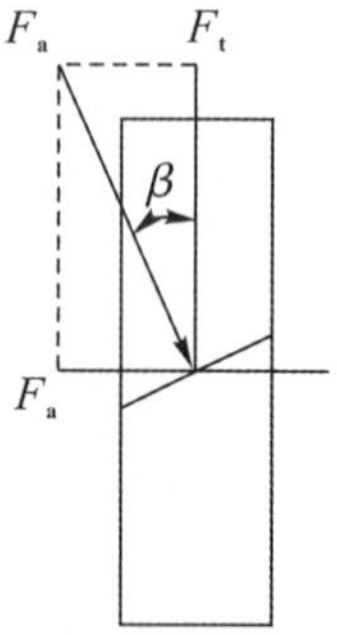


图 7-15　斜齿轮的轴向力

## (三)齿轮结构设计及齿轮传动的润滑

**1. 常用的齿轮结构形式**

(1)齿轮轴。当齿轮的齿根圆直径与相配轴直径相差很小时，可将齿轮与轴做成一体，称为齿轮轴，如图 7-16 所示。对钢制圆柱齿轮，其齿根圆至键槽底部的距离 $e\leqslant(2\sim2.5)m_n$ 时，便将齿轮与轴做成一体。

图 7-16　齿轮轴

(2)实体式齿轮。当齿轮的齿顶圆直径 $d_a\leqslant 200$mm，且 $e$ 超过上述界限时，可采用实体式齿轮，如图 7-17 所示。

(3)腹板式齿轮。当齿顶圆直径 $200mm < d_a < 500mm$ 时，可采用腹板式结构，如图 7-18所示。

(4)轮辐式齿轮。当齿顶圆直径 $d_a > 500mm$ 的齿轮，采用轮辐式结构，如图 7-19 所示。

图 7-17 实体式齿轮

图 7-18 腹板式齿轮

图 7-19 轮辐式齿轮

**2. 齿轮传动的润滑**

(1)浸油润滑。当齿轮的圆周速度 $v < 12m/s$ 时，通常将大齿轮浸入油池中进行润滑，如图 7-20(a)所示，浸油深度约为 1～2 个齿高，速度高时取小值，但不应小于 10mm。在多级齿轮传动中，可采用带油轮将油带到未浸入油池的轮齿齿面上，如图 7-20(b)所示，同时可将油甩到齿轮箱壁面上散热，使油温下降。

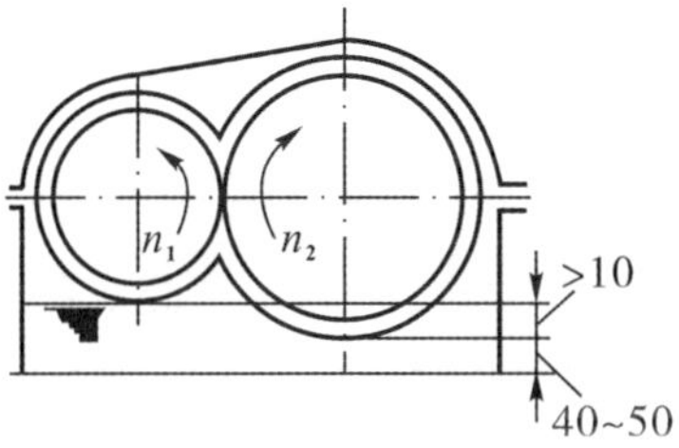


(a)浸油润滑

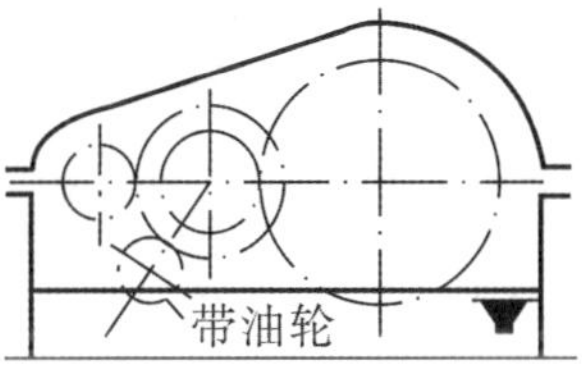


(b)带油轮润滑

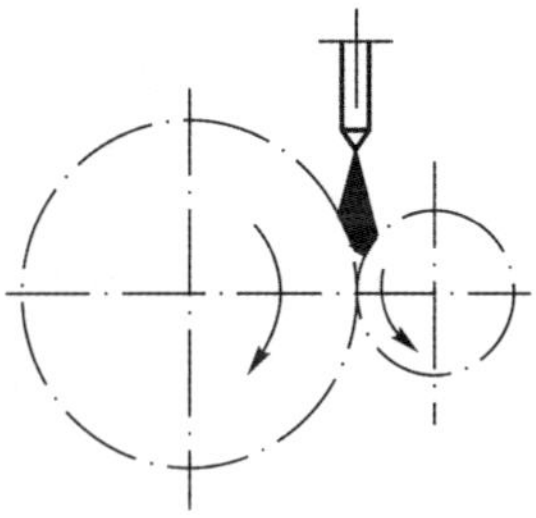

(c)喷油润滑

图 7-20 油池润滑和喷油润滑

(2)喷油润滑。当齿轮圆周速度 $v > 12m/s$ 时，由于圆周速度大，齿轮搅油剧烈，会使黏附在齿廓面上的油被甩掉，因此，不宜采用浸油润滑，可采用喷油润滑，即用油泵将具有一定压力的油经喷油嘴喷到啮合的齿面上，如图 7-20(c)所示。

## 二、案例解读

**案例 7-3** 设计一标准斜齿圆柱齿轮传动，已知传动比 $i=3.5$，法面模数 $m_n=2mm$，中心距 $a=90mm$。试确定这对齿轮的螺旋角 $\beta$ 和齿数，计算分度圆直径、齿顶圆直径和齿根圆直径。

解：

| 计算与说明 | | 主要结果 |
|---|---|---|
| 初选螺旋角 | $\beta=15°$ | $z_2=70$ |
| 确定齿数 | $a=\dfrac{m_n(z_1+z_2)}{2\cos\beta}$<br>$z_1=\dfrac{2a\cos\beta}{m_n(1+i)}=\dfrac{2\times90\times\cos15°}{2\times(1+3.5)}=19.3$<br>$z_2=iz_1=3.5\times19=66.5$ | $z_1=19$<br>$z_2=67$ |
| 实际螺旋角 | $\beta=\arccos\dfrac{(z_1+z_2)m_n}{2a}=\arccos\dfrac{(19+67)\times2}{2\times90}$ | $\beta=17°08'46''$ |
| 分度圆直径 | $d_1=\dfrac{m_nz_1}{\cos\beta}=\dfrac{2\times19}{\cos17°08'46''}(\text{mm})$<br>$d_2=\dfrac{m_nz_2}{\cos\beta}=\dfrac{2\times67}{\cos17°08'46''}(\text{mm})$ | $d_1=39.77(\text{mm})$<br>$d_2=140.23(\text{mm})$ |
| 齿顶圆直径 | $d_{a1}=d_1+2m_n=39.77+2\times2(\text{mm})$<br>$d_{a2}=d_2+2m_n=140.23+2\times2(\text{mm})$ | $d_{a1}=43.77(\text{mm})$<br>$d_{a2}=144.23(\text{mm})$ |
| 齿根圆直径 | $d_{f1}=d_1-2.5m_n=39.77-2.5\times2(\text{mm})$<br>$d_{f2}=d_2-2.5m_n=140.23-2.5\times2(\text{mm})$ | $d_{f1}=34.77(\text{mm})$<br>$d_{f2}=135.23(\text{mm})$ |

## 三、学习任务

1. 对教师讲过的案例进行分析。

2. 用本节所学内容，完成以下练习。

(1)已知一对斜齿圆柱齿轮传动，$z_1=18$，$z_2=36$，$m_n=2.5\text{mm}$，$a=68\text{mm}$，$a_n=20°$，$h_{an}^*=1$，$c_n^*=0.25$。试求：①这对斜齿轮螺旋角 $\beta$；②两轮的分度圆直径 $d_1$，$d_2$ 和齿顶圆直径 $d_{a1}$，$d_{a2}$。

(2)设一对斜齿圆柱齿轮传动的参数为：$m_n=5\text{mm}$，$a_n=20°$，$z_1=25$，$z_2=40$，试计算当 $\beta=20°$时的下列值：①端面模数 $m_t$；②端面压力角 $\alpha_t$；③分度圆直径 $d_1$，$d_2$；④中心距 $a$。

# 第三节　渐开线直齿圆柱齿轮的加工

## 一、理论要点

### (一)齿轮轮齿的加工方法

齿廓的加工方法很多，大致分为切削法和塑性成形法。目前最常用的方法是切削法，从切制原理来看，分为仿形法和范成法两大类。对轮齿加工的基本要求是齿形准确和分齿均匀。

**1. 仿形法**

仿形法是仿照齿轮齿廓形状来切制齿轮的一种方法，切削刃的形状和被切齿槽的齿廓形状完全相同。常用的刀具有盘形铣刀(图 7-21)和指状铣刀(图 7-22)等。仿形切削时由于加工过程不连续,故生产率低,加工成本高。但这种加工方法简单,不需专用机床,可在普通铣床上加工,故这种加工方法仅适用于单件生产及精度要求不高的齿轮加工。

盘铣刀切制齿轮

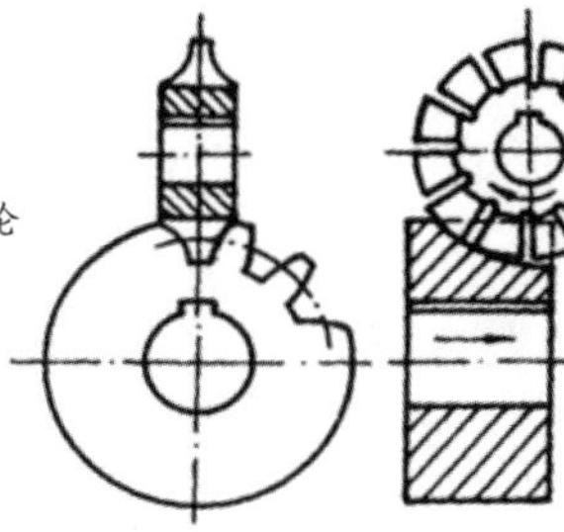

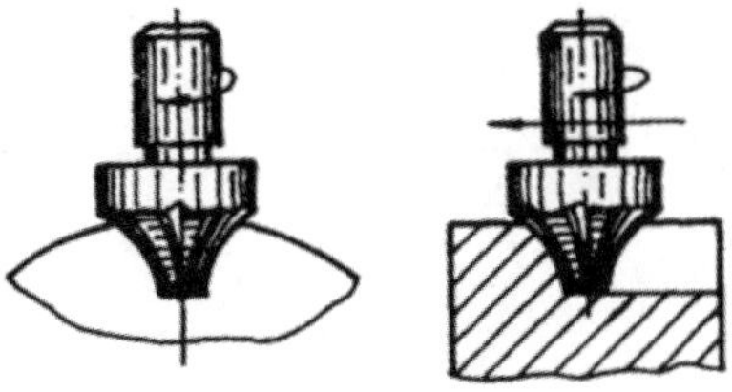

指状铣刀切制齿轮

图 7-21　盘形铣刀切制齿轮　　　　图 7-22　指状铣刀切制齿轮

**2. 范成法**

范成法又称展成法或包络法,是目前最常用的一种齿轮加工方法。它是利用一对齿轮(或齿轮齿条)作无侧隙啮合传动时,其共轭齿廓互为包络线的原理来加工齿轮的。用范成法加工齿轮时,常用的刀具有齿轮插刀(图 7-23)、齿条插刀(图 7-24)和齿轮滚刀(图 7-25)三种。用这些加工方法生产出来的齿轮,在一般情况下可直接使用。但在重要的场合下,为了消除表面缺陷、提高抗疲劳强度,常常需要进一步精加工,以获得所需的表面粗糙度和更高的精度要求。常用的精加工方法有剃齿、冷滚、磨齿和抛光等。

齿轮插刀切制齿轮

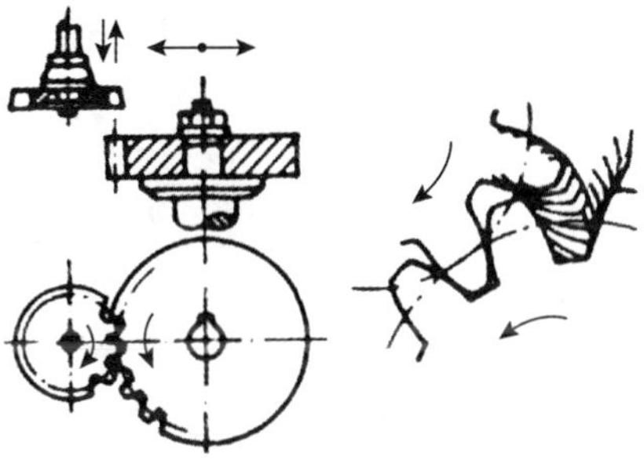

齿条插刀切制齿轮

图 7-23　齿轮插刀切制齿轮

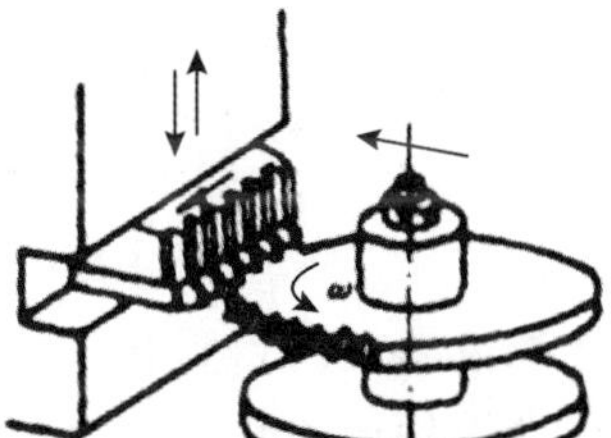

图 7-24　齿条插刀切制齿轮

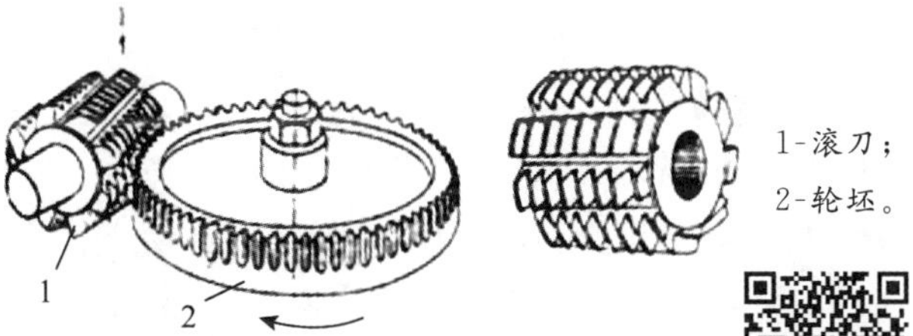


图 7-25　齿轮滚刀切制齿轮

齿轮滚刀切制齿轮

## (二)渐开线齿廓的根切现象

用范成法加工齿轮，当刀具的齿顶线与啮合线的交点超出啮合极限点 $N_1$ 时，如图 7-26(a)所示，会出现轮齿根部的渐开线齿廓被刀具切去一部分的现象，加工出虚线所示的齿形，这种现象称为根切。根切一方面削弱了轮齿根部的强度，另一方面使齿轮传动的重合度减小，因而影响传动的平稳性。因此，应力求避免根切的产生。

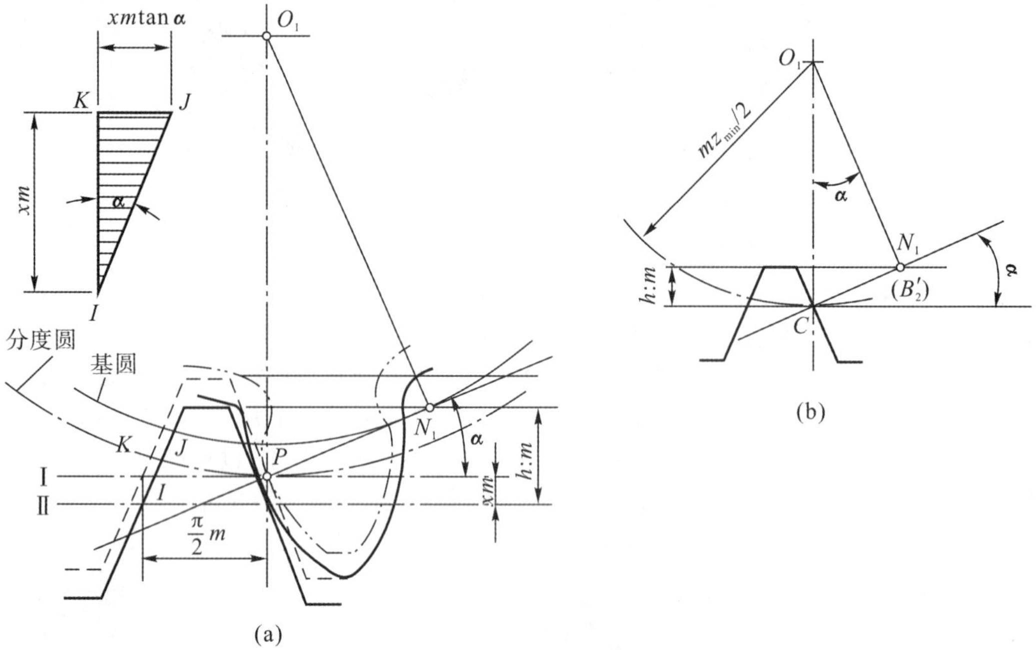


图 7-26　根切和变位齿轮

## (三)变位齿轮简介

标准齿轮传动由于设计简单，互换性好，易于制造和安装，也由于其传动性能一般能得到保证，而得到广泛的应用。但标准齿轮传动也存在一定的局限性，主要表现在：第一，标准齿轮齿数不能太少，否则容易产生根切；第二，标准齿轮传动不能用于中心距有变化的场合；第三，大、小齿轮啮合时，小齿轮齿数少，齿厚较小，啮合的频率高，寿命较短。

标准齿轮的这些不足之处可用变位齿轮来弥补，使齿轮设计更灵活、更具有实用性。

如图 7-26 所示，当齿条刀具线的中线在位置Ⅰ与齿坯分度圆相切时，刀具中线齿厚等于齿槽宽，齿坯分度圆上的齿厚等于齿槽宽，切出的齿轮为标准齿轮。当刀具在虚线位置时，由于刀具的齿顶线超过了理论极限啮合点，故所切削的标准齿轮产生根切。以切标准齿轮的位置为基准，使齿条刀具的中线与齿坯分度圆移动一段距离，齿条刀具在此位置切制的齿轮称为变位齿轮。切制变位齿轮时，刀具离开标准齿轮切制位置的径向距离称为变位量，使变位量与齿轮模数 $m$ 建立联系，用 $xm$ 表示，其中 $x$ 称为变位系数。刀具远离轮坯中心的变位称为正变位，定义 $x$ 为正值，切制的齿轮称为正变位齿轮；刀具移近轮坯中心的变位称为负变位，定义 $x$ 为负值，切制的齿轮称为负变位齿轮。切削变位齿轮和切削标准齿轮所用的刀具相同，变位齿轮和标准齿轮的模数和压力角相等，因而它们的分度圆和基圆也相同。由此可见，变位齿轮的齿廓曲线和标准齿轮的齿廓曲线是在同一个基圆上展开的渐开线，不过取用不同的部位而已，如图 7-27 所示。变位齿轮的某些尺寸已非标准值，如正变位齿轮的齿厚和齿顶高变大，齿根高变小。

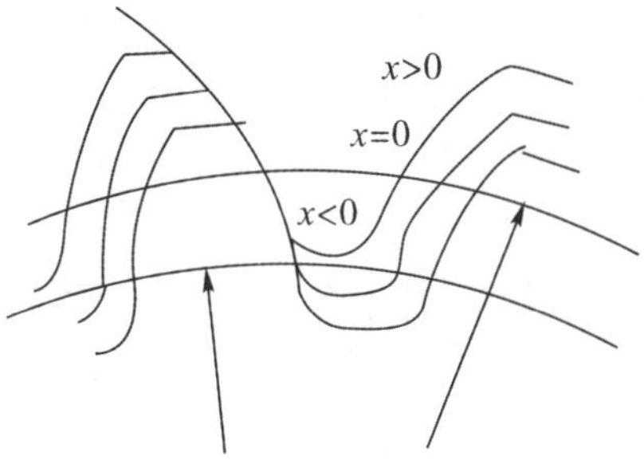


图 7-27　变位齿轮与标准齿轮的齿廓比较

## 二、案例解读

**案例 7-4**　分析用盘形铣刀和指状铣刀加工齿廓的过程。

图 7-21 所示为用盘形铣刀加工齿廓的情形。切制时，把轮坯安装在铣床工作台上，铣刀绕自身轴线转动，同时轮坯沿自身轴线方向送进，切出一个齿槽后，将轮坯退回到原来位置，然后用分度头将毛坯转过 $360°/z$，再切第二个齿槽，直到切出所有齿轮的齿槽为止。由于渐开线齿廓形状取决于基圆的大小，但模数和压力角一定时，基圆大小随齿数 $z$ 而变，齿槽形状也随之不同，对应于每一个齿数的齿轮都准备一把刀具是不经济的。工程中加工同样模数和压力角的齿轮，只备有 1 至 8 号八种铣刀。

**案例 7-5**　分析用齿轮插刀和齿轮滚刀加工齿廓的过程。

图 7-23 所示为用齿轮插刀加工齿轮时的情形。齿轮插刀的形状和齿轮相似，其模数和压力角与被加工齿轮相同。加工时，插齿刀沿轮坯轴线方向作上下往复的切削运动；同时，机床的传动系统严格地保证插齿刀与轮坯之间的范成运动。齿轮插刀刀具顶部比正常齿高出 $c^* m$，以便切出顶隙部分。

滚齿加工方法基于齿轮与齿条相啮合的原理。图 7-25 为滚刀加工轮齿的情形，滚刀 1 的外形类似沿纵向开了沟槽的螺旋，其轴向剖面齿形与齿条相同。当滚刀转动时，相当于这个假想的齿条连续地向一个方向移动，轮坯 2 又相当于与齿条相啮合的齿轮，从而滚刀能按照范成原理在轮坯上加工出渐开线齿廓。滚刀除旋转外，还沿轮坯的轴向逐渐移动，以便切出整个齿宽。

**案例 7-6**　用滚刀加工压力角为 20°的正常齿制标准直齿圆柱齿轮，分析齿轮不发生根切的最少齿数。

根切的产生与齿轮的齿数有关，齿数越少，越容易产生根切。图 7-26(b)所示为 $B_2'$ 点与 $N_1$ 点重合，是不发生根切的极限位置，$CB_2' = h_a^* m/\sin\alpha$，$CN_1 = (mz_1\sin\alpha)/2$。按不发生根切的条件得：

$$h_a^* m/\sin\alpha \leqslant mz_1\sin\alpha/2 \tag{7-23}$$

由于标准齿轮中 $\alpha$ 和 $h_a^*$ 是定值，故只需限制 $z_1$ 即可。一般来说，就是要求 $z$ 大于最少齿数 $z_{\min}$，即：

$$z \geqslant z_{\min} = \frac{2h_a^*}{\sin^2\alpha} \tag{7-24}$$

当 $\alpha=20^\circ$、$h_a^*=1$ 时，$z_{\min}=17$。

## 三、学习任务

1. 对教师讲过的案例进行分析。
2. 在齿轮加工中，如何避免发生根切现象？
3. 在齿轮加工和制造的过程中，哪些细节可能影响齿轮传动的效率？

# 第四节　标准直齿圆柱齿轮传动强度计算

## 一、理论要点

### (一)齿轮材料及热处理

选择齿轮材料时，应考虑以下要求：轮齿的表面应有足够的硬度和耐磨性，在循环载荷和冲击载荷下，应有足够的弯曲强度，即齿面要硬，齿芯要韧，并具有良好的加工性能和热处理性能。

齿轮常用的材料为各种钢材、铸铁、非金属材料等。

**1. 钢材**

钢材可分为锻钢和铸钢两类，当齿轮尺寸较大(如直径为 400～600mm)，轮坯不易锻造时宜用铸钢，一般都采用锻钢制造齿轮。

软齿面齿轮多经调质或正火处理后切齿，常用材料有 45、40Cr 等。因齿面硬度不高，易制造，成本低，故应用广，用于对齿轮尺寸和质量无严格限制的场合。

当大小齿轮都是软齿面时，考虑到小齿轮齿根较薄，弯曲强度较低，且受载次数较多，故在选择材料时，应使小齿轮齿面硬度比大齿轮高 30～50HBS。硬齿面齿轮的承载能力较强，但需专门设备磨齿，常用于要求结构紧凑或生产批量大的齿轮。

**2. 铸铁**

由于铸铁抗弯能力和耐冲击性都比较差，因此主要用于制造低速、轻载、不重要的开式齿轮传动的齿轮。常用铸铁材料有 HT250、HT300 等。

**3. 非金属材料**

对高速、轻载而又要求低噪音的齿轮传动，可用非金属材料，如夹布胶木、尼龙等。

表 7-4 列出了常用的齿轮材料。

**表 7-4　齿轮常用材料**

| 材料 | 热处理方法 | 硬度 | | 应用特点 |
|---|---|---|---|---|
| | | HBS | HRC | |
| 45 | 正火 | 162～217 | | 用于不宜调质和淬火的大齿轮。 |
| | 调质 | 217～255 | 40～50 | 调质后强度高、韧性好，适用于中低速、中载的一般齿轮传动，经过表面淬火，硬齿面承载能力强，适用于中速、中载的主传动齿轮。 |
| 35SiMn 调质 | 217～269 | 45～55 | | |
| 40MnB 调质 | 240～280 | 45～55 | | |
| 35CrMo 调质 | 207～269 | 45～55 | | |
| 40Cr 调质 | 241～286 | 48～55 | | |
| 20Cr | 渗碳淬火 | 300 | 58～62 | 齿面硬度高、耐冲击、适用于冲击较大的场合。 |
| 20CrMnTi | 渗碳淬火 | 300 | 58～62 | |
| 38CrMoAlA | 调质、渗氮 | 255～321 | 渗氮＞850HV | 齿面硬度高、变形小，但不耐冲击，适用于工作平稳的场合以及内齿轮传动。 |
| ZG310－570 | 正火 | 156～217 | | 用于尺寸大、形状复杂和不便铸造的齿轮。 |
| ZG340－640 | 调质 | 241～269 | | |
| HT300 | | 187～255 | | 易成形、成本低，适用于低速轻载、工作平稳的场合。 |
| HT350 | | 197～269 | | |
| QT500－5 | 正火 | 147～241 | | 某些场合可替代铸钢。 |
| QT600－2 | 正火 | 229～302 | | |

## (二)齿轮常见的失效形式

齿轮传动是靠轮齿的啮合来传递运动和动力的，所以齿轮的失效主要发生在轮齿上。按工作条件齿轮传动分为闭式和开式两种，闭式传动将齿轮封闭在刚性的箱体内，润滑及维护等条件较好；开式传动齿轮外露，不能保证良好的润滑，且易于落入灰尘、异物，轮齿容易磨损。按齿面硬度齿轮可分为硬齿面(硬度＞350HBS)和软齿面(硬度≤350HBS)。

常见的轮齿失效形式有：轮齿折断、齿面点蚀、齿面磨损、齿面胶合和塑性变形等。

**1. 轮齿折断**

轮齿折断一般发生在齿根部分，如图 7-28 所示。它有疲劳折断和过载折断两种。

齿轮工作时，每个轮齿都相当于一个悬臂梁，在齿根处产生的弯曲应力最大。由于齿轮运转时，每个轮齿齿根处的弯曲应力是变应力，且齿根处有严重的应力集中，因此齿根处易出现疲劳裂纹，随着裂纹的不断扩展，最后导致轮齿折断，这种折断称为疲劳折断。过载折断通常是由于短时间严重过载和冲击，使轮齿危险截面上产生的应力超过了齿轮材料的极限应力所造成的。

为防止轮齿折断，通常应对齿轮轮齿进行抗弯曲疲劳强度的计算。

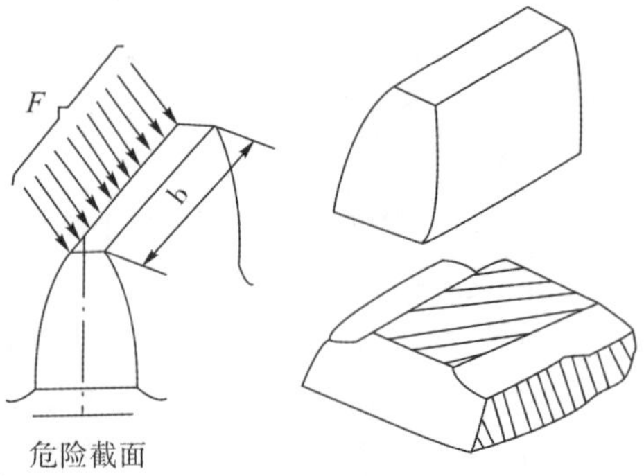


图 7-28　轮齿折断

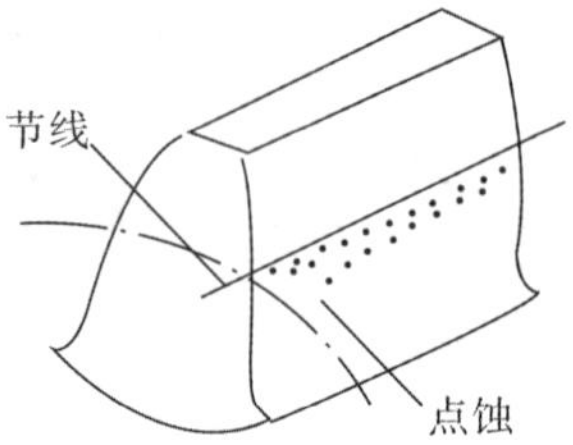


图 7-29　齿面点蚀

**2. 齿面点蚀**

轮齿工作时，齿面啮合点处的接触应力是按脉动循环变化的。当这种交变接触应力重复次数超过一定限度后，轮齿表层或次表层就会产生不规则的细微的疲劳裂纹，疲劳裂纹蔓延扩展使金屑脱落而在齿面形成麻点状凹坑，即为齿面点蚀，如图 7-29 所示。轮齿在啮合过程中，因为在节线处同时啮合齿对数少，接触应力大，且在节点处齿廓相对滑动速度小，油膜不易形成，摩擦力大，所以点蚀大多出现在靠近节线的齿根表面上。

**3. 齿面磨损**

当轮齿工作面间落入金属微粒、砂粒、灰尘等磨料物质时，会引起齿面磨损。磨损后，正确的齿廓形状遭到破坏，从而引起冲击、振动和噪声，且齿厚变薄，最后导致轮齿因强度不足而折断。齿面磨损是开式齿轮传动的主要失效形式。

**4. 齿面胶合**

对于高速、重载齿轮传动，因啮合区产生很大的摩擦热，导致局部温度过高，润滑油变稀，齿面油膜破裂，使两齿面的金属直接接触并互相黏连。其中较软齿面上的金属沿滑动方向被撕下来而形成伤痕，这种现象称为齿面胶合。

**5. 塑性变形**

齿面较软的轮齿，载荷及摩擦力又很大时，轮齿在啮合过程中，齿面表层的材料就会沿着摩擦力的方向产生局部塑性变形，使齿廓失去正确的形状，导致失效。这种失效方式多发生在低速重载、频繁起动和过载传动中。

### (三)齿轮传动的设计准则

轮齿的失效形式很多，它们虽不大可能同时发生，却又相互联系，相互影响。例如轮齿表面产生点蚀后，实际接触面积减少将导致磨损的加剧，而过大的磨损又会导致轮齿的折断。但在一定条件下，必有一种为其主要失效形式。

在进行齿轮传动的设计计算时，应分析具体的工作条件，判断可能发生的主要失效形式，以确定相应的设计准则。对闭式齿轮传动，若两个齿轮或两个齿轮之一为软齿面，一般按接触强度进行设计、弯曲强度进行校核的方式确定尺寸；若两齿轮均为硬齿面，一般按弯曲强度进行设计、接触强度进行校核的方式确定尺寸；对开式齿轮传动，由于磨损机理比较复杂，到目前为止尚无成熟的计算方法，通常只按弯曲强度确定模数 $m$，并应将求得的 $m$ 值加大 10%～20%，以考虑磨损的影响。齿轮的轮缘、轮毂、轮辐等部位的尺寸，通常只作结构设计，不进行强度计算。

## (四)直齿圆柱齿轮传动的作用力及载荷计算

**1. 轮齿上的作用力**

在计算齿轮的强度、设计轴和轴承之前，需先分析轮齿上的作用力大小和方向。如图 7-30 所示为一对标准直齿轮啮合时的受力情况，其齿廓在节点接触，略去齿面间的摩擦力，轮齿间的法向力 $F_n$ 应沿啮合线方向且垂直于齿面。在分度圆上 $F_n$ 可分解为两个互相垂直的分力，即切于分度圆的圆周力 $F_t$ 和沿半径方向的径向力 $F_r$。分别作用在主、从动轮上，其大小相等，方向相反。

$$\left.\begin{aligned} F_{t1} &= \frac{2T_1}{d_1} \\ F_{r1} &= F_{t1}\tan\alpha \\ F_{n1} &= \frac{F_{t1}}{\cos\alpha} = \frac{2T_1}{d_1\cos\alpha} \end{aligned}\right\} \tag{7-25}$$

式中，$T_1$ 为主动轮传递的名义转矩(N·mm)，$T_1 = 9.55\times10^6\dfrac{P_1}{n_1}$；

$P_1$ 为主动轮传递的功率(kW)；

$n_1$ 为主动轮的转速(r/min)；

$d_1$ 为主动轮的分度圆直径(mm)；

$\alpha$ 为分度圆压力角(°)。

作用在主动轮和从动轮上的 $F_n$ 大小相等，方向相反，根据作用力与反作用力的原理，可求出作用在从动轮上的力：$F_{t2} = -F_{t1}$；$F_{r2} = -F_{r1}$。主动轮上所受的圆周力是阻力，与转动方向相反；从动轮上所受的圆周力是驱动力，运转方向相同。两个齿轮上的径向力分别指向各自的轮心。

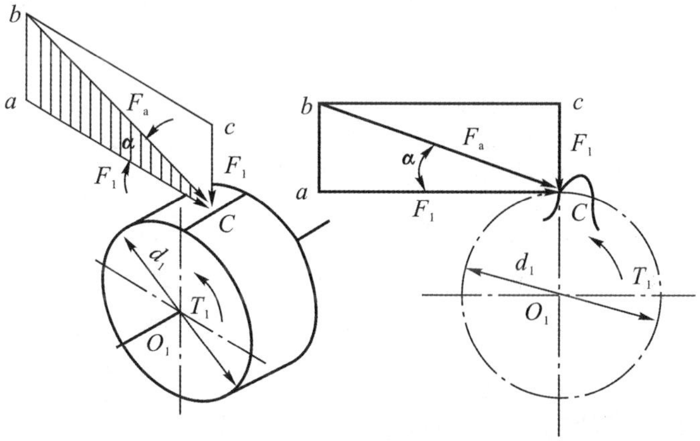


图 7-30　直齿圆柱齿轮传动的受力分析

**2. 轮齿上的计算载荷**

按式 7-25 计算 $F_n$、$F_t$、$F_r$ 均是作用在轮齿上的名义载荷，在实际传动中会受到很多因素的影响，故应将名义载荷修正为计算载荷。进行齿轮的强度设计或校核时，应按计算载荷进行，通常用计算载荷 $KF_n$ 代替理论载荷 $F_n$，$K$ 称为载荷系数。

$$K = K_A K_V K_\alpha K_\beta \tag{7-26}$$

式中，$K_A$ 为考虑原动机和工作机的工作特性、轴和联轴器系统的质量与刚度以及运行状态等外部因素引起的附加动数荷。

$K_V$ 为考虑齿轮副在啮合过程中因制造及啮合误差（基圆齿距误差、齿形误差和轮齿变形等）和运转速度而引起的内部附加载荷。

$K_\alpha$ 为考虑由于轴的变形和齿轮制造误差等引起载荷沿齿宽方向分布不均匀的影响。

$K_\beta$ 为考虑同时参与啮合的各对轮齿间载荷分配不均匀的影响。

载荷系数 $K$ 可由表 7-5 查取。

**表 7-5　载荷系数 K**

| 原动机 | 工作机械的载荷特性 | | |
|---|---|---|---|
| | 均匀 | 中等冲击 | 大的冲击 |
| 电动机 | 1～1.2 | 1.2～1.6 | 1.6～1.8 |
| 多缸内燃机 | 1.2～1.6 | 1.6～1.8 | 1.9～2.1 |
| 单缸内燃机 | 1.6～1.8 | 1.8～2.0 | 2.2～2.4 |

注：斜齿、圆周速度低、精度高、齿宽系数小时取小值；直齿、圆周速度高、齿宽系数大时取大值。齿轮在两轴承之间并对称布置时取小值，齿轮在两轴承之间不对称布置及悬臂布置时取大值。

## （五）直齿圆柱齿轮传动的设计计算

### 1. 齿面接触疲劳强度计算

一对渐开线齿轮啮合时，其齿面接触状况可近似认为与两圆柱体的接触相当，故其齿面接触应力 $\sigma_H$ 可近似地用赫兹公式计算。

轮齿在啮合过程中，齿廓接触线是不断变化的。实际情况表明，齿面点蚀往往先在节线附近的齿根表面出现，所以接触疲劳强度计算通常以节点为计算点，得到齿面接触疲劳强度的校核公式：

$$\sigma_H = Z_E Z_H Z_\varepsilon \sqrt{\frac{2KT_1}{bd_1^{\ 2}} \cdot \frac{u \pm 1}{u}} \leqslant [\sigma_H] \tag{7-27}$$

式中，“＋”号用于外啮合，“－”号用于内啮合。

引入齿宽系数 $\varphi_d = \dfrac{b}{d_1}$，则由上式可得齿面接触疲劳强度设计公式：

$$d_1 \geqslant \sqrt[3]{\frac{2KT_1}{\varphi_d} \cdot \frac{u \pm 1}{u} \cdot \left(\frac{Z_E Z_H Z_\varepsilon}{[\sigma_H]}\right)^2} \tag{7-28}$$

式中，$K$ 为载荷系数；

$T_1$ 为主动轮的名义转矩（N·mm）；

$b$ 为啮合齿宽（mm）；

$d_1$ 为主动轮节圆直径，对于标准齿轮传动为分度圆直径（mm）；

$u$ 为齿数比，$u = \dfrac{z_2}{z_1}$，$z_1$ 为小齿轮齿数，减速传动时 $u = i$，增速传动时 $u = \dfrac{1}{i}$；

$[\sigma_H]$为许用接触应力（MPa）；

$Z_E$ 为材料弹性系数（$\sqrt{\text{MPa}}$），考虑配对齿轮材料的弹性模量和泊松比对接触应力的影响，其值见表 7-6；

$Z_H$ 为节点区域系数，考虑节点处齿面形状对接触应力的影响，对于标准直齿轮 $\alpha=20°$，$Z_H=2.5$；

$Z_\varepsilon$ 为重合度系数，考虑重合度对接触应力的影响而引入的系数。其值可按下式计算：$Z_\varepsilon=\sqrt{\dfrac{4-\varepsilon_t}{3}}$，$\varepsilon_t$ 为端面重合度，设计时可按式 $\varepsilon_t=1.88-3.2(1/z_1\pm1/z_2)$ 来计算；

$\varphi_d$ 为齿宽系数，$\varphi_d=0.5(i\pm1)\varphi_a$，一般 $\varphi_a=b/a=0.1\sim0.2$，标准齿轮传动中 $\varphi_a$ 应取标准系列值：0.2，0.25，0.3，0.4，0.5，0.6，0.8，1.0，1.2。

应该注意：一对齿轮相啮合时，齿面间的接触应力相等，即 $\sigma_{H1}=\sigma_{H2}$。由于大、小齿轮的材料有可能不同，因此许用接触应力 $[\sigma_H]_1$、$[\sigma_H]_2$ 也不一定相等。$[\sigma_H]$ 小的强度低，易点蚀，在计算时，应取二者中较小值代入式中。

**表 7-6　材料弹性影响系数 $Z_E$**

| 小齿轮材料 | 大齿轮材料 | | | |
|---|---|---|---|---|
| | 钢 | 铸铁 | 球墨铸铁 | 灰铸铁 |
| 钢 | 189.8 | 188.9 | 181.4 | 162.0 |
| 铸铁 | — | 188.0 | 180.5 | 161.4 |
| 球墨铸铁 | — | — | 173.9 | 156.6 |
| 灰铸铁 | — | — | — | 143.7 |

**2. 齿根弯曲疲劳强度计算**

轮齿受载时，齿根所受的弯矩最大，因此齿根处的弯曲疲劳强度最弱。当轮齿在齿顶啮合时，处于双对齿啮合区，此时的弯矩力臂虽然最大，但力并不是最大，因此弯矩并不是最大。根据分析，齿根所受的最大弯矩发生在轮齿啮合点位于单对齿啮合区的最高点时，由于这种算法比较复杂，通常只用于 6 级精度以上的齿轮传动。对于制造精度较低的齿轮传动，为便于计算，通常按全部载荷作用于齿顶来计算齿根的弯曲疲劳强度。

把轮齿看作是悬臂梁，轮齿根部危险截面用 30°切线法确定：作与轮齿对称线成 30°角并与齿根圆弧相切的两根直线，圆弧上所得两切点的连线所确定的截面即齿根危险截面，其力学模型如图 7-31 所示。则单位齿宽时齿根危险截面的弯曲应力为：

$$\sigma_F=\frac{M}{W}=\frac{KF_nh_F\cos\alpha_F}{bs_F{}^2/6}=\frac{KF_t}{bm}\cdot\frac{6\left(\dfrac{h_F}{m}\right)\cos\alpha_F}{\left(\dfrac{s_F}{m}\right)^2\cos\alpha} \tag{7-29}$$

令：

$$Y_F=\frac{6\left(\dfrac{h_F}{m}\right)\cos\alpha_F}{\left(\dfrac{s_F}{m}\right)^2\cos\alpha} \tag{7-30}$$

$Y_F$ 反映轮齿的齿廓形状，与齿数、压力角、变位系数等有关，而与齿的大小（模数 $m$）无关，称为齿形系数。载荷作用于齿顶时的齿形系数 $Y_F$ 可查表 7-7。

考虑到齿根危险截面处过渡圆角所引起的应力集中作用以及弯曲应力以外的其他应

力对齿根应力的影响，引入应力校正系数 $Y_S$，由此得到齿根弯曲疲劳强度的校核公式为：

$$\sigma_F=\frac{KF_tY_FY_S}{bm}=\frac{2KT_1Y_FY_S}{bd_1m}=\frac{2KT_1Y_FY_S}{\varphi_d m^3 z_1^{\ 2}}\leqslant[\sigma_F] \tag{7-31}$$

齿根弯曲疲劳强度的设计公式为：

$$m\geqslant\sqrt[3]{\frac{2KT_1}{\varphi_d z_1^{\ 2}}\cdot\frac{Y_FY_S}{[\sigma_F]}} \tag{7-32}$$

应该注意：一对齿轮啮合传动时，一般 $z_1\neq z_2$，即 $Y_{F1}Y_{S1}\neq Y_{F2}Y_{S2}$，$\sigma_{F1}\neq\sigma_{F2}$，又因为大、小齿轮的材料有可能不同，因此许用弯曲应力 $[\sigma_F]_1$、$[\sigma_F]_2$ 也不一定相等。因此按齿根弯曲疲劳强度设计齿轮传动时，应将 $\frac{[\sigma_F]_1}{Y_{S1}Y_{F1}}$ 或 $\frac{[\sigma_F]_2}{Y_{S2}Y_{F2}}$ 中较小者代入式中进行计算，这样才能满足抗弯强度较弱的那个齿轮的要求。

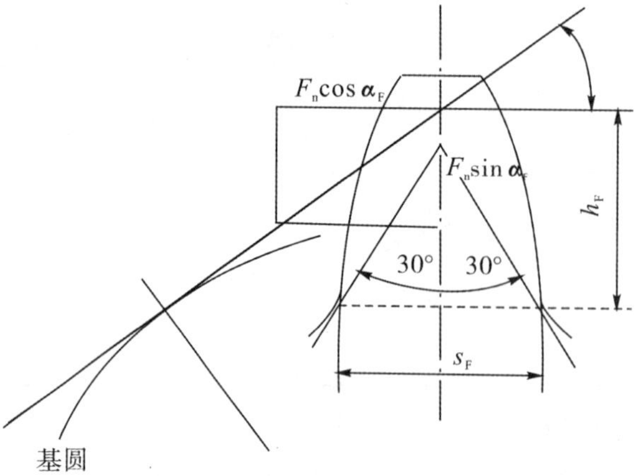


图 7-31　齿根弯曲力学模型

**表 7-7　齿形系数 $Y_F$ 及应力校正系数 $Y_S$**

| $z(z_v)$ | 17 | 18 | 19 | 20 | 21 | 22 | 23 | 24 | 25 | 26 | 27 | 28 | 29 |
|---|---|---|---|---|---|---|---|---|---|---|---|---|---|
| $Y_F$ | 2.97 | 2.91 | 2.85 | 2.80 | 2.76 | 2.72 | 2.69 | 2.65 | 2.62 | 2.60 | 2.57 | 2.55 | 2.53 |
| $Y_S$ | 1.52 | 1.53 | 1.54 | 1.55 | 1.56 | 1.57 | 1.575 | 1.58 | 1.59 | 1.595 | 1.60 | 1.61 | 1.62 |
| $z(z_v)$ | 30 | 35 | 40 | 45 | 50 | 60 | 70 | 80 | 90 | 100 | 150 | 200 | ∞ |
| $Y_F$ | 2.52 | 2.45 | 2.40 | 2.35 | 2.32 | 2.28 | 2.24 | 2.22 | 2.20 | 2.18 | 2.14 | 2.12 | 2.06 |
| $Y_S$ | 1.625 | 1.65 | 1.67 | 1.68 | 1.70 | 1.73 | 1.75 | 1.77 | 1.78 | 1.79 | 1.83 | 1.865 | 1.97 |

**3. 许用应力**

（1）许用接触应力 $[\sigma_H]$ 用下式计算：

$$[\sigma_H]=\frac{\sigma_{H\lim}}{S_H} \tag{7-33}$$

式中，$\sigma_{H\lim}$ 为失效概率为 1% 时，试验齿轮的接触疲劳极限，其值由图 7-32 查取；

$S_H$ 为齿面接触疲劳强度最小安全系数，由表 7-8 查取；

（2）许用弯曲应力 $[\sigma_F]$ 用下式计算

$$[\sigma_F]=\frac{\sigma_{F\lim}}{S_F} \tag{7-34}$$

式中，$\sigma_{Flim}$为失效概率为1%时，试验齿轮的接触疲劳极限，其值由图7-33查取，图中$\sigma_{Flim}$是单向运转的实验值，对于长期双向运转的齿轮传动，将$\sigma_{Flim}$乘以0.7修正。

$S_F$——齿根弯曲疲劳强度最小安全系数，由表7-8查取。

**表7-8　安全系数$S_F$及$S_H$**

| 安全系数 | 软齿面 | 硬齿面 | 重要的传动、渗碳淬火齿轮或铸铁齿轮 |
|---|---|---|---|
| $S_H$ | 1.0～1.1 | 1.1～1.2 | 1.3 |
| $S_F$ | 1.3～1.4 | 1.4～1.6 | 1.6～2.2 |

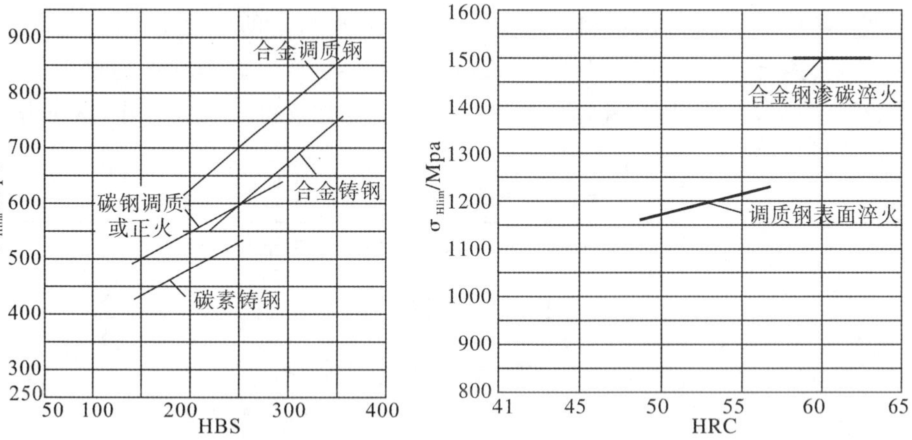


图7-32　接触疲劳极限

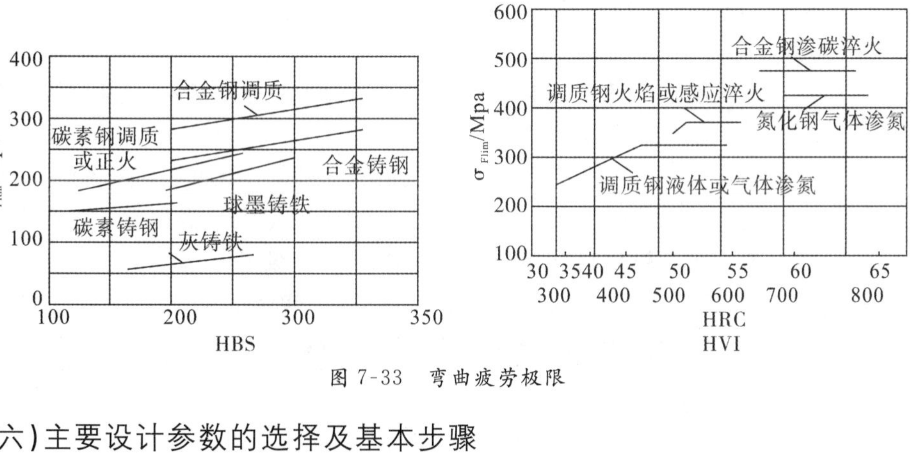


图7-33　弯曲疲劳极限

## (六)主要设计参数的选择及基本步骤

### 1. 齿数$z$和模数$m$

对于闭式传动中的软齿面齿轮，一般应先按齿面的接触疲劳强度算出齿轮的分度圆直径，然后再确定齿数和模数。在分度圆直径一定的情况下，齿数愈多，模数就愈小。齿数多，则重合度就大，传动就平稳。模数小，齿顶圆直径也小，轮齿的弯曲强度低。所以必须在满足轮齿弯曲强度的条件下，尽量选取较多的齿数。

闭式齿轮传动一般转速较高，为了提高传动平稳性，减少冲击振动，以齿数多一些为好，小齿轮的齿数可取为$z_1=20\sim40$。开式(半开式)齿轮传动，由于轮齿主要为磨损失效，故为使轮齿不致过小，小齿轮不宜选用过多的齿数，一般可取$z_1=17\sim20$。小齿轮齿数确定后，按齿数比 $u$ 可确定大齿轮齿数 $z_2$，为了使各个相啮合齿对磨损均匀、传动平稳，一般 $z_1$ 与 $z_2$ 应互为质数。

**2. 齿数比 $u$**

齿数比 $u$ 是大齿轮齿数与小齿轮齿数之比。其值大于或等于 1。

对于一般单级减速齿轮传动，通常取 $u \leqslant 7$。当 $u > 7$ 时，宜采用多级传动，以免传动装置的外廓尺寸过大。对于开式或手动的齿轮传动，可取 $u = 8 \sim 12$。对增速齿轮传动，常取 $u \leqslant 2.5 \sim 3$。

**3. 齿宽系数 $\varphi_d$**

齿宽系数的大小表示齿宽的相对值。$\varphi_d$ 小时，齿轮传动的外廓尺寸狭而长；$\varphi_d$ 大时，齿轮传动的外廓尺寸短而宽。另外，$\varphi_d$ 大时，齿宽 $b$ 就大，齿轮承载能力增强。但 $\varphi_d$ 大时，载荷沿齿宽分布的不均匀性随之增大，所以 $\varphi_d$ 不宜取得过大或过小，其推荐值如表 7-9所示。

**表 7-9　齿宽系数 $\varphi_d$ 的推荐值**

| 齿轮相对于支承的位置 | 工作齿面硬度 | |
|---|---|---|
| | 软齿面 | 硬齿面 |
| 对称布置 | 0.8～1.4 | 0.4～0.9 |
| 非对称布置 | 0.6～1.2 | 0.3～0.6 |
| 悬臂布置 | 0.3～0.4 | 0.2～0.25 |

注：直齿轮取小值，斜齿轮取大值。载荷平稳、刚度大时取大值，反之取小值。

**4. 精度等级**

国家标准《渐开线圆柱齿轮精度》(GB/T 10095－2001)中对齿轮和齿轮传动规定了 13 个精度等级。精度由高到低的顺序依次用数字 0，1，2，3，…，12 表示。加工误差大、精度低，将影响齿轮的传动质量和承载能力；若精度要求过高，将给加工带来困难，提高制造成本。因此，应根据齿轮的实际工作需要，对齿轮加工精度提出适当的要求。在齿轮传动中，两个齿轮的精度等级一般相同，也允许用不同的精度等级组合。

常用的渐开线圆柱齿轮精度等级是 5、6、7、8 级，其应用范围见表 7-10。

**表 7-10　常用圆柱齿轮传动的精度等级及其应用范围**

| 精度等级 | 圆周速度/(m/s) | | 应用范围 | 效率/% |
|---|---|---|---|---|
| | 直齿 | 斜齿 | | |
| 5 级 | >15 | >30 | 精密的分度机构用齿轮；高速并对传动平稳性和噪声有较高要求的齿轮；高速汽轮机用齿轮 | >99 |
| 6 级 | ⩽15 | ⩽30 | 高速下平稳的回转并要求有最高的效率和低噪声的齿轮；分度机构用齿轮；特别重要的飞机齿轮 | >99 |
| 7 级 | ⩽10 | ⩽20 | 高速、载荷小或反转的齿轮；机床进给齿轮；中速减速齿轮；飞机用齿轮 | >98 |
| 8 级 | ⩽5 | ⩽12 | 对精度没有特别要求的一般机械用齿轮；机床齿轮(分度机构除外)；普通减速箱齿轮；不特别重要的飞机、汽车、拖拉机用齿轮 | >97 |

齿轮精度等级的高低，直接影响着内部动载荷、齿间载荷分配与齿向载荷分布及润滑油膜的形成，并影响齿轮传动的振动和噪音。提高齿轮的加工精度，可以有效地减少振动和噪音，但制造成本也会提高。齿轮的精度等级应根据传动的用途、使用条件、传递功率、圆周速度及性能指标或其他技术要求来确定。

**5. 齿轮设计步骤**

(1)根据齿轮的工作情况，确定齿轮传动形式，选定合适的齿轮材料和热处理方法，选择合适的齿轮精度；

(2)选择齿轮的主要参数；

(3)根据设计准则，计算校核模数或分度圆直径；

(4)计算齿轮轮缘的几何尺寸；

(5)验算齿轮的圆周速度，选择齿轮的润滑方式；

(6)设计齿轮结构并绘制齿轮零件工作图。

## 二、案例解读

**案例 7-7**　设计一单级直齿圆柱齿轮减速器中的齿轮传动。已知：传递功率 $P=10\text{kW}$，电动机驱动，小齿轮转速 $n_1=955\text{r/min}$，传动比 $i=4$，单向运转，载荷平稳。使用寿命 10 年，单班制工作。

解：(1)选择齿轮材料及精度等级

小齿轮选用 45 钢调质，硬度为 220～250HBS；大齿轮选用 45 钢正火，硬度为 170～210HBS。因为是普通减速器，由表 7-10 选 8 级精度，齿面粗糙度 $Ra\leqslant 3.2 \sim 6.3\mu\text{m}$。

(2)按齿面接触疲劳强度设计

因两齿轮均为钢质齿轮，可应用式(7-8)求出 $d_1$ 值。确定有关参数与系数。

①转矩 $T_1$

$$T_1=9.55\times 10^6\frac{P}{n_1}=9.55\times 10^6\frac{10}{955}=10^5\,\text{N}\cdot\text{mm}$$

②载荷系数 $K$

查表 7-5 取 $K=1.1$

③齿数 $Z_1$ 和齿宽系数 $\psi_d$

小齿轮的齿数 $Z_1$ 取为 25，则大齿轮齿数 $Z_2=100$。因单级齿轮传动为对称布置，而齿轮齿面又为软齿面，由表 7-9 选取 $\psi_d=1$

④许用接触应力 $[\sigma_H]$

由图 7-32 查得：$\sigma_{\text{Hlim1}}=560\text{MPa}$，$\sigma_{\text{Hlim2}}=530\text{MPa}$

由表 7-8 查得：$S_H=1$。

$N_1=60njL_h=60\times 955\times 1\times (10\times 52\times 40)=1.21\times 10^9$

$N_2=N_1/i=1.21\times 10^9/4=3.03\times 10^8$

$Z_{N1}=1$；$Z_{N2}=1.06$。

$$[\sigma_H]_1=\frac{Z_{N1}\sigma_{H\text{lim1}}}{S_H}=\frac{1\times 560}{1}=560\text{MPa}$$

$$[\sigma_H]_2=\frac{Z_{N2}\sigma_{H\text{lim2}}}{S_H}=\frac{1.06\times 530}{1}=562\text{MPa}$$

故 $d_1 \geq 76.43\sqrt[3]{\dfrac{KT_1(u+1)}{\psi_d u[\sigma_H]^2}}=76.43\sqrt[3]{\dfrac{1.1\times10^5\times5}{1\times4\times560^2}}=58.3\text{mm}$

$m=\dfrac{d_1}{z_1}=\dfrac{58.3}{25}=2.33\text{mm}$

由表 7-1 取标准模数 $m=2.5\text{mm}$。

(3)主要尺寸计算

$d_1=mz_1=2.5\times25=62.5\text{mm}$

$d_2=mz_2=2.5\times100=250\text{mm}$

$b=\varphi_d.d_1=1\times62.5=62.5\text{mm}$

经圆整后取 $b_2=65\text{mm}$

$b_1=b_2+5=70\text{mm}$

$a=\dfrac{1}{2}m(z_1+z_2)=\dfrac{1}{2}\times2.5(25+100)=156.25\text{mm}$

(4)按齿根弯曲疲劳强度校核

由式(7-31)得 $\sigma_F$,如 $\sigma_F\leq[\sigma_F]$则校核合格。

确定有关系数与参数:

①齿形系数 $Y_F$

查表 7-7 得 $Y_{F1}=2.65$,$Y_{F2}=2.18$。

②应力修正系数 $Y_S$

由表 7-7 得 $Y_{S1}=1.59$,$Y_{S2}=1.80$。

③许用弯曲应力$[\sigma_F]$

由图 7-33 查得 $\sigma_{\text{Flim1}}=210\text{MPa}$,$\sigma_{\text{Flim2}}=190\text{MPa}$

由表 7-8 查得 $S_F=1.3$

由式(7-34)可得:

$[\sigma_F]_1=\dfrac{Y_{N1}\sigma_{\text{Flim1}}}{S_F}=\dfrac{210}{1.3}=162\text{MPa}$

$[\sigma_F]_2=\dfrac{Y_{N1}\sigma_{\text{Flim2}}}{S_F}=\dfrac{190}{1.3}=146\text{MPa}$

故 $\sigma_{F1}=\dfrac{2KT_1}{bm^2z_1}Y_FY_S=\dfrac{2\times1.1\times10^5}{65\times2.5^2\times25}\times2.65\times1.59=91\text{MPa}<[\sigma_F]_1=162\text{MPa}$

$\sigma_{F2}=\sigma_{F1}\dfrac{Y_{F2}Y_{S2}}{Y_{F1}Y_{S1}}=91\times\dfrac{2.18\times1.8}{2.65\times1.59}=85\text{MPa}<[\sigma_F]_2=146\text{MPa}$

齿根弯曲强度校核合格。

(5)验算齿轮的圆周速度 $v$

$v=\dfrac{\pi d_1n_1}{60\times1000}=\dfrac{\pi\times62.5\times955}{60\times1000}=3.13\text{m/s}$

由表 7-10 知选 8 级精度是合适的;由于 $v\leq12\text{mm/s}$ 齿轮选择浸油润滑方式。

(6)确定齿轮的结构形式,绘制齿轮零件工作图,略。

## 三、学习任务

1. 对教师讲过的案例进行分析。

2.思考并总结齿轮传动的设计过程。

3.已知闭式直齿圆柱齿轮传动的传动比 $i=4.6$，$P=30\text{kW}$，$n_1=730\text{r/min}$，长期双向转动，载荷有中等冲击，要求结构紧凑。$z_1=27$，大小齿轮都用 45 钢，试设计此单级齿轮传动。

# 第五节　斜齿圆柱齿轮受力分析和强度计算

## 一、理论要点

### (一)斜齿圆柱齿轮受力分析

图 7-34 所示为一对斜齿圆柱齿轮的受力情况。主动轮 1 为右旋齿轮，以逆时针方向转动，若不考虑摩擦力的影响，则作用于主动轮齿上的总压力 $F_n$ 必沿接触点的法线方向并指向工作齿面，此力称为法向力 $F_n$。它可分解为径向力 $F_r$ 和力 $F'$，力 $F'$ 又可分解为圆周力 $F_t$ 和轴向力 $F_a$。

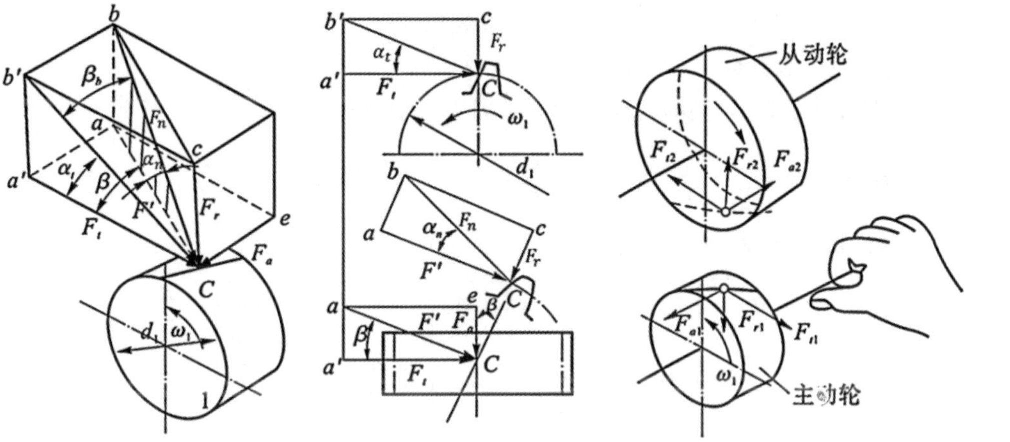


图 7-34　斜齿轮的受力分析

$$\begin{cases} F_t=\dfrac{2T_1}{d_1} \\ F_a=F_t\tan\beta \\ F_r=\dfrac{F_t\tan\alpha_n}{\cos\beta} \end{cases} \tag{7-35}$$

式中，$T_1$ 为小齿轮上传递的名义转矩(N·mm)；

$d_1$ 为小齿轮分度圆直径(mm)；

$\alpha_n$ 为法面压力角。

而法向力 $F_n=\dfrac{F_t}{\cos\alpha_n\cos\beta}$

从动轮上的圆周力 $F_t$、径向力 $F_r$ 和轴向力 $F_a$ 分别与主动轮上的大小相等、方向相反。

$$F_{t2}=-F_{t1},F_{r2}=-F_{r1},F_{a2}=-F_{a1}$$

圆周力 $F_t$ 和径向力 $F_r$ 方向的确定与直齿轮传动相同。主动轮轴向力的方向可用左、右手定则判定，左旋齿轮用左手，右旋齿轮用右手，判定时四指方向与齿轮的转向相同，拇指的指向即为齿轮所受轴向力 $F_a$ 的方向。而从动轮轴向力的方向与主动轮的相反。斜齿轮传动中的轴向力随着螺旋角的增大而增大，故 $\beta$ 角不宜过大；但 $\beta$ 角过小，又失去了斜齿轮传动的优越性。

## (二)斜齿圆柱齿轮强度计算

斜齿轮啮合传动的载荷作用在法面上，而法面齿形近似于当量齿轮的齿形，因此，斜齿轮传动的强度计算可转换为当量齿轮的强度计算。由于斜齿轮传动的接触线是倾斜的，且重合度较大，因此，斜齿轮传动的承载能力比相同尺寸的直齿轮传动略有提高。

一对钢制斜齿轮传动的齿面接触疲劳强度计算公式为：

$$\sigma_H = Z_E Z_H Z_\varepsilon Z_\beta \sqrt{\frac{2KT_1}{bd_1^2} \cdot \frac{u \pm 1}{u}} \leqslant [\sigma_H] \tag{7-36}$$

设计公式为：

$$d_1 \geqslant \sqrt[3]{\frac{2KT_1}{\varphi_d} \cdot \frac{u \pm 1}{u} \cdot \left(\frac{Z_E Z_H Z_\varepsilon Z_\beta}{[\sigma_H]}\right)^2} \tag{7-37}$$

式中，$Z_E$ 为材料弹性系数，与直齿轮的同名系数相同；

$Z_H$ 为节点区域系数，与直齿轮的同名系数相同，其值查图 7-35；

$Z_\varepsilon$ 为重合度系数，是同时考虑端面和轴向重合度对接触应力的影响而引入的系数；其值可按下式计算：$Z_\varepsilon = \sqrt{\frac{4-\varepsilon_t}{3}(1-\varepsilon_\beta) + \frac{\varepsilon_\beta}{\varepsilon_t}}$，若 $\varepsilon_\beta \geqslant 1$，则取为 1；

$Z_\beta$ 为螺旋角影响系数，$Z_\beta = \sqrt{\cos\beta}$。

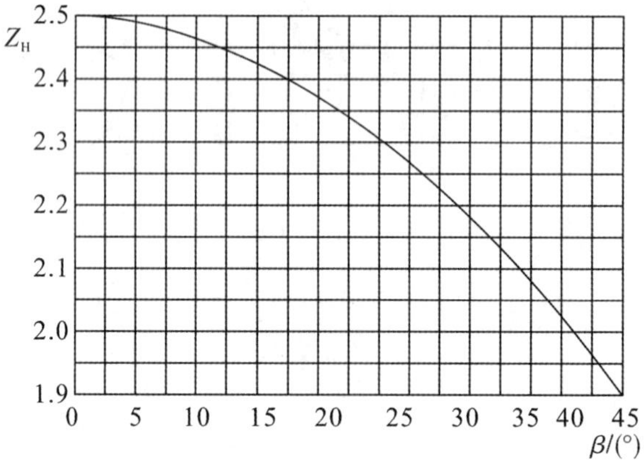


图 7-35　斜齿轮区域系数

一对钢制斜齿轮传动的齿根弯曲疲劳强度计算公式为：

$$\sigma_F = \frac{2KT_1 Y_F Y_S Y_\varepsilon Y_\beta}{bd_1 m_n} \leqslant [\sigma_F] \tag{7-38}$$

设计公式为：

$$m_n \geqslant \sqrt[3]{\frac{2KT_1 Y_\varepsilon Y_\beta \cos^2\beta}{\varphi_d z_1^2} \cdot \frac{Y_F Y_S}{[\sigma_F]}} \tag{7-39}$$

式中，$Y_F$、$Y_s$ 为齿形系数和应力校正系数，根据 $Z_v$ 查表 7-7；

$Y_\beta$ 为螺旋角影响系数，$Y_\beta=1-\varepsilon_\beta\dfrac{\beta}{120°}$，若 $\varepsilon_\beta>1$，则取为 1；

$Y_\varepsilon$ 为考虑重合度对弯曲应力影响引入的重合度系数，计算同直齿轮。

## 二、案例解读

**案例 7-8**　已知一斜齿圆柱齿轮传动中，主动齿轮 1 为右旋齿，沿逆时针方向转动，试在图中标出齿轮在啮合点的受力方向。

分析：圆周力 $F_t$ 和径向力 $F_r$ 的方向与直齿圆柱齿轮相同；轴向力 $F_a$ 的方向取决于轮齿螺旋线的方向和齿轮的转动方向。确定主动轮的轴向力方向可利用左、右手定则，对于主动右旋齿轮，以右手四指弯曲方向表示它的旋转方向，则大拇指的指向表示它所受轴向力的方向。从动轮上所受各力的方向与主动轮相反，但大小相等。用受力简图的平面图表示，如图 7-36 所示。

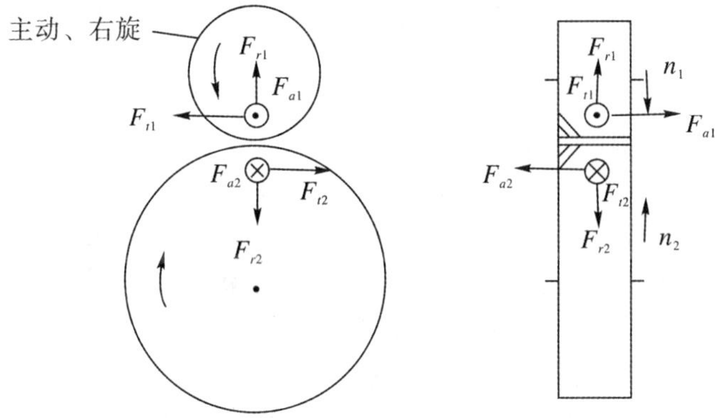


图 7-36　斜齿圆柱齿轮传动的受力

**案例 7-9**　如图 7-37 所示，现有一标准斜齿圆柱齿轮传动，已知法面模数 $m_n=2.5\text{mm}$，齿数 $z_1=24$，$z_2=106$，螺旋角 $\beta=9°59'12''$，传递功率 $P=10\text{kW}$，主动轮转速 $n_1=970\text{r/min}$，转动方向和螺旋线方向如图 7-37 所示。忽略齿面间的摩擦，计算并在图中画出作用在从动轮 2 上的各分力。

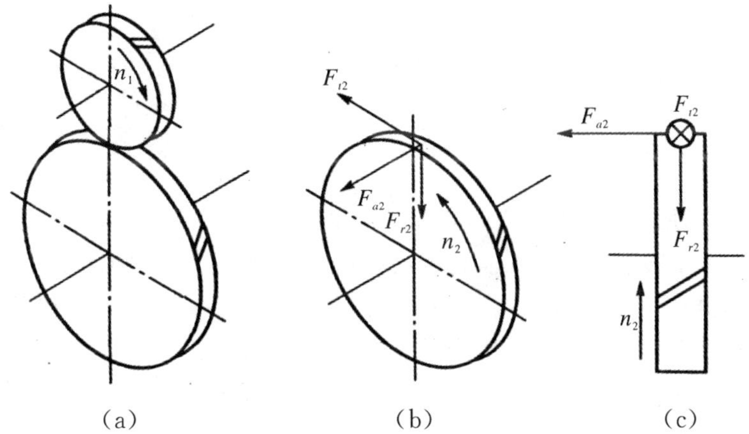


图 7-37　标准斜齿圆柱齿轮传动

| 计算与说明 | | 主要结果 |
|---|---|---|
| 1. 确定从动轮的转向和受力方向 | | 图 7-37(b)、(c) |
| 2. 从动轮的受力计算 | | |
| 作用在小齿轮上的转矩 | $T_1=9.55\times10^6\times\frac{P}{n_1}=9.55\times10^6\times\frac{10}{970}$ N·mm | $T_1=9.85\times10^4$ N·mm |
| 小齿轮分度圆直径 | $d_1=\frac{m_n z_1}{\cos\beta}=\frac{2.5\times24}{\cos9°59'12''}$ | $d_1=60.92$mm |
| 切向力 | $F_{t2}=F_{t1}=\frac{2T_1}{d_1}=\frac{2\times9.85\times10^4}{60.92}$N | $F_{t2}=3234$N |
| 径向力 | $F_{r2}=\frac{F_{t2}}{\cos\beta}\tan\alpha_n=\frac{3234\times\tan20°}{\cos9°59'12''}$N | $F_{r2}=1195$N |
| 轴向力 | $F_{a2}=F_{t2}\tan\beta=3234\times\tan9°59'12''$N | $F_{a2}=569$N |

## 三、学习任务

1. 对教师讲过的案例进行分析。

2. 由电动机驱动的单级闭式斜齿圆柱齿轮传动。已知：$P=22$kW，$n_1=740$r/min，$i=4.5$，载荷为中等冲击，齿轮单向运转，要求两班制工作，工作寿命为 10 年，结构紧凑。两轮要求均为硬齿面：小齿轮 45 钢调质后表面淬火 48—55HRC（可选），大齿轮 45 钢调质后表面淬火 40—50HRC（可选）。

3. 设斜齿圆柱齿轮传动的转动方向及螺旋线方向如题图 7-1 所示，画出当轮 1 为主动时两轮的受力方向。

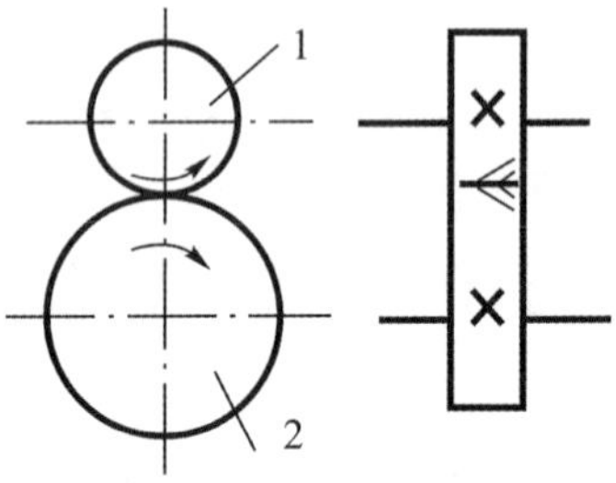

题图 7-1 斜齿圆柱齿轮传动

# 第六节 直齿圆锥齿轮传动

## 一、理论要点

### （一）圆锥齿轮传动概述

圆锥齿轮机构用于两相交轴之间的传动。和圆柱齿轮相似，锥齿轮有分度圆锥、齿顶圆锥、齿根圆锥和基圆锥。一对锥齿轮传动相当于一对节圆锥作纯滚动。分度圆锥母线与轴线之间的夹角称为分度圆锥角，以 $\delta$ 表示。图 7-38 所示为一对正确安装的标准圆锥齿轮传动，其节圆锥与分度圆锥重合，轴夹角 $\Sigma=\delta_1+\delta_2$。

因 $r_1=\overline{OP}\sin\delta_1$，$r_2=\overline{OP}\sin\delta_2$

式中，$\overline{OP}$为分度圆锥锥顶到大端的距离，称为外锥距。故传动比：

$$i=\frac{\omega_1}{\omega_2}=\frac{z_2}{z_1}=\frac{r_2}{r_1}=\frac{\sin\delta_2}{\sin\delta_1} \tag{7-40}$$

在大多数情况下，$\Sigma=90°$，这时：

$$i=\frac{\omega_1}{\omega_2}=\frac{z_2}{z_1}=\frac{r_2}{r_1}=\cot\delta_1=\tan\delta_2 \tag{7-41}$$

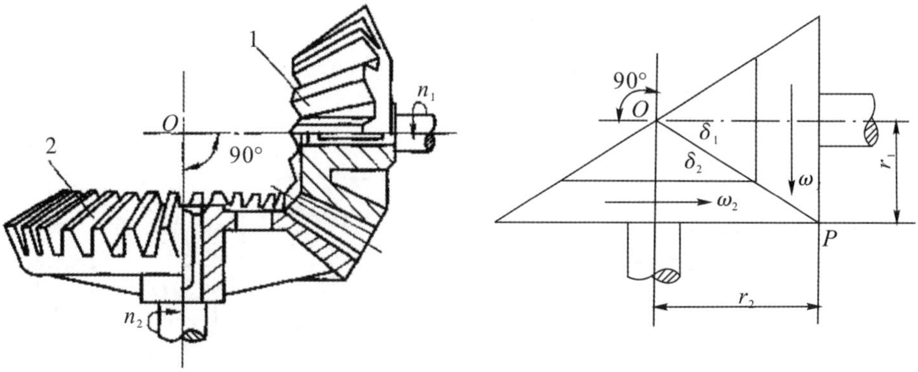


图 7-38　圆锥齿轮传动

## (二)背锥和当量齿数

一对圆锥齿轮啮合时，就单独一个齿轮来说，它的运动是绕其轴线的平面运动。但是两齿轮之间的相对运动却是空间的球面运动。这是因为，当这一轮的节圆锥在另一轮的节圆锥上作纯滚动时。前者上任一点至锥顶的距离始终不变，所以它在空间的轨迹是球面曲线。由此可见，圆锥齿轮的齿廓曲线是球面曲线。直齿圆锥齿轮的齿廓曲线为球面渐开线。因为球面不能展成平面，所以采用近似方法加以研究。

图 7-39 所示为一个圆锥齿轮的轴向半剖面图。$OAB$ 表示分度圆锥。$EA$ 和 $FA$ 为球面齿形的齿顶高和齿根高。过 $A$ 点作 $AO_1\perp AO$ 交圆锥齿轮的轴线于 $O_1$ 点，再以 $OO_1$ 为轴线及以 $O_1A$ 为母线作圆锥 $O_1AB$。这个曲锥称为背锥。显然背锥与球面切于圆锥齿轮大端的分度圆上。在背锥上自 $A$ 点取齿顶高和齿根高得 $E'$ 和 $F'$ 点。由图可见，在 $A$ 点附近背锥与球面很接近，因此可以近似地用背锥上的齿形来代替球面上的齿形，通常将锥面展成平面，对圆锥齿轮进行近似研究。

如图 7-40 所示，分别作一对圆锥齿轮的分度圆锥和背锥，再将两背锥展成平面后即得到两个扇形齿轮。该扇形齿轮的模数、压力角、齿顶高、齿根高及齿数 $z_1$、$z_2$ 就是圆锥齿轮的相应参数。扇形齿轮的分度圆半径 $r_{v1}$ 和 $r_{v2}$ 就是背锥的锥距。现将两扇形齿轮补成完整的圆柱齿轮，这个完整齿轮的齿数 $z_{v1}$ 和 $z_{v2}$ 称为该两圆锥齿轮的当量齿数，以补足的完整齿轮作的两圆柱齿轮称为两圆锥齿轮的当量圆柱齿轮。当量齿数计算公式如下：

$$r_v=\frac{r}{\cos\delta}=\frac{mz}{2\cos\delta}$$

而：

$$r_v=\frac{mz_v}{2}$$

故：

$$z_v=\frac{z}{\cos\delta} \tag{7-42}$$

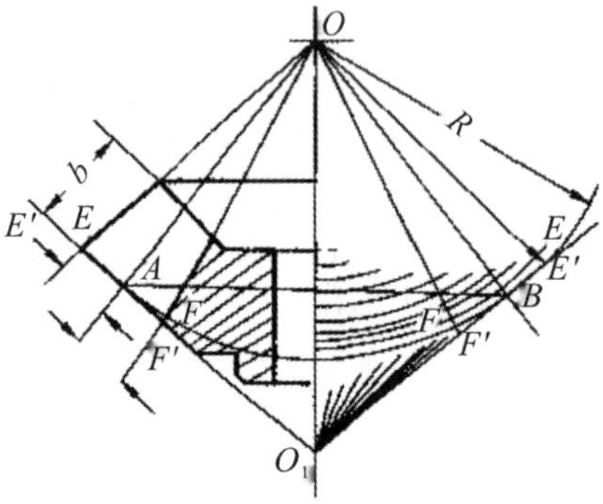


图 7-39 背锥

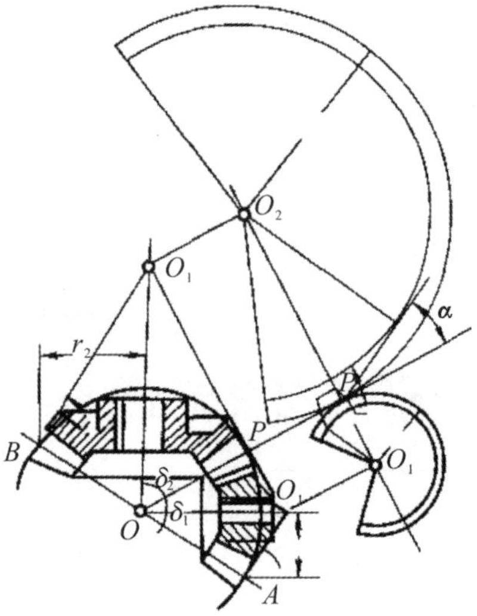


图 7-40 当量齿数

由式(7-42)可知，当量齿数总大于真实齿数，并且当量齿数不一定是整数。由于当量圆柱齿轮的齿形与直齿圆锥齿轮大端的齿形接近，所以直齿圆柱齿轮的某些原理可近似地应用到圆锥齿轮上，直齿圆锥齿轮不发生根切的最少齿数为：

$$z_{\min}=z_{v\min}\cos\delta$$

当 $\delta=45°$，$\alpha=20°$，$h_a{}^*=1.0$ 时，$z_{v\min}=17$，$z_{\min}\approx12$。

## (三)直齿圆锥齿轮的几何尺寸计算

圆锥齿轮的特点是轮齿分布在圆锥面上，轮齿的齿形从大端到小端逐渐缩小。为了计算和测量方便，通常取圆锥齿轮的大端参数为标准值。与直齿圆柱齿轮的正确啮合条件一样，一对互相啮合的直齿圆锥齿轮的正确啮合条件是，圆锥齿轮大端的模数相等，即 $m_1=m_2$；压力角相等，即 $\alpha_1=\alpha_2$。图 7-41 所示为一对互相啮合标准直齿圆锥齿轮，其节圆锥和分度圆锥重合，轴交角 $\Sigma=\delta_1+\delta_2=90°$，其几何尺寸计算公式如表 7-11 所示。

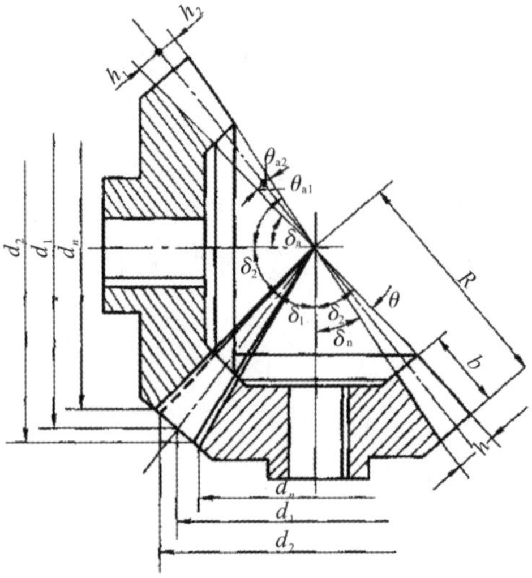


图 7-41 圆锥齿轮的几何尺寸

**表 7-11　标准直齿圆锥齿轮传动的几何尺寸计算公式**

| 名称 | 符号 | 计算公式 |
|---|---|---|
| 分度圆锥角 | $\delta$ | $\delta_2=\arctan(z_2/z_1)$，$\delta_1=90°-\delta_2$ |
| 分度圆直径 | $d$ | $d_1=mz_1$，$d_2=mz_2$ |
| 齿顶高 | $h_a$ | $h_a=h_a{}^{*}m$ |
| 齿根高 | $h_f$ | $h_f=(h_a{}^{*}+c^{*})m$ |
| 齿顶圆直径 | $d_a$ | $d_{a1}=d_1+2h_a\cos\delta_1$，$d_{a2}=d_2+2h_a\cos\delta_2$ |
| 齿根圆直径 | $d_f$ | $d_{f1}=d_1-2h_f\cos\delta_1$，$d_{f2}=d_2-2h_f\cos\delta_2$ |
| 锥距 | $R$ | $R=\sqrt{d_1{}^2+d_2{}^2}/2$ |
| 齿宽 | $b$ | $b\leqslant R/3$，$b\leqslant 10m$ |
| 齿顶角 | $\theta_a$ | 不等顶隙收缩齿 $\theta_a=\arctan(h_a/R)$ |
| 齿根角 | $\theta_f$ | $\theta_f=\arctan(h_f/R)$ |
| 顶锥角 | $\delta_a$ | $\delta_{a1}=\delta_1+\theta_{a1}$，$\delta_{a2}=\delta_2+\theta_{a2}$ |
| 根锥角 | $\delta_f$ | $\delta_{f1}=\delta_1-\theta_{f1}$，$\delta_{f2}=\delta_2-\theta_{f2}$ |

## (四)直齿圆锥齿轮的受力分析和强度计算

### 1.受力分析

对于两轴相交 90°的直齿圆锥齿轮传动，其齿轮间的法向作用力 $F_n$ 可视力集中作用于分度圆锥齿宽中点(齿宽中点分度圆直径 $d_{m1}$ 处，见图 7-42)。若忽略摩擦力，$F_n$ 可分解为三个相互垂直的分力，即圆周力 $F_t$、径向力 $F_r$ 和轴向 $F_a$。由图可知，小锥齿轮上各分力大小为：

$$\begin{cases}F_{t1}=2T_1/d_{m1}\\F_{r1}=F'\cdot\cos\delta=F_{t1}\tan\alpha\cdot\cos\delta\\F_{a1}=F'\cdot\sin s\delta=F_{t1}\tan\alpha\cdot\sin\delta\end{cases}\tag{7-43}$$

式中，$\delta_1$ 为小锥齿轮的节圆锥(对标准齿轮为分度圆锥)

$d_{m1}$ 为小锥齿轮分度圆锥上齿宽中点处的直径，$d_{m1}=d_1(1-0.5b/R)$。

圆周力和径向力的确定方法与直齿轮相同，两齿轮的轴向力方向都是沿着各自的轴线方向并指向轮齿的大端。根据作用力与反作用力的关系，大齿轮的受力由图 7-43 可看出：

$$F_{t1}=-F_{t2},\ F_{r1}=-F_{a2},\ F_{a1}=-F_{r2}$$

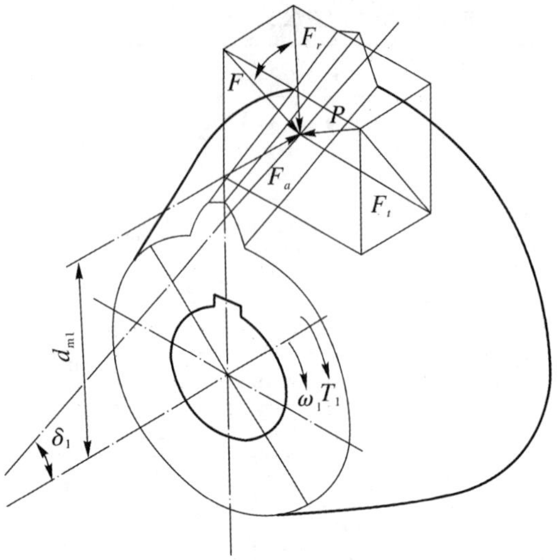


图 7-42 直齿锥齿轮受力分析

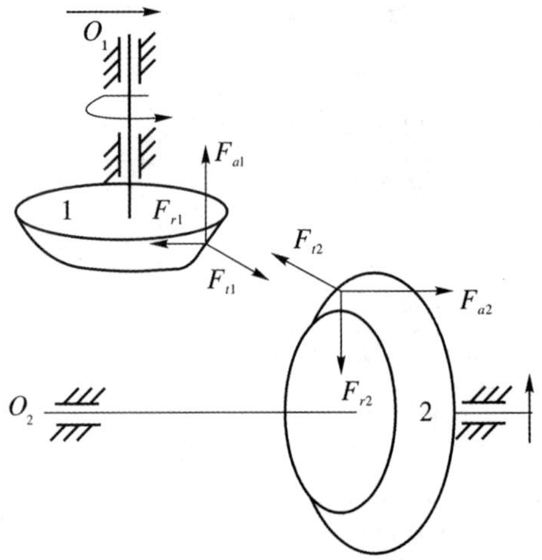


图 7-43 一对直齿锥齿轮受力分析

**2. 强度计算**

直齿圆锥齿轮传动的强度计算，可以近似地按齿宽中点处的一对当量直齿圆柱齿轮来考虑。因此，其齿面接触疲劳强度计算公式和齿根弯曲疲劳强度计算公式均与直齿圆柱齿轮传基本类似。两轴交角 90°的一对钢制标准圆锥齿轮传动的齿面接触疲劳强度的校核公式为：

$$\sigma_H=\frac{4.98Z_E}{1-0.5\varphi_R}\sqrt{\frac{KT_1}{\varphi_R d_1{}^3 u}}\leqslant[\sigma_H] \tag{7-44}$$

设计公式为：

$$d_1\geqslant\sqrt[3]{\frac{KT_1}{\varphi_R Ru}\cdot\left(\frac{4.98Z_E}{(1-0.5\varphi_R)[\sigma_H]}\right)^2} \tag{7-45}$$

式中，$\varphi_R$ 为齿宽系数，$\varphi_R=b/R$，一般 $0.25\leqslant\varphi_R\leqslant0.35$。

齿根弯曲疲劳强度计算的校核公式为：

$$\sigma_F=\frac{4KT_1Y_FY_S}{\varphi_R(1-0.5\varphi_R)^2z_1{}^2m^3\sqrt{u^2+1}}\leqslant[\sigma_F] \tag{7-46}$$

设计公式为：

$$m\geqslant\sqrt[3]{\frac{4KT_1Y_FY_S}{\varphi_R(1-0.5\varphi_R)^2z_1{}^2\sqrt{u^2+1}[\sigma_F]}} \tag{7-47}$$

以上公式中 $Y_F$、$Y_S$ 应根据锥齿轮的当量齿数查表，其余各符号的意义同直齿轮相同。

## 二、案例解读

**案例 7-10** 在如图 7-44 所示的直齿锥齿轮传动中，已知齿数 $z_1=24$，$z_2=48$，模数 $m=3$mm，齿宽 $b=20$mm，传动功率 $P=2.5$kW，主动小齿轮转速 $n_1=750$r/min，转动方向如图 7-44 所示。忽略齿面间的摩擦，计算并在图中画出大齿轮各分力的方向。

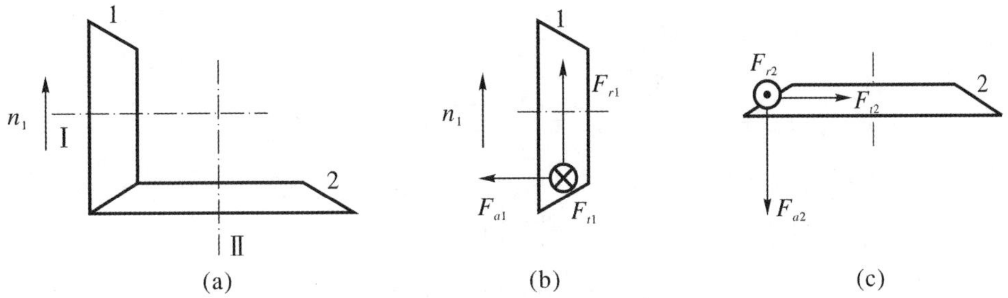


图 7-44　圆锥齿轮传动

| 计算与说明 | | 主要结果 |
| --- | --- | --- |
| 1.确定大齿轮所受各分力的方向 | | 如图 7-44 所示 |
| 2.计算大齿轮的受力 | | |
| 小锥齿轮上的转矩 | $T_1=9.55\times10^6\times\frac{P}{n_1}=9.55\times10^6\times\frac{2.5}{750}$N·mm | $T_1=3.2\times10^4$N·mm |
| 分度圆直径 | $d=mz$ | $d_1=72$mm<br>$d_2=144$mm |
| 锥矩 | $R=\frac{1}{2}\sqrt{d_1^2+d_2^2}=\frac{1}{2}\times\sqrt{72^2+144^2}$mm | $R=80.5$mm |
| 齿宽系数 | $\psi_R=\frac{b}{R}=\frac{20}{80.5}$ | $\psi_R=0.25$ |
| 小锥齿轮平均直径 | $d_{m1}=(1-0.5\psi_R)d_1=(1-0.5\times0.25)\times72$mm | $d_{m1}=63$mm |
| 小锥齿轮分度圆锥角 | $\delta_1=\arctan\frac{z_1}{z_2}=\arctan\frac{24}{48}$ | $\delta_1=26°33'54''$ |
| 大锥齿轮的切向力 | $F_{t2}=F_{t1}=\frac{2T_1}{d_{m1}}=\frac{2\times3.2\times10^4}{63}$N | $F_{t2}=1016$N |
| 大锥齿轮的径向力 | $F_{r2}=F_{a1}=F_{t1}\tan\alpha\sin\delta_1=1016\times\tan20°\times\sin26°33'54''$ | $F_{r2}=165$N |
| 大锥齿轮的轴向力 | $F_{a2}=F_{r1}=F_{t1}\tan\alpha\cos\delta_1=1016\times\tan20°\times\cos26°33'54''$ | $F_{a2}=331$N |

## 三、学习任务

1.对教师讲过的案例进行分析。

2.结合本节所学内容,完成以下练习。

3.试合理确定图示两级斜齿圆柱齿轮减速器各斜齿轮螺旋线方向,电动机转向如题图 7-2 所示。

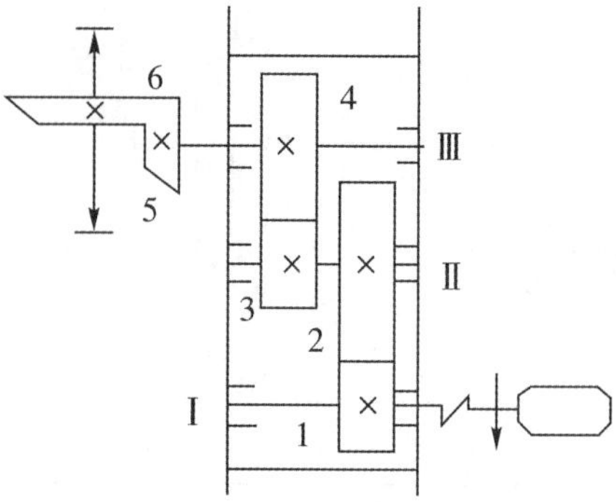


题图 7-2　斜齿轮与圆锥齿轮传动

# 第七节　蜗杆传动

## 一、理论要点

### (一)蜗杆传动的组成

蜗杆传动主要由蜗杆和蜗轮组成,主要用于传递空间交错的两轴之间的运动和动力,通常轴间交角为90°。一般情况下,蜗杆为主动件,蜗轮为从动件。

### (二)蜗杆传动特点

(1)传动平稳。因蜗杆的齿是一条连续的螺旋线,传动连续,因此它的传动平稳,噪声小。

(2)传动比大。单级蜗杆传动在传递动力时,传动比 $i=5\sim80$,常用的为 $i=15\sim50$。分度传动时 $i$ 可达1000,与齿轮传动相比则结构紧凑。

(3)具有自锁性。当蜗杆的导程角小于轮齿间的当量摩擦角时,可实现自锁。即蜗杆能带动蜗轮旋转,而蜗轮不能带动蜗杆。

(4)传动效率低。蜗杆传动由于齿面间相对滑动速度大,齿面摩擦严重,故在制造精度和传动比相同的条件下,蜗杆传动的效率比齿轮传动低,一般只有0.7～0.8。具有自锁功能的蜗杆机构,效率则一般不大于0.5。

(5)制造成本高。为了降低摩擦,减小磨损,提高齿面抗胶合能力,蜗轮齿圈常用贵重的铜合金制造,成本较高。

### (三)蜗杆传动的类型

蜗杆传动按照蜗杆的形状不同,可分为圆柱蜗杆传动、环面蜗杆传动。圆柱蜗杆传动除与相同的普通蜗杆传动,还有圆弧齿蜗杆传动。

圆柱蜗杆机构又可按螺旋面的形状,分为阿基米德蜗杆机构和渐开线蜗杆机构等。圆柱蜗杆机构加工方便,环面蜗杆机构承载能力较强。

### (四)蜗杆传动的失效形式及设计准则

由于蜗杆传动中的蜗杆表面硬度比蜗轮高,所以蜗杆的接触强度、弯曲强度都比蜗轮高;而蜗轮齿的根部是圆环面,弯曲强度也高、很少折断。

蜗杆传动的主要失效形式有胶合、疲劳点蚀和磨损。

由于蜗杆传动在齿面间有较大的滑动速度,发热量大,若散热不及时,油温升高、黏度下降,油膜破裂,更易发生胶合。开式传动中,蜗轮轮齿磨损严重,所以蜗杆传动中,要考虑润滑与散热问题。

蜗杆轴细长,弯曲变形大,会使啮合区接触不良。需要考虑其刚度问题。

蜗杆传动的设计要求:①计算蜗轮接触强度;②计算蜗杆传动热平衡,限制工作温度;③必要时验算蜗杆轴的刚度。

## (五)蜗杆、蜗轮的材料选择

基于蜗杆传动的失效特点,选择蜗杆和蜗轮材料组合时,不但要求有足够的强度,而且要有良好的减摩、耐磨和抗胶合的能力。实践表明,较理想的蜗杆副材料是:青铜蜗轮齿圈匹配淬硬磨削的钢制蜗杆。

**1. 蜗杆材料**

对高速重载的传动,蜗杆常用低碳合金钢(如 20Cr、20CrMnTi)经渗碳后,表面淬火使硬度达 56 ～62HRC,再经磨削。对中速中载传动,蜗杆常用 45 钢、40Cr、35SiMn 等,表面经高频淬火使硬度达 45～55HRC,再磨削。对一般蜗杆可采用 45、40 等碳钢调质处理(硬度为 210～230HBS)。

**2. 蜗轮材料**

常用的蜗轮材料为铸造锡青铜(ZCuSn10Pb1,ZCuSn6Zn6Pb3)、铸造铝铁青铜(ZCuAl10Fe3)及灰铸铁 HT150、HT200 等。锡青铜的抗胶合、减摩及耐磨性能最好,但价格较高,常用于 $v_s \geqslant 3\text{m/s}$ 的重要传动;铝铁青铜具有足够的强度,并耐冲击,价格便宜,但抗胶合及耐磨性能不如锡青铜,一般用于 $v_s \leqslant 6\text{m/s}$ 的传动;灰铸铁用于 $v_s \leqslant 2\text{m/s}$ 的不重要场合。

## (六)蜗杆传动机构的基本参数和尺寸

**1. 蜗杆机构的正确啮合条件**

中间平面:我们将通过蜗杆轴线并与蜗轮轴线垂直的平面定义为中间平面,如图 7-45 所示。在此平面内,蜗杆传动相当于齿轮齿条传动。因此这个下面内的参数均是标准值,计算公式与圆柱齿轮相同。

正确啮合条件:根据齿轮齿条正确啮合条件,蜗杆轴平面上的轴面模数 $m_{a1}$ 等于蜗轮的端面模数 $m_{t2}$;蜗杆轴平面上的轴面压力角 $\alpha_{a1}$ 等于蜗轮的端面压力角 $\alpha_{t2}$;蜗杆导程角等于蜗轮螺旋角 $\beta$,且旋向相同。

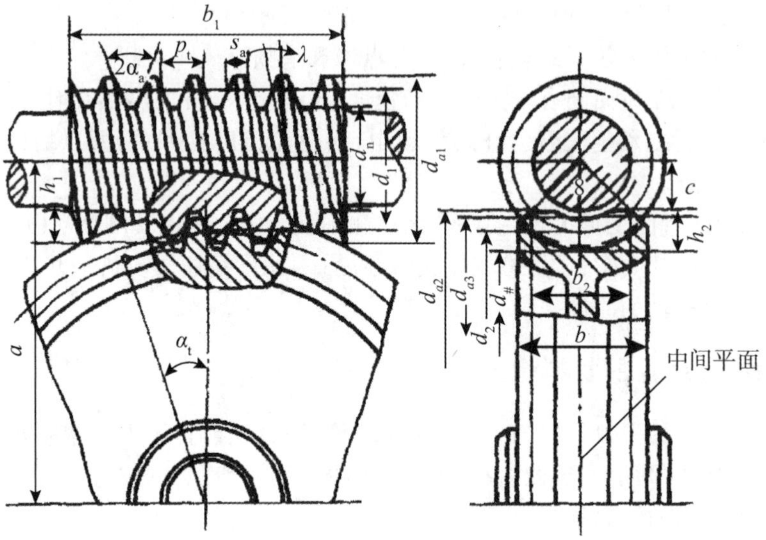


图 7-45　蜗杆传动的中间平面

**2. 基本参数**

(1)蜗杆头数 $z_1$,蜗轮齿数 $z_2$。蜗杆头数 $z_1$ 一般取 1、2、4。头数 $z_1$ 增大,可以提高传动效率,但加工制造难度增加。

蜗轮齿数一般取 $z_2=28\sim80$。若 $z_2<28$,传动的平稳性会下降,且易产生根切;若 $z_2$ 过大,蜗轮的直径 $d_2$ 增大,与之相应的蜗杆长度增加、刚度降低,从而影响啮合的精度。

(2)传动比:

$$i=\frac{n_1}{n_2}=\frac{z_2}{z_1} \tag{7-48}$$

(3)蜗杆分度圆直径 $d_1$ 和蜗杆直径系数 $q$。加工蜗轮时,用的是与蜗杆具有相同尺寸的滚刀,因此加工不同尺寸的蜗轮,就需要不同的滚刀。为限制滚刀的数量,并使滚刀标准化,对每一标准模数,规定了一定数量的蜗杆分度圆直径 $d_1$。

蜗杆分度圆直径与模数的比值称为蜗杆直径系数,用 $q$ 表示,即:

$$q=\frac{d_1}{m} \tag{7-49}$$

模数一定时,$q$ 值增大则蜗杆的直径 $d_1$ 增大、刚度提高。因此,为保证蜗杆有足够的刚度,小模数蜗杆的 $q$ 值一般较大。

**3. 蜗杆传动的受力分析**

蜗杆传动的受力分析与斜齿圆柱齿轮的受力分析相似,齿面上的法向力 $F_n$ 分解为三个相互垂直的分力:圆周力 $F_t$、轴向力 $F_a$、径向力 $F_r$,如图 7-46 所示。

蜗杆受力方向:轴向力 $F_{a1}$ 的方向由左、右手定则确定,图 7-46 为右旋蜗杆,则用右手握住蜗杆,四指所指方向为蜗杆转向,拇指所指方向为轴向力 $F_{a1}$ 的方向;圆周力 $F_{t1}$ 与主动蜗杆转向相反;径向力 $F_{r1}$ 指向蜗杆中心。

蜗轮受力方向:因为 $F_{a1}$ 与 $F_{t2}$、$F_{t1}$ 与 $F_{a2}$、$F_{r1}$ 与 $F_{r2}$ 是作用力与反作用力关系,所以蜗轮上的三个分力方向,如图 7-46 所示。$F_{a1}$ 的反作用力 $F_{t2}$ 是驱使蜗轮转动的力,所以通过蜗轮蜗杆的受力分析也可判断它们的转向。

径向力 $F_{r2}$ 指向轮心，圆周力 $F_{t2}$ 驱动蜗轮转动，轴向力 $F_{a2}$ 与轮轴平行。

力的大小可按下式计算：

$$\begin{cases} F_{t1}=F_{a2}=\dfrac{2T_1}{d_1} \\ F_{a1}=F_{t2}=\dfrac{2T_2}{d_2} \\ F_{r1}=F_{r2}=F_{t2}\cdot\tan\alpha \\ T_2=T_1\cdot i\cdot\eta \end{cases} \tag{7-50}$$

式中，$\alpha=20°$。

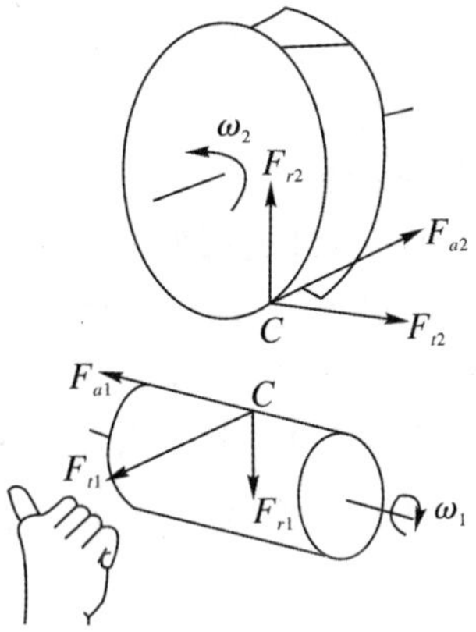


图 7-46　蜗杆传动的受力分析

## (七)蜗杆传动的效率、润滑及散热计算

**1. 蜗杆传动的效率**

闭式蜗杆传动的功率损耗包括三个部分，即啮合摩擦损耗、轴承摩擦损耗及浸入油池零件的搅油损耗。因此蜗杆传动的效率为：

$$\eta=\eta_1\eta_2\eta_3 \tag{7-51}$$

$$\eta_1=\frac{\tan\gamma}{\tan(\gamma+\varphi_v)} \tag{7-52}$$

式中，$\eta_1$ 为蜗杆转动的效率；

$\eta_2$ 为轴承效率；

$\eta_3$ 为搅油损耗效率；

$\varphi_v$ 为当量摩擦角。

设计蜗杆传动时，由于轴承摩擦及搅油所耗损的功率不大，一般取 $\eta_2\eta_3=0.95\sim0.96$ 所以蜗杆传动的效率主要是啮合效率，蜗杆传动的总效率近似为：

$$\eta=(0.95\sim0.96)\frac{\tan\gamma}{\tan(\gamma+\varphi_v)} \tag{7-53}$$

在初步设计，进行力分析或强度计算时，为了求出蜗轮轴上的工作转矩 $T_2$ 普通圆柱蜗杆传动的传动效率 $\eta$ 可根据传动比 $i$ 按下式计算

$$\eta=1-0.035\sqrt{i} \tag{7-54}$$

**2. 蜗杆传动的润滑**

由于蜗杆传动中齿面间的相对滑动速度较大，易产生胶合和磨损且效率远低于齿轮传动，所以润滑对于蜗杆传动来说，具有非常重要的意义。为了提高蜗杆传动抗胶合性能，往往采用黏度较高的矿物油润滑，常在矿物油中加入添加剂。

蜗杆传动所采用的润滑油、润滑方法及润滑装置与齿轮传动基本相同。闭式蜗杆传动的润滑油黏度和润滑方法，主要依据工作条件、齿面相对滑动速度选择。开式蜗杆传动的润滑油常采用黏度较高的齿轮润滑油或润滑脂。

闭式蜗杆传动采用油浴润滑，在搅油损失不大时，应有适当多的油量，这样不仅有利于动压油膜的形成，而且有利于散热。对于下置式蜗杆动，浸油深度至少要保证蜗杆的一个齿高；对于上置式蜗杆传动，浸油深度为蜗轮半径的1/6～1/3。

**3. 蜗杆传动的散热计算**

由于蜗杆传动的效率低，工作时产生大量的摩擦热。如果闭式蜗杆传动散热条件较差，产生的热量不能及时逸散，将因油温过高而使润滑失效，进而导致磨损加剧，甚至发生齿面胶合。所以，对于闭式蜗杆传动，必须进行散热计算，以保证油温能稳定在规定范围内。

达到热平衡时，传动的发热速率应和箱体的散热速率相等。

摩擦损耗的功率 $P = P_i(1-n)$，在单位时间内的发热量为：

$$Q_1 = 1000P_1(1-\eta)$$

式中，$P_1$为蜗杆传递的功率(kW)；

$\eta$为蜗杆传动的总效率。

若为自然冷却方式，则在单位时间内，从箱体外壁散发到周围空气中的热量为：

$$Q_2 = \alpha_s A(t_1 - t_0)$$

式中，$\alpha_s$为箱体表面散热系数(W/(m$^2$℃))，可取 $\alpha_s = 12$～18，通风良好的环境时，取大值；

$A$为散热面积(m$^2$)即箱体内表面被油浸着或油能溅到且外表面又被空气冷却的箱体表面积，凸缘及散热片的散热面积按其表面积的50%计算；

$t_0$为环境温度(℃)，在常温下可取 $t_0 = 20$℃；

$t_1$为达到热平衡时的油温(℃)。

根据热平衡条件 $Q_1 = Q_2$，可求出达到热平衡的油温为：

$$t_1 = \frac{1000P_1(1-\eta)}{a_s A} + t_0 \tag{7-55}$$

或在既定条件下，保持正常工作温度所需要的散热面积为：

$$A = \frac{1000P_1(1-\eta)}{\alpha_s(t_1 - t_0)} \tag{7-56}$$

一般可限制 $t_1$ 为60～70℃，最高不超过80℃。若 $t$ 超过许用值，可采取以下措施，以增加传动的散热能力：

(1)在箱体外增加散热片，以增大散热面积 $A$。加散热片时，还应注意散热片配置的方向要有利于散热。

(2)在蜗杆轴端设置风扇，进行人工通风，以增大表面散热系数 $\alpha_s$，此时 $\alpha_s = 20$～28W/(m$^2$℃)，如图7-47(a)所示。

(3)在箱体油池中装设蛇形冷却水管，如图7-47(b)所示。

(4)采用压力喷油循环冷却润滑,如图 7-47(c)所示。

初步计算时,对于有较好散热片的箱体,可用下式估算其散热面积

$$A \approx 9 \times 10^{-5} a^{1.88} \tag{7-57}$$

式中,$a$ 为蜗杆传动的中心距(mm)。

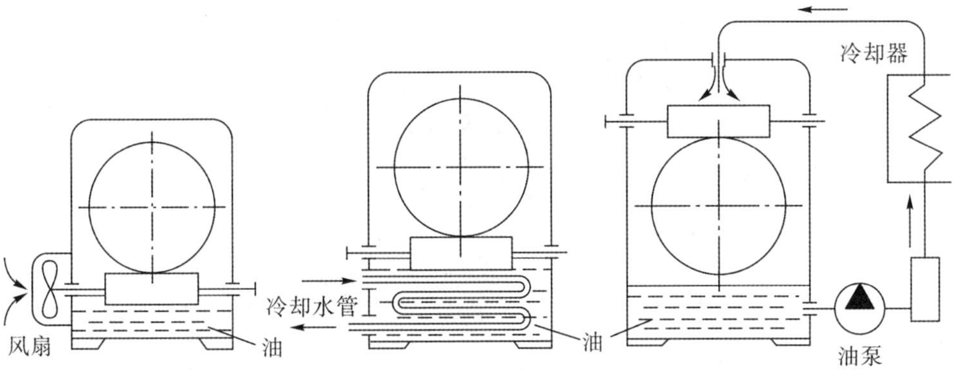


(a)风扇冷却　(b)冷却水管冷却　(c)压力喷油冷却

图 7-47　蜗杆传动的冷却方法

## 二、案例解读

**案例 7-11**　图 7-48(a)中蜗杆 1 为主动件,沿着顺时针方向转动,蜗轮左旋,试分析蜗杆传动啮合点的受力情况。

分析:已知蜗轮左旋,所以蜗杆左旋,蜗杆轴向力 $F_{a1}$ 的方向由左手定则确定,四指所指方向为蜗杆转向,拇指所指方向为轴向力 $F_{a1}$ 的方向;圆周力 $F_{t1}$ 与主动蜗杆转向相反;径向力 $F_{r1}$ 指向蜗杆中心。

蜗轮受力方向:因为 $F_{a1}$ 与 $F_{t2}$、$F_{t1}$ 与 $F_{a2}$、$F_{r1}$ 与 $F_{r2}$ 是作用力与反作用力关系,所以蜗轮上的三个分力方向如图 7-48(b)所示。

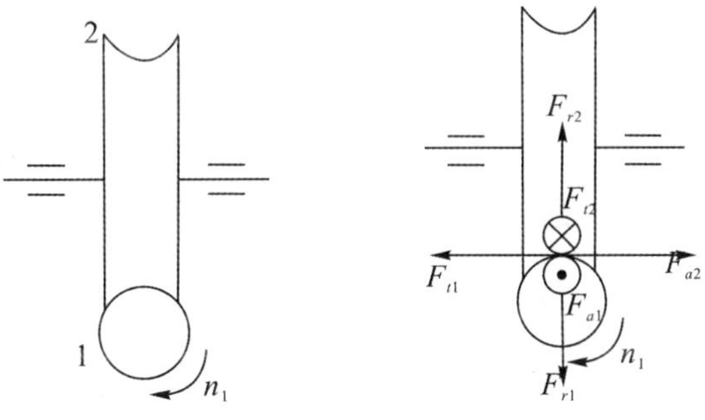


图 7-48　蜗杆传动的受力

## 三、学习任务

1. 对教师讲过的案例进行分析。

2. 题图 7-3 中蜗杆主动,试标出未注明的蜗杆和蜗轮的旋向(螺旋线方向)及转向,并在图中绘出蜗杆和蜗轮啮合点处作用力的方向(用三个分力:圆周力 $F_t$、径向力 $F_r$、轴向力 $F_a$ 表示)。

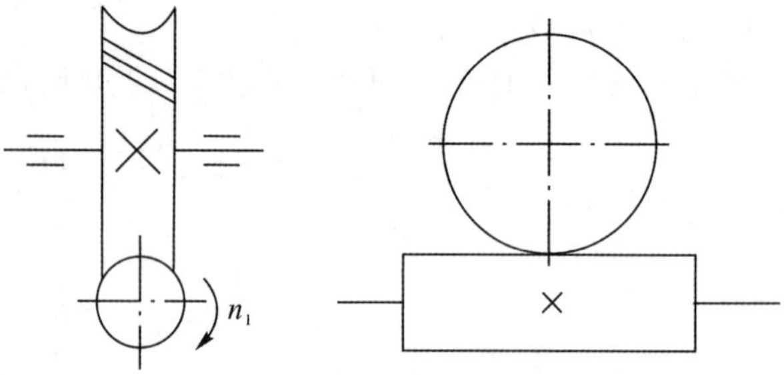


题图 7-3　蜗杆传动

3. 请用思维导图对本章内容进行梳理。

# 第八章　轮　系

在实际机械中，采用一对齿轮传动往往难以满足工作要求。例如在汽车后轮的传动中，汽车需要根据转弯半径的不同，使两个后轮获得不同的转速，这就要采用多对齿轮所组成的轮系来实现。

让我们来看看，轮系的基本类型有哪些，它们在生活与生产中有哪些应用，各类轮系的传动比如何计算。

**学习目标：**

(1)能够正确描述轮系和传动比概念。

(2)能够正确区分轮系的基本类型，能够通过观察机械装置中的轮系，分析其类型和功用。

(3)能够正确列出定轴轮系、周转轮系与复合轮系的传动比公式。

(4)能够基于实际案例，完成定轴轮系、周转轮系与复合轮系传动比计算。

## 第一节　轮系的类型

### 一、理论要点

一对齿轮组成的机构是齿轮传动的最简单形式，但是在机械中，由于为了获得很大的传动比，或者为了将输入轴的一种转速变换为输出轴的多种转速等原因，我们需要采用一系列相互啮合的齿轮将输入轴和输出轴联系起来。这种由一系列齿轮组成的传动系统称为轮系。

**1. 定轴轮系**

定轴轮系在转动时，各个齿轮轴线的位置都是固定不动的，如图 8-1 所示。

**2. 周转轮系**

如图 8-2 所示的轮系在传动时，齿轮 2 的几何轴线绕齿轮 1 和构件 $H$ 的共同轴线转动，这种至少有一个齿轮的几何轴线绕另一个齿轮的几何轴线转动的轮系称为周转轮系。

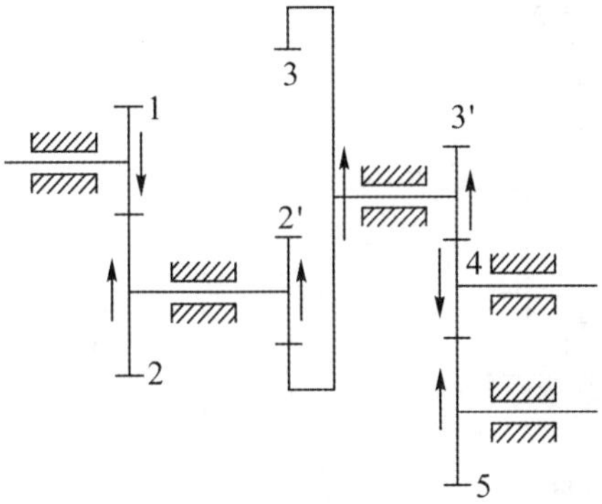


图 8-1　定轴轮系

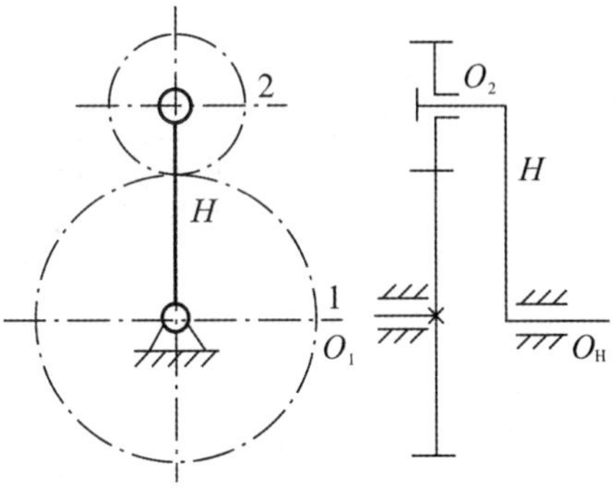


图 8-2　周转轮系

**3. 复合轮系**

在实际机构中，许多轮系既包含定轴轮系部分，又包括周转轮系部分，如图 8-3(a)所示；或者是由几部分周转轮系组成的，如图 8-3(b)所示，这种轮系称为复合轮系。

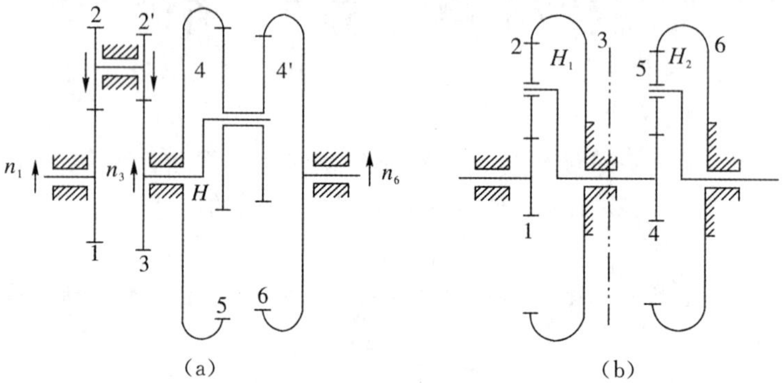


图 8-3　复合轮系

## 二、案例解读

学习了轮系，试判断下面轮系是哪一种轮系。

**案例 8-1**　如图 8-4 所示的几种轮系，判断其类型，并指出轮系中心轮、行星架。

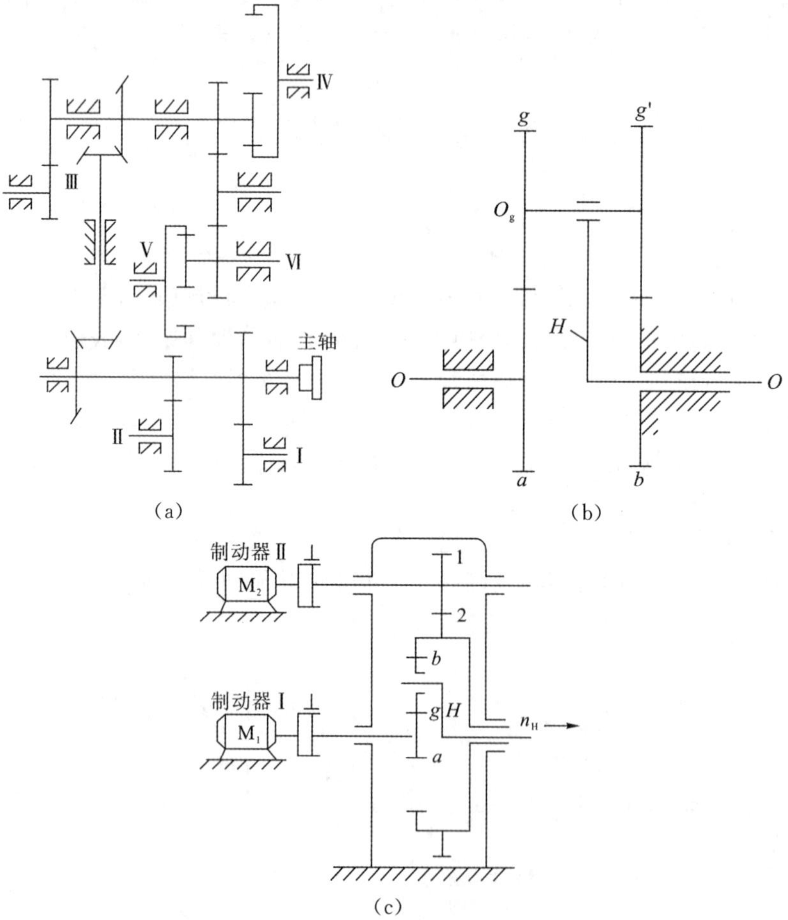


图 8-4　轮系

**分析:**图 8-4(a)是定轴轮系,它所有的齿轮的轴线位置均是固定不变的。

图 8-4(b)是周转轮系,齿轮 $a$、$b$ 是中心轮,$H$ 是行星架。

图 8-4(c)是复合轮系,齿轮 1、2 组成定轴轮系,齿轮 $a$、$b$、$g$、2 组成周转轮系,齿轮 $a$ 是中心轮,$H$ 是行星架。

### 三、学习任务

1. 对本节知识点进行梳理,思考定轴轮系和周转轮系有何区别?
2. 对教师讲过的案例进行分析。
3. 举例分析 1 个轮系相关的具体案例。

## 第二节　定轴轮系传动比计算

### 一、理论要点

#### (一)一对齿轮的传动比

轮系的传动比是指轮系中首、末两个构件的角速度之比。轮系的传动比包括传动比的大小和首、末两构件的转向关系两方面的内容。

对于只有一对齿轮的轮系,设主动轮 1 的转速和齿数为 $n_1$、$z_1$,从动轮 2 的转速和齿数为 $n_2$、$z_2$,其传动比大小为:

$$i_{12}=\frac{n_1}{n_2}=\frac{z_2}{z_1}$$

圆柱齿轮传动的两轮轴线互相平行,图 8-5(a)所示的外啮合传动,两轮转向相反,传动比用负号表示;图 8-5(b)所示的内啮合传动,两轮转向相同,传动比用正号表示。因此,两轮的传动比可写成:

$$i_{12}=\frac{n_1}{n_2}=\pm\frac{z_2}{z_1}$$

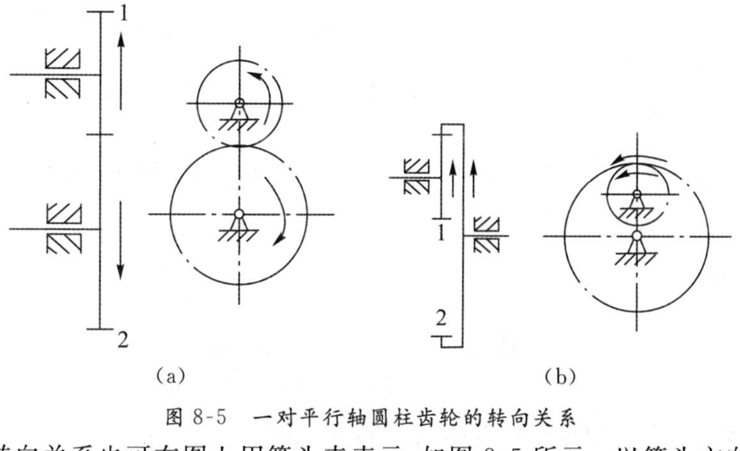


图 8-5　一对平行轴圆柱齿轮的转向关系

两轮的转向关系也可在图上用箭头来表示,如图 8-5 所示。以箭头方向表示齿轮看得见一侧的运动方向。用相反的箭头(箭头相对或相背)表示外啮合时两轮转向相反,同向箭头表示内啮合转向相同。

### (二)平面定轴轮系的传动比

图 8-6 所示的平面定轴轮系中，齿轮 1 和 2 为一对外啮合圆柱齿轮；齿轮 2 和 3 为一对内啮合圆柱齿轮；齿轮 4 和 5、齿轮 6 和 7 又是一对外啮合圆柱齿轮。设齿轮 1 为主动轮(首轮)，齿轮 7 为从动轮(末轮)，则此轮系的传动比为：

$$i_{17}=\frac{n_1}{n_7}$$

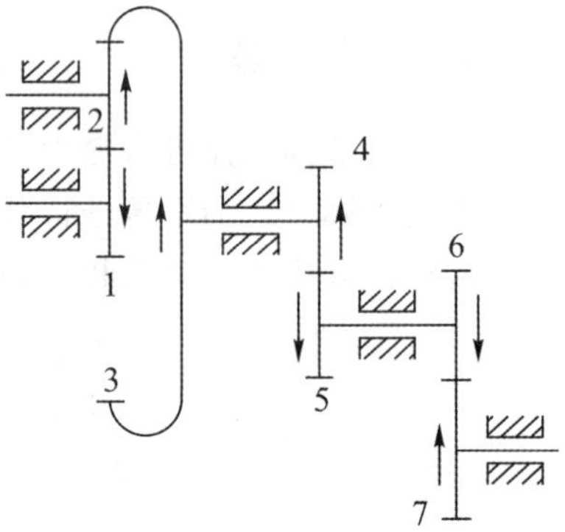

图 8-6　平面定轴轮系

轮系中各对啮合齿轮的传动比依次为：

$$i_{12}=\frac{n_1}{n_2}=-\frac{z_2}{z_1},i_{23}=\frac{n_2}{n_3}=\frac{z_3}{z_2},$$

$$i_{45}=\frac{n_4}{n_5}=-\frac{z_5}{z_4},i_{67}=\frac{n_6}{n_7}=-\frac{z_7}{z_6}$$

另外，齿轮 3 和齿轮 4 同轴，齿轮 5 和齿轮 6 同轴，所以 $n_3=n_4$，$n_5=n_6$。

为了求得轮系的传动比 $i_{17}$，可将上列各对齿轮的传动比连乘起来，可得：

$$i_{12}i_{23}i_{45}i_{67}=\frac{n_1}{n_2}\frac{n_2}{n_3}\frac{n_4}{n_5}\frac{n_6}{n_7}=\frac{n_1}{n_7}$$

即：

$$i_{17}=\frac{n_1}{n_7}=i_{12}i_{23}i_{45}i_{67}=(-1)^3\ \frac{z_2z_3z_5z_7}{z_1z_2z_4z_6}=-\frac{z_3z_5z_7}{z_1z_4z_6}$$

上式表明：

(1)定轴轮系的传动比大小等于组成该轮系的各对啮合齿轮传动比的连乘积；也等于各对啮合齿轮中所有从动齿轮齿数的连乘积与所有主动齿轮齿数的连乘积之比；

(2)对于各种定轴轮系，主动轮与从动轮的转向关系都可以用箭头法判定。对于各齿轮轴线相互平行的平面定轴轮系，还可以用符号法判定，具体方法是：在齿数比的基础上乘以$(-1)^m$，$m$ 为轮系中齿轮外啮合次数。

(3)齿轮 2 在轮系中既是从动轮，又是主动轮，这种齿轮称为惰轮。惰轮的齿数对传动比的大小没有影响，但是却改变了转向关系。

综上所述，定轴轮系传动比的计算可写成通式：

$$\text{定轴轮系的传动比}=(-1)^m\ \frac{\text{所有从动齿轮齿数的连乘积}}{\text{所有主动齿轮齿数的连乘积}}\tag{8-1}$$

式中，$m$ 为轮系中外啮合的齿轮对数。

## 二、案例解读

**案例 8-2**　如图 8-6 所示的轮系中，已知各个齿轮的齿数分别为：$z_1=30$，$z_2=30$，$z_3=90$，$z_4=25$，$z_5=36$，$z_6=20$，$z_7=45$，求轮系的传动比 $i_{17}$。

解：该轮系是一个平面定轴轮系，根据公式(8-1)：

$$i_{17}=(-1)^3\ \frac{z_2z_3z_5z_7}{z_1z_2z_4z_6}=-\frac{30\times90\times36\times45}{30\times30\times25\times20}=-9.72$$

经计算,传动比 $i_{17}$ 为负值,表示齿轮 7 与齿轮 1 转向相反。

**案例 8-3**　如图 8-7 所示的定轴轮系中,Ⅰ轴的转速$n_1=1440\text{r/min}$,$z_1=19$,$z_2=32$,$z_{2'}=28$,$z_3=59$,$z_{3'}=28$,$z_4=19$,$z_5=36$,求 V 轴的转速$n_5$。

解:V 轴的转速可以通过轮系的传动比求得。

$$i_{12}=\frac{n_1}{n_2}=-\frac{z_2}{z_1}=-1.68$$

$$i_{35}=\frac{n_3}{n_5}=(-1)^2\frac{z_4 z_5}{z_{3'} z_4}=1.29$$

$$i_{15}=\frac{n_1}{n_5}=(-1)^3\frac{z_2 z_3 z_5}{z_1 z_{2'} z_{3'}}=-4.56$$

$$n_5=\frac{n_1}{i_{15}}=-316\text{r/min}$$

V 轴的转速大小为 316r/min,转向与 1 轴相反。

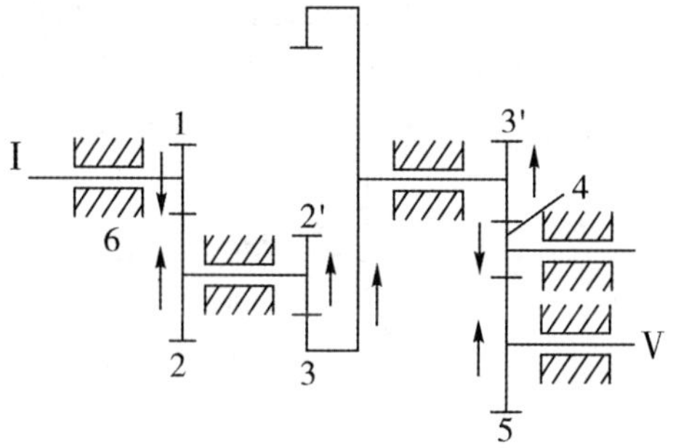


图 8-7　定轴轮系

## 三、学习任务

1. 对教师讲过的案例进行分析,总结定轴轮系传动比计算的步骤。

2. 结合本节所学内容,完成以下练习。

(1)已知如题图 8-1 所示轮系中各轮的齿数分别为 $z_1=15$,$z_2=20$,$z_3=50$,$z_4=25$,$z_5=20$,$z_6=z_7=25$,试求传动比 $i_{17}$,并指出 $i_{17}$ 的符号如何变化。

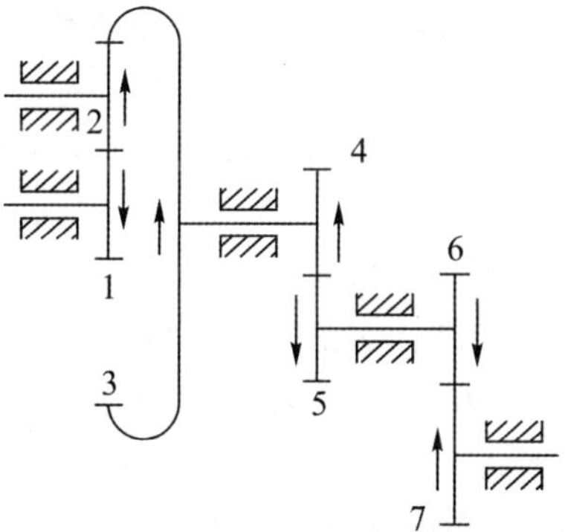


题图 8-1

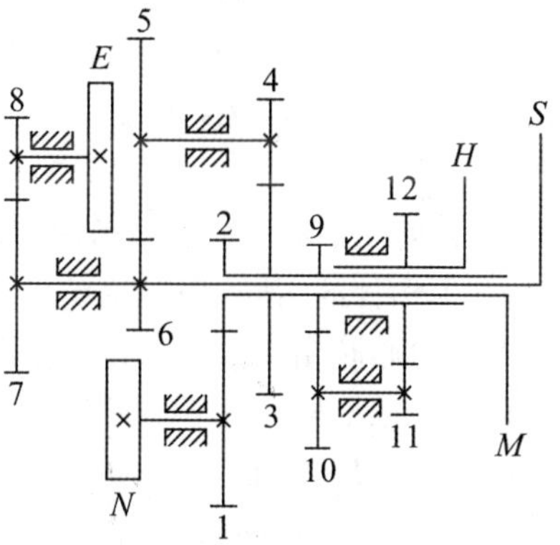


题图 8-2

(2)如题图 8-2 所示的钟表传动示意图中,$E$ 为擒纵轮,$N$ 为发条盘,$S$、$M$ 及 $H$ 分别为秒针、分针和时针。设 $z_1=72$,$z_2=12$,$z_3=64$,$z_4=8$,$z_5=60$,$z_6=8$,$z_7=60$,$z_8=6$,$z_9=$

8，$z_{10}=24$，$z_{11}=6$，$z_{12}=24$。求秒针与分针的传动比 $i_{SM}$ 及分针与时针的传动比 $i_{MH}$。

3. 用不少于 300 字把你对本节知识点的理解进行梳理。

# 第三节　周转轮系传动比计算

## 一、理论要点

### （一）周转轮系的构件与分类

**1. 周转轮系的构件**

在图 8-8 所示的周转轮系中，由齿轮 1、齿轮 2、齿轮 3 和构件 $H$ 组成。齿轮 2 装在构件 $H$ 上，一方面绕轴线 $O_1$ 自转，同时又随构件 $H$ 绕固定轴线 $O$ 作公转。整个轮系的运动犹如行星绕太阳的运行；齿轮 2 相当于行星，故称为行星轮；轴线不动的齿轮 1、3 相当于太阳，称为中心轮或太阳轮；支撑行星轮的构件 $H$ 称为行星架，也称系杆或转臂。一个周转轮系必有一个行星架、若干个铰接在行星架上的行星轮以及与行星轮相啮合的中心轮。

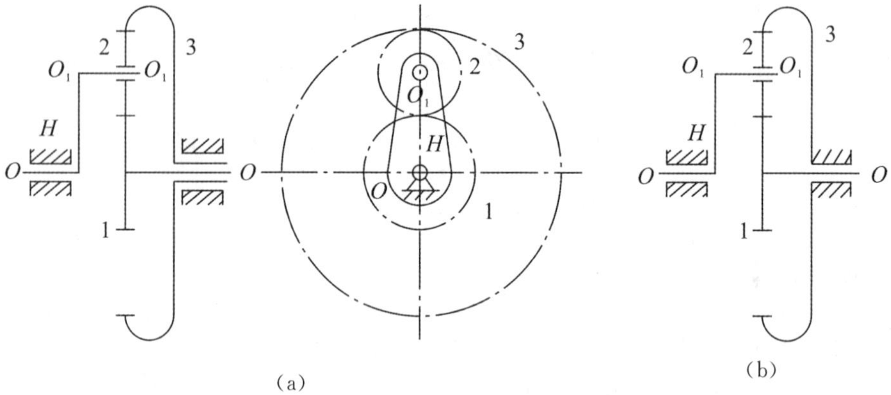


图 8-8　周转轮系

**2. 周转轮系的类型**

（1）根据自由度的不同，周转轮系可分为差动轮系和行星轮系两类。

如图 8-8(a) 所示，轮系的两个中心轮都是转动的，称为差动轮系；该机构的自由度为 2，说明需要两个独立运动的原动件。

如图 8-8(b) 所示，轮系的中心轮 3 被固定，中心轮 1 可以转动，称为行星轮系；该机构的自由度为 1，说明只需要一个独立运动的原动件。

（2）根据基本构件的不同，周转轮系可分为 $2K$-$H$ 型和 $3K$ 型。

设轮系中的中心轮用 $K$ 表示，行星架用 $H$ 表示，则 $2K$-$H$ 型周转轮系表示轮系中有两个中心轮和一个行星架。图 8-9 所示的周转轮系为 $2K$-$H$ 型的几种不同形式。其中图 8-9(a) 为单排形式，图 8-9(b)、图 8-9(c) 为双排形式。

如图 8-10 所示，$3K$ 型轮系包括三个中心轮和一个行星架，但行星架只起支撑行星轮使其与中心轮保持啮合的作用，不起传力作用，故轮系的型号中不含“$H$”。

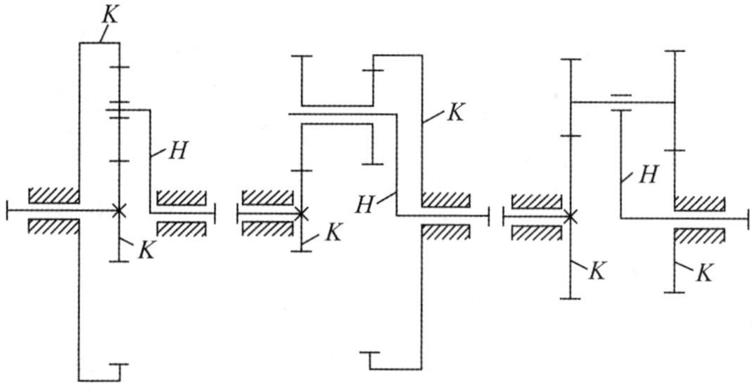


(a)　　(b)　　(c)

图 8-9　周转轮系

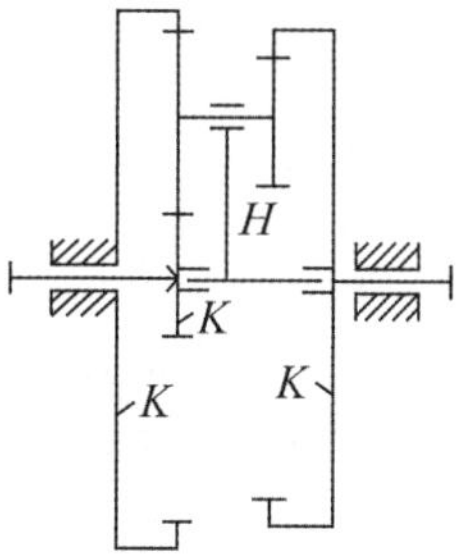


图 8-10　3K 型周转轮系

## (二)周转轮系传动比计算

周转轮系和定轴轮系的根本差别在于周转轮系中有转动的行星架,从而使得行星轮既有自转又有公转。如果我们以行星架为参照系,行星轮只有自转而没有公转,整个周转轮系演化成了定轴轮系。

实际处理的方法称为“反转法”,即给整个周转轮系加上一个大小与行星架转速相等,但方向相反的公共转速“$-n_H$”,使之绕行星架的固定轴线回转,这时各构件之间的相对运动仍将保持不变,而行星架的转速变为 $n_H-n_H=0$,行星架“静止不动”了。这种转化所得的假想的定轴轮系称为原周转轮系的转化轮系。于是周转轮系的问题就可以用定轴轮系的方法来解决了。

以图 8-11(a)为例,通过转化轮系传动比的计算,得出周转轮系中个构件之间转速的关系,进而求得该周转轮系的传动比。当对整个周转轮系加上一个公共转速“$-n_H$”以后,周转轮系演化成图 8-11(b)所示的转化轮系,各构件的转速的变化如表 8-1 所示。

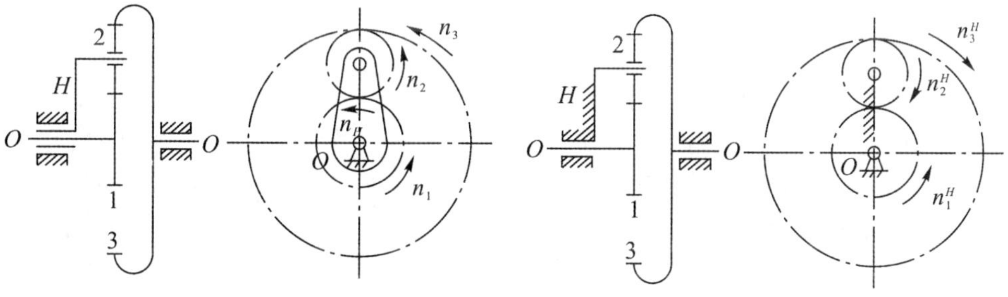


(a)　　(b)

图 8-11　周转轮系及其转化轮系

**表 8-1　周转轮系和转化轮系的转速**

| 构件 | 原有转速 | 在转化轮系中的转速(相对于行星架的转速) |
|---|---|---|
| 齿轮 1 | $n_1$ | $n_1^H=n_1-n_H$ |
| 齿轮 2 | $n_2$ | $n_2^H=n_2-n_H$ |
| 齿轮 3 | $n_3$ | $n_3^H=n_3-n_H$ |
| 行星架 H | $n_H$ | $n_H^H=n_H-n_H=0$ |

在表 8-1 中，转化轮系中各构件的转速 $n_1^H$、$n_2^H$、$n_3^H$ 及 $n_H^H$ 的右上角都带有上标 $H$，表示这些转速是各构件对行星架的相对转速。由于 $n_H^H=0$，所以该周转轮系已经转化为定轴轮系，即该周转轮系的转化轮系。三个齿轮相对于行星架 $H$ 的转速 $n_1^H$、$n_2^H$、$n_3^H$ 即为它们在转化轮系中的转速，于是转化轮系的传动比$i_{13}^H$可计算如下：

$$i_{13}^H=\frac{n_1^H}{n_3^H}=\frac{n_1-n_H}{n_3-n_H}=-\frac{z_2z_3}{z_1z_2}=-\frac{z_3}{z_1} \tag{8-2}$$

式中，齿数比前的负号表示在转化轮系中齿轮 1 与齿轮 3 的转向相反，即 $n_1^H$ 与 $n_3^H$ 的方向相反。应注意区分 $i_{13}$ 和$i_{13}^H$，前者是两轮真实的传动比，而后者是假想的转化轮系中两轮的传动比。

根据上述原理，不难得出计算周转轮系的一般关系式。设周转轮系中的两个齿轮分别为 $G$、$K$，行星架为 $H$，则其转化轮系的传动比$i_{GK}^H$可表示为：

$$i_{GK}^H=\frac{n_G^H}{n_K^H}=\frac{n_G-n_H}{n_K-n_H}=\pm\frac{\text{转化轮系中从}G\text{到}K\text{的所有从动齿轮齿数的连乘积}}{\text{转化轮系中从}G\text{到}K\text{的所有主动齿轮齿数的连乘积}} \tag{8-3}$$

应用上式时，应注意：

(1)该公式只适用于齿轮 $G$、$K$ 和行星架 $H$ 的回转轴线重合或平行。

(2)应视 $G$ 为起始主动轮，$K$ 为最末从动轮，中间各轮的主从地位应按这一假定在转化轮系中去判断。

(3)等号右侧的“±”的判断方法同定轴轮系。如果只有平行轴圆柱齿轮传动，可由 $(-1)^m$ 来确定。如果含有圆锥齿轮传动或蜗杆传动，则用画虚箭头的方法来确定。若齿轮 $G$ 和 $K$ 的箭头方向相同时为“+”号，相反时为“−”号。

(4)代入各个构件实际转速时，必须带有“±”号。可先假定某一个已知构件的转向为正向，其他构件的转向与其相同时取“+”号，相反时取“−”号。

## 二、案例解读

**案例 8-4** 在图 8-12 所示的单排形式 $2K$-$H$型周转轮系中，已知齿轮齿数 $z_1=40$，$z_3=60$，两中心轮同向回转，转速 $n_1=100\text{r/min}$，$n_2=200\text{r/min}$，求行星架 $H$ 的转速 $n_H$。

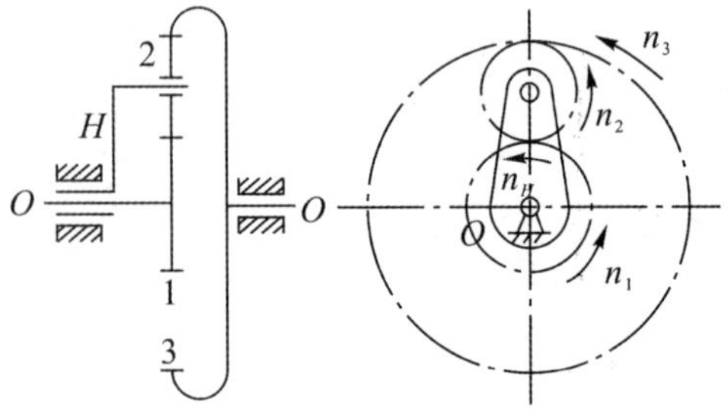

图 8-12 单排形式 2K-H 型周转轮系

解：由公式(8-2)得：

$$i_{13}^H=\frac{n_1-n_H}{n_3-n_H}=-\frac{z_3}{z_1}$$

齿数比前的“−”号表示在转化轮系中轮 1 与轮 3 转向相反。

由题意可知，轮 1 和轮 3 同向回转，故 $n_1$ 和 $n_3$ 以同号代入上式，则有：

$$\frac{100-n_H}{200-n_H}=-\frac{60}{40}$$

解得：

$$n_H=160\text{r/min}$$

经计算 $n_H$ 为正，故行星架 $H$ 与齿轮 1 转向相同。

**案例 8-5**　在图 8-13 所示双排形式的 2K-H 型周转轮系中，各轮的齿数为：$z_1=15$，$z_2=25$，$z_3=20$，$z_4=60$。齿轮 1 的转速为 200r/min(顺时针)，齿轮 4 的转速为 50r/min(逆时针)，试求行星架 $H$ 的转速。

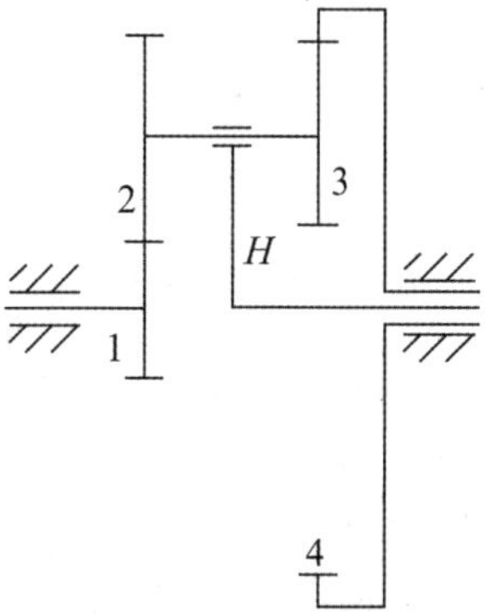

图 8-13　双排形式 2K-H 型周转轮系

解：该轮系为简单的周转轮系，两个太阳轮在转化轮系中的传动比为：

$$i_{14}=\frac{n_1^H}{n_4^H}=\frac{n_1-n_H}{n_4-n_H}=-\frac{z_2z_4}{z_1z_3}$$

假设转速顺时针为正，则：

$$i_{14}=\frac{n_1^H}{n_4^H}=\frac{200-n_H}{-50-n_H}=-5$$

解得：

$n_H=-8.33$r/min，为逆时针转动(与齿轮 1 转动方向相反)。

## 三、学习任务

1. 用不少于 200 字把你对本节知识点的理解进行梳理。

2. 对教师讲过的案例进行分析，归纳一下周转轮系传动比的计算步骤。

3. 结合本节所学内容完成以下练习。

(1) 如题图 8-3 所示的轮系中，已知 $z_1=60$，$z_2=15$，$z_3=18$，各轮均为标准齿轮，且模数相同。试确定 $z_4$ 并计算传动比 $i_{1H}$ 的大小及行星架 $H$ 的转动方向。

(2) 如题图 8-4 所示的差动轮系中，已知 $z_a=20$，$z_g=30$，$z_{g'}=20$，$z_b=80$，齿轮 $a$ 的转速 $n_a=500$r/min，齿轮 $b$ 的转速 $n_b=200$r/min，试求系杆 $H$ 的转速 $n_H$。

(3) 如题图 8-5 所示的差动轮系中，已知 $z_1=z_2=18$，$z_3=51$，当手柄转过 1 周时，试求转盘转过多少度。

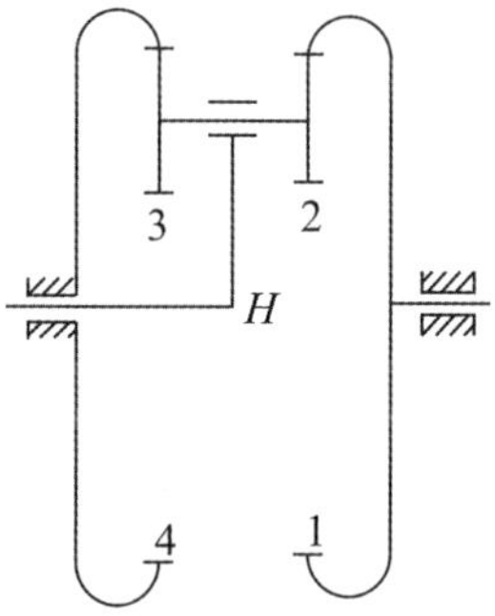

题图 8-3

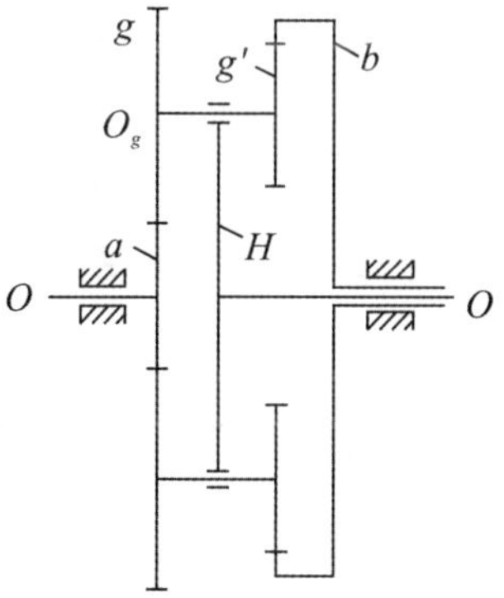

题图 8-4

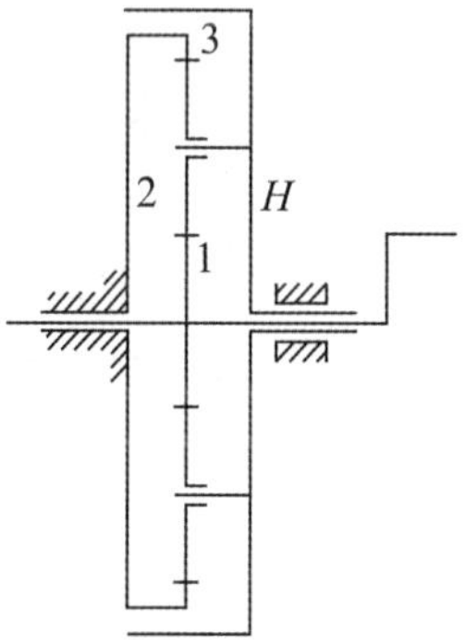

题图 8-5

# 第四节　复合轮系传动比计算

## 一、理论要点

所谓复合轮系是指该轮系中既有定轴轮系又有周转轮系，或包含几部分周转轮系。显然，对这样复杂的轮系，既不能应用公式(8-1)将其视为定轴轮系来计算传动比，也不能应用公式(8-3)将其视为单一周转轮系来计算传动比。正确的方法是将其所包含的各部分定轴轮系和各部分周转轮系一一加以分开，并分别应用定轴轮系和周转轮系传动比的计算公式求出它们的传动比，然后联立求解，从而求出该复合轮系的传动比。

在计算复合轮系传动比时，首要的问题是必须正确地将轮系中的定轴轮系部分和周转轮系部分予以划分。关键是先要把其中的周转轮系部分找出来。

找周转轮系的方法是：先找出轴线不固定的行星轮；支持行星轮的构件就是行星架，注意有时行星架不一定呈简单的杆状；几何轴线与行星架的回转轴相重合，且直接与行星轮相啮合的定轴齿轮就是中心轮。这样的行星轮、行星架和中心轮便组成一个周转轮系。其余的部分可按上述同样方法继续划分，若有行星轮存在，同样可以找出与此行星轮相对应的周转轮系。若无行星轮存在，则为定轴轮系。下面通过例题说明复合轮系传动比的计算方法与步骤。

## 二、案例解读

**案例 8-6**　在图 8-14 所示的电动卷扬机减速器中，各齿轮的齿数为 $z_1=24$，$z_2=52$，$z_{2'}=21$，$z_3=97$，$z_{3'}=18$，$z_4=30$，$z_5=78$，求 $i_{1H}$。

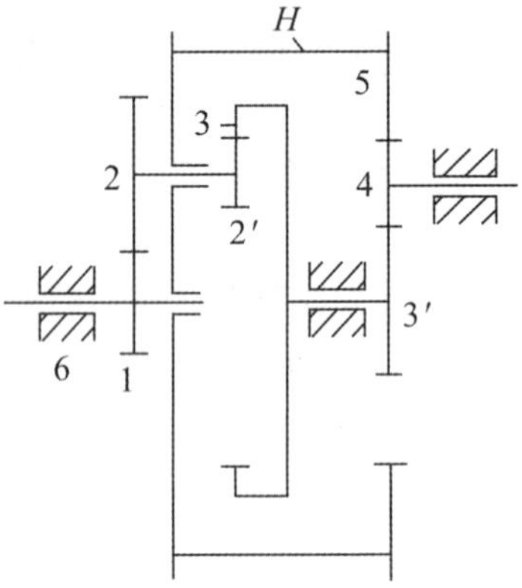

图 8-14　电动卷扬机减速器

**解**：在该轮系中，双联齿轮 2-2′的几何轴线随构件 $H$(卷筒)转动，所以是行星轮；支持它的构件 $H$ 就是行星架；和行星轮相啮合的定轴齿轮 1 和 3 是两个中心轮，所以齿轮 1、2-2′、3 和行星架 $H$ 组成一个差动轮系。剩下的齿轮中没有行星轮，故齿轮 3′、4、5 组成一个定轴轮系。

在轮系 1、2-2′、3、$H$ 的转化轮系中

$$i_{13}^H=\frac{n_1-n_H}{n_3-n_H}=-\frac{z_2z_3}{z_1z_{2'}}$$

在定轴轮系 3′、4、5 中

$$i_{3'5}=\frac{n_{3'}}{n_5}=-\frac{z_5}{z_{3'}}$$

考虑到齿轮 3′和 3 为同一构件、齿轮 5 和行星架 $H$ 为同一构件，即

$$n_3=n_{3'}, n_5=n_H$$

解得：

$$i_{1H}=\frac{n_1}{n_H}=1+\frac{z_2z_3}{z_1z_{2'}}+\frac{z_5z_3z_2}{z_{3'}z_{2'}z_1}=1+\frac{97\times52}{21\times24}+\frac{78\times97\times52}{18\times21\times24}=54.38$$

传动比正号表示齿轮 1 和行星架 $H$ 的转向相同。

**案例 8-7**　在图 8-15 所示电动三爪卡盘的传动轮系中，已知$z_1=6$，$z_2=z_{2'}=25$，$z_3=57$，$z_4=56$，求传动比$i_{14}$。

**解**：该轮系为行星轮系，齿轮 2 和 2′为行星轮，$H$ 为系杆，3 为固定太阳轮，4 为活动太阳轮。

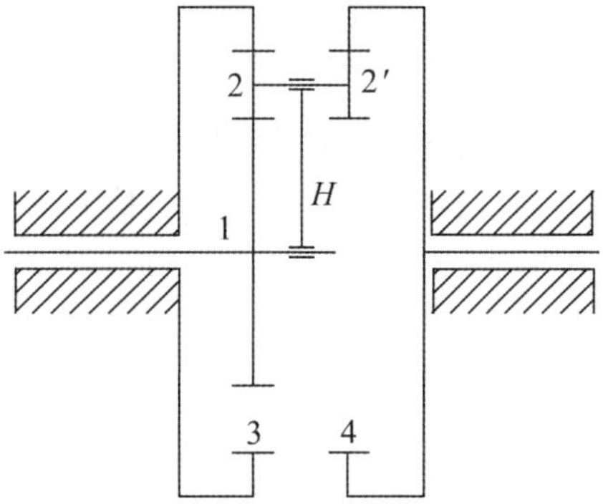

图 8-15　三爪电动卡盘轮系

$$i_{14}^H=\frac{n_1^H}{n_4^H}=\frac{n_1-n_H}{n_4-n_H}=(-1)\frac{z_2}{z_1}\cdot\frac{z_4}{z_{2'}}=-\frac{56}{25}$$

$$i_{13}^H=\frac{n_1^H}{n_3^H}=\frac{n_1-n_H}{n_3-n_H}=(-1)\frac{z_2}{z_1}\cdot\frac{z_3}{z_2}=-\frac{57}{25}$$

由于$n_3=0$

$$i_{14}=\frac{n_1}{n_4}=152.68$$

## 三、学习任务

1. 用不少于 200 字将你对本节知识点的理解进行梳理。

2. 对教师讲过的案例进行分析，归纳一下复合轮系传动比的计算步骤。

3. 结合本节所学内容完成以下练习。

(1)在题图 8-6 所示的双级行星齿轮减速器中，各齿轮的齿数$z_1=z_6=20$，$z_2=z_5=10$，$z_3=z_4=40$，试求：(1)固定齿轮 4 时的传动比$i_{1H2}$；(2)固定齿轮 3 时的传动比$i_{1H2}$。

(2)在题图 8-7 所示机构中，已知$z_1=17$，$z_2=20$，$z_3=85$，$z_4=18$，$z_5=24$，$z_6=21$，$z_7=63$，齿轮 1、4 转向相同。求(1)当$n_1=10001\text{r/min}$，$n_4=10000\text{r/min}$ 时，$n_P=$？(2)$n_1=n_4$时，$n_P=$？(3)当$n_1=10000\text{r/min}$，$n_4=10001\text{r/min}$ 时，$n_P=$？

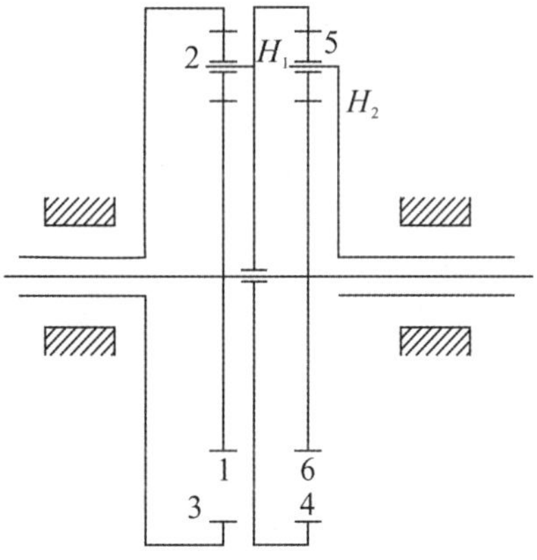

题图 8-6　三爪电动卡盘轮系

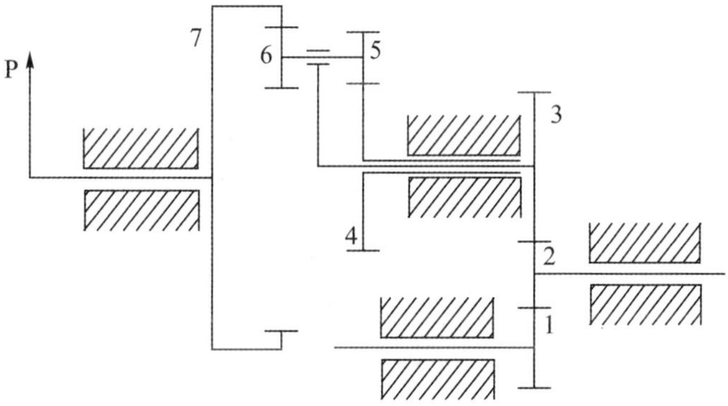

题图 8-7　轮系

# 第五节　轮系的工程应用

## 一、理论要点

轮系在各种机械中的应用极为广泛。按用途不同来分，其功用大致可归纳为以下几个方面。

### (一)实现分路传动

利用轮系,可以将主动轴上的运动传递给若干个从动轴,实现分路传动。图 8-16 所示为一滚齿机工作台传动机构,它通过电动机带动主动轴上的两个齿轮 1、1′,分两路来带动刀具 6 与毛坯 5′,使其完成刀具与毛坯之间展开的运动。

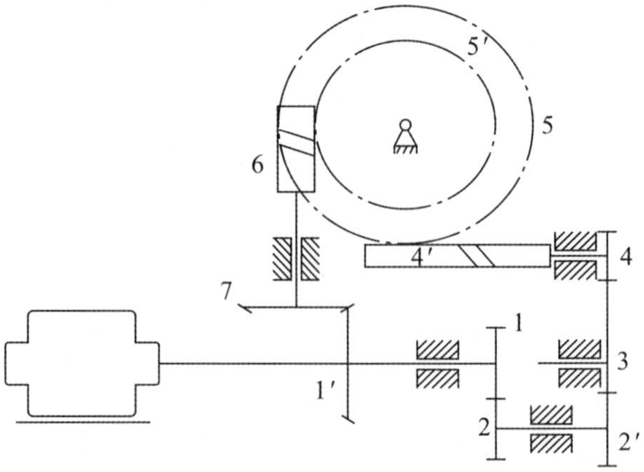


图 8-16 滚齿机工作台传动机构

### (二)获得较大的传动比

一对齿轮的传动,为了避免由于齿数过于悬殊使机构轮廓尺寸庞大,且使小齿轮易于损坏,一般采用传动比不大于 8。

当要求获得更大传动比时,建议采用周转轮系(见图 8-17)。可以在使用几个齿轮,并且机构也很紧凑的条件下,得到很大的传动比。

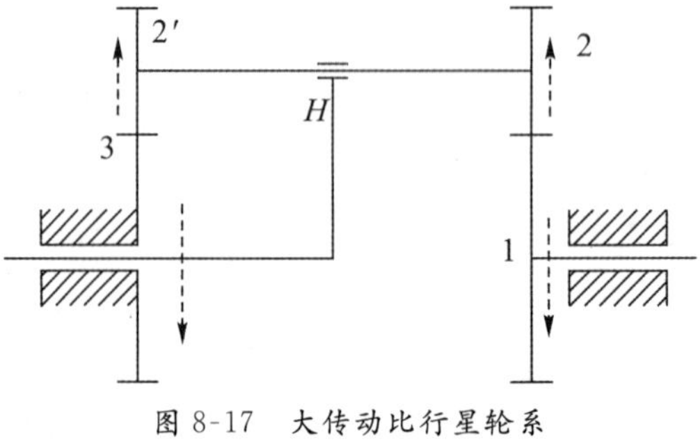


图 8-17 大传动比行星轮系

### (三)实现变速转向

主动轴转速不变时,利用轮系可使从动轴获得多种工作转速。汽车、机床、起重设备等都需要这种变速传动。

如图 8-18 所示为一类汽车变速箱。图中Ⅰ轴为输入轴,Ⅱ轴为输出轴,4、6 为滑移齿轮,$A$、$B$ 为牙嵌式离合器。该变速箱可使输出轴得到四种转速。

第一挡,齿轮 5、6 啮合,齿轮 3、4 和离合器 $A$、$B$ 均脱离。

第二挡,齿轮 3、4 啮合,轮 5、6 和离合器 $A$、$B$ 均脱离。

第三挡,离合器 $A$、$B$ 相嵌合而齿轮 5、6 和 3、4 均脱离。

倒退挡，齿轮 6、8 相啮合而齿轮 3、4 和 5、6 以及离合器 $A$、$B$ 均脱离，此时，由于惰轮 8 的作用，输出轴Ⅱ翻转。

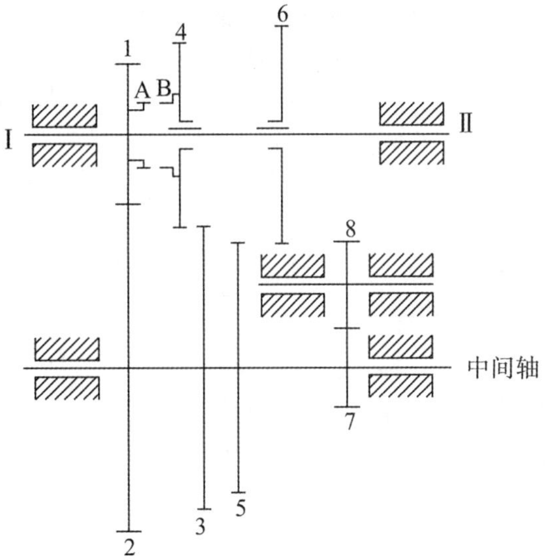


图 8-18　汽车变速箱

### (四)实现运动的合成与分解

合成运动是将两个输入运动合成一个输出运动；分解运动是将一个输入运动分为两个输出运动。合成运动和分解运动都可以用差动轮实现。

最简单的用作合成运动的轮系如图 8-19 所示，其中$z_1=z_3$。计算可得：

$$i_{13}^H=\frac{n_1^H}{n_3^H}=\frac{n_1-n_H}{n_3-n_H}=(-)\frac{z_3}{z_1}=-1$$

解得：$2n_H=n_1+n_3$

这种轮系可以用作加(减)法机构。当齿轮 1 和齿轮 3 的轴分别输入被加数和加数的相应转角时，行星架 $H$ 的转角的两倍就是它们的和。这种和作用在机床、计算机构和补偿装置中得到广泛的应用。

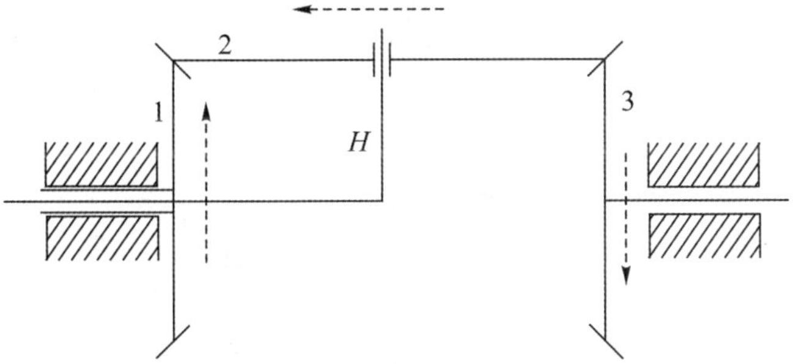


图 8-19　加法机构

## 二、案例解读

**案例 8-8**　某直升机主减速器的齿轮系如图 8-20 所示，发动机直接带动中心轮 1，已知各轮齿数为：$z_1=z_5=39$，$z_2=27$，$z_3=93$，$z_{3'}=81$，$z_4=21$，求主动轴Ⅰ与螺旋桨轴Ⅲ之

间的传动比 $i_{1H_2}$。

解：该轮系为多级行星轮系。据上述方法分析，可划分成1、2、3、$H_1$ 及 5、4、3′、$H_2$ 两个单级行星轮系，且由它们串联而成，行星架 $H_1$ 和齿轮5为同一构件。

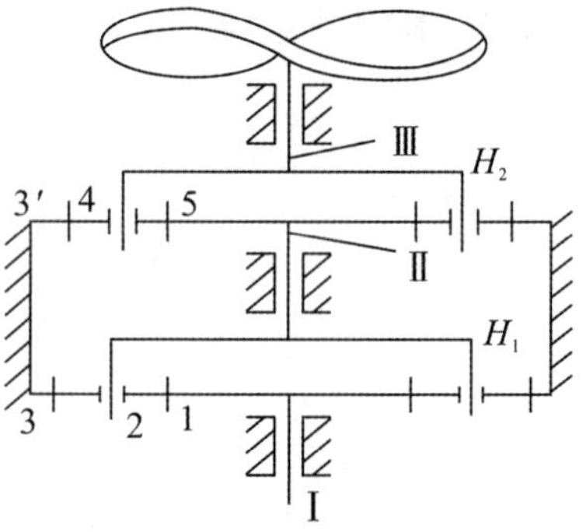


图 8-20 直升机主减速器

所以 $i_{1H_2}=i_{1H_1}\cdot i_{5H_2}$

在轮系 1、2、3、$H_1$ 中

$$i_{13}^{H_1}=\frac{n_1-n_{H_1}}{n_3-n_{H_1}}=\frac{n_1-n_{H_1}}{0-n_{H_1}}=1-i_{1H_1}=-\frac{z_3}{z_1}$$

$$\therefore i_{1H_1}=1+\frac{z_3}{z_1}=1+\frac{93}{39}=\frac{132}{39}$$

在轮系 5、4、3′、$H_2$ 中

$$i_{53'}^{H_2}=\frac{n_5-n_{H_2}}{n_{3'}-n_{H_2}}=\frac{n_5-n_{H_2}}{0-n_{H_2}}=1-i_{5H_2}=-\frac{z_{3'}}{z_5}$$

$$\therefore i_{5H_2}=1+\frac{z_{3'}}{z_5}=1+\frac{81}{39}=\frac{120}{39}$$

故 $i_{1H_2}=i_{1H_1}\cdot i_{5H_2}=\frac{132}{39}\times\frac{120}{39}=10.41$

传动比正号表明轴Ⅰ与轴Ⅲ转向相同。

**案例 8-9** 图 8-21 所示为收音机短波调谐微动机构。已知齿数 $z_1=99$，$z_2=100$，试问当旋钮转动一圈时，齿轮2应转过多大角度（齿轮3为宽齿，同时与轮1、轮2相啮合）？

**解**：该轮系为行星轮系，宽齿轮3为行星轮，$H$ 为系杆，1为固定太阳轮，2为活动太阳轮。

$$i_{13}^{H}=\frac{\omega_1-\omega_H}{\omega_3-\omega_H}=\frac{n_1-n_H}{n_3-n_H}=(-1)^1\frac{z_3}{z_1}$$

$$i_{23}^{H}=\frac{\omega_2-\omega_H}{\omega_3-\omega_H}=\frac{n_2-n_H}{n_3-n_H}=(-1)^1\frac{z_3}{z_2}$$

由于 $\omega_1=0$，可得：

$$\frac{n_H}{n_2}=\frac{100}{1}$$

所以当旋钮转动1周时，齿轮2转过0.01周，3.6°。

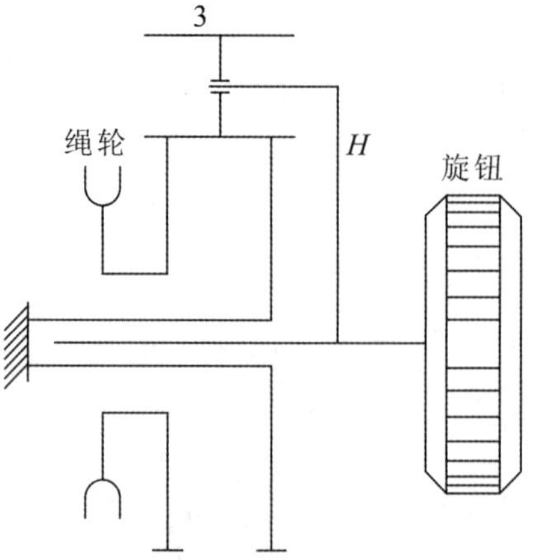


图 8-21 收音机短波调谐微动机构

## 三、学习任务

1. 对教师讲过的案例进行分析，归纳一下工程应用中轮系传动比的计算步骤。

2. 结合本节所学内容完成以下练习。

(1)在题图 8-8 所示的隧道掘进机的齿轮传动中，已知$z_1=30$，$z_2=85$，$z_3=32$，$z_4=21$，$z_5=38$，$z_6=97$，$z_1=147$，模数均为 10mm，且为标准齿轮传动。现设已知$n_1=1000$r/min，在图示位置时刀盘 $A$ 的转速是多少？

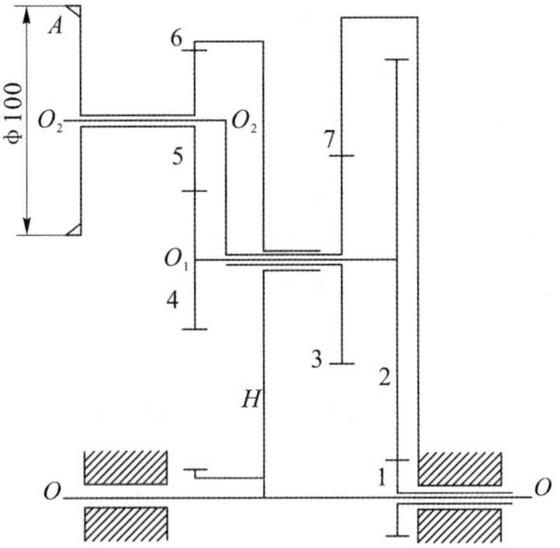


题图 8-8 隧道掘进机轮系

(2)题图 8-9 所示为一小型起重机构。一般工作情况下，单头蜗杆 5 不转动，动力由电动机 $M$ 输入，带动卷筒 $N$ 转动。当电动机发生故障或需要慢速吊重时，电动机停转并刹住，用蜗杆传动。已知$z_1=53$，$z_{1'}=44$，$z_2=48$，$z_{2'}=53$，$z_3=58$，$z_{3'}=44$，$z_4=87$，求一般工作情况下的传动比$i_{H4}$和慢速吊装时的传动比$i_{54}$。

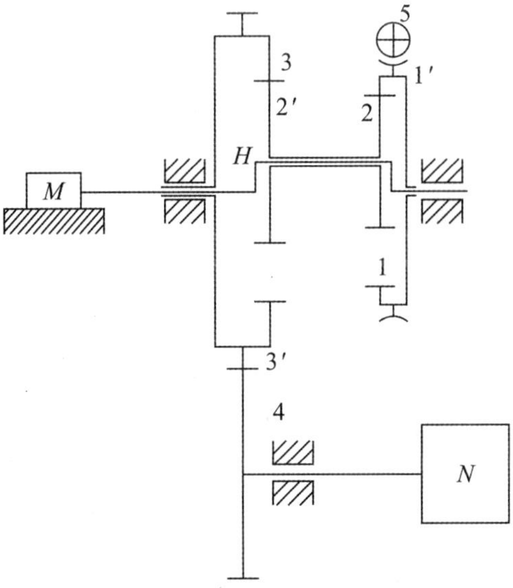


题图 8-9 小型起重机构轮系

3. 用思维导图对本章内容进行总结。

# 第九章 带传动

带传动是常见的挠性传动机构，比如带式输送机、轿车发动机等都采用了带传动，传送带已发展成为机械工业中十分重要的基础零件。

让我们来看看，带传动的类型和结构组成，它们各有什么特点，一般适用于哪些场合。

**学习目标：**

(1)能够准确描述带传动的类型、特点和应用场合。

(2)能够正确分析V带传动的相关概念、张紧与维护方法。

(3)能够基于实际案例，设计符合要求的V带传动。

## 第一节 带传动的类型及特点

### 一、理论要点

### (一)带传动的类型

**1.摩擦型带传动**

摩擦型带传动由主动带轮1、从动带轮2和张紧在两轮上的环形带3组成(见图9-1)。安装时带被张紧在带轮上，这时带所受的拉力为初拉力，它使带与带轮的接触面间产生压力。主动轮回转时，依靠带与带轮的接触面间的摩擦力拖动从动轮一起回转，从而传递一定的运动和动力。摩擦型传动带按横截面形状可分为平带、V带和特殊截面带(多楔带、圆带等)三大类。

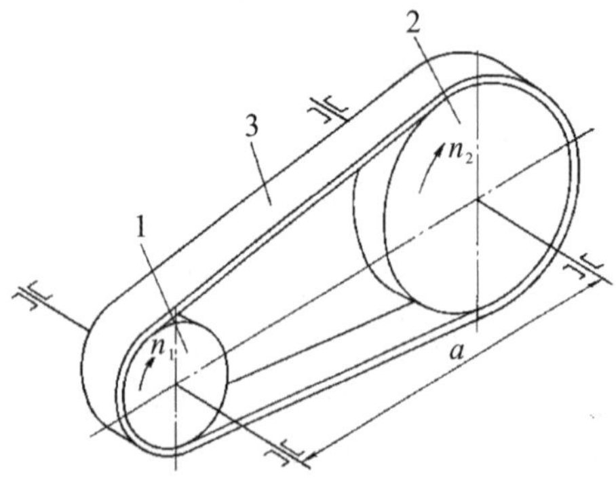


图9-1 带传动简图

1-主动带轮；2-从动带轮；3-环形带。

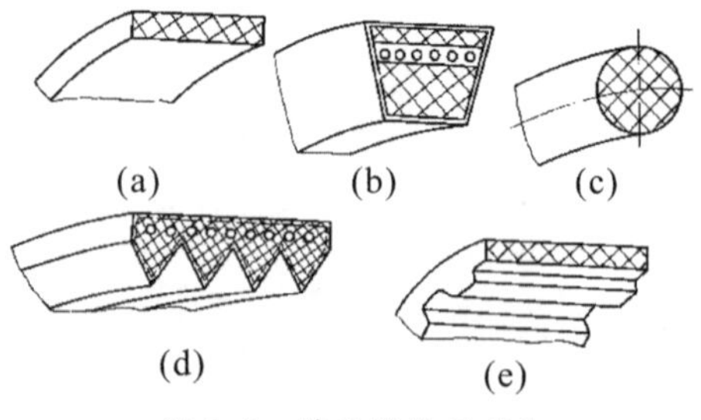


图9-2 带的横截面形状

(1)平带。平带的横截面为扁平矩形，工作时带的环形内表面与轮缘相接触[见9-2

(a)]。另外,平带传动除了可以进行如图 9-3(a)所示的普通开口传动外,还能进行如图 9-3(b)、(c)所示的交叉、半交叉形式的传动,可以实现主从轴反向转动以及传递空间两交错轴的传动,这是平带独有的优势。

(2)V 带。V 带的横截面为等腰梯形,工作时其两侧面与轮槽的侧面相接触,而 V 带与轮槽槽底不接触[见图 9-2(b)],V 带传动较平带传动能产生更大的摩擦力,故具有较大的牵引力。

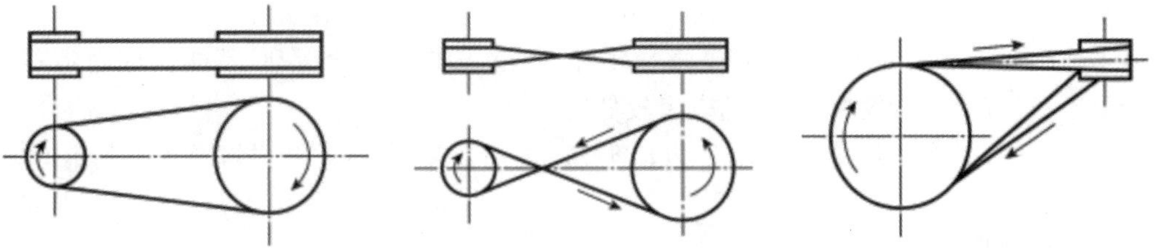

(a) (b) (c)

图 9-3 带传动的形式

(3)圆带。圆带通常用皮革制成,带轮上的圆弧截面的环形槽加工容易,成本低廉[见图 9-2(c)]。圆带的牵引能力小,常用于仪器和家用器械中。

(4)多楔带。多楔带以其扁平部分为基体,下面有几条等距纵向槽,其工作面为楔的侧面[见图 9-2(d)]。这种带兼有平带的弯曲应力小和 V 带的摩擦力大的优点,常用于传递动力较大而又要求结构紧凑的场合。

**2. 啮合型带传动**

啮合型带传动是靠带与带轮之间的啮合来传递运动和动力的,常见的有齿孔带(见图 9-4)和同步带[见图 9-2(e)与图 9-5]。

齿孔带工作时,带上的孔与带轮上的齿相互啮合,可避免带与带轮之间的相对滑动,使主、从动轮保持同步运动。同步带是以细钢丝绳或玻璃纤维为强力层,外覆以聚氨酯或氯丁橡胶的环形带,由于带的强力层承载后变形小,且内轴制成齿状使其与齿形的带轮相啮合,故带与带轮间无相对滑动,构成同步传动。

同步带传动的优点是:没有弹性滑动,可用于要求有准确传动比的地方;所需的张紧力小,轴和轴承上所受的载荷小;同步带的厚度薄,质量轻,允许有较高的线速度($v$ 可达 50m/s)和较小的带轮直径,可获得较大的传动比($i_{12}$ 可达 10～20);有较高的传动效率(可达 0.98)。但其对制造与安装精度要求较高,成本也较高。

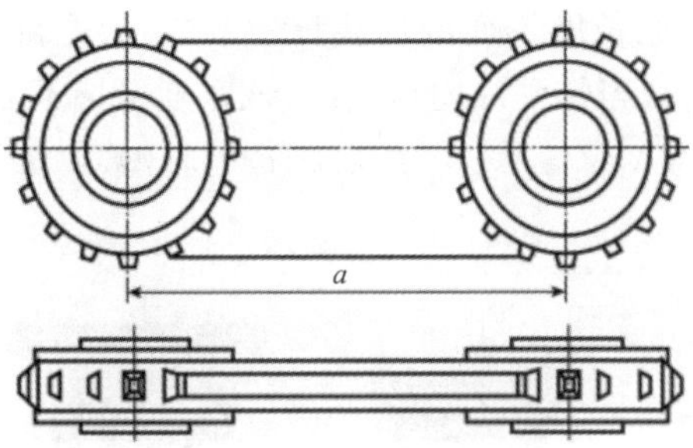


图 9-4 齿孔带传动

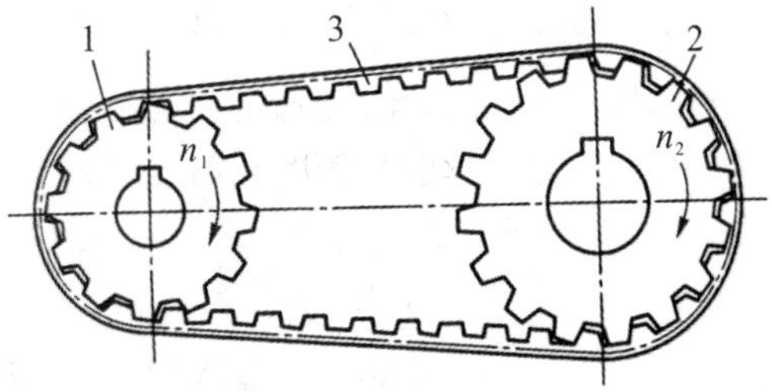


图 9-5 同步带传动

1-主动带轮;2-从动带轮;3-同步带。

## (二)带传动的特点

**1. 摩擦型带传动**

摩擦型带传动主要有以下优点：

①适用于中心距较大的传动；②具有良好挠性，可缓和冲击，吸收振动；③过载时带与带轮间打滑，打滑虽使传动失效，但可防止损坏其他零件；④结构简单、成本低廉。

摩擦型带传动主要有以下缺点：

①传动的外廓尺寸较大；②需要张紧装置；③由于带的弹性滑动，不能保证固定不变的传动比；④带的寿命较短；⑤传动效率较低。

综上所述，摩擦型带传动适用于传动平稳、传动比要求不是很严格及中心距较大的场合。

**2. 啮合型带传动**

啮合型带传动主要有以下优点：

①传动比恒定；②结构紧凑；③由于带薄而轻、强力层强度高，故带速可达 40m/s，传动比可达 10，传递功率可达 200kW；④效率较高，约为 0.98，因而应用日益广泛。

啮合型带传动的缺点主要是带及带轮价格较高，对制造、安装的要求高。所以，啮合型带传动常用于放映机、打印机中，以保证同步运动。

## (三)普通 V 带的结构及标准

V 带由抗拉体、顶胶、底胶和包布组成，如图 9-6 所示。抗拉体是承受负载拉力的主体，其上下的顶胶和底胶分别承受弯曲时的拉伸和压缩，外壳用橡胶帆布包围成型。抗拉体由帘布或线绳组成，绳芯结构柔软易弯有利于提高寿命。抗拉体的材料可采用化学纤维或棉织物，前者的承载能力较强。

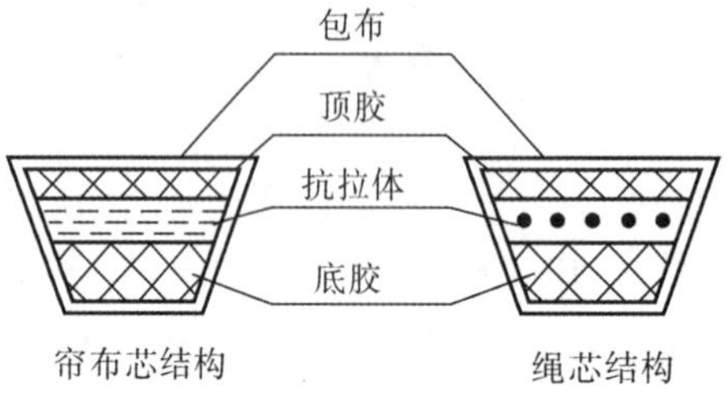


图 9-6 V 带的结构图

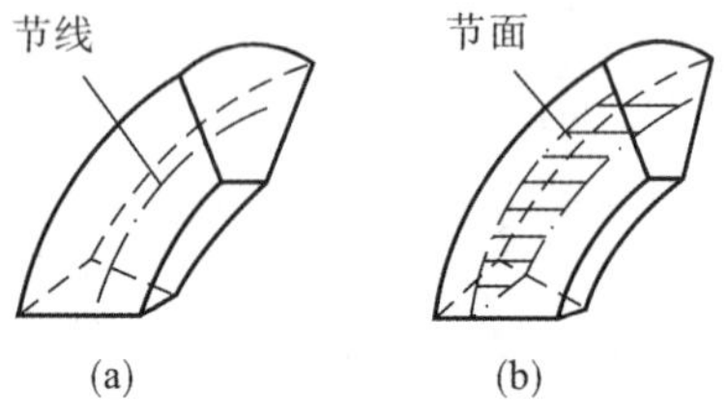


图 9-7 V 带的节线和节面

如图 9-7 所示，当带纵向弯曲时，在带中保持原长度不变的周线称为节线，由全部节线构成的面称为节面。带的节面宽度称为节宽($b_p$)，当带受纵向弯曲时，该宽度保持不变。

普通 V 带已标准化，按截面尺寸由小到大分为 Y、Z 、A 、B 、C 、D 、E 七种型号(如图 9-8 所示)。

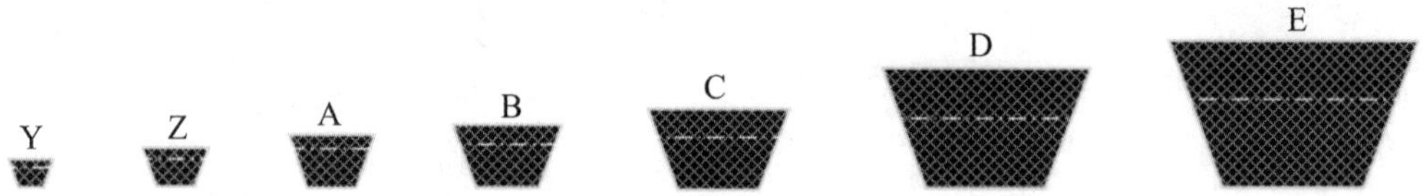


图 9-8 不同型号 V 带的截面示意图

普通 V 带的七种型号的截面尺寸见表 9-1。

**表 9-1　V 带截面尺寸(GB/T 11544－1797)**

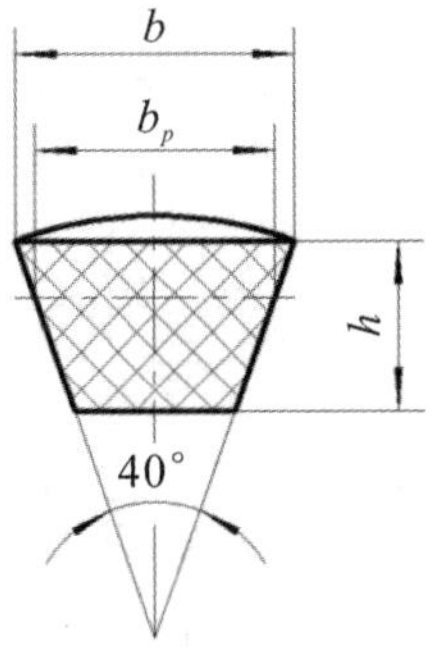


| 类型<br>普通 V 带 | 节宽<br>$b_p$/mm | 顶宽<br>$b$/mm | 高度<br>$h$/mm | 单位长度质量<br>$q$/(kg/m) |
|---|---|---|---|---|
| Y | 5.3 | 6.0 | 4.0 | 0.04 |
| Z | 8.5 | 10.0 | 6.0 | 0.06 |
| A | 11.0 | 13.0 | 8.0 | 0.10 |
| B | 12.0 | 17.0 | 11.0 | 0.17 |
| C | 19.0 | 22.0 | 12.0 | 0.30 |
| D | 27.0 | 32.0 | 19.0 | 0.60 |
| E | 32.0 | 38.0 | 23.0 | 0.87 |

普通 V 带在规定的张紧力下，位于带轮基准直径上的周线长度称为基准长度 $L_d$。V 带长度系数见表 9-2。

**表 9-2　V 带基准长度 $L_d$ 和带长修正系数 $K_L$**

| 基准长度<br>$L_d$/mm | $K_L$ | | | | | 基准长度<br>$L_d$/mm | $K_L$ | | | | |
|---|---|---|---|---|---|---|---|---|---|---|---|
| | Y | Z | A | B | C | | A | B | C | D | E |
| 200 | 0.81 | | | | | 2000 | 1.03 | 0.98 | 0.88 | | |
| 224 | 0.82 | | | | | 2240 | 1.06 | 1.00 | 0.91 | | |
| 250 | 0.84 | | | | | 2500 | 1.09 | 1.03 | 0.93 | | |
| 280 | 0.87 | | | | | 2800 | 1.11 | 1.05 | 0.95 | 0.83 | |
| 315 | 0.89 | | | | | 3150 | 1.13 | 1.07 | 0.97 | 0.86 | |
| 355 | 0.92 | | | | | 3550 | 1.17 | 1.10 | 0.99 | 0.89 | |
| 400 | 0.96 | 0.87 | | | | 4000 | 1.19 | 1.13 | 1.02 | 0.91 | |
| 450 | 1.00 | 0.89 | | | | 4500 | | 1.15 | 1.04 | 0.93 | 0.90 |
| 500 | 1.02 | 0.91 | | | | 5000 | | 1.18 | 1.07 | 0.96 | 0.92 |
| 560 | | 0.94 | | | | 5600 | | | 1.09 | 0.98 | 0.95 |
| 630 | | 0.96 | 0.81 | | | 6300 | | | 1.12 | 1.00 | 0.97 |
| 710 | | 0.99 | 0.83 | | | 7100 | | | 1.15 | 1.03 | 1.00 |
| 800 | | 1.00 | 0.85 | | | 8000 | | | 1.18 | 1.06 | 1.02 |
| 900 | | 1.03 | 0.87 | 0.82 | | 9000 | | | 1.21 | 1.08 | 1.05 |
| 1000 | | 1.06 | 0.89 | 0.84 | | 10000 | | | 1.23 | 1.11 | 1.07 |
| 1120 | | 1.08 | 0.91 | 0.86 | | 11200 | | | | 1.14 | 1.10 |
| 1250 | | 1.11 | 0.93 | 0.88 | | 12500 | | | | 1.17 | 1.12 |
| 1400 | | 1.14 | 0.96 | 0.90 | | 14000 | | | | 1.20 | 1.15 |
| 1600 | | 1.16 | 0.99 | 0.92 | 0.83 | 16000 | | | | 1.22 | 1.18 |
| 1800 | | 1.18 | 1.01 | 0.95 | 0.86 | | | | | | |

## 二、案例解读

**案例 9-1** 如图 9-9 所示是带式输送机。

带式输送机是输送粮食、煤炭等货物的主要装置，是化工、煤炭、冶金、建材、电力、轻工和粮食等部门广泛使用的运输设备。带式输送机由原动机、传动装置和工作装置等组成。其中，原动机为电动机；传动装置主要由传动件、支承件、联接件和机体等组成；工作装置为卷筒式输送带。工作时，电动机通过机械传动装置将运动和动力传递给工作装置，输送物料（如粮食、煤、砂石等）以实现工作机预定的工作要求。

该传动装置由带传动和一级圆柱齿轮减速器组成，位于电动机和工作机之间，是机器的重要组成部分。带传动、齿轮传动均为机械中的传动件，主要作用是将输入轴的运动和动力传递给输出轴。如图 9-9 所示，先通过带传动将与小带轮联接的电动机轴的运动和动力传递给大带轮；大带轮与小齿轮同轴，再通过齿轮传动将小齿轮轴的运动和动力传递给大齿轮，输出给工作装置。

图 9-9　带式输送机图

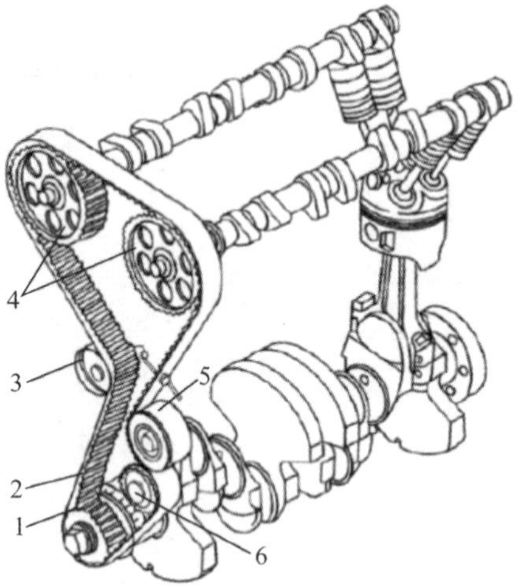


图 9-10　发动机配气机构

**案例 9-2** 如图 9-10 是发动机的配气机构。

配气机构的功用是按照发动机每一气缸所进行的工作循环和发火次序的要求，定时开启和关闭进、排气门，使新鲜可燃混合气（汽油机）或空气（柴油机）得以及时进入气缸，废气得以及时从气缸排出。新鲜空气或可燃混合气被吸进气缸越多，则发动机可以发出的功率越大。

配气机构到输出轴的运动一般采用齿轮、链轮和带轮传动，一般在柴油发动机中多使用链轮传动。近年来，在高速汽车发动机上开始广泛地采用传动带来代替传统的传动链，如一汽大众奥迪 100 型轿车用的及时齿形带传动。这种齿形带用氯丁橡胶制成，中间夹有玻璃纤维和尼龙织物，以增加其强度。采用齿形带传动，对于减少噪声、减少结构质量和降低成本都有很大好处。

## 三、学习任务

1. 说说在我们的日常生活中还有哪些场合应用了带传动，它们分别是什么类型？
2. 请结合本节的两个案例，试着进一步分析摩擦型带传动和啮合型带传动的优缺点。

# 第二节　带传动的工作情况分析

## 一、理论要点

### (一)带传动的受力分析

如前所述，带必须以一定的初拉力张紧在带轮上。静止时，带两边的拉力都等于初拉力 $F_0$[图 9-11(a)]。传动时，由于带与轮面间摩擦力的作用，带两边的拉力不再相等[图 9-11(b)]，绕进主动轮的一边，拉力由 $F_0$ 增加到 $F_1$，称为紧边，$F_1$ 为紧边拉力；而另一边带的拉力由 $F_0$ 减为 $F_2$，称为松边，$F_2$ 为松边拉力。设环形带的总长度不变，则紧边拉力的增加量 $F_1-F_0$ 应等于松边拉力的减少量 $F_0-F_2$，即：

$$F_0=\frac{1}{2}(F_1+F_2) \tag{9-1}$$

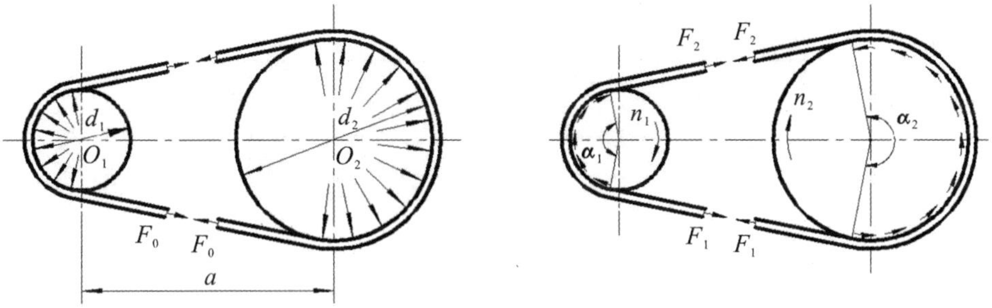


(a)　　　　(b)

图 9-11　带传动的受力情况

紧边与松边的拉力差称为带传动的有效拉力，也就是带传递的圆周力 $F$。即：

$$F=F_1-F_2 \tag{9-2}$$

圆周力 $F$(N)、带速 $v$(m/s)和传递功率 $P$(kW)之间的关系为：

$$P=\frac{Fv}{1000} \tag{9-3}$$

若带所需传递的圆周力超过带与轮面间的极限摩擦力总和时，带与带轮将发生显著的相对滑动，这种现象称为打滑。经常出现打滑将使带的磨损加剧、传递效率降低，以致使其传动失效。对于平带传动，带在即将打滑时紧边拉力 $F_1$ 与松边拉力 $F_2$ 的关系式为：

$$F_1=F_2e^{f\alpha} \tag{9-4}$$

此式即为著名的柔韧体摩擦的欧拉公式，其中：

e 为自然对数的底(e=2.718…)；

$f$ 为带与轮面的摩擦系数；

$\alpha$ 为带在带轮上的包角，其值等于带与带轮接触弧所对应的圆心角，单位为 rad。

将式(9-1)、(9-2)、(9-4)联立求解后可得出以下关系式：

$$\begin{cases} F_1 = F\dfrac{e^{f\alpha}}{e^{f\alpha}-1} \\ F_2 = F\dfrac{1}{e^{f\alpha}-1} \\ F = F_1(1-\dfrac{1}{e^{f\alpha}}) = 2F_0(1-\dfrac{2}{e^{f\alpha}+1}) \end{cases} \tag{9-5}$$

由此可知，增大初拉力、增大包角以及增大摩擦系数都可提高带传动所能传递的圆周力。因小轮包角 $\alpha_1$ 小于大轮包角 $\alpha_2$，故计算带传动所能传递的圆周力时，上式中应取 $\alpha_1$。

V 带传动与平带传动的初拉力相等[即带压向带轮的压力同为 $F_Q$，见图 9-12(a)]时，它们的法向力 $F_N$ 不同。平带的极限摩擦力为 $F_N f = F_Q f$，而 V 带的极限摩擦力为：

$$F_N f = \frac{F_Q}{\sin(\frac{\varphi}{2})} \cdot f = F_Q f' \tag{9-6}$$

式中，$\varphi$ 为 V 带轮轮槽的楔角；$f' = \dfrac{f}{\sin(\frac{\varphi}{2})}$ 为当量摩擦系数。显然 $f' > f$，故在相同条件下，V 带能传递较大的功率。或者说，在传递相同功率时，V 带传动的结构较为紧凑。

引用当量摩擦系数的概念，以 $f'$ 代替 $f$，即可将式(9-4)和式(9-5)应用于 V 带传动。

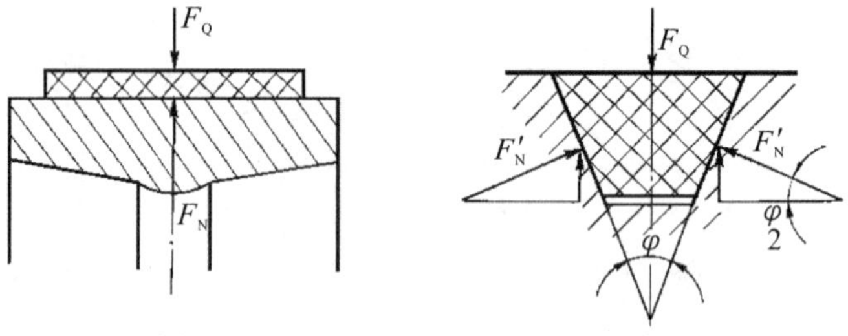


(a)　　(b)

图 9-12　带与带轮间的法向力

## (二)带的应力分析

传动工作时，带的应力由拉应力、离心应力和弯曲应力三部分组成：

**1. 紧边和松边拉力产生的拉应力**

紧边拉应力：

$$\sigma_1 = \frac{F_1}{A} \quad \text{MPa} \tag{9-7}$$

松边拉应力：

$$\sigma_2 = \frac{F_2}{A} \quad \text{MPa} \tag{9-8}$$

式中，$F_1$ 为紧边的拉力(N)；$F_2$ 为松边的拉力(N)；$A$ 为带的横截面积($mm^2$)，见表 9-1。

**2. 离心力产生的拉应力**

当带以切线速度 $v$ 沿带轮轮缘作圆周运动时，带本身的质量将引起离心力。由于离心力的作用，带中产生的离心拉力在带的横截面上就要产生离心应力 $\sigma_c$（单位为 MPa）。离心力虽然只发生在带做圆周运动的部分，但由此引起的拉力却作用在带的全长上。故离心拉应力可用下式计算：

$$\sigma_c=\frac{qv^2}{A}\quad (\text{MPa}) \tag{9-9}$$

式中，$q$ 为传动带每米长的质量，单位为 kg/m，（见表 9-1）；

$v$ 为带的线速度，单位为 m/s。

**3. 弯曲应力**

带绕过带轮时，因弯曲而产生弯曲应力。V 带的弯曲应力如图 9-13 所示。由材料力学公式得带的弯曲应力：

$$\sigma_b=\frac{2yE}{d}\quad (\text{MPa}) \tag{9-10}$$

式中，$y$ 为带的中性层到带的最外层的垂直距离，单位为 mm；

$E$ 为带的弹性模量，单位为 MPa；

$d$ 为带轮直径（对 V 带轮，$d$ 为基准直径，见 9.4 节），单位为 mm。

显然，两轮直径不相等时，带在两轮上的弯曲应力也不相等。

图 9-14 所示为带的应力分布情况，各截面应力的大小用从该处引出的径向线（或垂直线）的长短来表示。最大应力发生在紧边与小带轮接触处，其值为：

$$\sigma_{\max}=\sigma_1+\sigma_{b1}+\sigma_c \tag{9-11}$$

由图 9-14 可知，在运转过程中，带是处于变应力状态下工作的，即带每绕两带轮循环一周时，作用在带上某点的应力是变化的。当应力循环次数达到一定值后，将使带产生疲劳破坏。

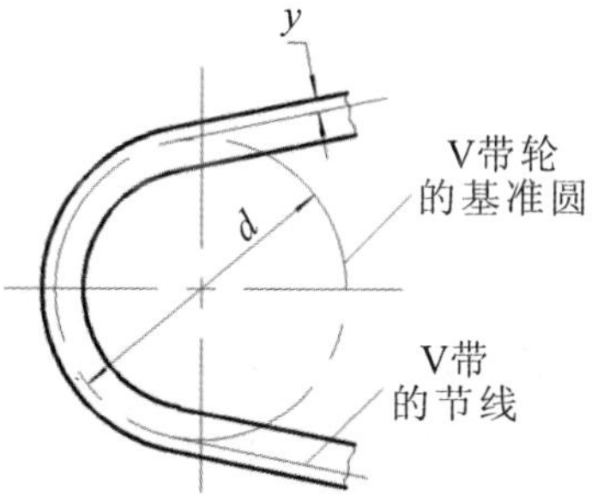


图 9-13　带的弯曲应力

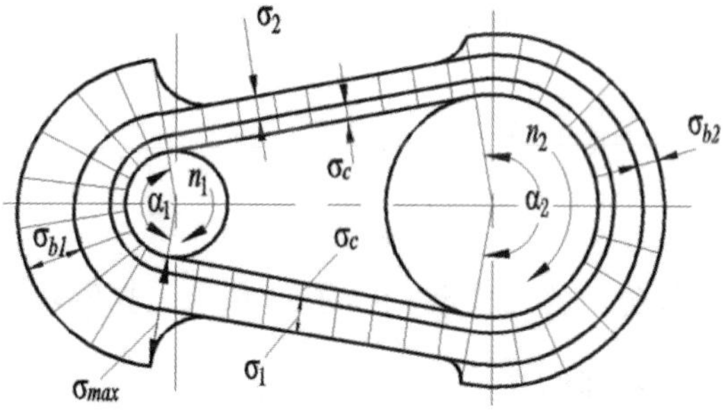


图 9-14　带的应力分布

## （三）带传动的弹性滑动和传动比

带传动在工作时，带受到拉力后要产生弹性变形。但由于紧边和松边的拉力不同，因而弹性变形也不同。当紧边在 $A$ 点绕上主动轮时（见图 9-15），其所受的拉力为 $F_1$，此时带的线速度 $v$ 和主动轮的圆周速度 $v_1$ 相等。在带由 $A$ 点转到 $B$ 点的过程中，带所受的拉力由 $F_1$ 逐渐降低到 $F_2$，带的弹性变形也就随之逐渐减小，因而带沿带轮的运动是一面绕进、一面向后收缩，所以带的速度便过渡到逐渐低于主动轮的圆周速度 $v_1$。这说明带在绕经主动轮缘的过程中，在带与主动轮缘之间发生了相对滑动。相对滑动现象也发生在从动轮上，但情况恰恰相反，带绕过从动轮时，拉力由 $F_2$ 增大到 $F_1$，弹性变形随之逐渐增加，因而带沿带轮的运动是一面绕进、一面向前伸长，所以带的速度便过渡到逐渐高于从动轮的圆周速度 $v_2$。亦即带与从动轮间也发生相对滑动。这种由于带的弹性变形而引起的带与带轮间的滑动，称为带传动的弹性滑动。

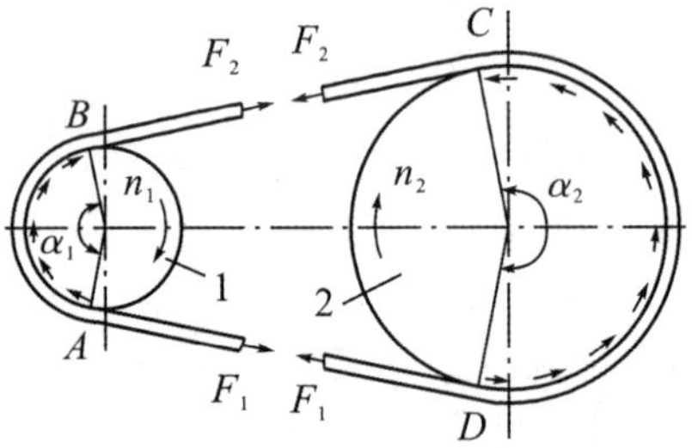


图 9-15　带传动的弹性滑动

弹性滑动和打滑是两个截然不同的概念。打滑是指由过载引起的全面滑动，应当避免。弹性滑动是由紧、松边拉力差引起的，只要传递圆周力，出现紧边和松边，就一定会发生弹性滑动，所以弹性滑动是不可避免的，是带传动正常工作时固有的特性。

设 $d_1$、$d_2$ 为主、从动轮的直径(mm)；$n_1$、$n_2$ 为主、从动轮的转速(r/min)，则两轮的圆周速度分别为：

$$v_1=\frac{\pi d_1 n_1}{60\times1000}(\mathrm{m/s}),v_2=\frac{\pi d_2 n_2}{60\times1000}(\mathrm{m/s})$$

由于弹性滑动是不可避免的，所以 $v_2$ 总是低于 $v_1$。传动中由于带的滑动引起的从动轮圆周速度降低率称为滑动率 $\varepsilon$，即：

$$\varepsilon=\frac{v_1-v_2}{v_1}=\frac{d_1 n_1-d_2 n_2}{d_1 n_1} \tag{9-12}$$

由此得带传动的传动比：

$$i=\frac{n_1}{n_2}=\frac{d_2}{d_1(1-\varepsilon)} \tag{9-13}$$

或从动轮的转速：

$$n_2=\frac{n_1 d_1(1-\varepsilon)}{d_2} \tag{9-14}$$

V 带传动的滑动率 $\varepsilon=0.01\sim0.02$，其值甚微，在一般设计中可不予考虑。

## 二、案例解读

**案例 9-3**　某一普通 V 带传动，已知带轮直径 $d_{d1}=180\mathrm{mm}$，从动轮直径 $d_{d2}=630\mathrm{mm}$，传动中心距 $a=1600\mathrm{mm}$，主动轮转速 $n_1=1450\mathrm{r/min}$，B 型带 4 根，V 带与带轮表面摩擦系数 $f=0.4$，当传递的最大功率为 $P=41.5\mathrm{kW}$，计算 V 带中松边和紧边拉应力的大小。

查表 9-1 可知：B 型带顶宽 $b=17\mathrm{mm}$，节宽 $b_p=12.0\mathrm{mm}$，高度 $h=11.0\mathrm{mm}$，楔角 $\varphi=40°$，单位长度质量 $q=0.17\mathrm{kg/m}$。V 带截面面积为：

$$A=\frac{h[b+(b-2h\tan20°)]}{2}=142.96\ \mathrm{mm}^2$$

由 $T=\dfrac{9550P}{n_1}=273.33\mathrm{N\cdot m}$，得每根 V 带传递的转矩为 $\dfrac{T}{4}=68.33\mathrm{N\cdot m}$，$F=\dfrac{2\times68.33}{180\times10^{-3}}=759.22\mathrm{N}$

$F_1 - F_2 = F, F_1 = F_2 e^{f\alpha}$

$\alpha = 180° - \dfrac{d_{d2} - d_{d1}}{a} \times 57.3° = 163.88° = 2.86\text{rad}$

$F_1 = 1114.00\text{N}, F_2 = 354.78\text{N}$

$\sigma_1 = \dfrac{F_1}{A} = 7.79 \times 10^6 \text{N/m}^2, \sigma_2 = \dfrac{F_2}{A} = 2.48 \times 10^6 \text{N/m}^2$

### 三、学习任务

1. 对教师讲过的案例进行分析。

2. 试分析：带传动在什么情况下会发生打滑？打滑通常发生在大带轮上还是小带轮上？刚开始打滑前，紧边拉力与松边拉力有什么关系？

## 第三节 V带传动的设计

### 一、理论要点

带传动的失效形式是带在带轮上打滑或发生疲劳损坏(脱层、断裂、撕裂)。因此，带传动的设计准则是：在保证带不打滑的前提下，具有一定的疲劳强度和寿命。

#### (一)单根普通 V 带的许用功率

为了保证带传动不出现打滑，由式(9-5)，并以 $f'$ 代替 $f$，可得单根普通 V 带能传递的功率

$$P_o = F_1\left(1 - \frac{1}{e^{f'\alpha}}\right)\frac{v}{1000} = \sigma_1 A\left(1 - \frac{1}{e^{f'\alpha}}\right)\frac{v}{1000} \tag{9-15}$$

式中，$A$ 为单根普通 V 带的横截面积。

为了使带具有一定的疲劳寿命，应使 $\sigma_{\max} = \sigma_1 + \sigma_{b1} + \sigma_c \leqslant [\sigma]$，即：

$$\sigma_1 \leqslant [\sigma] - \sigma_{b1} - \sigma_c \tag{9-16}$$

式中，$[\sigma]$为带的许用应力。

将上式代入式(9-15)得带传动在既不打滑又有一定寿命时，单根 V 带能传递的功率：

$$P_0 = ([\sigma] - \sigma_{b1} - \sigma_c)\left(1 - \frac{1}{e^{f'\alpha}}\right)\frac{Av}{1000}\text{kW} \tag{9-17}$$

式中，$P_0$称为单根 V 带的基本额定功率。

在载荷平稳、包角 $\alpha_1 = 180°$(即传动比为 1)、带长 $L_d$ 为特定长度、抗拉体为化学纤维绳芯结构的条件下，由式(9-17)求得单根普通 V 带所能传递的功率 $P_0$，见表 9-3。

**表 9-3 单根普通 V 带的基本额定功率 $P_0$**

（包角 $\alpha=180°$、特定基准长度、载荷平稳时）(kW)

| 型号 | 小带轮基准直径 $d_1$/mm | 小带轮转速 $n_1$/(r/min) | | | | | | | | | | | | | | | |
|---|---|---|---|---|---|---|---|---|---|---|---|---|---|---|---|---|---|
| | $d_1$/mm | 200 | 400 | 800 | 950 | 1200 | 1450 | 1600 | 1800 | 2000 | 2400 | 2800 | 3200 | 3600 | 4000 | 5000 | 6000 |
| Z | 50 | 0.04 | 0.06 | 0.10 | 0.12 | 0.14 | 0.16 | 0.17 | 0.19 | 0.20 | 0.22 | 0.26 | 0.28 | 0.30 | 0.32 | 0.34 | 0.31 |
| | 56 | 0.04 | 0.06 | 0.12 | 0.14 | 0.17 | 0.19 | 0.20 | 0.23 | 0.25 | 0.30 | 0.33 | 0.35 | 0.37 | 0.39 | 0.41 | 0.40 |
| | 63 | 0.05 | 0.08 | 0.15 | 0.18 | 0.22 | 0.25 | 0.27 | 0.30 | 0.32 | 0.37 | 0.41 | 0.45 | 0.47 | 0.49 | 0.50 | 0.48 |
| | 71 | 0.06 | 0.09 | 0.20 | 0.23 | 0.27 | 0.30 | 0.33 | 0.36 | 0.39 | 0.46 | 0.50 | 0.54 | 0.58 | 0.61 | 0.62 | 0.56 |
| | 80 | 0.10 | 0.14 | 0.22 | 0.26 | 0.30 | 0.35 | 0.39 | 0.42 | 0.44 | 0.50 | 0.56 | 0.61 | 0.64 | 0.67 | 0.66 | 0.61 |
| | 90 | 0.10 | 0.14 | 0.24 | 0.28 | 0.33 | 0.36 | 0.40 | 0.44 | 0.48 | 0.54 | 0.60 | 0.64 | 0.68 | 0.72 | 0.73 | 0.56 |
| A | 75 | 0.15 | 0.26 | 0.45 | 0.51 | 0.60 | 0.68 | 0.73 | 0.79 | 0.84 | 0.92 | 1.00 | 1.04 | 1.08 | 1.09 | 1.02 | 0.80 |
| | 90 | 0.22 | 0.39 | 0.68 | 0.77 | 0.93 | 1.07 | 1.15 | 1.25 | 1.34 | 1.50 | 1.64 | 1.75 | 1.83 | 1.87 | 1.82 | 1.50 |
| | 100 | 0.26 | 0.47 | 0.83 | 0.95 | 1.14 | 1.32 | 1.42 | 1.58 | 1.66 | 1.87 | 2.05 | 2.19 | 2.28 | 2.34 | 2.25 | 1.80 |
| | 112 | 0.31 | 0.56 | 1.00 | 1.15 | 1.39 | 1.61 | 1.74 | 1.89 | 2.04 | 2.30 | 2.51 | 2.68 | 2.78 | 2.83 | 2.64 | 1.96 |
| | 125 | 0.37 | 0.67 | 1.19 | 1.37 | 1.66 | 1.92 | 2.07 | 2.26 | 2.44 | 2.74 | 2.98 | 3.15 | 3.26 | 3.28 | 2.91 | 1.87 |
| | 140 | 0.43 | 0.78 | 1.41 | 1.62 | 1.96 | 2.28 | 2.45 | 2.66 | 2.87 | 3.22 | 3.48 | 3.65 | 3.72 | 3.67 | 2.99 | 1.37 |
| | 160 | 0.51 | 0.94 | 1.69 | 1.95 | 2.36 | 2.73 | 2.54 | 2.98 | 3.42 | 3.80 | 4.06 | 4.19 | 4.17 | 3.98 | 2.67 | — |
| | 180 | 0.59 | 1.09 | 1.97 | 2.27 | 2.74 | 3.16 | 3.40 | 3.67 | 3.93 | 4.32 | 4.54 | 4.58 | 4.40 | 4.00 | 1.81 | — |
| B | 125 | 0.48 | 0.84 | 1.44 | 1.64 | 1.93 | 2.19 | 2.33 | 2.50 | 2.64 | 2.85 | 2.96 | 2.94 | 2.80 | 2.61 | 1.09 | |
| | 140 | 0.59 | 1.05 | 1.82 | 2.08 | 2.47 | 2.82 | 3.00 | 3.23 | 3.42 | 3.70 | 3.85 | 3.83 | 3.63 | 3.24 | 1.29 | |
| | 160 | 0.74 | 1.32 | 2.32 | 2.66 | 3.17 | 3.62 | 3.86 | 4.15 | 4.40 | 4.75 | 4.89 | 4.80 | 4.46 | 3.82 | 0.81 | |
| | 180 | 0.88 | 1.59 | 2.81 | 3.22 | 3.85 | 4.39 | 4.68 | 5.02 | 5.30 | 5.67 | 5.76 | 5.52 | 4.92 | 3.92 | — | |
| | 200 | 1.02 | 1.85 | 3.30 | 3.77 | 4.50 | 5.13 | 5.46 | 5.83 | 6.13 | 6.47 | 6.43 | 5.95 | 4.98 | 3.47 | — | |
| | 224 | 1.19 | 2.17 | 3.86 | 4.42 | 5.26 | 5.97 | 6.33 | 6.73 | 7.02 | 7.25 | 6.95 | 6.05 | 4.47 | 2.14 | — | |
| | 250 | 1.37 | 2.50 | 4.46 | 5.10 | 6.04 | 6.82 | 7.20 | 7.63 | 7.87 | 7.89 | 7.14 | 5.60 | 5.12 | — | — | |
| | 280 | 1.58 | 2.89 | 5.13 | 5.85 | 6.90 | 7.76 | 8.13 | 8.46 | 8.60 | 8.22 | 6.80 | 4.26 | — | — | — | |
| C | 200 | 1.39 | 2.41 | 4.07 | 4.58 | 5.29 | 5.84 | 6.07 | 6.28 | 6.34 | 6.02 | 5.01 | 3.23 | | | | |
| | 224 | 1.70 | 2.99 | 5.12 | 5.78 | 6.71 | 7.45 | 7.75 | 8.00 | 8.06 | 7.57 | 6.08 | 3.57 | | | | |
| | 250 | 2.03 | 3.62 | 6.23 | 7.04 | 8.21 | 9.04 | 9.38 | 9.63 | 9.62 | 8.75 | 6.56 | 2.93 | | | | |
| | 280 | 2.42 | 4.32 | 7.52 | 8.49 | 9.81 | 10.72 | 11.06 | 11.22 | 11.04 | 9.50 | 6.13 | — | | | | |
| | 315 | 2.84 | 5.14 | 8.92 | 10.05 | 11.53 | 12.46 | 12.72 | 12.67 | 12.14 | 9.43 | 4.16 | — | | | | |
| | 355 | 3.36 | 6.05 | 10.46 | 11.73 | 13.31 | 14.12 | 14.19 | 13.73 | 12.59 | 7.98 | — | — | | | | |
| | 400 | 3.91 | 7.06 | 12.10 | 13.48 | 15.04 | 15.53 | 15.24 | 14.08 | 11.95 | 4.34 | — | — | | | | |
| | 450 | 4.51 | 8.20 | 13.80 | 15.23 | 16.59 | 16.47 | 15.57 | 13.29 | 9.64 | — | — | — | | | | |

注：本表摘自 GB/T13575.1—2008。为了精简篇幅，表中未列出 Y 型、D 型和 E 型的数据，表中分档也较粗。

单根 V 带的基本额定功率是在规定实验条件下得到的，当实际工作条件与上述特定条件不同时，应对表中 $P_0$ 值加以修正。修正后即得实际工作条件下，单根 V 带所能传递的功率，称为许用功率 $[P_0]$

$$[P_0]=(P_0+\Delta P_0)K_\alpha K_L \tag{9-18}$$

式中，$\Delta P_0$为功率增量，考虑传动比 $i\neq1$ 时，带在大轮上的弯曲应力较小，故在寿命相同的条件下，可增大传递的功率。普通 V 带的 $\Delta P_0$值见表 9-4；

$K_\alpha$ 为包角修正系数，考虑 $\alpha_1\neq180°$时对传动能力的影响，见表 9-5；

$K_L$ 为带长修正系数，考虑带长不为特定长度时对传动能力的影响，见表 9-2。

**表 9-4　单根普通 V 带 $i\neq1$ 时额定功率的增量 $\Delta P_0$(kW)**

| 型号 | 传动比 $i$ | 小带轮转速 $n_1$/(r/min) | | | | | | | | | |
|---|---|---|---|---|---|---|---|---|---|---|---|
| | | 400 | 700 | 800 | 950 | 1200 | 1450 | 1600 | 2000 | 2400 | 2800 |
| Z | 1.35～1.50 | 0.00 | 0.01 | 0.01 | 0.02 | 0.02 | 0.02 | 0.02 | 0.03 | 0.03 | 0.04 |
| | 1.51～1.99 | 0.01 | 0.01 | 0.02 | 0.02 | 0.02 | 0.02 | 0.03 | 0.03 | 0.04 | 0.04 |
| | ≥2 | 0.01 | 0.02 | 0.02 | 0.02 | 0.03 | 0.03 | 0.03 | 0.04 | 0.04 | 0.04 |
| A | 1.35～1.51 | 0.04 | 0.07 | 0.08 | 0.08 | 0.11 | 0.13 | 0.15 | 0.19 | 0.23 | 0.26 |
| | 1.52～1.99 | 0.04 | 0.08 | 0.09 | 0.10 | 0.13 | 0.15 | 0.17 | 0.22 | 0.26 | 0.30 |
| | ≥2 | 0.05 | 0.09 | 0.10 | 0.11 | 0.15 | 0.17 | 0.19 | 0.24 | 0.29 | 0.34 |
| B | 1.35～1.51 | 0.10 | 0.17 | 0.20 | 0.23 | 0.30 | 0.36 | 0.39 | 0.49 | 0.59 | 0.69 |
| | 1.52～1.99 | 0.11 | 0.20 | 0.23 | 0.26 | 0.34 | 0.40 | 0.45 | 0.56 | 0.68 | 0.79 |
| | ≥2 | 0.13 | 0.22 | 0.25 | 0.30 | 0.38 | 0.46 | 0.51 | 0.63 | 0.76 | 0.89 |
| C | 1.35～1.51 | 0.27 | 0.48 | 0.55 | 0.65 | 0.82 | 0.99 | 1.10 | 1.37 | 1.65 | 1.92 |
| | 1.52～1.99 | 0.31 | 0.55 | 0.63 | 0.74 | 0.94 | 1.14 | 1.25 | 1.57 | 1.88 | 2.19 |
| | ≥2 | 0.35 | 0.62 | 0.71 | 0.83 | 1.06 | 1.27 | 1.41 | 1.76 | 2.12 | 2.47 |

**表 9-5　包角修正系数 $K_\alpha$**

| 包角 $\alpha_1$/(°) | 180 | 170 | 160 | 150 | 140 | 130 | 120 | 110 | 100 | 90 |
|---|---|---|---|---|---|---|---|---|---|---|
| $k_\alpha$ | 1.00 | 0.98 | 0.95 | 0.92 | 0.89 | 0.86 | 0.82 | 0.78 | 0.74 | 0.69 |

设计 V 带时一般要已知以下条件：带传动的工作条件、传动位置与总体尺寸限制、所需传动的额定功率 $P$、小带轮的转速 $n_1$、大带轮的转速 $n_2$或传动比 $i$。

设计内容包括：选择带的型号、确定基准长度、根数、中心距、带轮材料、基准直径以及结构尺寸、初拉力和压轴力、张紧装置等。

### (二)带的型号和根数的确定

设 $P$ 为传动的额定功率(kW)，则计算功率为：

$$P_C=K_AP \tag{9-19}$$

$K_A$为工作情况系数，见表 9-6。

**表 9-6　工作情况系数 $K_A$**

| 载荷性质 | 工　作　机 | 原　动　机 | | | | | |
|---|---|---|---|---|---|---|---|
| | | 电动机(交流启动、三角启动、直流并励)、四缸以上的内燃机 | | | 电动机(联机交流启动、直流复励或串励)、四缸以下的内燃机 | | |
| | | 每天工作小时数/h | | | | | |
| | | <10 | 10～16 | >16 | <10 | 10～16 | >16 |
| 载荷变动很小 | 液体搅拌机、通风机和鼓风机(≤7.5 kW)、离心式水泵和压缩机、轻负荷输送机 | 1.0 | 1.1 | 1.2 | 1.1 | 1.2 | 1.3 |
| 载荷变动小 | 带式输送机(不均匀负荷)、通风机(>7.5kW)、旋转式水泵和压缩机(非离心式)、发电机、金属切削机床、印刷机、旋转筛、锯木机和木工机械 | 1.1 | 1.2 | 1.3 | 1.2 | 1.3 | 1.4 |
| 载荷变动较大 | 制砖机、斗式提升机、往复式水泵和压缩机、起重机、磨粉机、冲剪机床、橡胶机械、振动筛、纺织机械、重载输送机 | 1.2 | 1.3 | 1.4 | 1.4 | 1.5 | 1.6 |
| 载荷变动很大 | 破碎机(旋转式、颚式等)、磨碎机(球磨、棒磨、管磨) | 1.3 | 1.4 | 1.5 | 1.5 | 1.6 | 1.8 |

根据计算功率 $P_C$ 和小带轮转速 $n_1$，按图 9-16 的推荐选择普通 V 带的型号。

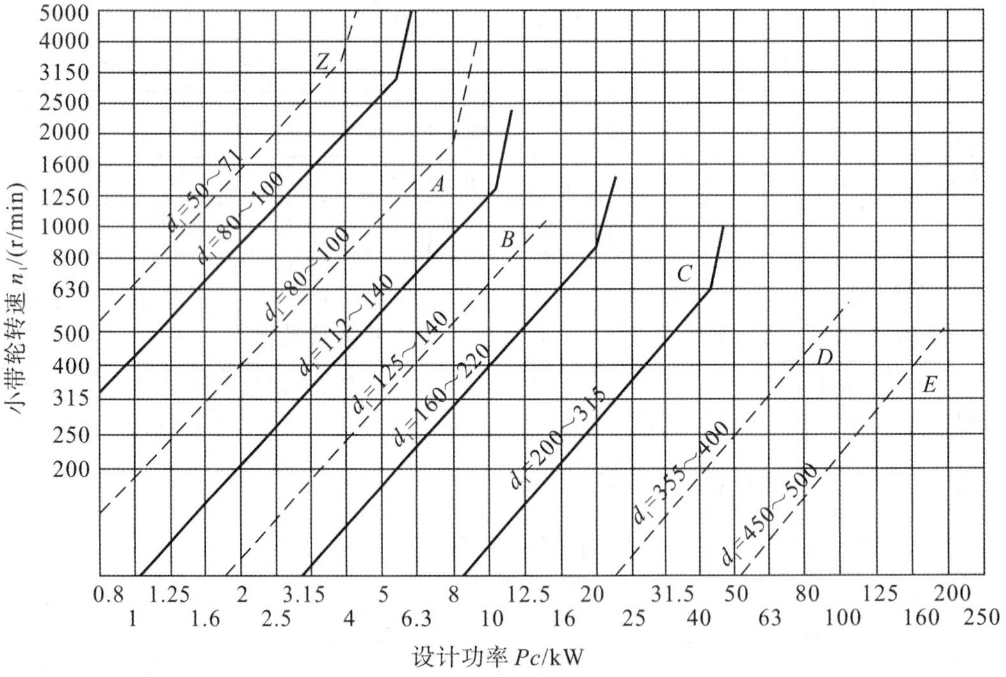


图 9-16　普通 V 带选型图

图中以粗斜直线划定型号区域，若工况坐标点临近两种型号的交界线时，可按两种型号同时计算，并分析比较决定取舍，带的截面较小则带轮直径小，但根数较多。V 带根数按下式计算：

$$z=\frac{P_C}{[P_0]}=\frac{P_C}{(P_0+\Delta P_0)K_\alpha KL} \tag{9-20}$$

$z$ 应取整数。为了使每根 V 带受力均匀，V 带根数不宜太多，通常 $z<10$。

## (三)主要参数的选择

### 1. 带轮直径和带速

小轮的基准直径 $d_1$ 应等于或大于表 9-7 所示的 $d_{min}$。若 $d_1$ 过小，则带的弯曲应力将过大而导致带的寿命降低；反之，虽能延长带的寿命，但带传动的外廓尺寸却随之增大。

**表 9-7　V 带轮最小基准直径**

| 型号 | Y | Z | A | B | C | D | E |
| --- | --- | --- | --- | --- | --- | --- | --- |
| $d_{min}$/mm | 20 | 50 | 75 | 125 | 200 | 355 | 500 |

注：V 带轮的基准直径系列为 20　22.4　25　28　31.5　40　45　50　56　63　71　75　80　85　90　95　100　106　112　118　125　132　140　150　160　170　180　200　212　224　236　250　265　280　300　315　355　375　400　425　450　475　500　530　560　600　630　670　710　750　800　900　1000 等。

由式(9-13)得大轮的基准直径：

$$d_2=\frac{n_1}{n_2}d_1(1-\varepsilon)$$

$d_1$、$d_2$应符合带轮基准直径尺寸系列，见表 9-7 的注。

带速 $v=\frac{\pi d_1 n_1}{60\times1000}$m/s

一般应使 $v$ 在 5～25m/s 的范围内，$v$ 过小则传递的功率小，过大则离心力大。

### 2. 带轮包角、带长和中心距

(1)包角 $\alpha$。由图 9-17 可算得小轮包角 $\alpha_1$ 为：

$$\alpha_1=180°-\frac{d_2-d_1}{a}\times57.3° \tag{9-21}$$

式中，$a$ 为中心距，单位为 mm。

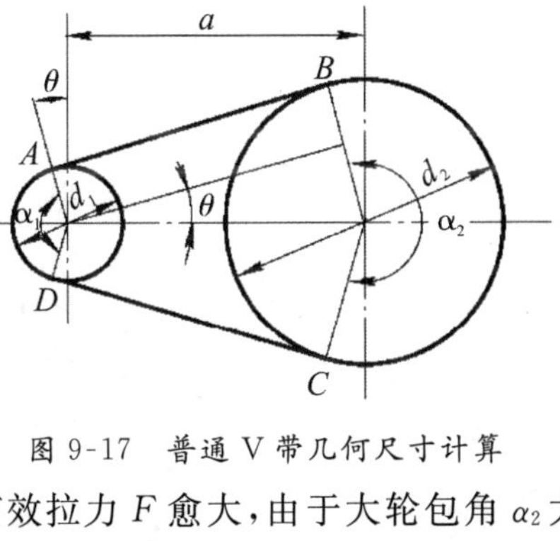


图 9-17　普通 V 带几何尺寸计算

包角 $\alpha$ 愈大，带传动的有效拉力 $F$ 愈大，由于大轮包角 $\alpha_2$ 大于等于小轮包角 $\alpha_1$，故摩擦力的最大值 $\sum F_{max}$ 取决于 $\alpha_1$。因此，为了保证带传动的承载能力，$\alpha_1$ 不能太小。对于 V 带传动，一般 $\alpha_1\geqslant120°$(特殊情况下允许 $\alpha_1\geqslant90°$)。对于两轴连心线呈水平或接近水平位置的带传动，应使松边在上，以增大包角。

(2)带的基准长度 $L_d$ 和中心距 $a$。由图 9-14 可得带的基准长度 $L_d$ 的计算公式为：

$$L_d \approx 2a + \frac{\pi}{2}(d_1 + d_2) + \frac{(d_2 - d_1)^2}{4a} \text{mm} \tag{9-22}$$

中心距小，结构紧凑，但包角 $\alpha_1$ 也小，会降低传动工作能力。同时，当 $v$ 一定时，单位时间内带的屈伸次数增加，带的寿命会降低。中心距大，带运行时易发生颤动，使传动不平稳。设计时一般需根据具体布局由下式初定中心距 $a_o$。

$$0.7(d_1 + d_2) < a_0 < 2(d_1 + d_2) \tag{9-23}$$

以 $a_o$ 代替式(9-22)中的 $a$，按下式初定 V 带基准长度

$$L_0 = 2a_0 + \frac{\pi}{2}(d_1 + d_2) + \frac{(d_2 - d_1)^2}{4a_0} \tag{9-24}$$

根据初定的 $L_0$，由表 9-2 选取接近的基准长度 $L_d$，再按下式计算所需中心距

$$a \approx a_0 + \frac{L_d - L_0}{2} \tag{9-25}$$

考虑带传动的安装、调整和 V 带张紧的需要，中心距变动范围为：

$$(a - 0.015L_d) \sim (a + 0.03L_d)$$

**3. 初拉力**

保持适当的初拉力是带传动正常工作的首要条件。初拉力不足，会出现打滑，初拉力过大，将增大轴和轴承上的压力，并降低带的寿命。

单根普通 V 带合宜的初拉力可按下式计算：

$$F_0 = \frac{500P_C}{zv}\left(\frac{2.5}{K_\alpha} - 1\right) + qv^2 \tag{9-26}$$

式中，$P_C$ 为计算功率(kW)；

$z$ 为 V 带根数；$v$ 为 V 带速度(m/s)；

$K_\alpha$ 为包角修正系数，见表 9-5；

$q$ 为 V 带每米长的质量(kg/m)，见表 9-1。

**4. 作用在带轮轴上的压力 $F_Q$**

设计支承带轮的轴和轴承时，需知道 $F_Q$。由图 9-18 得：

$$F_Q = 2zF_0 \sin\frac{\alpha_1}{2} \tag{9-27}$$

式中，$z$ 为带的根数。

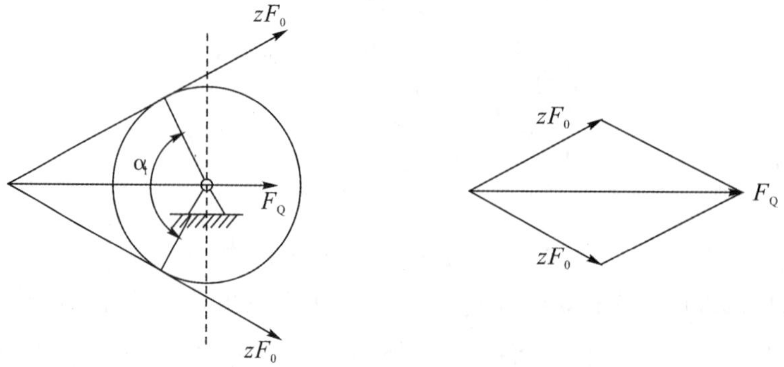


图 9-18 作用在轴上的力

设计计算的一般步骤见案例 9-1，带轮的结构设计见 9.4 节。

**5. 普通 V 带的标记**

普通 V 带的标记一般由带型、基准长度和标准号组成。V 带 A1400 GB/T13575－92 表示：A 型普通 V 带，基准长度为 1400mm。

## 二、案例解读

**案例 9-4**　设计一通风机用的 V 带传动。选用异步电动机驱动，已知电动机转速 $n_1=960\text{r/min}$，通风机转速 $n_2=320\text{r/min}$，通风机输入功率 $P=5.5\text{kW}$，两班制工作。

解：

| 计算项目 | 计算与说明 | 计算结果 |
| --- | --- | --- |
| 1. 计算功率 $P_c$ | 查表 9-6 得 $K_A=1.1$<br>$P_c=K_AP=1.1\times5.5\text{kW}=6.05\ \text{kW}$ | $P_c=6.05\ \text{kW}$ |
| 2. 选 V 带型号 | 可用普通 V 带，根据 $P_c=6.05\ \text{kW}, n_1=960\text{r/min}$<br>由图 9-13 确定选用 A 型带。 | A 型带 |
| 3. 大、小带轮基准直径 $d_2$、$d_1$ | 由表 9-7 及图 9-13，取 $d_1=125\text{mm}$<br>由式(9-13)得<br>$d_2=\frac{n_1}{n_2}d_1(1-\varepsilon)=\frac{960}{320}\times125\times(1-0.02)\text{mm}=367.5\text{mm}$<br>由表 9-7 取 $d_2=375\text{mm}$(虽使 $n_2$ 略有减小，但其误差小于 5%，故允许)。 | $d_1=125\text{mm}$<br>$d_2=375\text{mm}$ |
| 4. 验算带速 $v$ | $v=\frac{\pi d_1 n_1}{60\times1000}=\frac{\pi\times125\times960}{60\times1000}=6.28\text{m/s}$<br>带速在 5～25m/s 范围内，合适。 | $v=6.28\text{m/s}$ |
| 5. V 带基准长度 $L_d$ 和中心距 $a$ | 初步选取中心距，取 $a_0=750\text{mm}$，符合 $0.7(d_1+d_2)<a_0<2(d_1+d_2)$。<br>由式(9-22)得带长<br>$L_0=2a_0+\frac{\pi}{2}(d_1+d_2)+\frac{(d_2-d_1)^2}{4a_0}$<br>$=2\times750+\frac{\pi}{2}\times(125+375)+\frac{(375-125)^2}{4\times750}=2306\text{mm}$<br>查表 9-2，对 A 型带选用 $L_d=2500\text{mm}$<br>由式(9-25)计算实际中心距<br>$a\approx a_0+\frac{L_d-L_0}{2}=(750+\frac{2500-2306}{2})\text{mm}=847\text{mm}$ | $L_d=2500\text{mm}$<br>$a=847\text{mm}$ |
| 6. 验算小带轮包角 $\alpha_1$ | 由式(9-21)得<br>$\alpha_1=180^\circ-\frac{d_2-d_1}{a}\times57.3^\circ=180^\circ-\frac{375-125}{847}\times57.3^\circ=163.1^\circ>120^\circ$<br>合适。 | $\alpha_1=163.1^\circ$ |

续表

| 计算项目 | 计算与说明 | 计算结果 |
| --- | --- | --- |
| 7. V 带根数 $z$ | 由式(9-20)得<br>$z=\frac{P_C}{(P_0+\Delta P_0)K\alpha K_L}$<br>令 $n_1=960\text{r/min}, d_1=125\text{mm}$,查表 9-3 得 $P_0=1.37\text{kW}$<br>由式(9-13)得传动比<br>$i=\frac{d_2}{d_1(1-\varepsilon)}=\frac{375}{125\times(1-0.02)}=3.06$<br>查表 9-4 得<br>$\Delta P_0=0.11\text{kW}$<br>由 $\alpha_1=163.1°$查表 9-5 得 $K_\alpha=0.96$<br>查表 9-2 得 $K_L=1.09$,由此可得<br>$z=\frac{6.05}{(1.37+0.11)\times0.96\times1.09}=3.91$ 取 4 根。 | $z=4$ |
| 8. 作用在带轮轴上的压力 $F_Q$ | 查表 9-1 得 $q=0.1\text{kg/m}$,由式(9-26)得单根 V 带的初拉力<br>$F_0=\frac{500P_C}{zv}\left(\frac{2.5}{K_\alpha}-1\right)+qv^2=[\frac{500\times6.05}{4\times6.28}\times\left(\frac{2.5}{0.96}-1\right)+0.1\times6.28^2]=197.12\text{N}$ 由式(9-27)得作用在轴上的压力<br>$F_Q=2zF_0\sin\frac{\alpha_1}{2}=2\times4\times197.12\times\sin\frac{163.1°}{2}=1559.84\text{N}$ | $F_Q=1559.84\text{N}$ |

## 三、学习任务

1. 对教师讲过的案例进行分析。

2. 用本节所学内容,完成以下练习。

设计某锯木机用普通 V 带传动。已知电机额定功率 $P=3.5\text{kW}$,转速 $n_1=1420$ r/min,传动比 $i=2.6$,每天工作 16h。

# 第四节 V 带轮的结构

## 一、理论要点

对 V 带轮的设计要求是质量小、工艺性好、质量分布均匀、内应力小、高速应经动平衡计算、工作面应精细加工。设计过程是根据带轮的基准直径和带轮转速等已知条件,确定带轮的材料,结构形式,轮槽、轮辐和轮毂的几何尺寸、公差和表面粗糙度以及相关技术要求。

### (一)常用材料和结构形式

带传动一般安装在传动系统的高速级,带轮的转速较高,故要求带轮要有足够的强度。带轮常用灰铸铁铸造,有时也采用铸钢、铝合金或非金属材料。当带轮圆周速度 $v<25\text{m/s}$ 时,采用 HT150;当 $v=25\sim30\text{m/s}$ 时,采用 HT200;速度更高时,可采用铸钢或钢板冲压后焊接;传递功率较小时,带轮材料可采用铝合金或工程塑料。

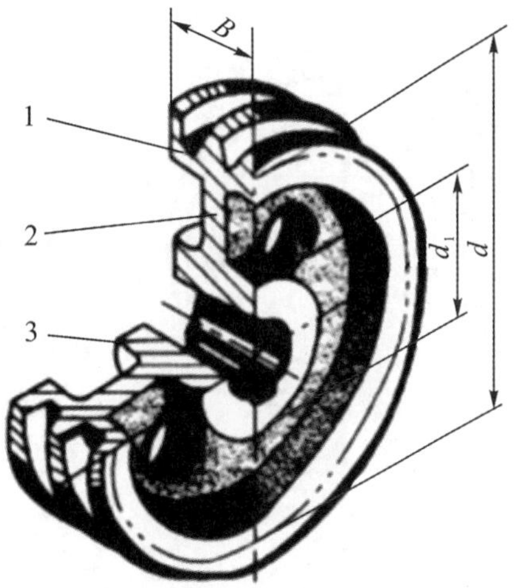


图 9-19　带轮的组成

1-轮缘;2-轮毂;3-轮辐。

如图 9-19 所示,带轮由轮缘、轮毂和轮辐三部分组成。其中轮缘是带轮的外缘部分,轮缘上加工有轮槽,用于安装 V 带;轮毂是带轮与轴相配合的部分,其孔径与支承轴径相同;连接轮缘与轮毂的部分称为轮辐。轮辐的结构形式随带轮的基准直径而异,V 带轮根据轮辐的结构形式不同分为实心式、腹板式、孔板式和轮辐式四类。当带轮基准直径 $d_d \leqslant (2.5 \sim 3)d$($d$ 为轴的直径)时,可采用实心式(S 型)结构,如图 9-20(a)所示;当带轮基准直径 $d_d \leqslant 300$mm 时;带轮常采用腹板式(P 型)结构,如图 9-20(b)所示;当带轮基准直径 $d_d \leqslant 400$mm,带轮通常采用孔板式(H 型)结构,如图 9-20(c)所示;当带轮基准直径 $d_d > 400$mm 时,带轮常采用轮辐式结构,如图 9-20(d)所示。

$d_d \leqslant (2.5 \sim 3)d$

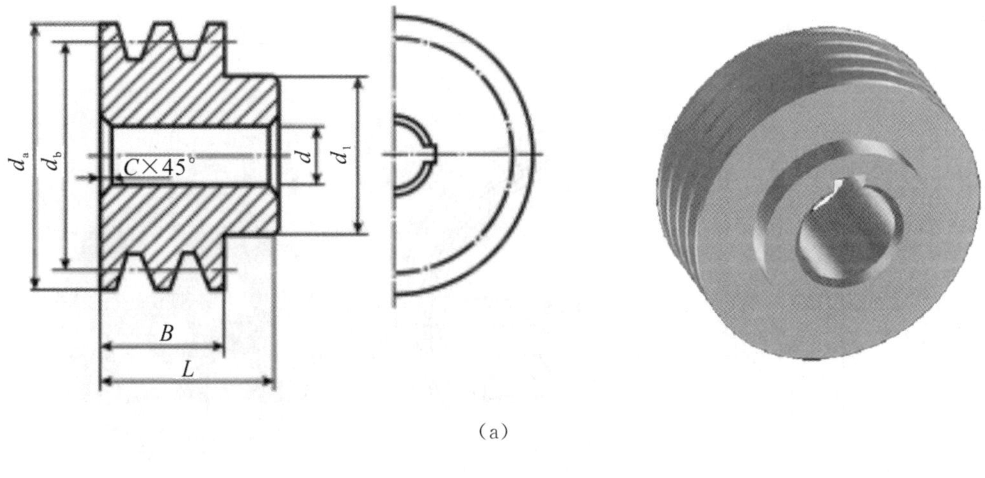


(a)

$d_d \leqslant 300\text{mm}$

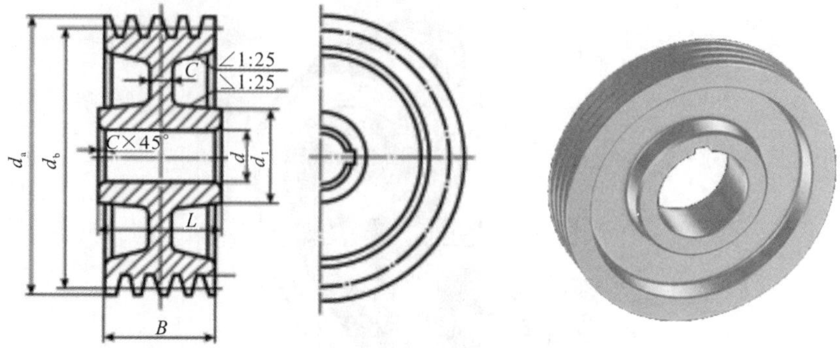


(b)

$d_d \leqslant 400\text{mm}$

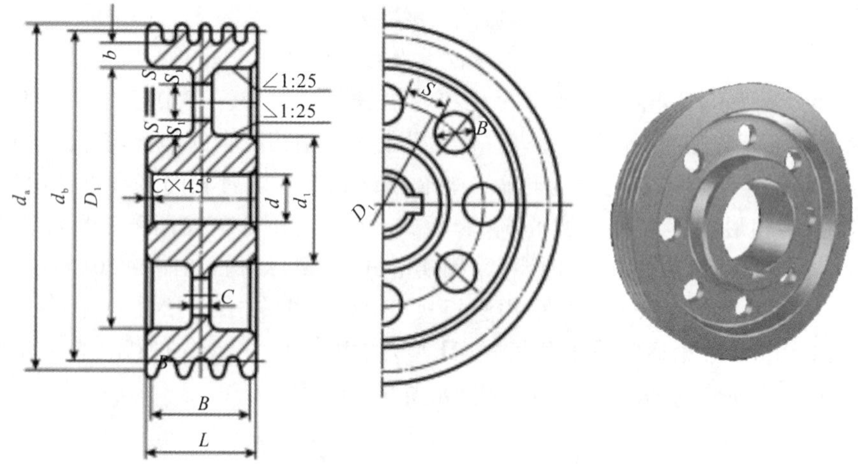


(c)

$d_d > 400\text{mm}$

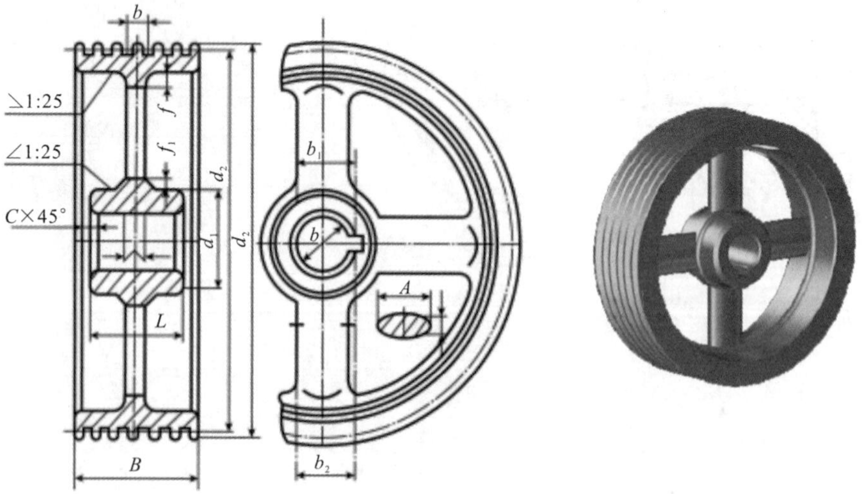


(d)

图 9-20　V 带轮的结构形式

### (二)主要参数的选择

轮槽截面的形状和尺寸与相应型号的带截面尺寸相适应(见表 9-8)。并规定梯形轮槽的槽角 $\varphi$ 为 32°、34°、36°和 38°四种,都小于 V 带两侧面的夹角 40°,这是为了使带能紧贴轮槽两侧。在 V 带轮上,与所配用 V 带的节面宽度 $b_p$ 相对应的带轮直径称为基准直径 $d$。

**表 9-8　普通 V 带轮的轮槽尺寸**

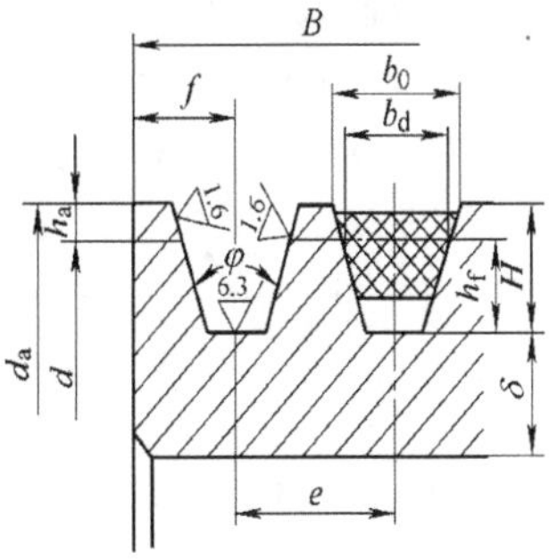


<table>
<tr><td colspan="3" rowspan="2">尺寸参数</td><td colspan="7">V 带型号</td></tr>
<tr><td>Y</td><td>Z</td><td>A</td><td>B</td><td>C</td><td>D</td><td>E</td></tr>
<tr><td colspan="3">基准宽度 $b_d$/mm</td><td>5.3</td><td>8.5</td><td>11</td><td>14</td><td>19</td><td>27</td><td>32</td></tr>
<tr><td colspan="3">基准线至槽顶高度 $h_{a\min}$/mm</td><td>1.6</td><td>2.0</td><td>2.75</td><td>3.5</td><td>4.8</td><td>8.1</td><td>9.6</td></tr>
<tr><td colspan="3">槽间距 $e$/mm</td><td>8</td><td>12</td><td>15</td><td>19</td><td>25.5</td><td>37</td><td>45.5</td></tr>
<tr><td colspan="3">第一槽对称线至端面的距离 $f$/mm</td><td>7</td><td>8</td><td>10</td><td>12.5</td><td>17</td><td>23</td><td>29</td></tr>
<tr><td colspan="3">基准线至槽顶深度 $h_{f\min}$/mm</td><td>4.7</td><td>7.0</td><td>8.7</td><td>10.8</td><td>14.3</td><td>19.9</td><td>23.4</td></tr>
<tr><td colspan="3">最小轮缘宽度 $\delta_{\min}$/mm</td><td>5</td><td>5.5</td><td>6</td><td>7.5</td><td>10</td><td>12</td><td>15</td></tr>
<tr><td rowspan="4">$\varphi$</td><td>32°</td><td rowspan="4">$d$/mm</td><td>≤60</td><td>—</td><td>—</td><td>—</td><td>—</td><td>—</td><td>—</td></tr>
<tr><td>34°</td><td>—</td><td>≤80</td><td>≤118</td><td>≤190</td><td>≤315</td><td>—</td><td>—</td></tr>
<tr><td>36°</td><td>>60</td><td>—</td><td>—</td><td>—</td><td>—</td><td>≤475</td><td>≤600</td></tr>
<tr><td>38°</td><td>—</td><td>>80</td><td>>118</td><td>>190</td><td>>315</td><td>>475</td><td>>600</td></tr>
</table>

带轮的标记主要由名称、带轮槽型、轮槽数、基准直径、带轮结构型式代号和标准号等组成。

如:带轮 B3×280P－IIIGB10412－1989

表示:B 型槽、3 轮槽、基准直径 280mm,III 型辐板式带轮

## 二、案例解读

**案例 9-5**　已知:电机功率 $P=5.5\text{kW}$,小带轮转速 $n=1440$ r/min,传动 $i=2$,传动比允许误差≤±5%,轻度冲击,每天工作 13 小时,要求设计该传动。(本例主要设计 V 带轮结构)

解:V 带传动的总体计算过程参考案例 9-1,具体过程略。计算结果如下:

$P_c = K_A P = 6.05\text{kW}$，选用 $A$ 型带，$d_1 = 140\text{mm}$，$d_2 = 280\text{mm}$，$v = 10.55\text{m/s}$，$a \approx 300\text{mm}$，$\alpha = 152^\circ$，$Z = 4$。

对三角皮带带轮设计的要求：

(1)重量轻；

(2)结构工艺性好，无过大铸造内应力，便于制造；

(3)质量分布均匀；

(4)轮槽工作面要精细加工，以减少皮带的磨损；

(5)应保证一定的几何尺寸精度，以使载荷分布均匀；

(6)要有足够的强度和刚度；

(7)尽可能地从经济角度加以考虑。

接下来是带轮的设计计算：

| 计算项目 | 计算与说明 | 计算结果 |
|---|---|---|
| 1. 皮带轮的材料 | 根据 $V = 10.55\text{m/s} \leqslant 30\text{m/s}$，考虑到加工方便及经济性的原则，采用 HT15－30 的铸铁带轮。 | HT15－30 铸铁 |
| 2. 轮槽的设计 | 查表 9-8，得：<br>A 型皮带的基准宽度 $b_d = 11\text{mm}$，基准线至槽顶高度 $h_{a\min} = 2.75\text{mm}$，<br>槽间距 $e = 15\text{mm}$，第一槽对称线至端面的距离 $f = 10\text{mm}$，<br>基准线至槽顶深度 $h_{f\min} = 8.7\text{mm}$，最小轮缘宽度 $\delta_{\min} = 6\text{mm}$。 | $b_d = 11\text{mm}$<br>$h_{a\min} = 2.75\text{mm}$<br>$e = 15\text{mm}$<br>$f = 10\text{mm}$<br>$h_{f\min} = 8.7\text{mm}$<br>$\delta_{\min} = 6\text{mm}$ |
| 3. 小带轮的设计 | 因为 $D_1 = 140\text{mm} > 3d$（$d$ 为机电轴的直径 $d = 32\text{mm}$），且 $D_1 < 300\text{mm}$，故采用腹板式。<br>考虑到 $D_1$ 与 $3d$ 较接近，为方便制造，腹板上不开孔。<br>查询机械设计手册可得：<br>$d_1 = 1.8d = 1.8 \times 32 = 58\text{mm}$，$D_1 = D - 2 - 2(m - f) = 140 - 2 \times 6 - (12.5 - 3.5) = 110\text{mm}$，$D_w = D + 2f = 140 + 2 \times 3.5 = 147\text{mm}$，$L = 2d = 2 \times 32 = 64\text{mm}$<br>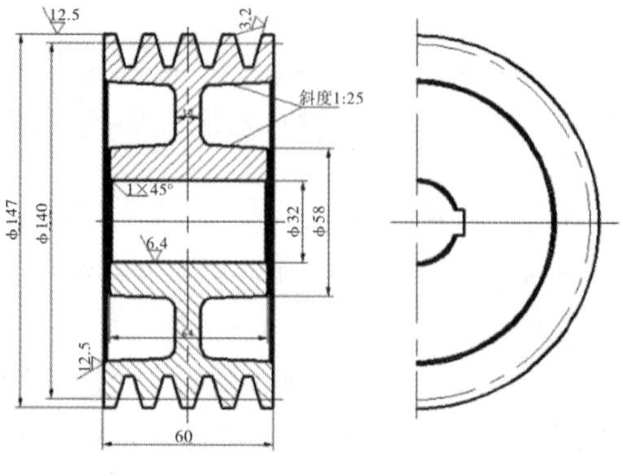<br> | $d_1 = 58\text{mm}$<br>$D_1 = 110\text{mm}$<br>$D_w = 147\text{mm}$<br>$L = 64\text{mm}$ |

**续表**

| 计算项目 | 计算与说明 | 计算结果 |
| --- | --- | --- |
| 4. 大带轮的设计 | 因为 $D_2=280\text{mm}<300\text{mm}$，故采用腹板式；又因为 $D_1-d_1=250-58=192>100$，故在腹板上开 4 孔。有关结构尺寸如下：<br>$d=32\text{mm}$（第Ⅰ轴直径），$d_1=1.8\times32=58\text{mm}$；<br>$D_0=0.5(D_1+d_1)=0.5(250+58)=154\text{mm}$，<br>$D_1=280-2\times6-2\times(12.5-3.5)=250\text{mm}$。<br>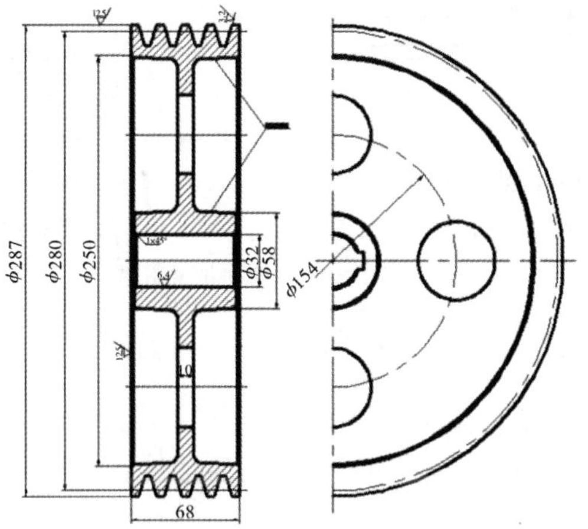 | $d_1=58\text{mm}$<br>$D_0=154\text{mm}$<br>$D_1=250\text{mm}$ |

## 三、学习任务

1. 用不少于 200 字将你对本节知识点的理解进行梳理。
2. 对教师讲过的案例进行分析，归纳一下带轮设计和计算的基本内容和要求。

# 第五节　V 带传动的张紧装置

## 一、理论要点

### （一）定期张紧装置

采用定期改变中心距的方法来调节带的初拉力，使带重新张紧。在水平或倾斜不大的传动中，可用滑道式定期张紧装置[图 9-21(a)]，用调节螺钉 3 使装有带轮的电动机沿滑轨移动。在垂直或接近垂直的传动中，可用摆架式定期张紧装置[图 9-21(b)]，将装有带轮的电动机安装在可调的摆架上。

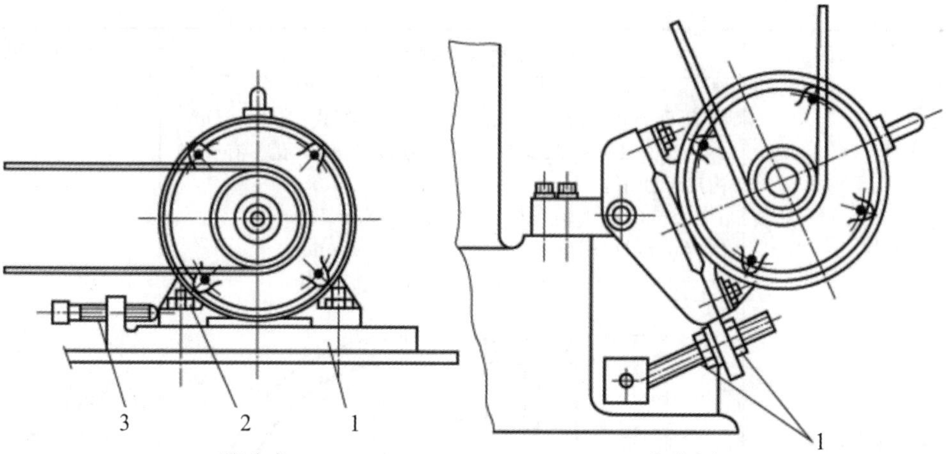


(a)滑道式　　(b)摆架式

1-机架;2-螺母;3-调整螺钉。　　1-调整螺母

图 9-21　带的定期张紧装置

## (二)自动张紧装置

将装有带轮的电动机安装在浮动的摆架上(见图 9-22),利用电动机和摆架的自重,使带轮随同电动机绕固定轴摆动,以达到自动张紧的目的。

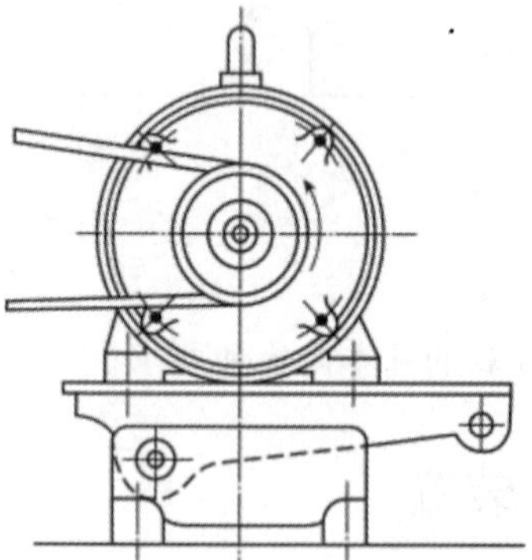

图 9-22　带的自动张紧装置

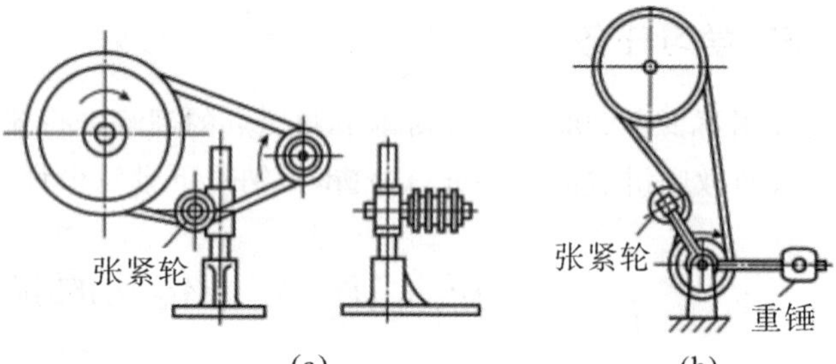


图 9-23　带的张紧轮装置

## (三)采用张紧轮的装置

当中心距不能调节时,可用张紧轮将带张紧,张紧轮一般应放在松边的内侧,使带只受单向弯曲。同时张紧轮还应尽量靠近大轮,以免过分影响带在小轮上的包角。张紧轮的轮槽尺寸与带轮应相同,且直径小于小带轮的直径。

如图 9-23(a)所示为调位式内张紧轮装置,通过调节张紧轮的位置达到减小小带轮包角的目的。图 9-23(b)为摆锤式外张紧轮装置,利用重锤使张紧轮自动压紧在带上,张紧轮设置在外侧并靠近小带轮以增加小带轮包角,该装置中张紧轮会使带受双向弯曲造成带寿命降低,通常适用于要求增大带轮包角或空间受限制的平带传动中。

## 二、案例解读

带传动除了要合理地使用张紧装置外，还要正确地安装、使用并在使用过程中注意加强维护，这是保证带传动正常工作，延长传动带使用寿命的有效途径。一般应注意以下几点：

(1)安装时两带轮轴线必须平行，两轮轮槽中线必须对正，要求角偏差不超过20′，以减轻带的磨损(如图9-24)。

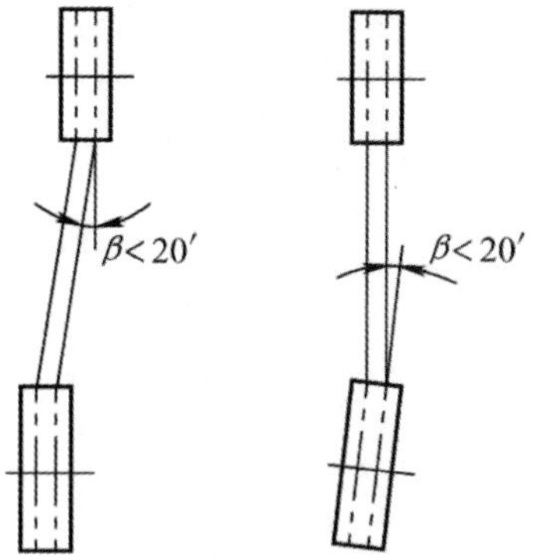


图9-24　V带轮的安装要求

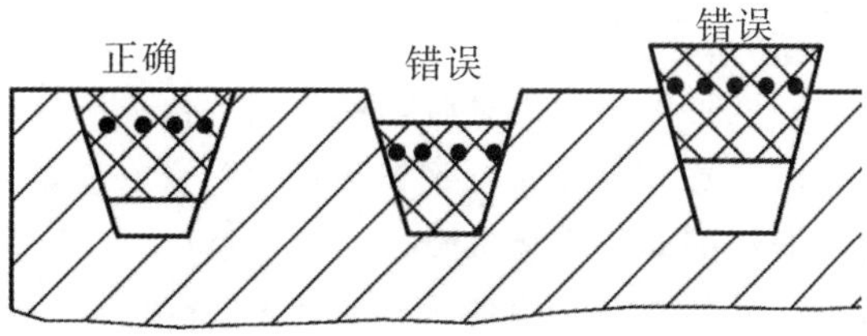


图9-25　V带在轮槽中的正确位置

(2)安装V带时，如图9-21(a)所示，应先拧松调节螺钉和电动机与机架的固定螺栓，让电动机沿滑道向靠近工作机方向移动，缩小中心距，将V带套入槽中后，再调整中心距，把电动机沿滑道向远离工作机的方向移动，在拧紧电动机与机架的固定螺栓的同时将V带张紧。

(3)V带在轮槽中应有正确的位置(见图9-25)，带的顶面应与带轮外缘平齐，底面与带轮槽底间应有一定间隙，以保证带两侧工作面与轮槽全部贴合。

(4)为了保证安全，带传动一般应安装防护罩，并在使用过程中定期检查、调整带的张紧力。

(5)带不宜与酸、碱、油一类的介质接触，工作温度一般不应超过60℃，以防带的迅速老化。

(6)多根带并用时，为避免各根带受载不均，带的配组代号应相同。若其中一根带松弛或损坏，应全部同时更换，以免新旧带并用时，新带旧、短带长而加速新带的磨损。

## 三、学习任务

1. 说一说常见的张紧装置在实际的生产生活中有哪些应用。
2. 对教师讲过的案例进行分析。
3. 请用思维导图方式，对本章内容进行小结梳理。

# 第十章　链传动

除了上一章介绍的带传动以外，还有一种常见的挠性传动是链传动，它靠链节和链轮轮齿之间的啮合来传递运动和动力，现代化的大规模生产的链条工业使链传动可以满足更广泛的需求。

让我们来看看，链传动的类型和结构组成，它们有什么特点，一般适用于哪些场合。

**学习目标：**

(1)能够准确描述链传动的类型、特点和应用。

(2)能够正确阐述滚子链的结构组成和基本参数。

(3)能够正确分析链传动的运动特性。

(4)能够正确选用链传动的润滑、布置和张紧方式。

## 第一节　链传动的类型及特点

### 一、理论要点

#### (一)链传动的类型

链传动由主动链轮、从动链轮和绕在两链轮上的链条所组成，如图 10-1 所示。

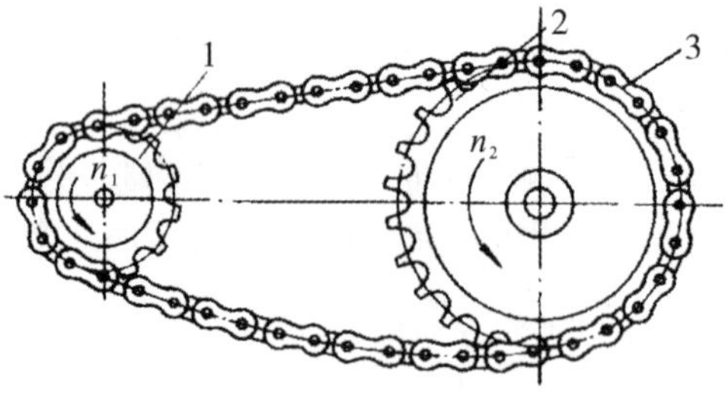


图 10-1　链传动

1-主动链轮；2-从动链轮；3-链条。

链传动

按照用途不同，链可分为起重链、牵引链和传动链三大类。起重链主要用于起重机械中提起重物，牵引链主要用于链式输送机中移动重物，传动链用于一般机械中传递运动和动力。按结构的不同传动链又可分为齿形链(见图 10-2)和短节距精密滚子链(简称滚子链，见图 10-3)等类型。

图 10-2　齿形链

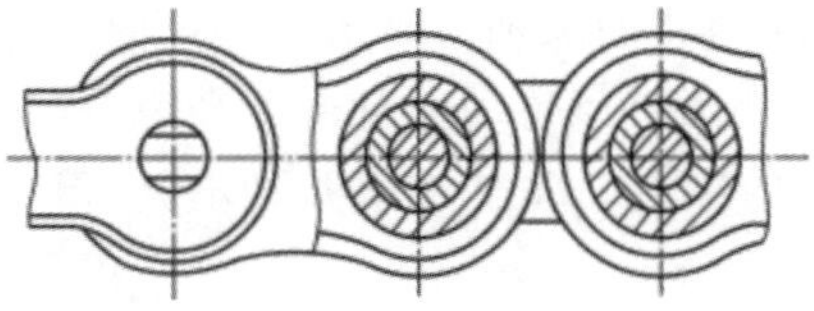

图 10-3　滚子链

### (二)链传动的特点

链传动能保持平均传动比不变、传动效率高、张紧力小(作用在轴上的压力较小),链传动能在低速重载、高温及尘土飞扬的不良环境中工作。并且同时具有刚、柔的特点，兼有带传动和齿轮传动的一些优点：

(1)与摩擦型的带传动相比,链传动有以下特点：

①无弹性滑动和打滑现象,能保持准确的平均传动比,传动效率较高;②所需的张紧力相对较小,作用于轴上的径向压力较小;③采用金属材料制造,在同样的使用条件下的整体尺寸较小,结构较为紧凑;④能在高温和潮湿的环境中工作。

(2)与齿轮传动相比,链传动有以下特点：

①制造与安装精度要求较低,成本低;②在远距离传动时,其结构比齿轮传动轻便得多。

但是链传动也存在一些缺点,如：

①只能用于平行轴之间的传动;②瞬时链速不稳定,瞬时传动比不准确,因此传动平稳性较差,冲击和噪声较大;③不宜在载荷变化很大和急速反向的传动中应用;④制造费用比带传动高。

## 二、案例解读

**案例 10-1**　自行车中的链传动。不知道大家有没有思考过一个问题——自行车有没有其他的传动方式？当然有,比如说摩拜单车采用是锥齿轮传动(参考北京摩拜科技有限公司专利 CN105270528A,见图 10-4),美国 Gates 公司推出直碳纤维皮带传动(见图 10-5)。

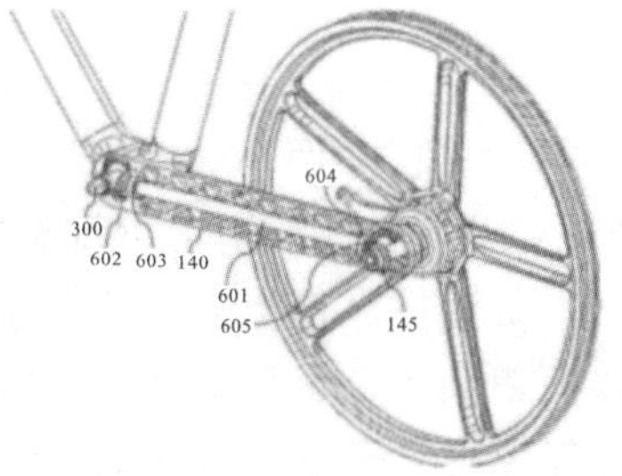


图 10-4　摩拜单车传动装置示意图

直碳纤维皮带传动

图 10-5　直碳纤维皮带传动示意图

但是为什么其他传动,特别是皮带传动在自行车领域没有普及？

对于使用皮带传动的自行车来说,皮带不需要像链条一样添加润滑油,不会因为润滑油而沾染太多的灰尘和杂质;皮带相较于链条来说几乎免维护,也不像链条传动那样有太激烈的摩擦,当踩踏的时候会非常安静,如果使用在中轴变速箱的自行车上的话,则会更加静音；相对于同级别的链条，因为没有纵向扭转力，使用寿命更长一些。

但相比于链条传动的自行车来说，皮带传动的缺点总体上多于优点，主要表现在：

(1)价格昂贵，虽然成本差别不大，但是因为市场上同步带的数量比链条少，价格也会偏高。

(2)皮带不同于链条，可以从中间断开再链接再安装在自行车上，如果你打算要组装一辆皮带传动的自行车，你就必须要一个可以安装皮带的车架；要么在后上叉，要么在后三角的尾钩位置，车架需要有一个开口来把皮带安装上去；如果使用单悬臂的车架，会简单很多，但是车架成本会更高。

(3)车架还要有可以调节皮带松紧的设计，比如鱼尾叉上的皮带张力调节螺丝，或者偏心中轴等设计。

(4)要使用专用的飞轮和牙盘才能搭配皮带传动使用，飞轮和牙盘价格也很贵，而且可以选择的品牌和型号还很有限。

(5)一旦自行车要使用皮带传动，就意味着不能使用外置变速器。如果想使用变速的话，要么选择内变速花鼓，要么选择中置变速箱，它们的价格都非常昂贵。

(6)传动效率其实并没有链条传动的来的高，在实验过程中的零预压条件下，208W 的输出内，皮带的摩擦力会更大。

看完这些，因为使用带传动的自行车缺点大于优点，所以目前大部分的通勤车和比赛用车绝大部分都是采用链传动，这也是链传动特有的优势。

### 三、学习任务

1. 对教师讲过的案例进行分析。
2. 我们平常生活中还有哪些地方用到了链传动？它们分别属于什么类型？

## 第二节　滚子链和链轮

### 一、理论要点

#### (一)滚子链的结构和基本参数

滚子链由内链板 1、外链板 2、销轴 3、套筒 4 和滚子 5 组成，如图 10-6 所示。内链板和套筒、外链板和销轴用过盈配合固定，构成内链节和外链节。销轴和套筒之间为间隙配合，构成铰链，将若干内外链节依次铰接形成链条。滚子松套在套筒上可自由转动，链轮轮齿与滚子之间的摩擦主要是滚动摩擦。链条上相邻两销轴中心的距离称为节距，用 $p$ 表示，节距是链传动的重要参数。节距 $p$ 越大，链的各部分尺寸和重量也越大，承载能力越高，且在链轮齿数一定时，链轮尺寸和重量随之增大。因此，设计时在保证承载能力的前提下，应尽量采取较小的节距。载荷较大时可选用双排链(见图 10-7)或多排链，但排数一般不超过三排或四排，以免由于制造和安装误差的影响使各排链受载不均。

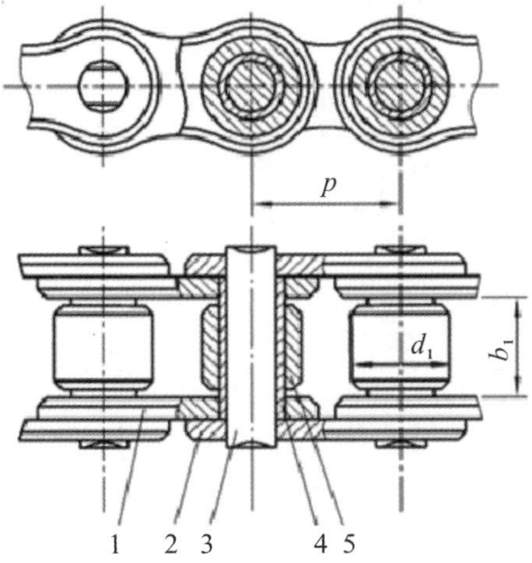


图 10-6　滚子链的结构

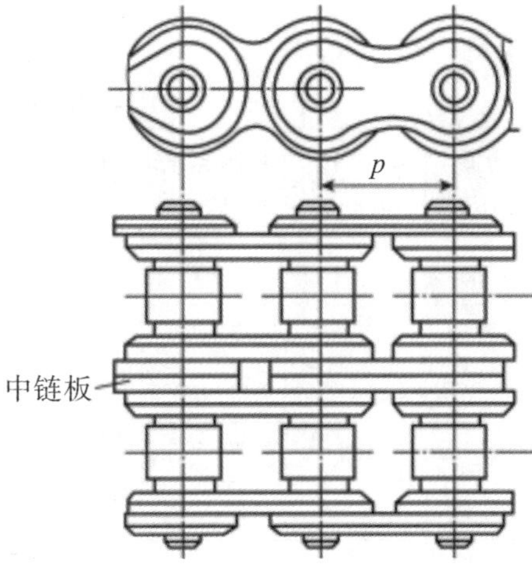


图 10-7　双排链

1-内链板；2-外链板；3-销轴；4-套筒；5-滚子。

链条的长度用链节数 $L_P$ 表示，一般选用偶数链节，这样链的接头处可采用开口销或弹簧卡片来固定，如图 10-8(a)、(b)所示，前者用于大节距链，后者用于小节距链。当链节为奇数时，需采用过渡链节如图 10-8(c)所示。由于过渡链节的链板受附加弯矩的作用，一般应避免采用。

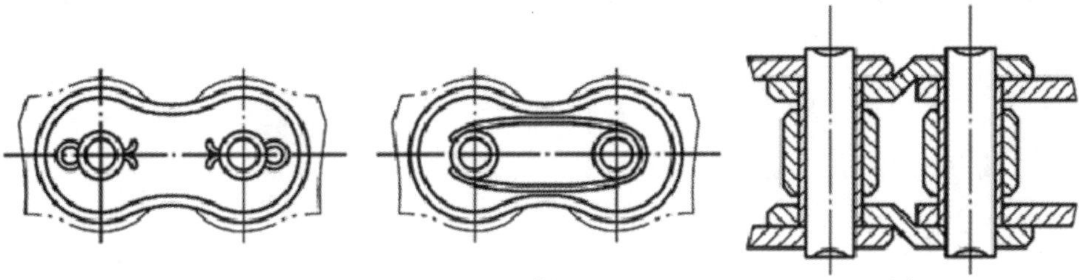

(a)　(b)　(c)

图 10-8　滚子链接头形式

在重载、有冲击、经常正反转条件下工作时，考虑到这种链节的弹性较好，可以缓冲和吸振，可采用全部由过渡链节组成的弯板链(见图 10-9)。

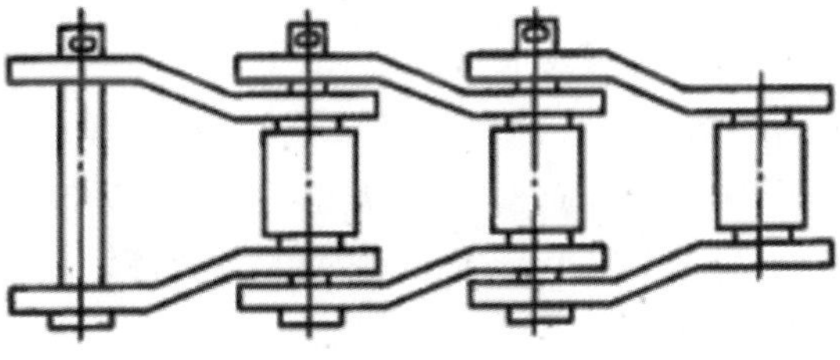

图 10-9　弯板链

考虑到我国链条的生产历史和现状，以及国际上许多国家的链节距均用英制单位，我国链条标准 GB/T 1243－2006 中规定节距用英制折算成米制的单位。表 10-1 列出了标准规定的几种规格的滚子链的主要尺寸和抗拉载荷。表中的链号和相应的标准链号一致，链号数乘以 25.4/16mm 即为节距值。后缀 A 或 B 分别表示 A 或 B 系列，其中 A 系列适用于以美国为中心的西半球区域，B 系列适用于欧洲区域。本章介绍我国主要使用的 A 系列滚子链传动的设计。

**表 10-1 滚子链规格和主要参数(GB/T 1243—2006)**

| ISO 链号 | 节距 $p$ | 滚子直径 $d_1$max | 内链节内宽 $b_1$min | 销轴直径 $d_2$max | 内链板高度 $h_2$max | 排距 $p_1$ | 抗拉载荷 $Q$ | | 每米长质量 $q$(单排) |
|---|---|---|---|---|---|---|---|---|---|
| | | | | | | | 单排 | 多排 | |
| | mm | | | | | | kN | | kg/m |
| 08A | 12.7 | 7.92 | 7.85 | 3.98 | 12.07 | 14.38 | 13.8 | 27.6 | 0.60 |
| 10A | 15.875 | 10.16 | 9.40 | 5.09 | 15.09 | 18.11 | 21.8 | 43.6 | 1.00 |
| 12A | 19.05 | 11.91 | 12.57 | 5.96 | 18.08 | 22.78 | 31.1 | 62.3 | 1.50 |
| 16A | 25.40 | 15.88 | 15.75 | 7.94 | 24.13 | 29.29 | 55.6 | 111.2 | 2.60 |
| 20A | 31.75 | 19.05 | 18.90 | 9.54 | 30.18 | 35.76 | 86.7 | 173.5 | 3.80 |
| 24A | 38.10 | 22.23 | 25.22 | 11.11 | 36.20 | 45.44 | 124.6 | 249.1 | 5.60 |
| 28A | 44.45 | 25.40 | 25.22 | 12.71 | 42.24 | 48.87 | 169 | 338.1 | 7.50 |
| 32A | 50.80 | 28.58 | 31.55 | 14.29 | 48.26 | 58.55 | 222.4 | 444.8 | 10.10 |
| 40A | 63.50 | 39.68 | 37.85 | 19.85 | 60.33 | 71.55 | 347 | 693.9 | 16.10 |
| 48A | 76.20 | 47.63 | 47.35 | 23.81 | 72.39 | 87.83 | 500.4 | 1000.8 | 22.60 |

滚子链的标记为：链号—排数—整链链节数 标准编号，例如：08A—1—88 GB/T1243-1997 表示 A 系列、节距 12.7mm、单排、88 节的滚子链。

## (二)滚子链链轮

### 1. 链轮的齿形

链轮的齿形应能保证链节平稳而自由地进入和退出啮合，不易脱链，且形状简单便于加工。目前最常用的滚子链链轮的端面齿形，由三段圆弧($\overset{\frown}{aa}$、$\overset{\frown}{ab}$、$\overset{\frown}{cd}$)和一段直线($\overline{cd}$)组成，具有较好的啮合性能，如图 10-10 所示。

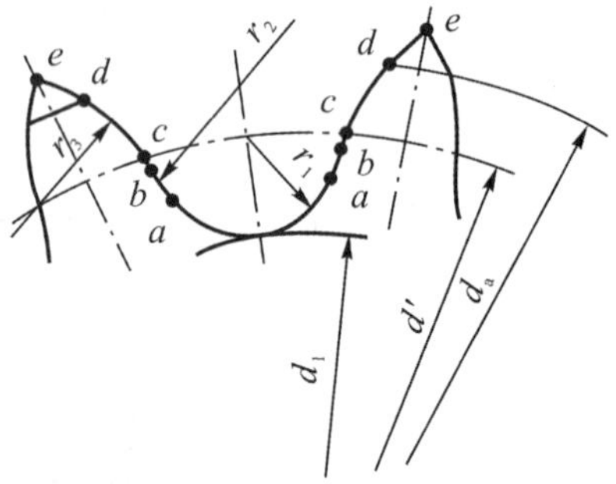

图 10-10 滚子链链轮的端面齿形

由于滚子表面齿廓与链轮齿廓为非共轭齿廓，故链轮齿形设计有较大的灵活性。若链轮采用标准齿形，在链轮工作图上可不绘制出端面齿形，只需注明按国家标准制造即可。但为了车削毛坯，需将轴面齿形画出。GB/T 1243—2006 规定了滚子链链轮的端面齿槽形状(见表 10-2)和轴面齿形(见表 10-3)。

表 10-2　滚子链链轮的齿槽尺寸计算公式(GB/T 1243—2006)

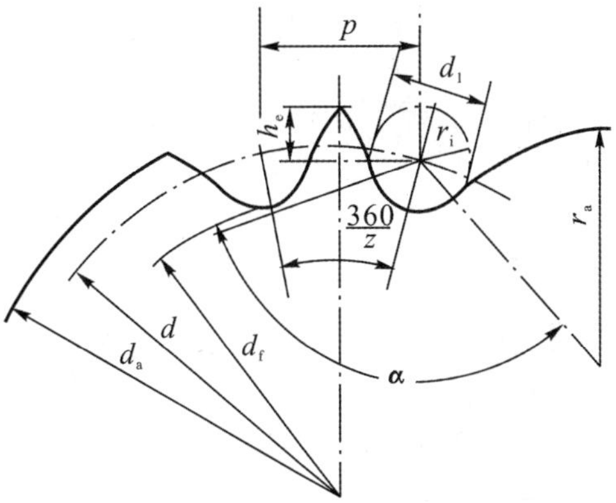

| 名称 | 符号 | 计算公式 | |
|---|---|---|---|
| | | 最小齿槽形状 | 最大齿槽形状 |
| 齿侧圆弧半径 | $r_e$ | $r_{e\max}=0.12\,d_1\,(z^2+180)$ | $r_{e\min}=0.008\,d_1\,(z^2+180)$ |
| 滚子定位圆弧半径 | $r_i$ | $r_{i\min}=0.505\,d_1$ | $r_{i\max}=0.505\,d_1+0.069\sqrt[3]{d_1}$ |
| 滚子定位角 | $\alpha$ | $\alpha_{\max}=140^\circ-\dfrac{90^\circ}{z}$ | $\alpha_{\min}=120^\circ-\dfrac{90^\circ}{z}$ |

注:1 链轮的实际齿槽形状,应在最大齿槽形状和最小齿槽形状范围内。

2 半径大小精确到 0.01mm;角度大小精确到分。

表 10-3　滚子链链轮轴向齿廓尺寸计算公式(GB/T 1243—2006)

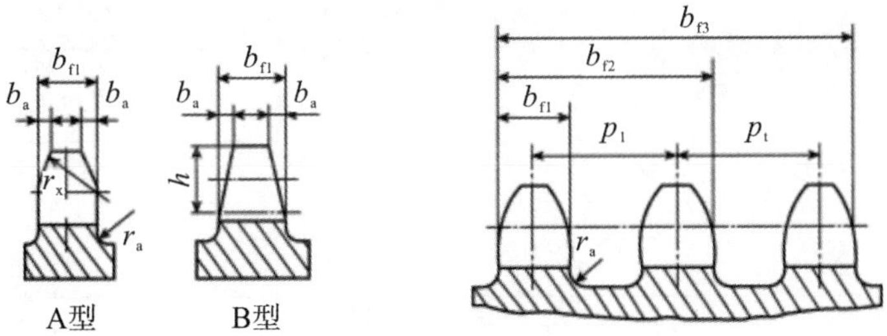


| 名称 | | 代号 | 计算公式 | | 备注 |
|---|---|---|---|---|---|
| | | | $p\leqslant12.7$ | $p>12.7$ | |
| 齿宽 | 单排 | $b_n$ | $0.93\,b_1$ | $0.95\,b_1$ | $p>12.7$ 时,经制造厂同意,亦可使用 $p\leqslant12.7$ 时的齿宽。 |
| | 双排、三排 | | $0.91\,b_1$ | $0.93\,b_1$ | |
| | 四排以上 | | $0.88\,b_1$ | $0.93\,b_1$ | $b_1$——内链节内宽 |
| 倒角宽 | | $b_a$ | $b_a=(0.1\sim0.15)\,p$ | | |
| 倒角半径 | | $r_x$ | $r_x\geqslant p$ | | |
| 倒角深 | | $h$ | $h=0.5p$ | | 仅适用于 B 型 |
| 圆角半径 | | $r_a$ | $r_a\approx0.04p$ | | |
| 链轮齿总宽 | | $b_{fm}$ | $b_{fm}=(m-1)\,p_t+b_n$ | | |

注:$m$ 为排数。

**2. 链轮的结构**

链轮的结构如图 10-11 所示。直径小的链轮常制成实心式[见图 10-11(a)],中等直径的链轮常制成孔板式[见图 10-11(b)],大直径($d>200$mm)的链轮常制成组合式,齿圈与轮毂可用不同材料制成,可将齿圈焊接在轮毂上或采用螺栓连接[见图 10-11(c)]或焊接成一体[见图 10-11(d)]。

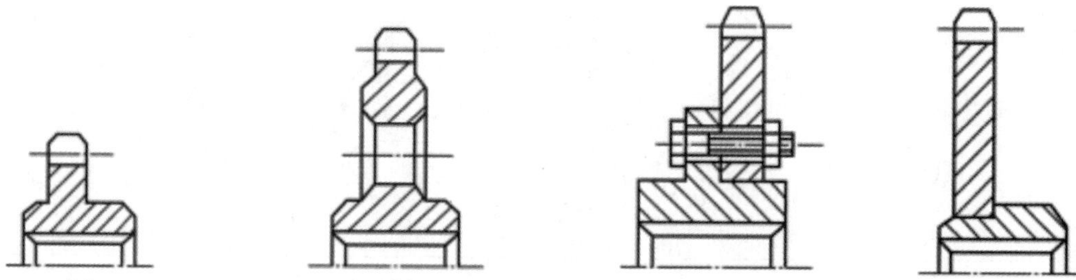


图 10-11　链轮的结构

**3. 链轮的基本参数及主要尺寸**

链轮的基本参数为:链轮的齿数 $z$、配用链条的节距 $p$、套筒的最大外径 $d_1$ 及排距 $p_t$。链轮的主要尺寸及计算公式如表 10-4 所示。

**表 10-4　滚子链链轮主要尺寸及计算公式(mm)**

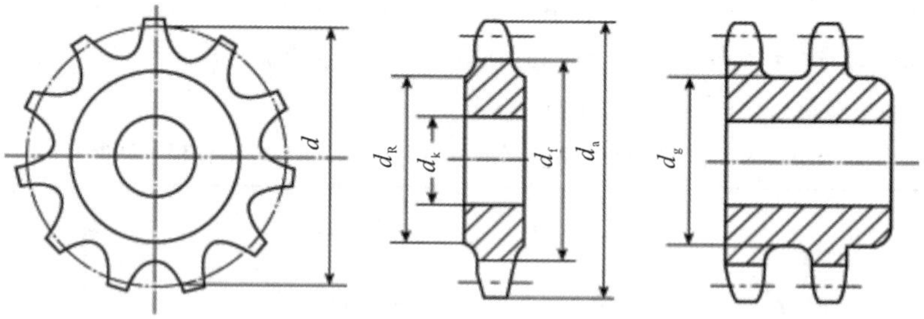


| 名称 | 代号 | 计算公式 | 备注 |
|---|---|---|---|
| 分度圆直径 | $d$ | $d=p/\sin\frac{180^\circ}{z}$ | |
| 齿顶圆直径 | $d_a$ | $d_{amax}=d+1.25p-d_1$<br>$d_{amin}=d+\left(1-\frac{1.6}{z}\right)p-d_1$ | 可在$d_{amax}$、$d_{amin}$范围内任意选取,但选用$d_{amax}$时,应考虑采用展成法加工时有发生顶切的可能性 |
| 分度圆弦齿高 | $h_a$ | $h_{amax}=\left(0.625+\frac{0.8}{z}\right)p-0.5d_1$<br>$h_{amin}=0.5(p-d_1)$ | $h_a$是为简化放大齿形图的绘制而引入的辅助尺寸,见表 10-2 图示。<br>$h_{amax}$对应$d_{amax}$,$h_{amin}$对应$d_{amin}$ |
| 齿根圆直径 | $d_f$ | $d_f=d-d_1$ | |
| 齿侧凸缘(或排间槽)直径 | $d_g$ | $d_g\leqslant p\cot\frac{180^\circ}{z}-1.04h_2-0.76$ | $h_2$—内链板高度 |

注:$d_a$、$d_g$值取整数,其他尺寸精确到 0.01mm。

## 二、案例解读

**案例 10-2**　已知单排套筒滚子链的节距为 12.7mm,节数为 80,试查表确定滚子链规格和主要参数并进行标记。

查表 10-1 可得节距为 12.7mm 滚子链的规格和主要参数为：链号 08A，节距12.7mm，排距 14.38mm，滚子最大直径 7.95mm，内链节最小内宽 7.85mm，销轴最大直径 3.96mm，内链板最大高度 12.07mm，最小抗拉载荷 13.8kN、每米质量 0.60kg/m，滚子链的标记为：

08A×80GB 1243—2006

### 三、学习任务

1. 链传动有何特点？为什么不适合高速传动？

2. 滚子链由哪些部分组成？它们之间的连接形式是什么？

## 第三节　链传动的工作分析和设计计算

### 一、理论要点

#### (一)链传动的运动特性

链传动的运动情况和绕在多边形轮子上的带传动很相似，如图 10-12 所示。多边形边长相当于链节距 $p$，边数相当于链轮的齿数 $z$。链轮每转过一周，链条转过的长度为 $pz$，链条的平均速度为：

$$v=\frac{z_1 p n_1}{60\times 1000}=\frac{z_2 p n_2}{60\times 1000}(\mathrm{m/s}) \tag{10-1}$$

式中，$z_1$、$z_2$分别为主、从动链轮的齿数；

$n_1$、$n_2$分别为主、从动链轮的转速(r/min)。

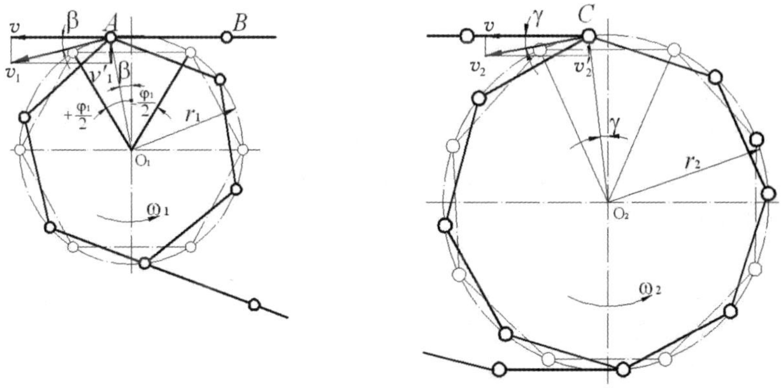


图 10-12　链传动的速度分析

链传动的平均传动比为：

$$i_{12}=\frac{n_1}{n_2}=\frac{z_2}{z_1} \tag{10-2}$$

虽然链传动的平均速度和平均传动比不变，但由于链传动的多边形效应，其瞬时速度和瞬时传动比值是呈周期性变化的。为便于分析，设链的紧边(主动边)在传动时总处于水平位置(见图 10-12)。当主动轮以等角速度$\omega_1$回转时，铰链 $A$ 的速度即为链轮分度圆的

圆周速度 $v_1=r_1\omega_1$，它可分解为沿链条前进方向的分速度 $v$ 和垂直方向的分速度 $v'$，则：

$$v=v_1\cos\beta=r_1\omega_1\cos\beta \tag{10-3}$$

$$v'=v_1\sin\beta=r_1\omega_1\sin\beta \tag{10-4}$$

式中，$\beta$ 为主动轮上铰链 $A$ 的圆周速度方向与链条前进方向的夹角。

在主动链轮上，每个链节对应的中心角为 $\varphi_1=360°/z_1$，当第一个滚子进入啮合到第二个滚子进入啮合，相应的 $\beta$ 角由 $+\varphi_1/2$ 变化到 $-\varphi_1/2$，从而引起链速 $v$ 作周期性变化。当 $\beta=\pm\varphi_1/2$ 时，链速最小，$v_{\min}=r_1\omega_1\cos(180°/z_1)$；当 $\beta=0°$，链速最大，$v_{\max}=r_1\omega_1$。故即使 $\omega_1$ 为常数，链轮每送走一个链节，其链速 $v$ 也经历"最小一最大一最小"的周期性变化。同理链条在垂直方向的速度 $v'$ 也作周期性变化，使链条上下抖动。

设从动链轮分度圆的圆周速度为 $v_2$，角速度为 $\omega_2$，则

$$v_2=\frac{v}{\cos\gamma}=\frac{r_1\omega_1\cos\beta}{\cos\gamma}=r_2\omega_2\,(\text{m/s}) \tag{10-5}$$

由此可得出主、从动轮的瞬时传动比为：

$$i_{12}=\frac{\omega_1}{\omega_2}=\frac{r_2\cos\gamma}{r_1\cos\beta} \tag{10-6}$$

由于 $\beta$、$\gamma$ 均是随时间发生变化的，因此瞬时传动比 $i_{12}$ 也是随时间呈周期性变化的，每转一个链节变化一次。链轮齿数 $z$ 越少，节距 $p$ 越大，则 $\beta$ 和 $\gamma$ 的变化范围就越大，链传动的运转就越不平稳。只有当链轮齿数 $z_1=z_2$，且传动的中心距 $a$ 为链节距 $p$ 的整数倍时，$\beta$ 与 $\gamma$ 的变化才相同，瞬时传动比才能恒定不变。

链速和传动比的变化使链传动中产生加速度，从而产生附加动载荷、引起冲击振动，故链传动不适合高速传动。为减小动载荷和运动的不均匀性，链传动应尽量选取较多的齿数 $z_1$ 和较小的节距 $p$，这样可使 $\beta$ 减小，并使链速在允许的范围内变化。

### (二)链传动的受力分析

链传动在安装时，链条应有一定的张紧力。张紧力是通过使链保持适当的垂度所产生的悬垂拉力来获得。链传动张紧的目的主要是使松边不致过松，以免影响链条的正常啮合和产生振动、跳齿和脱链。因为链传动为啮合传动，所以与带传动相比，链传动所需的张紧力要小得多。

若不考虑传动中的动载荷，链传动中主要作用力有：

(1)有效圆周力 $F$

$$F=\frac{1000P}{v} \tag{10-7}$$

式中，$P$ 为所传递的名义功率(kW)；

$v$ 为链速(m/s)。

(2)离心拉力 $F_c$

$$F_c=qv^2 \tag{10-8}$$

式中，$q$ 为每米链长的质量(kg/m)。

(3)悬垂拉力 $F_y$

$$F_y=K_yqga \tag{10-9}$$

式中，$a$ 为传动的中心距(m)；

$g$ 为重力加速度，$g=9.8\text{m/s}^2$；

$K_y$为下垂量 $y=0.02a$ 时的垂度系数(图 10-13)。其值与中心连线和水平面的夹角 $\beta$ 有关,如表 10-5 所示。

**表 10-5 滚子链链轮主要尺寸及计算公式**

| β | 90°(垂直布置) | 75° | 60° | 30° | 0°(水平布置) |
|---|---|---|---|---|---|
| $K_y$ | 1 | 1.2 | 2.8 | 5 | 6 |

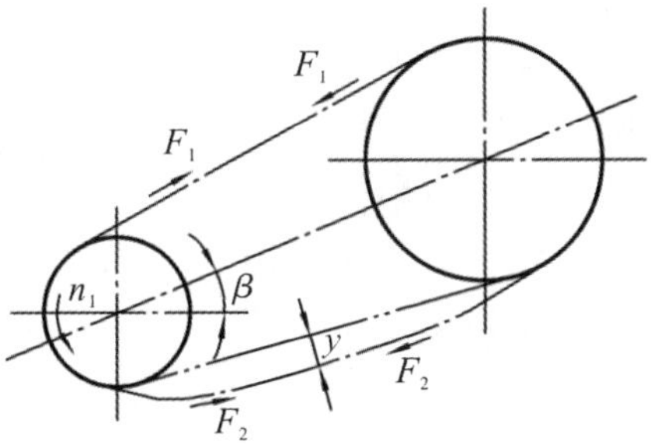


图 10-13 作用在链上的力

链的紧边受有效圆周力 $F$、离心拉力 $F_c$和悬垂拉力 $F_y$的作用,如图 10-13 所示,紧边拉力 $F_1$为:

$$F_1=F+F_c+F_y(\mathrm{N}) \tag{10-10}$$

链的松边拉力不受有效圆周力 $F$ 的作用,因此松边拉力 $F_2$为:

$$F_2=F_c+F_y(\mathrm{N}) \tag{10-11}$$

由以上分析可知,在一周的运转过程中,链也经受变载荷的作用。

受力分析的另一个目的是确定传动作用在轴上的载荷,因为离心力对轴不产生压力,所以作用在轴上的载荷为:$F_Q=F_1+F_2-2F_c=F+2F_y$。实际上,垂度拉力比较小,链作用在轴上的压力 $F_Q$可近似取为:

$$F_Q=(1.2\sim1.3)F\ (\mathrm{N}) \tag{10-12}$$

注:有冲击和振动时取大值。

## (三)链传动的失效形式

由于链条的强度比链轮的强度低,故一般链传动的失效主要是链条失效,其失效形式主要有以下几种:

(1)链条铰链磨损。链条铰链的销轴与套筒之间承受较大的压力且又有相对滑动,故在承压面上将产生磨损。磨损使链条节距增加,极易产生跳齿和脱链。

(2)链板疲劳破坏。链传动紧边和松边拉力不等,因此链条工作时,拉力在不断地发生变化,经一定的应力循环后,链板发生疲劳断裂。

(3)多次冲击破断。链传动在启动、制动、反转或重复冲击载荷作用下,链条、销轴、套筒发生冲击疲劳破断。

(4)链条铰链的胶合。链速过高时销轴和套筒的工作表面由于摩擦产生瞬时高温,使两摩擦表面相互黏结,并在相对运动中将较软的金属撕下,这种现象称为胶合。链传动的极限速度受到胶合的限制。

(5)链条的静力拉断。在低速($v<0.6\mathrm{m/s}$)重载或突然过载时,载荷超过链条的静强度,链条将被拉断。

## (四)滚子链的功率曲线图

**1. 极限功率曲线**

链传动有多种失效形式。在一定的使用寿命下,从一种失效形式出发,可得出一个极限功率表达式。为了清楚,常用线图来表示。如图 10-14 所示的极限功率曲线中:1 是铰链磨损限定的极限功率曲线;2 是链板疲劳强度限定的极限功率曲线;3 是冲击疲劳强度限定的极限功率曲线;4 是胶合破坏限定的极限功率曲线;5 是实际使用的额定功率曲线;6 是润滑不良、工作条件恶劣等情况下的功率曲线。

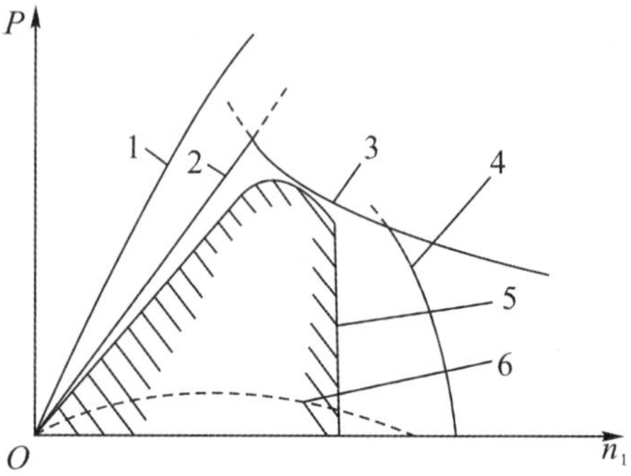


图 10-14 极限功率曲线

**2. 额定功率曲线**

链传动的工作能力受到链条各种失效形式的限制。通过试验可获得链条在一定条件下所能传递的功率 $P_0$。

图 10-15 所示为 A 系列滚子链额定功率曲线图。其制定条件为:①两轮共面;②主动链轮齿数 $z_1=19$;③链条长 120 个链节;④载荷平稳;⑤按推荐的方式润滑(见图10-16);⑥链条预期使用寿命 15000h;⑦链条因磨损而引起的相对伸长量不超过 3%。

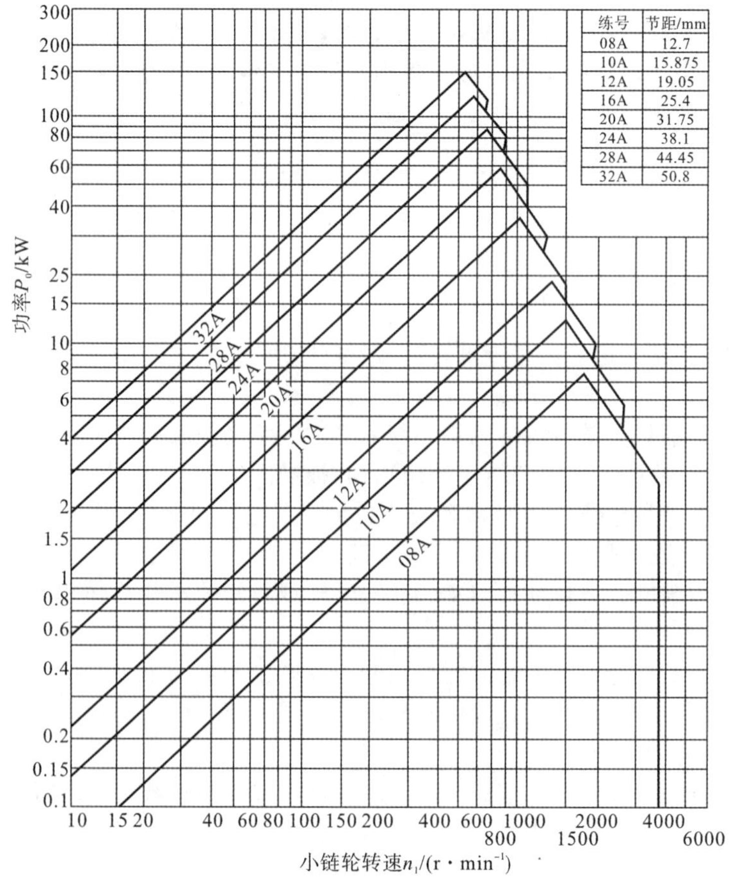


图 10-15 A 系列、单排滚子链额定功率曲线

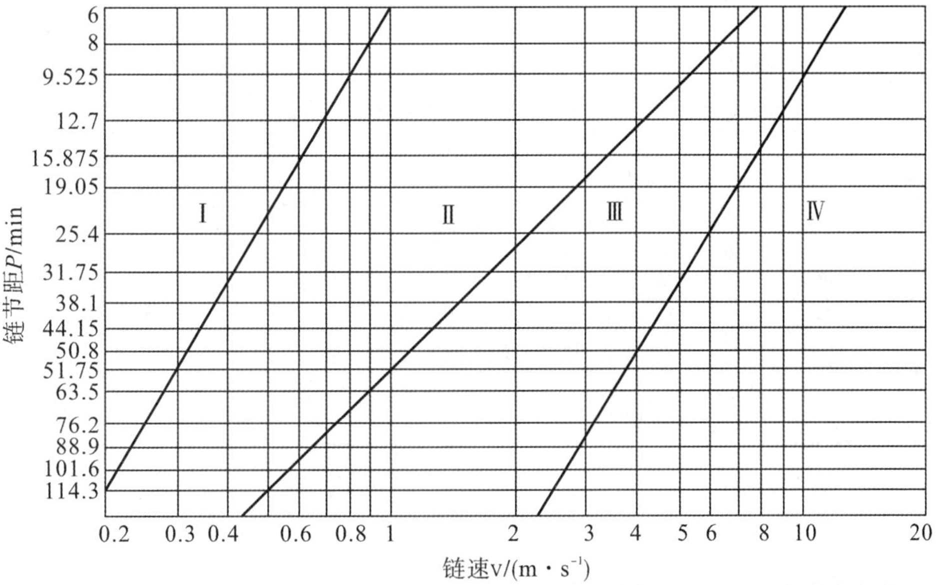


Ⅰ—人工润滑；Ⅱ—滴油润滑；Ⅲ—油池式飞溅润滑；Ⅳ—压力喷油润滑。

图 10-16　推荐使用的润滑方式

链传动若润滑不良或不能按推荐的方式润滑时，图 10-15 中规定的功率 $P_0$ 应予以降低。

当 $v \leqslant 1.5$m/s 时，额定功率应降至 $(0.3 \sim 0.6)P_0$；

当 1.5m/s $< v <$ 7m/s 时，额定功率应降至 $(0.15 \sim 0.3)P_0$；

当 $v >$ 7m/s 时，则传动不可靠，不宜采用链传动。

实际的工作中，如与上述试验条件不同时，应引入一系列相应的系数对图 10-15 查得的额定功率 $P_0$ 加以修正。修正后链条所能传递的功率称为许用功率，即：

$$[P_0] = P_0 K_z K_L K_m \tag{10-13}$$

式中，$[P_0]$ 为实际工作条件下的额定功率(kW)；$P_0$ 为特定条件下单排链传递的额定功率(kW)，查图 10-15；$K_z$ 为小链轮齿数系数，见表 10-6；$K_L$ 为链长系数，见表 10-6；$K_m$ 为多排链系数，见表 10-7。

**表 10-6　小链轮齿数系数 $K_z$ 和链长系数 $K_L$**

| 在图 10-15 中，$n_1$ 与 $P_0$ 的交点位置 | 位于功率曲线顶点左侧（链板疲劳） | 位于功率曲线顶点右侧（冲击疲劳） |
| --- | --- | --- |
| 小链轮齿数系数 $K_z$ | $\left(\frac{z_1}{19}\right)^{1.08}$ | $\left(\frac{z_1}{19}\right)^{1.5}$ |
| 链长系数 $K_L$ | $\left(\frac{L_P}{100}\right)^{0.26}$ | $\left(\frac{L_P}{100}\right)^{0.5}$ |

**表 10-7　多排链系数 $K_m$**

| 排数 | 1 | 2 | 3 | 4 | 5 | 6 |
| --- | --- | --- | --- | --- | --- | --- |
| $K_m$ | 1.0 | 1.7 | 2.5 | 3.3 | 5.0 | 4.6 |

链传动的计算功率 $P_C$ 为：

$$P_C = K_A P \tag{10-14}$$

式中，$K_A$ 为工况系数，见表 10-8；$P$ 为名义功率(kW)。

**表 10-8　工况系数 $K_A$**

| 载荷种类 | 工作机械举例 | 原动机 | |
|---|---|---|---|
| | | 电动机或汽轮机 | 内燃机 |
| 平稳运转 | 液体搅拌机、离心泵、离心式鼓风机、纺织机械、轻型运输机、链式运输机、发电机 | 1.0 | 1.1 |
| 中等冲击 | 一般机床、压气机、木工机械、食品机械、印染纺织机械、一般造纸机械、大型鼓风机 | 1.4 | 1.5 |
| 较大冲击 | 锻压机械、矿山机械、工程机械、石油钻井机械.振动机械、橡胶搅拌机 | 1.8 | 1.9 |

设计链传动时应使

$$P_C \leqslant [P_0] = P_0 K_z K_L K_m \tag{10-15}$$

由此可选定链的牌号。

例如，当小链轮转速 $n_1 = 300\mathrm{r/min}$，而 $P_0 = 4\mathrm{kW}$ 时，查图 10-15 可选用的链号为 12A。

对于低速链传动($v < 0.6\mathrm{m/s}$)，其主要失效形式为过载拉断，故应按静强度计算，校核其静强度的安全系数 $S$

$$S = \frac{Q}{K_A F_1} \geqslant 4 \sim 8 \tag{10-16}$$

式中，$Q$ 为单排链条的极限拉伸载荷(见表 10-1)；$F_1$ 为紧边拉力。

## (五)链传动主要参数的选择

**1. 链轮的齿数 $z_1$、$z_2$ 和传动比 $i$**

为减少运动的不均匀性和动载荷，小链轮的齿数不宜过少，通常 $z_{min} = 17$(链速极低时最少可到 9)，可按链速由表 10-9 选取 $z_1$。大轮齿数 $z_2 = iz_1$，$z_2$ 不宜过多，$z_2$ 过多不仅使传动的尺寸和重量增加，而且链节伸长后易出现跳齿和脱链现象，通常 $z_{2max} < 120$。为使链条磨损均匀，一般链节数 $L_p$ 多为偶数，链轮齿数多为奇数。链轮齿数优先选择：17、19、21、23、25、38、57、76、95、114。

**表 10-9　滚子链传动的主动轮齿数 $z_1$**

| 传动比 $i$ | 1 ～ 2 | 2 ～ 3 | 3 ～ 4 | 4 ～ 5 | 5 ～ 6 | >6 |
|---|---|---|---|---|---|---|
| $z_1$ | 31 ～ 27 | 27 ～ 25 | 25 ～ 23 | 23 ～ 21 | 21 ～ 17 | 17 |

一般传动比 $i \leqslant 7$，推荐 $i = 2.0 \sim 3.5$。低速($v \leqslant 2\mathrm{m/s}$)和载荷平稳时 $i$ 可达 10。$i$ 过大，链条在小链轮上的包角减小，啮合的轮齿数减小，轮齿的磨损加快。

**2. 链节距 $p$ 和排数**

节距 $p$ 越大，承载能力就越高，但总体尺寸增大，多边形效应显著，振动、冲击和噪声严重。为使结构紧凑和延长寿命，应尽量选取较小节距的单排链。速度高、功率大时，宜选用小节距的多排链。如果从经济上考虑，当中心距小、传动比大时，应选小节距的多排链；中心距大、传动比小时，应选大节距的单排链。

**3. 中心距 $a$ 和链的节数 $L_p$**

中心距 $a$ 小，结构紧凑，但链节数少，当链速一定时，单位时间内每一链节的应力循环次数增多，加快了零件的疲劳和磨损。中心距 $a$ 大，链节数多，使用寿命长，但结构尺寸增大。当中心距过大时，会使链条松边垂度过大，发生颤动，使传动平稳性下降。一般可取中心距 $a=(30\sim50)p$，最大中心距 $a_{max}=80p$。

链条长度用链的节数 $L_p$ 表示。按带传动求带长的公式可导出：

$$L_p=\frac{2a}{p}+\frac{z_1+z_2}{2}+\frac{p}{a}\left(\frac{z_2-z_1}{2\pi}\right)^2 \text{mm} \tag{10-17}$$

计算得到的 $L_p$ 应圆整为相近的整数，并尽可能取偶数。

由式 10-17 可解得由节数 $L_p$ 求中心距 $a$ 的公式：

$$a=\frac{p}{4}\left[\left(L_p-\frac{z_1+z_2}{2}\right)+\sqrt{\left(L_p-\frac{z_1+z_2}{2}\right)^2-8\left(\frac{z_2-z_1}{2\pi}\right)^2}\right] \text{mm} \tag{10-18}$$

为使链条松边具有合理的垂度 $f$，$f=(0.01\sim0.03)a$，以利链与链轮顺利啮合，安装时应使实际中心距 $a'$ 小于理论中心距 $a$，$\Delta a=a-a'$，通常 $\Delta a=(0.002\sim0.004)a$，中心距可调时，取大值，否则取小值。

为了便于安装链条和调节链的张紧程度，中心距一般设计成可调节的或安装张紧轮。

## 二、案例解读

**案例 10-3** 如图 10-17 所示为几种不同的链式运输机，它们被广泛用于食品、罐头、药品、饮料、化妆品、洗涤用品、纸制品、调味品、乳业及烟草等的自动输送、分配和后道包装的连线输送。

图 10-17 简易链式运输机

现需设计一台用于纸制品运输的链式运输机，需采用滚子链传动，传递功率为 $P=5\text{kW}$，电动机转速为 $n_1=970\text{r/min}$，传动比要求 $i=3$，纸制品一般比较稳定，故载荷平稳，要求中心线水平布置。

解：设计计算过程如下表所示：

| 计算项目 | 计算与说明 | 计算结果 |
|---|---|---|
| 1. 确定链轮的齿数 $z_1$、$z_2$ | 取 $z_1=21$；则 $z_2=iz_1=3\times21=63<120$ | $z_1=21$；$z_2=63$ |
| 2. 初定中心距 $a_0$ | 取 $a_0=40p$ | $a_0=40p$ |
| 3. 计算功率 $P_C$ | 查表 10-8 得 $K_A=1$，由式(10-14)得：$P_C=K_AP=1\times5=5\ \text{kW}$ | $P_C=5\ \text{kW}$ |
| 4. 确定链节距 $p$ | 估计此链传动工作于图 10-15 所示曲线顶点的左侧(即可能出现链板疲劳破坏)，查表 10-6 得：<br>$$K_Z=\left(\frac{z_1}{19}\right)^{1.08}=\left(\frac{21}{19}\right)^{1.08}=1.114$$<br>采用单排链，查表 10-7 得 $K_m=1$，由式(10-15)得：<br>$$P_0=\frac{P_C}{K_ZK_m}=\frac{5}{1.114\times1}=4.49\text{kW}$$<br>根据 $P_0$ 和 $n_1$ 查图 10-15，可选用 08$A$ 号链条；查表 10-1，链节距 $p=12.7\text{mm}$ | 链号 08A<br>$p=12.7\text{mm}$ |
| 5. 确定链条节数 $L_p$ | 由式(10-17)得<br>$L_{p0}=\frac{2a_0}{p}+\frac{Z_1+Z_2}{2}+\frac{p}{a_0}\left(\frac{Z_2-Z_1}{2\pi}\right)^2$<br>$=\frac{2\times40p}{p}+\frac{63+21}{2}+\frac{p}{40p}\left(\frac{63-21}{2\times3.14}\right)^2$<br>$=123.12$，取 $L_p=124$ 节 | $L_p=124$ 节 |
| 6. 实际中心距 $a$ | 将中心距设计成可调节的，不必计算实际中心距。可取 $a\approx a_0=40p=40\times12.7\text{mm}=508\text{mm}$ | $a=508\text{mm}$ |
| 7. 验算链速确定润滑方式 | 由式(10-1)得<br>$v=\frac{z_1n_1p}{60\times1000}=\frac{21\times970\times12.7}{60\times1000}=4.31\text{m/s}$<br>查图 10-16 知应采用油池润滑或飞溅润滑 | $v=4.31\text{m/s}$<br>采用油池润滑或飞溅润滑 |
| 8. 计算轴压力 $F_Q$ | 由式(10-7)得<br>$F=\frac{1000P}{v}=\frac{1000\times5}{4.31}=1160.09\text{N}$<br>由式(10-12)得<br>$F_Q=1.3F=1.3\times1160.09=1508.12\text{N}$ | $F=1508.12\text{N}$ |
| 9. 链条标记 | 根据链条的标记原则，将链条标记为：08A－1－124 GB/T 1243－2006 | 08A－1－124<br>GB/T1243－2006 |
| 10. 计算链轮尺寸绘制链轮工作图 | 查表 10-4 得<br>$d_1=\frac{p}{\sin(180^\circ/z_1)}=\frac{12.7}{\sin(180^\circ/21)}=85.211\text{mm}$<br>$d_2=\frac{p}{\sin(180^\circ/z_2)}=\frac{12.7}{\sin(180^\circ/63)}=254.785\text{mm}$<br>其他尺寸计算和链轮工作图略 | $d_1=85.211\text{mm}$<br>$d_2=254.785\text{mm}$ |

## 三、学习任务

1. 对教师讲过的案例进行分析。

2. 用本节所学内容，完成以下练习。

设计一往复式压气机上的滚子链传动。已知电动机转速 $n_1=960\text{r/min}$，$P=3\text{kW}$，压气机转速 $n_2=330\text{r/min}$，试确定大、小链轮齿数，链条节距，中心距和链长节数。

# 第四节　链传动的润滑、布置和张紧

## 一、理论要点

### (一)链传动的润滑

链传动的润滑至关重要。良好的润滑能减小链传动的摩擦和磨损，能缓和冲击，帮助散热，是链传动正常工作的必要条件。采用何种润滑方式可由链号、链速，查图 10-16 决定，其中：Ⅰ区为定期人工润滑[见图 10-18(a)]，Ⅱ区为滴油润滑[见图 10-18(b)]，Ⅲ区为油池润滑[见图 10-18(c)]或油盘飞溅润滑[见图 10-18(d)]，Ⅳ区为压力喷油润滑[见图 10-18(e)]。

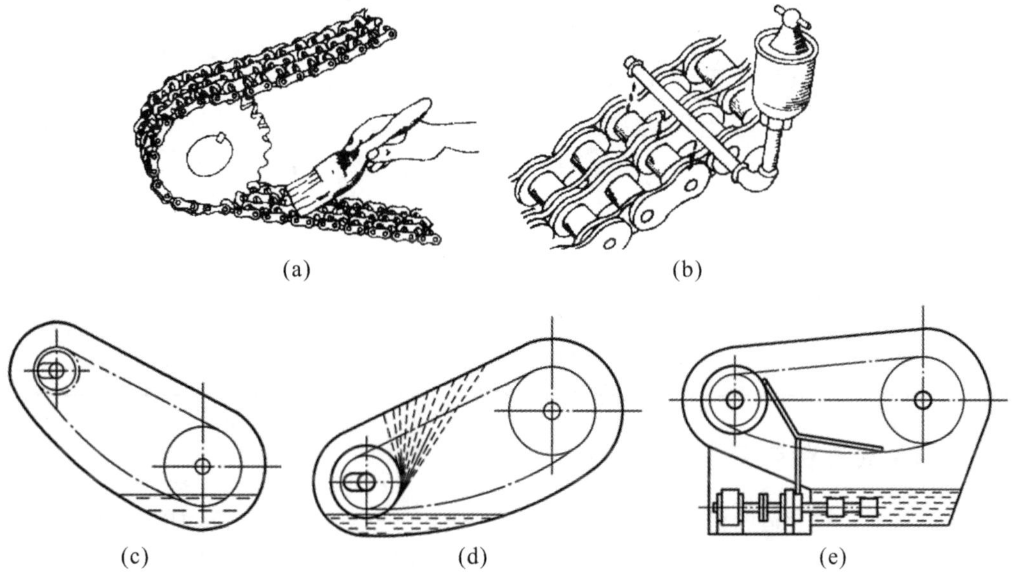

图 10-18　链传动的润滑

润滑油应加于松边，因为这时链节处于松弛状态，润滑油容易进入各摩擦面之间。润滑油推荐用牌号为 L-AN32、L-AN46、L-AN68 全损耗系统用油。

### (二)链传动的布置

两个链轮的转动平面应在同一平面上，两轴线必须平行，最好水平布置。如需倾斜布置时，两链轮中心连线与水平线的夹角 $\alpha$ 应小于 45°。链传动的紧边在上，松边在下，以免在上的松边下垂量过大而阻碍链轮的顺利运转，使链条与链轮被卡死或干涉。

具体布置时，可参考表 10-10。

**表 10-10　链传动的布置**

| 传动条件 | 正确布置 | 不正确布置 | 说明 |
|---|---|---|---|
| $i=2\sim3$<br>$a=(30\sim50)p$ | 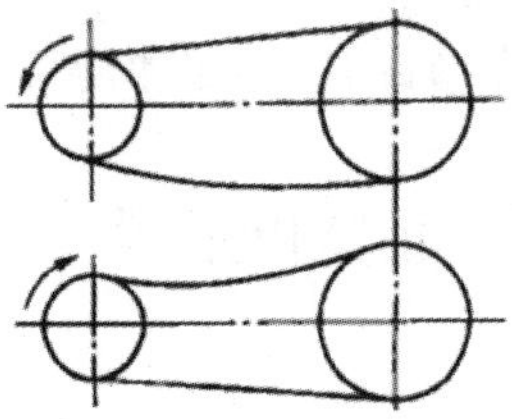 | | 中心线水平，紧边在上较好；必要时也允许紧边在下。 |
| $i>2$<br>$a<30p$ | 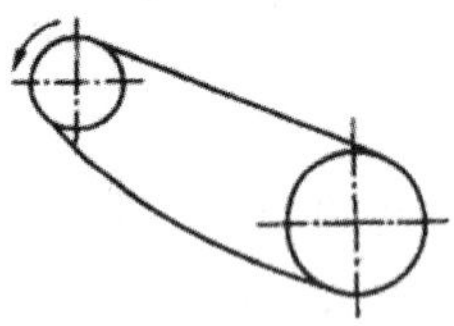 | 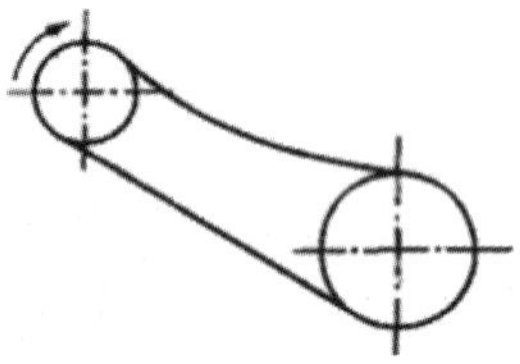 | 中心线与水平面有夹角，松边在下，否则松边下垂量增大，链条易与小链轮卡死。 |
| $i<1.5$<br>$a>60p$ | 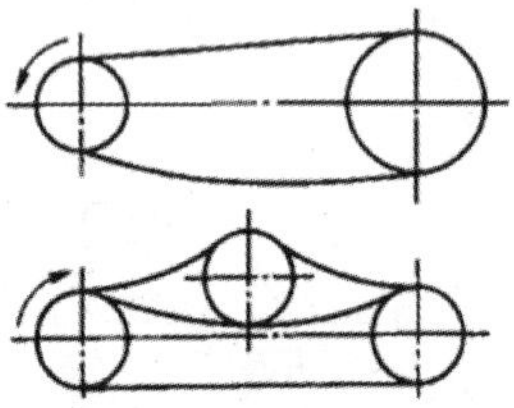 |  | 中心线水平，松边在下，否则松边下垂量增大，可能与紧边产生干涉，需经常调整中心距。 |
| $i$、$a$ 为任意值 | 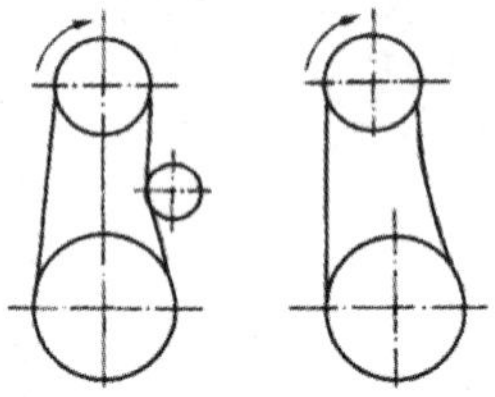 | 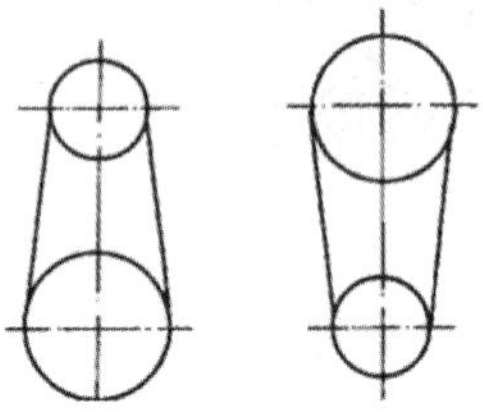 | 避免中心线铅垂，下垂量增大，会减少下链轮的有效啮合齿数，降低传动的工作能力，需同时应采用：①中心距可调；②有张紧装置；③上下两轮错开。 |

## （三）链传动的张紧

链传动工作时合适的松边垂度一般为：$f=(0.01\sim0.02)a$，$a$ 为传动中心距。若链条的垂度过大，将引起啮合不良或振动现象，所以必须张紧。最常见的张紧方法是调整中心距法。当中心距不可调整时，可采用拆去 1～2 个链节的方法进行张紧或设置张紧轮。

张紧轮常位于松边，如图 10-19 所示，张紧轮可以是链轮，也可以是滚轮，其直径与小链轮相近。张紧轮有自动张紧[见图 10-19(a)、(b)]和定期张紧[见图 10-19(c)、(d)]，前者多用弹簧、吊重等自动张紧装置，后者可用螺旋、偏心等调整装置，另外还可用压板和托板张紧[见图 10-19(e)]。

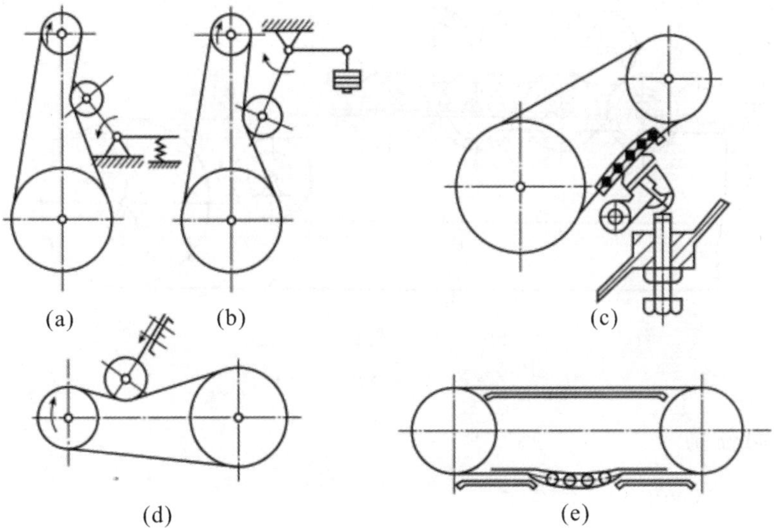


图 10-19　链传动的张紧装置

## 二、案例解读

链传动可实现曲线环行空间的运动，常被用于具有曲线环行空间的悬挂输送装置中。这种链输送装置结构简单，只需在链板或销轴上增加翼板，用以夹持或承托输送物件即可。例如温湿度高、灰尘多的陶瓷制品的连续干燥器，温度高、有淋水的全自动洗瓶机，菜果预煮机，食品罐头的连续杀菌设备(见图 10-20)等。

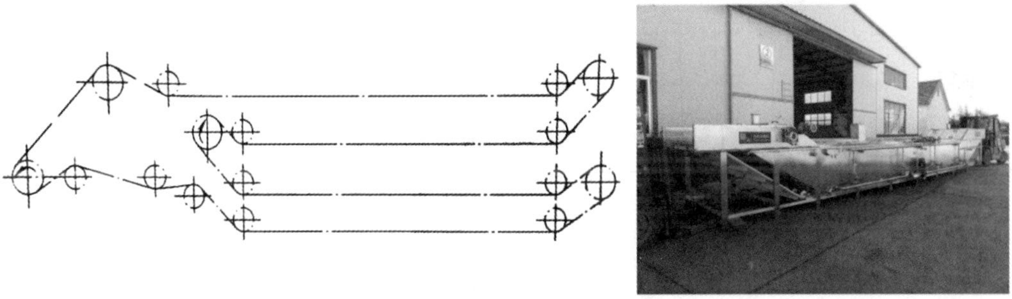

图 10-20　三层常压连续杀菌机传动

链传动还可使圆柱形工件实现平移(输送)和自转的复合运动。例如由主、副两个链传动系统组成的保温瓶割口机等，如图 10-21 所示。在主链传动系统的每个链板上增加一支座并安装一可转动的小轴，在小轴上固定一个小链轮和两个滚轮；副链传动系统的运动链条与各小轴上的链轮啮合，带动各个小链轮(滚轮)转动，滚轮又靠摩擦力使放在其上的圆柱形保温瓶自转，从而使保温瓶获得了既随主链传动系统的链条做平移运动，同时又做自转的复合运动，以满足火焰割口工艺的要求。

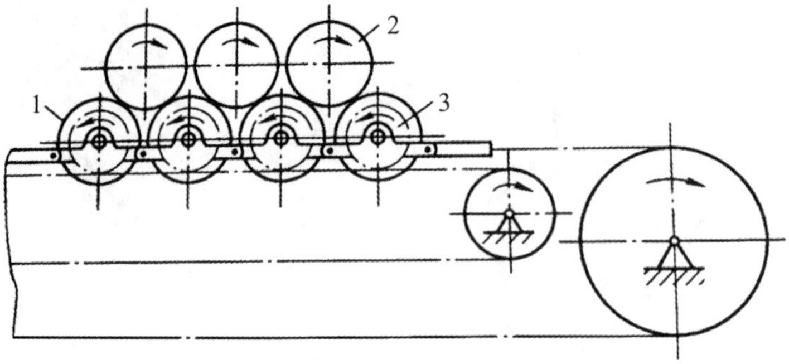


图 10-21　保温瓶割口机

1-滚轮;2-保温瓶;3-链轮。

## 三、学习任务

1.对教师讲过的案例进行分析。

2.列举 1 个生活或生产中链传动的实例,并对其进行分析。

3.请写出学习本章内容过程中形成的“亮考帮”。

# 第十一章　连　接

连接是指连接件与被连接件的组合，根据其可拆性分为可拆连接和不可拆连接。其中，螺纹连接是一种广泛使用的可拆卸的固定连接，具有结构简单、连接可靠、装拆方便等优点。

让我们来看看，各类常用螺纹的特点与应用场合，螺纹连接的基本类型和常用的防松方法，键连接与销链接都有哪些类型和特点。

**学习目标：**

(1)能够正确描述螺纹连接的类型及特点。

(2)能够准确分析螺纹副受力、效率、自锁、预紧和防松。

(3)能够正确区分螺纹连接的基本类型。

(4)能够结合具体实例与参数，进行螺纹连接的强度计算。

(5)能够正确描述键连接的类型、特点，结合使用场合合理选用键的类型。

(6)能够正确描述销连接的类型、特点。

## 第一节　螺　纹

### 一、理论要点

#### (一)螺纹类型与应用

将一倾斜角为 $\psi$ 的直线绕在圆柱体上便形成一条螺旋线(见图 11-1)。取一平面图形，使它沿着螺旋线运动，运动时保持此图形通过圆柱体的轴线，就得到螺纹。

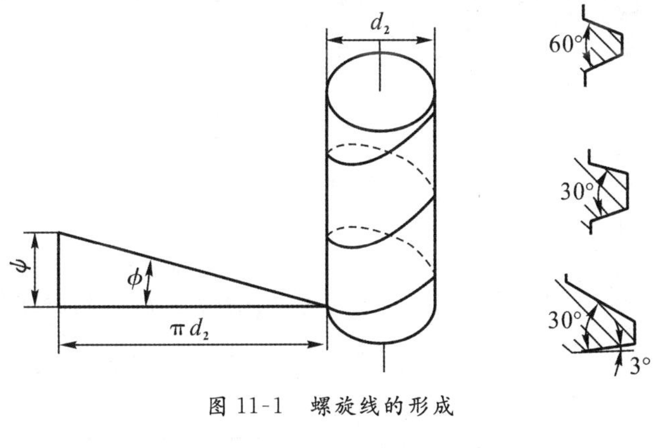


图 11-1　螺旋线的形成

螺纹可作如下分类：

- 螺纹的分类
  - 按螺纹的牙型
    - 三角形螺纹
    - 管螺纹
    - 矩形螺纹
    - 梯形螺纹
    - 锯齿形螺纹
  - 按螺旋线的旋向
    - 左旋螺纹
    - 右旋螺纹
  - 按螺旋线的根数
    - 单线螺纹
    - 双线螺纹
  - 按回转体的内外表面
    - 内螺纹
    - 外螺纹
  - 按螺旋的作用
    - 连接螺纹
    - 传动螺纹
  - 按母体的形状
    - 圆柱螺纹
    - 圆锥螺纹

螺纹又有米制和英制（螺距以每英寸牙数表示）之分，我国除管螺纹保留英制外，其余螺纹都采用米制。标准螺纹的基本尺寸可查阅有关标准。常用螺纹的类型、特点和应用见表 11-1。

**表 11-1　常用螺纹的类型、特点和应用**

| | | |
|---|---|---|
| 普通螺纹 | 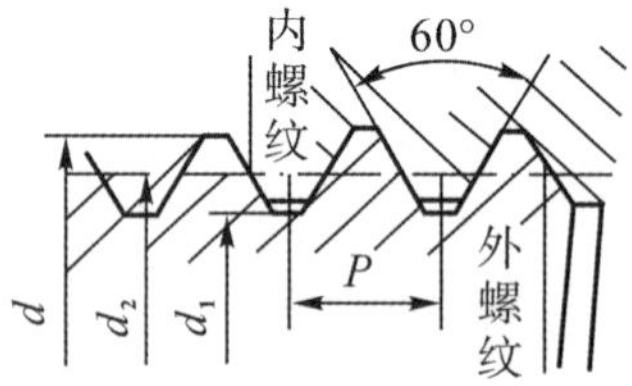 | 牙型为等边三角形，牙型角为 60°。同一公称直径按螺距大小，分为粗牙和细牙。一般连接多用粗牙螺纹，细牙螺纹常用于细小零件，薄壁管件或受冲击、振动和变载荷的连接中。 |
| 管螺纹 | 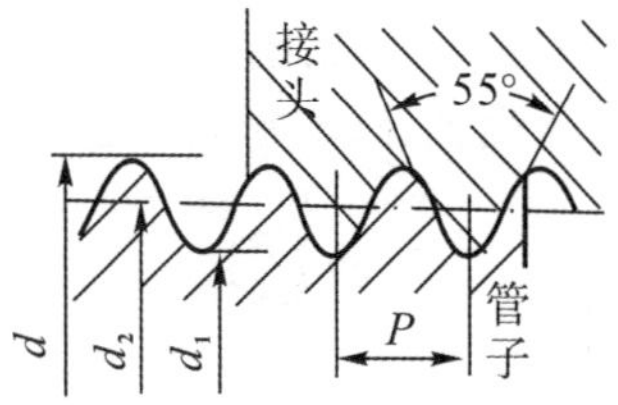 | 管螺纹是用于管子连接的螺纹，其螺纹牙分布在圆锥体上。常用的管螺纹根据牙型角的不同可分为 55°和 60°的管螺纹。管螺纹根据其密封的性能，可将其分为密封管螺纹和非密封管螺纹。 |
| 矩形螺纹 | 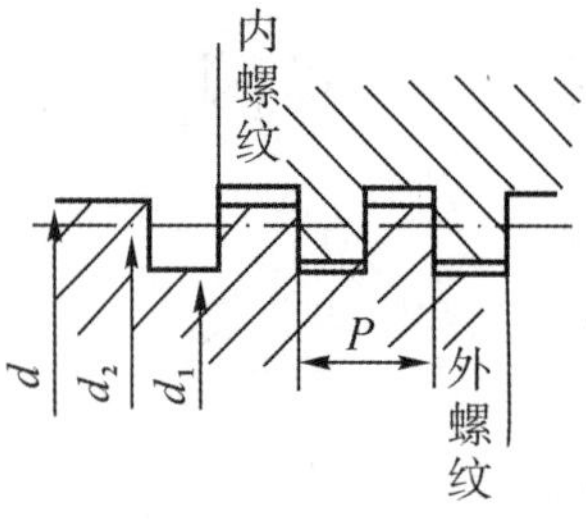 | 牙型为正方形，牙型角 $\alpha=0°$，其传动效率较其他螺纹高，但牙根强度弱，已逐渐被梯形螺纹所代替。 |

续表

| | | |
|---|---|---|
| 梯形螺纹 |  | 牙型为等腰梯形，牙型角为 $\alpha=30°$，与矩形螺纹相比，传动效率略低，但工艺性好，牙根强度高，对中性好。梯形螺纹是最常用的传动螺纹。 |
| 锯齿形螺纹 | 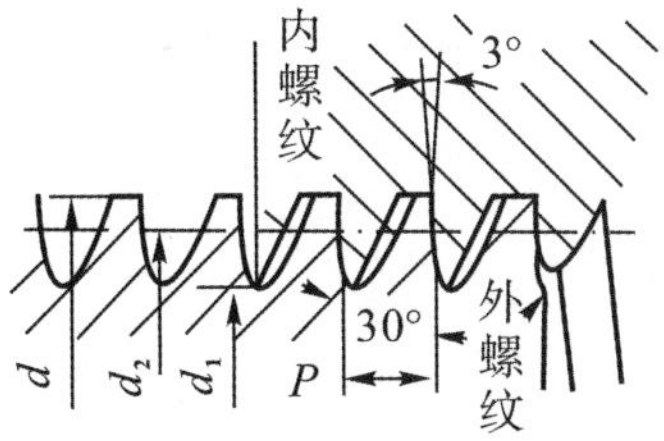 | 牙型为不等腰梯形，工作面的牙侧角为 3°，非工作面的牙侧角为 30°，这种螺纹兼有矩形螺纹传动效率高、梯形螺纹牙根强度高的特点，但只能用于单向受力的螺纹连接或螺旋传动中。 |

## (二)螺纹的主要参数

以圆柱普通螺纹为例说明螺纹的主要几何参数(见图 11-2)

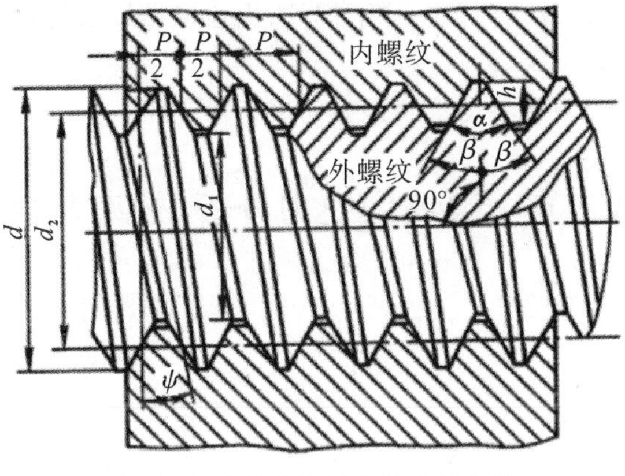


图 11-2 圆柱螺纹的主要几何参数

(1)大径 $d(D)$：螺纹的最大直径，与外螺纹牙顶(或内螺纹牙底)相重合的假想圆柱体的直径，在标准中称作公称直径。

(2)小径 $d_1(D_1)$：螺纹的最小直径，与外螺纹牙底(或内螺纹牙顶)相重合的假想圆柱体的直径，在强度计算中常作为危险剖面的计算直径。

(3)中径 $d_2(D_2)$：通过螺纹轴向剖面内牙型上的沟槽和凸起宽度相等处的假想圆柱面的直径，近似等于螺纹的平均直径，是确定螺纹几何参数的直径。

(4)螺距 $P$：螺纹相邻两牙在中径线上对应两点间的轴向距离。

(5)导程 $S$：同一条螺旋线上的相邻两牙在中径线上对应两点间的轴向距离。设螺旋线数为 $n$，则 $S=nP$。

(6)螺纹升角 $\psi$：在中径 $d_2$ 圆柱上，螺旋线的切线与垂直于螺纹轴线的平面的夹角。

$$\tan\psi=\frac{nP}{\pi d_2} \tag{11-1}$$

(7)牙型角 $\alpha$：轴向截面内螺纹牙相邻两侧边的夹角称为牙型角。牙型侧边与螺纹轴线的垂线间的夹角称为牙侧角 $\beta$。对于对称牙型 $\beta=\frac{a}{2}$。

## 二、案例解读

**案例 11-1** 分析图 11-3 所示的螺纹牙型和牙形角。

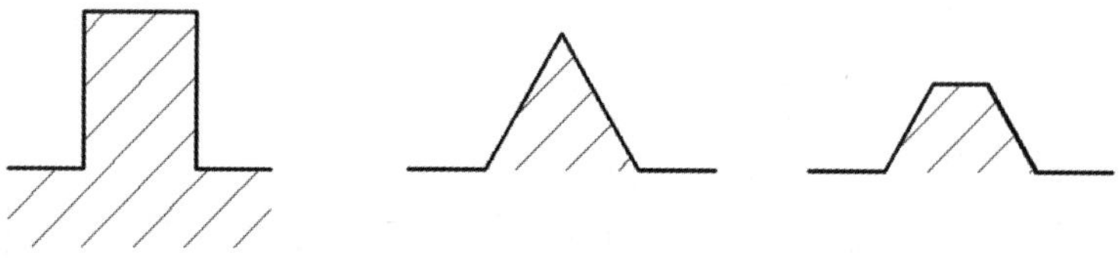


图 11-3 螺纹牙型和牙形角

分析：图 11-3(a)所示的牙型为矩形，牙型角为 0°；

图 11-3(b)所示的牙型为三角形，牙型角为 60°；

图 11-3(c)所示的牙型为梯形，牙型角为 30°。

## 三、学习任务

1. 试分析比较普通螺纹、管螺纹、梯形螺纹、锯齿形螺纹的特点，并结合生活当中的例子说一说它们的应用。

2. 查阅相关资料，说一说各类螺纹是如何进行标记的。

# 第二节 螺纹副受力分析、效率及自锁

## 一、理论要点

### (一)矩形螺纹

矩形螺纹同轴性差，牙根强度低，且难以精确切制，但用来做力的分析则较为简便。如图 11-4(a)所示的矩形螺旋副中，螺杆不动，螺母上作用有轴向载荷 $F_a$(其最小值为滑块的重力)。当对螺母作用一转矩 $T$ 使螺母等速旋转并沿力 $F_a$ 的反方向移动时，可以把螺母看成是滑块，在与中径圆周相切的水平力 $F$ 推动滑块沿螺纹运动(等速上移)，将矩形螺纹沿中径展开，则相当于滑块沿斜角为 $\psi$ 的斜面等速上移[见图 11-4(a)]，图中 $\psi$ 为螺纹升角，$F$ 为作用于中径处的水平推力，$F_n$ 为法向反力；$F_f=fF_n$ 为摩擦力；$\rho$ 为摩擦角，$\tan\rho=\frac{F_f}{F_n}=\frac{fF_n}{F_n}=f$，那么 $\rho=arc\tan f$。

当滑块沿斜面等速上升时，$F_a$ 为阻力，$F$ 为驱动力。因摩擦力向下，故总反力 $F_R$ 与 $F_a$ 的夹角为 $\psi+\rho$。由力的平衡条件可知，$F_R$、$F$ 和 $F_a$ 三力组成封闭的力多边形[图 11-4(b)]，由图可得：

$$F=F_a\tan(\psi+\rho) \tag{11-2a}$$

则拧紧螺母克服螺纹中阻力所需的转矩为：

$$T=F\cdot\frac{d_2}{2}=F_a\frac{d_2}{2}\tan(\psi+\rho) \tag{11-2b}$$

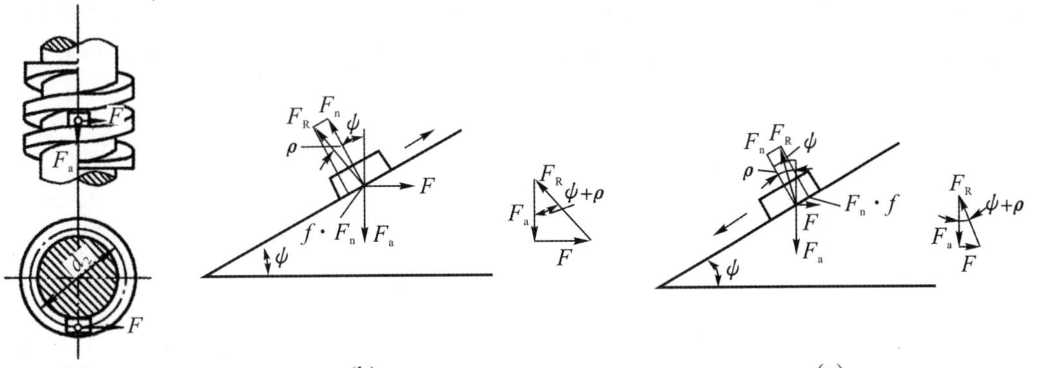

(a)　　(b)　　(c)

图 11-4　矩形螺纹的受力分析

这样拧紧螺母使旋转一圈，驱动功 $W_1=F\cdot\pi d_2$，克服载荷 $F_a$ 所做的有用功 $W_2=F_a\cdot S$，故螺旋副的效率为：

$$\eta=\frac{W_2}{W_1}=\frac{F_a\cdot S}{F\cdot\pi d_2}=\frac{F_a\pi d_2\tan\psi}{F_a\tan(\psi+\rho)\pi d_2}=\frac{\tan\psi}{\tan(\psi+\rho)} \tag{11-3}$$

由上式可知，效率 $\eta$ 与升角 $\psi$ 及摩擦角 $\rho$ 有关，一般情况下，螺旋线头数多，升角大，则效率高；相反升角越小，效率越低。当 $\rho$ 一定时，若对式(11-3)中取 $\frac{d\eta}{d\psi}=0$，可得当 $\psi=45°-\frac{\rho}{2}$ 时效率 $\eta$ 最高。但实际上，当 $\psi>25°$ 以后，效率增加很缓慢；另外螺纹升角 $\psi$ 过大会引起螺纹加工困难，所以一般 $\psi$ 角不大于 25°。

当螺母等速旋转并沿轴向载荷 $F_a$ 的方向移动(即松退)时，相当于滑块沿斜面等速下滑，轴向载荷 $F_a$ 变为驱动力，而 $F$ 变为阻力，它也是维持滑块等速运动所需的平衡力[图 11-4(c)]。由力多边形可得：

$$F=F_a\tan(\psi-\rho) \tag{11-4a}$$

作用在螺旋副上的相应力矩：

$$T=F_a\frac{d_2}{2}\tan(\psi-\rho) \tag{11-4b}$$

由式(11-4a)求出的 $F$ 值可为正，也可为负。当 $\psi>\rho$ 时，则 $F>0$，这表明要有足够大的向右的支持力 $F$ 才能使滑动处于平衡状态，否则滑块会在 $F_a$ 力作用下加速下滑；当 $\psi=\rho$ 时，则 $F=0$，表明去掉支持力 $F$，单纯在 $F_a$ 力作用下，滑块仍能保持平衡的临界状态；当 $\psi<\rho$ 时，则 $F<0$，这意味着此时要使滑块沿斜面下滑，必须给滑块一个与图中 $F$ 相反方向的力将滑块拉下，否则不论 $F_a$ 力有多大，滑块也不会自行下滑，即处于自锁状态。螺旋副的自锁条件为：

$$\psi\leqslant\rho \tag{11-5}$$

对于有自锁要求的螺纹，由于 $\psi<\rho$，由式(11-3)可得，拧紧螺母时螺旋副的效率总是小于 50%。

### （二）非矩形螺纹

非矩形螺纹是指牙侧角 $\beta\neq 0$ 的三角形螺纹、梯形螺纹和锯齿形螺纹。对比图 11-5(a)和 11-5(b)可知，若略去螺纹升角的影响，在轴向载荷 $F_a$ 作用下，非矩形螺纹的法向压力比矩形螺纹的大。若把法向压力的增加看作摩擦系数的增加，则非矩形螺纹的摩擦阻力可写为：

$$\frac{F_a}{\cos\beta}f=\frac{f}{\cos\beta}F_a=f'F_a \tag{11-6}$$

式中，$f'$ 为当量摩擦系数，即：

$$f'=\frac{f}{\cos\beta}=\tan\rho' \tag{11-7}$$

式中，$\rho'$ 为当量摩擦角；

$\beta$ 为牙侧角。

因此，在非矩形螺纹副中各力之间的关系、效率公式、自锁条件只需用当量摩擦系数 $f'$ 和当量摩擦角 $\rho'$ 代替矩形螺旋副相应公式中的 $f$ 和 $\rho$ 即可。

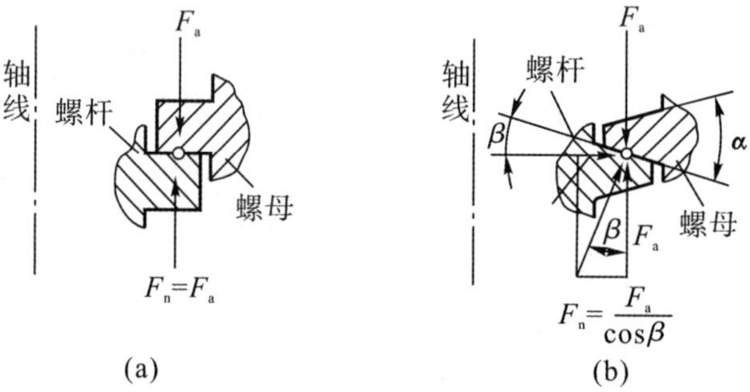


图 11-5　矩形螺纹与非矩形螺纹的法向力

以上分析适用于各种螺旋传动和螺纹连接。归纳起来就是：当轴向载荷为阻力，阻止螺旋副相对运动时（例如车床丝杠走刀时；螺纹连接拧紧螺母时；螺旋千斤顶举升重物时），相当于滑块沿斜面等速上升，应使用式（11-2b）。当轴向载荷为驱动力，与螺旋副相对运动方向一致时（例如旋松螺母时；用螺旋千斤顶降落重物时），相当于滑块沿斜面等速下滑，应使用式（11-4b）。

## 二、案例解读

**案例 11-2**　分析矩形螺纹、梯形螺纹、三角形螺纹和锯齿形螺纹当量摩擦系数和牙型角、摩擦系数之间的关系，试说明哪种螺纹的自锁性最好？

分析：当量摩擦系数 $f_v$ 和牙型角 $\alpha$、摩擦系数 $f$ 之间的关系：

$$f_v=\frac{f}{\cos\left(\frac{\alpha}{2}\right)}$$

矩形螺纹：$\alpha=0$，$f_v=f$　　　梯形螺纹：$\alpha=30°$，$f_v=1.035f$

三角形螺纹：$\alpha=60°$，$f_v=1.155f$　　　锯齿形螺纹：$\alpha=3°$，$f_v=1.001f$

由此可知，三角形螺纹的当量摩擦角最大，其自锁性最好，用于联接；其他螺纹多用于传动。

## 三、学习任务

1. 影响三角形螺纹、梯形螺纹和锯齿形螺纹工作效率的因素有哪些？
2. 矩形螺纹和非矩形螺纹，各有哪些优缺点？

# 第三节 螺纹连接的基本类型及螺纹紧固件

## 一、理论要点

### (一)螺纹连接的基本类型

**1. 螺栓连接**

螺栓连接的被连接件上开有通孔，螺栓贯穿通孔，被连接件不可太厚。插入螺栓后在螺栓的另一端放上垫圈、拧上螺母。

(1)普通螺栓连接。如图 11-6(a)所示，螺栓与孔之间留有间隙，孔的直径大约是螺栓公称直径的 1.1 倍，孔壁上不制作螺纹，通孔的加工精度要求较低，结构简单，装拆方便，应用十分广泛。

(2)铰制孔用螺栓连接。如图 11-6(b)所示，铰制孔用螺栓连接(也称配合螺栓连接)的被连接件通孔与螺栓的杆部之间采用基孔制过渡配合(H7/m6，H7/n6)，螺栓能精确固定被连接件的相对位置，并能承受横向载荷。这种连接对孔的加工精度要求较高，应精确铰制，连接也因此得名。铰制孔用螺栓用于需要被连接件精确定位的场合。工作时靠螺栓光杆部分传递载荷，该类螺栓在连接的同时还可起销轴的作用，如作为铰链轴、滑轮轴等。

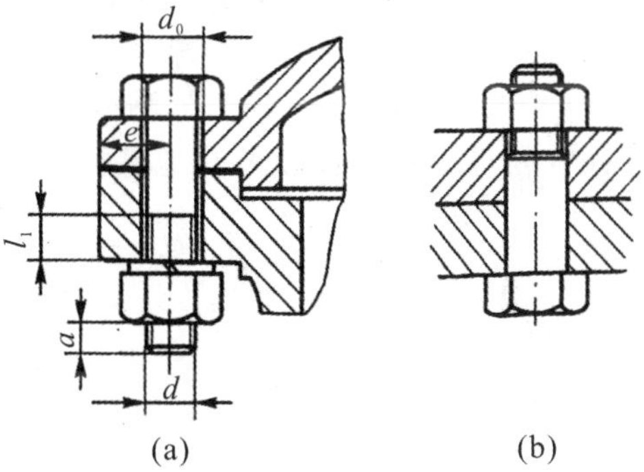


图 11-6 螺栓连接

螺纹余留长度 $l_1$；
静载荷 $l_1 \geqslant (0.3\sim0.5)d$；
变载荷 $l_1 \geqslant 0.75d$；
冲击载荷或弯曲载荷 $l_1 \geqslant d$；
铰制孔用螺栓 $l_1 \approx d$；
螺纹伸出长度 $a=(0.2\sim0.3)d$；
螺栓轴线到被连接件边缘的距离：
$e=d+(3\sim6)\text{mm}$；
通孔直径 $d_0 \approx 1.1d$。

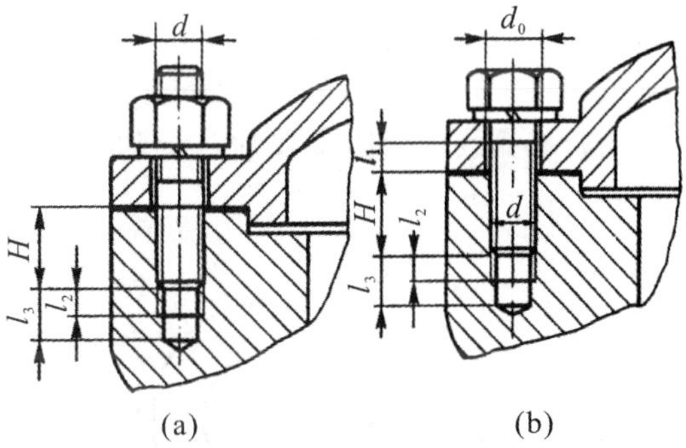


图 11-7 双头螺柱连接和螺钉连接

$H$ 为拧入深度，当带有螺纹孔件的材料为：
钢或青铜：$H \approx d$；
铸铁：$H=(1.25\sim1.5)d$；
铝合金：$H=(1.5\sim2.5)d$。

**2. 双头螺柱连接**

如图 11-7(a)所示，双头螺柱连接使用于结构上不能采用螺栓连接的场合，例如被连接件之一太厚不宜制成通孔，材料又比较软(如铝镁合金壳体)，且需要经常拆卸的场合。显然，拆卸这种连接时，不用拆下螺柱。

**3. 螺钉连接**

如图 11-7(b)所示，螺钉连接的特点是螺钉直接拧入被连接件的螺纹孔中，不必用螺母，结构简单紧凑，与双头螺柱连接相比外观整齐美观，其用途和双头螺柱连接相似。但当要经常拆卸时，易使螺纹孔磨损，导致被连接件报废，故多用于受力不大，不需经常拆卸的场合。

**4. 紧定螺钉连接**

紧定螺钉连接是利用拧入零件螺纹孔中的螺钉末端顶住另一零件的表面[见图11-8(a)]或顶入相应的凹坑中[见图 11-8(b)]，以固定两个零件的相对位置，并可同时传递不太大的力或力矩。

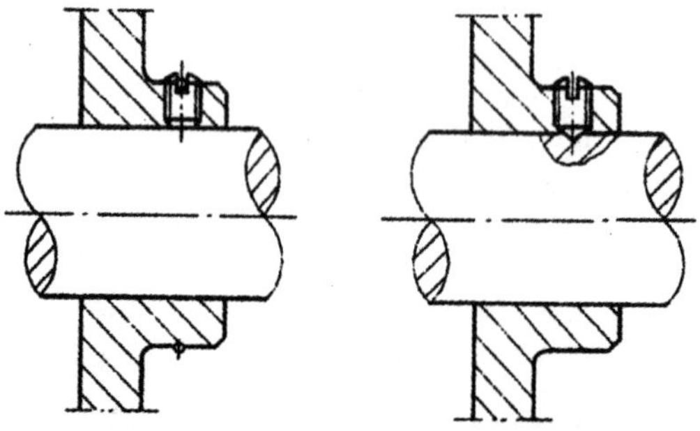

(a) (b)

图 11-8　紧定螺钉连接

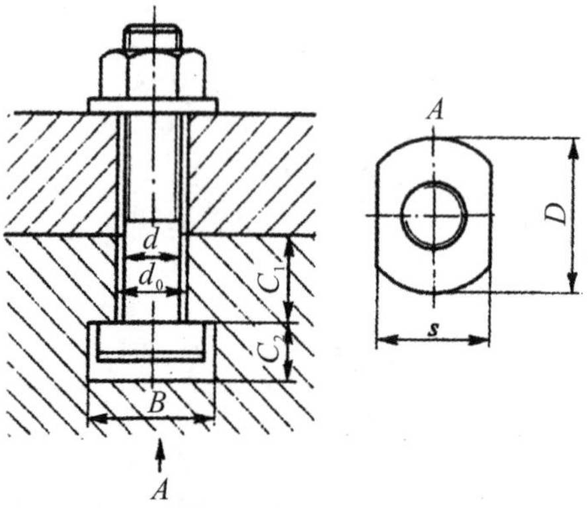


图 11-9　T 型槽螺栓连接

工程中除上述 4 种基本螺纹连接形式以外，还有一些特殊结构的连接。例如 T 型槽螺栓主要用于工装设备中的工装零件与工装机座的连接(见图 11-9)；吊环螺钉主要装在机器或大型零部件的顶盖或外壳上，以便于对设备实施起吊(见图 11-10)；地脚螺栓主要应用于将机座或机架固定在地基上的连接。使用前，应将地脚螺栓预埋在地基内(见图 11-11)。

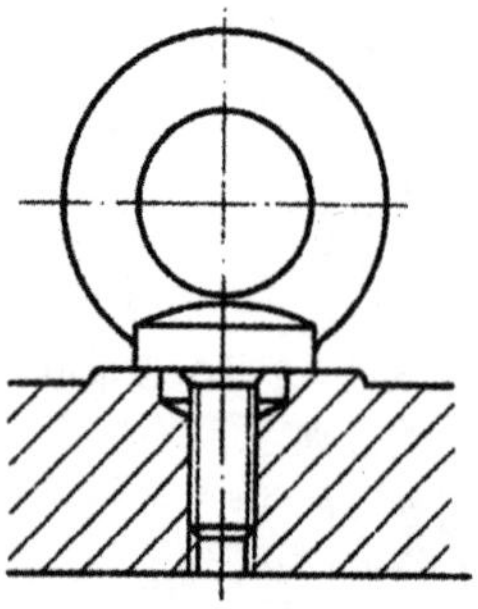

图 11-10　吊环螺钉连接

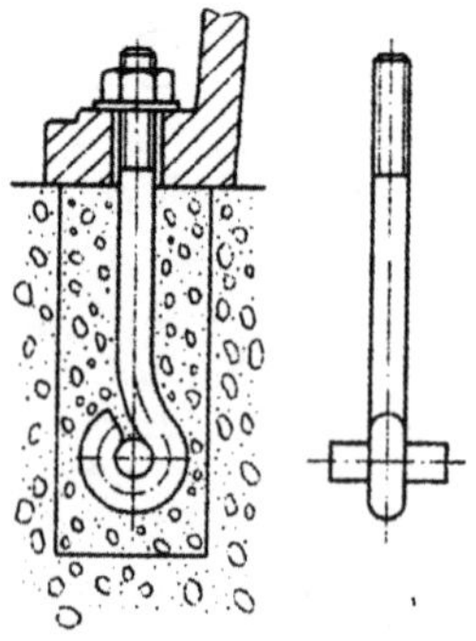

图 11-11　地脚螺栓连接

## (二)螺纹紧固件

螺纹紧固件的品种很多，在机械制造中常见的螺纹紧固件有螺栓、双头螺柱、螺钉、螺母和垫圈等。这类零件的结构形式和尺寸大都已标准化。它是一种商品性零件，经合理选择其规格、型号后，可直接到五金店购买。

**1. 螺栓**

普通六角头螺栓的种类很多，应用最广，最常用的有六角头和小六角头两种（见图11-12）。螺杆可制出一段螺纹或全螺纹，螺纹有粗牙和细牙之分。螺栓的头部形状很多，冷镦工艺生产的小六角头螺栓具有材料利用率高、生产率高、力学性能高和成本低等优点，但由于头部尺寸较小，不宜用于装拆频繁、被连接件强度低和易锈蚀的地方。螺栓也应用于螺钉连接中，不用螺母而作螺钉使用。

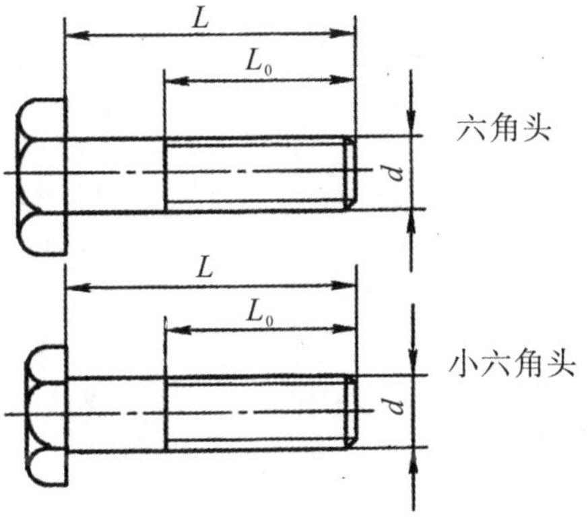


图 11-12　螺栓

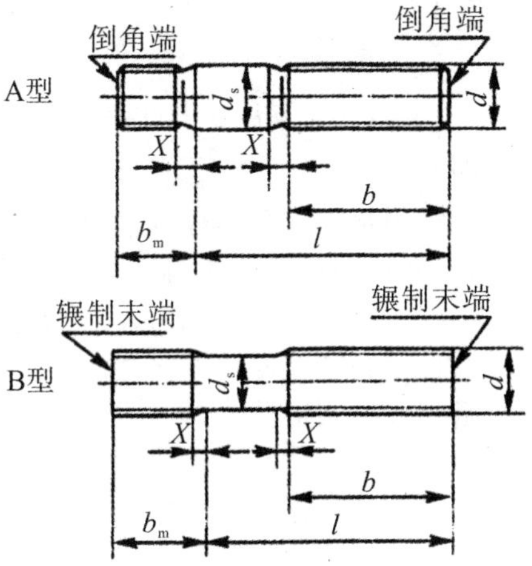


图 11-13　双头螺柱

**2. 双头螺柱**

双头螺柱（见图 11-13）旋入被连接件螺纹孔的一端称为座端，另一端为螺母端，其公称长度为 $l$。双头螺柱的两端都制有螺纹，两端螺纹可相同或不同，螺柱可带退刀槽（A 型）或制成腰杆（B 型）。螺柱的一端常用于旋入铸铁或有色金属的螺纹孔中，旋入后即不经常拆卸，以保护螺纹孔的螺纹，另一端则用于安装螺母以固定其他零件。螺柱也有制成全螺纹的。

**3. 螺钉、紧定螺钉**

如图 11-14、11-15 所示，螺钉、紧定螺钉的头部有内六角头、十字槽头等多种形式，以适应不同的拧紧程度。紧定螺钉末端要顶住被连接件之一的表面或相应的凹坑，其末端具有平端、锥端、圆柱端等各种形状。

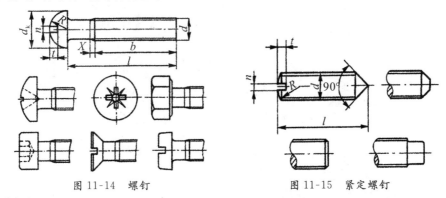

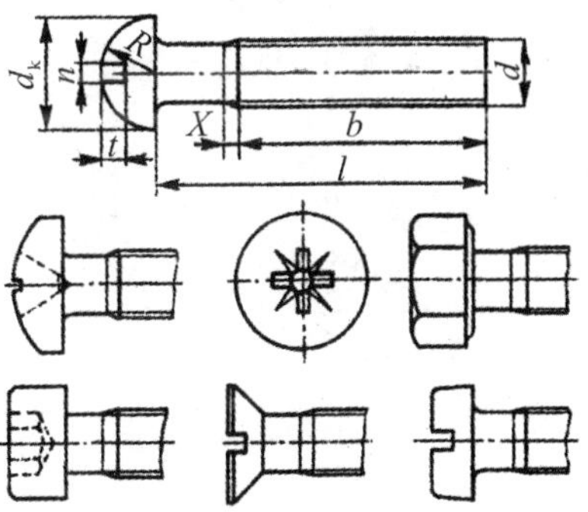


图 11-14　螺钉

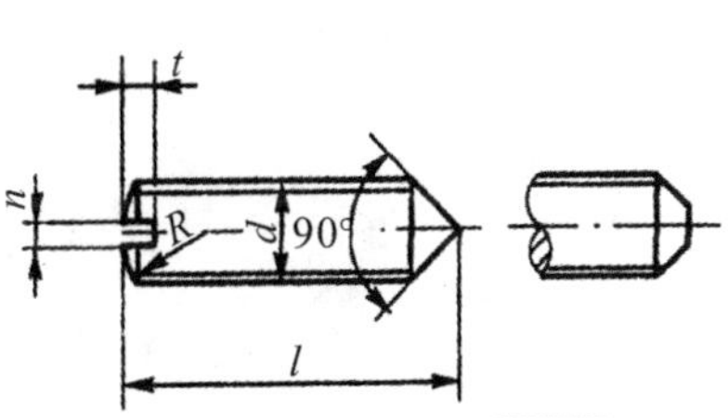


图 11-15　紧定螺钉

**4. 螺母**

螺母的形状有六角形、圆形（见图 11-16）等。根据螺母厚度的不同，螺母分为标准螺母、薄型螺母和厚螺母。薄型螺母常用于受剪力的螺栓上或空间尺寸受限制的场合。厚螺母用于经常装拆易于磨损之处。圆螺母常用于轴上零件的轴向固定。螺母的制造精度与螺栓相同，分别与相同级别的螺栓配用。

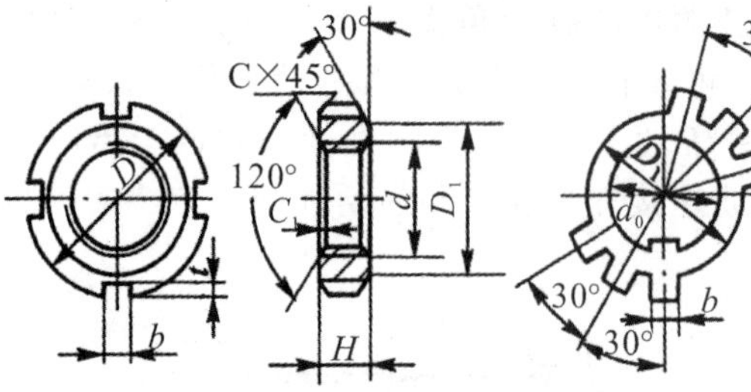


图 11-16　圆螺母与止动垫片

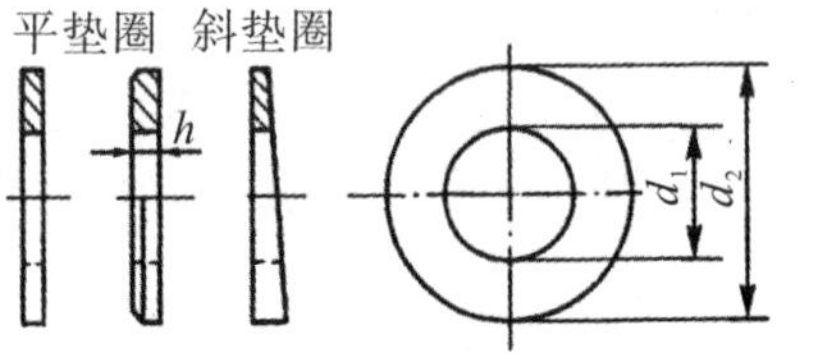


图 11-17　垫圈

**5. 垫圈**

垫圈的作用是增加被连接件的支承面积以减少接触处的挤压应力（尤其当被连接件材料强度较差时）和避免拧紧螺母时擦伤被连接件的表面。如图 11-17 所示的垫圈有平垫圈和斜垫圈（弹性垫圈以后介绍），常用的垫圈呈环状。用于同一螺纹直径的垫圈又分为特大、大、普通和小的四种规格，特大垫圈主要在铁木结构上使用。

螺纹紧固件按制造精度分为 A、B、C 三级（不一定每个类别都备齐 A、B、C 三级，详见有关手册），A 级精度最高。A 级螺栓、螺母、垫圈组合可用于重要的、要求装备精度高的、受冲击或变载荷的连接；B 级用于较大尺寸的紧固件；C 级用于一般螺栓连接。

## 二、案例解读

**案例 11-3**　分析说明图 11-18 中的螺纹联接。

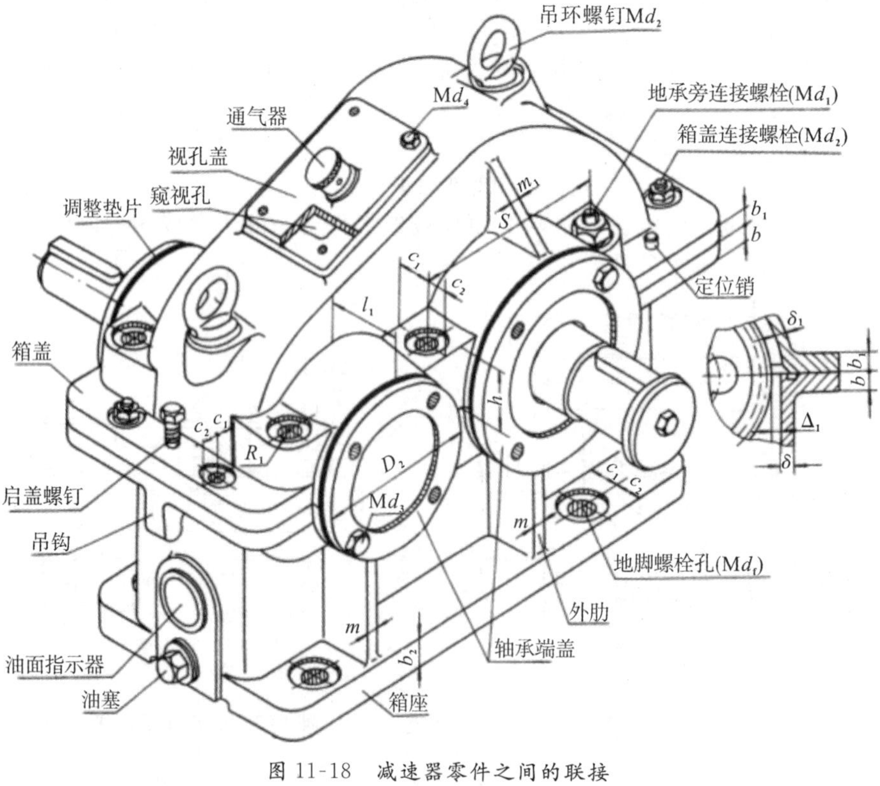


图 11-18　减速器零件之间的联接

分析：减速器中各零件之间需要通过某种形式相互联接，减速器箱体内零件安装后，需将箱盖与箱体扣合，先用定位销联接确定箱盖与箱体的相互位置，然后用箱盖连接螺栓进行联接；为了对轴承密封，轴承端部需安装轴承盖，通过螺钉与箱体联接。吊环螺钉（或吊耳）设在箱盖上，通常用于吊运箱盖，也用于吊运轻型减速器。地脚螺栓主要应用于将减速器机座固定在地基上。

## 三、学习任务

1. 对教师讲过的案例进行分析。
2. 指出题图 11-1 各机构应选用何种牙型的螺纹，理由是什么？

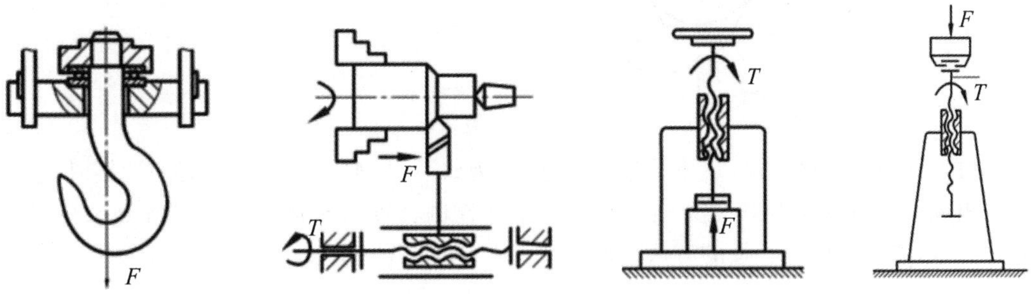


(a)起重吊钩　(b)机床的进给丝杆　(c)压力机　(d)螺旋千斤顶

题图 11-1

# 第四节 螺纹连接的预紧与防松

## 一、理论要点

使连接在承受工作载荷之前，预先受到的作用力称为预紧力。对于重要的螺纹连接，应控制其预紧力，因为预紧力的大小对螺纹连接的可靠性、强度和密封性均有很大的影响。

预紧力的具体数值应该根据载荷性质、连接刚度等具体的工作条件来确定。对于重要的螺栓连接，应在图纸上作为技术条件注明预紧力矩，以便在装配时保证。

### (一)拧紧力矩

如上所述，装配时预紧力的大小是通过拧紧力矩来控制的。因此，应从理论上找出预紧力和拧紧力矩之间的关系。螺纹连接的拧紧力矩 $T$ 等于克服螺纹副相对转动的阻力矩 $T_1$ 和螺母支承面上的摩擦阻力矩 $T_2$（见图 11-19）之和，经推导简化后得：

$$T \approx 0.2 F_0 d \quad \mathrm{N \cdot mm} \tag{11-8}$$

式中，$d$ 为螺纹公称直径（mm）；$F_0$ 为预紧力（N）。

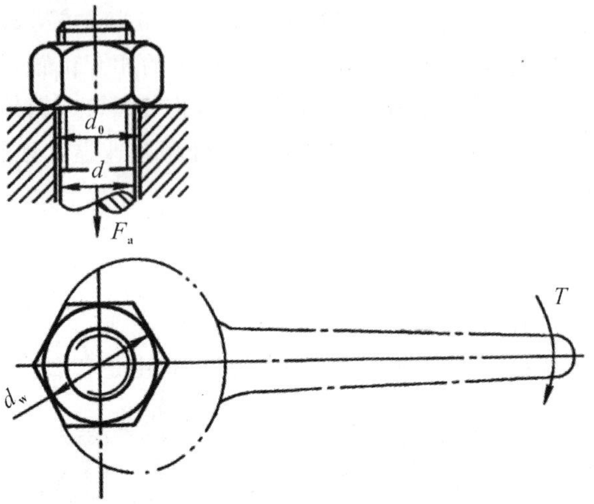


图 11-19　支承面摩擦阻力矩

对于重要的连接，应尽量不采用直径过小(例如小于 M12)的螺栓。必须使用时，应采用力矩扳手严格控制其拧紧力矩。对于预紧力控制精度要求高或大型螺栓连接的情况时，也采用测定螺栓伸长量的方法来控制预紧力。

## (二)螺纹连接的防松

在静载荷和工作温度变化不大时，螺纹连接不会自动松脱。但在冲击、振动或变载荷作用下，或在高温或温度变化较大的情况下，螺纹连接中的预紧力和摩擦力会逐渐减小或可能瞬时消失，导致连接松脱失效。为防止连接松脱，保证连接安全可靠，设计时必须采用有效的防松措施。

防松的根本问题在于防止螺旋副相对转动。按工作原理的不同，防松方法分为摩擦防松、机械防松和破坏螺旋副运动关系防松等，一般来说，摩擦防松简单、方便，但没有机械防松可靠。常用的防松方法见表 11-2。

**表 11-2　螺纹连接常用的防松方法**

| 防松方法 | | 结构形式 | 特点和应用 |
| --- | --- | --- | --- |
| 摩擦防松 | 对顶螺母 | 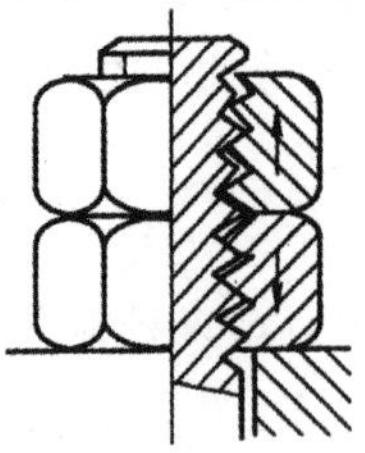 | 两螺母对顶拧紧后，旋合螺纹间始终受到附加的压力和摩擦力的作用。这种方法结构简单，适用于平稳、低速和重载的固定装置的连接。 |
| | 弹簧垫圈 | 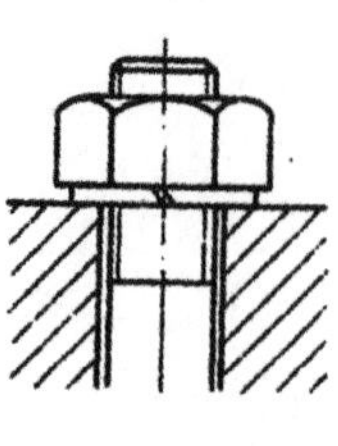 | 螺母拧紧后，靠垫圈压平而产生的弹性反力使旋合螺纹间压紧。同时垫圈斜口的尖端抵住螺母与被连接件的支承面也有防松作用。这种方法结构简单，使用方便，但在振动冲击载荷作用下，防松效果较差，一般用于不甚重要的连接。 |

**续表**

| 防松方法 | | 结构形式 | 特点和应用 |
|---|---|---|---|
| 摩擦防松 | 弹性圈锁紧螺母 | 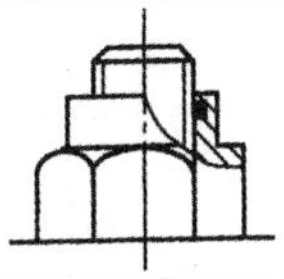 | 螺母中嵌有纤维或尼龙圈，拧紧后箍紧螺栓来增加摩擦力。该弹性圈还起防止液体泄漏的作用。 |
| 机械防松 | 开口销与六角开槽螺母 | 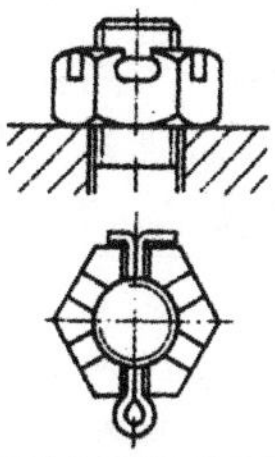 | 六角开槽螺母拧紧后，将开口销穿入螺栓尾部小孔和螺母的槽内，并将开口销尾部掰开与螺母侧面贴紧。这种方法适用于有较大冲击、振动的高速机械中运动部件的连接。 |
| | 止动垫圈 | 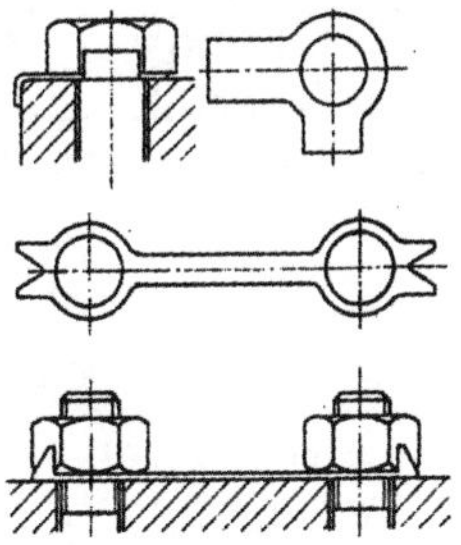 | 螺母拧紧后，将单耳或双耳止动垫圈分别向螺母和被连接件的侧面折弯贴紧，即可将螺母锁住。若两个螺栓需要双联锁紧时，可采用双联止动垫圈，使两个螺母相互制动。这种方法结构简单，使用方便，防松可靠。 |
| | 圆螺母和止动垫片 | 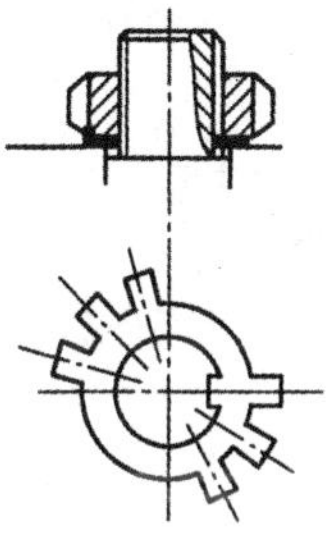 | 使垫片内翅嵌入螺栓（轴）的槽内，拧紧螺母后将垫片外翅之一折嵌于螺母的一个槽内。 |
| 破坏螺旋副运动关系防松 | 铆合 | 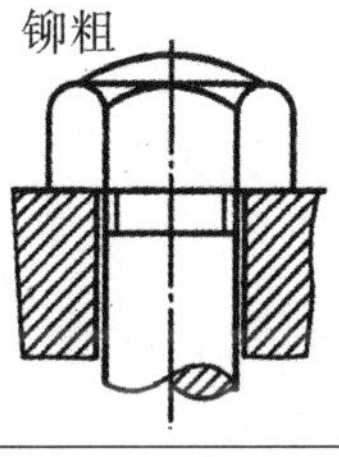 | 螺栓杆末端外露长度为(1～1.5)$P$(螺距)，当螺母拧紧后把螺栓末端伸出部分铆死。这种防松方法可靠，但拆卸后连接件不能重复使用。 |
| | 冲点 | 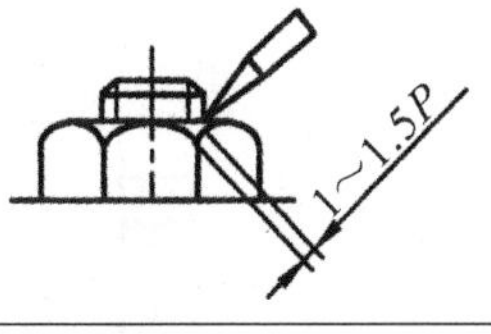 | 用冲头在螺栓杆末端与螺母的旋合缝处打冲，利用冲点防松。冲点中心一般在螺纹的小径处。这种防松方法可靠，但拆卸后连接件不能重复使用。 |
| | 涂胶黏结剂 | 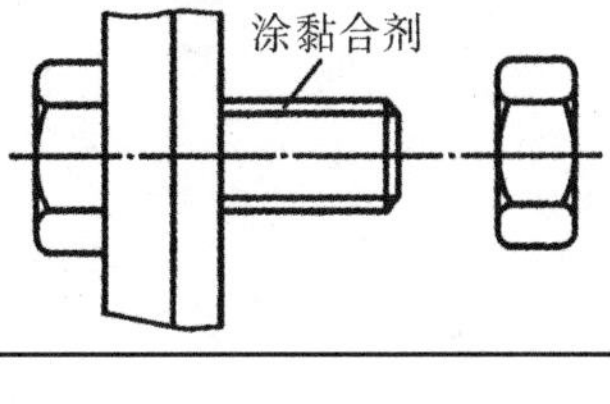 | 通常采用胶黏结剂涂于螺纹旋合表面，拧紧螺母后黏结剂能够自行固化，防松效果良好。 |

## 二、案例解读

**案例 11-4** 螺纹预紧力的控制方法。

控制预紧力的方法很多，通常是借助于测力矩扳手(见图 11-20)或定力矩扳手(见图 11-21)，通过控制拧紧力矩来间接控制预紧力的。

测力矩扳手的工作原理是根据扳手上的弹性元件 1，在拧紧力的作用下所产生的弹性变形来指示拧紧力矩的大小。为方便计量，可通过标定将指示刻度 2 直接以力矩值标出。

定力矩扳手的工作原理是当拧紧力矩超过规定值时，弹簧 3 被压缩，扳手卡盘 1 与圆柱销 2 之间打滑，如果继续转动手柄，卡盘即不再转动。拧紧力矩的大小可利用螺钉 4 调整弹簧压紧力来加以控制。

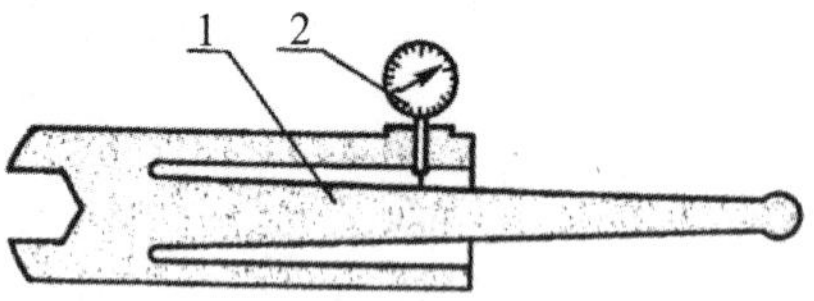


图 11-20 测力矩扳手

1-扳手；2-指示表。

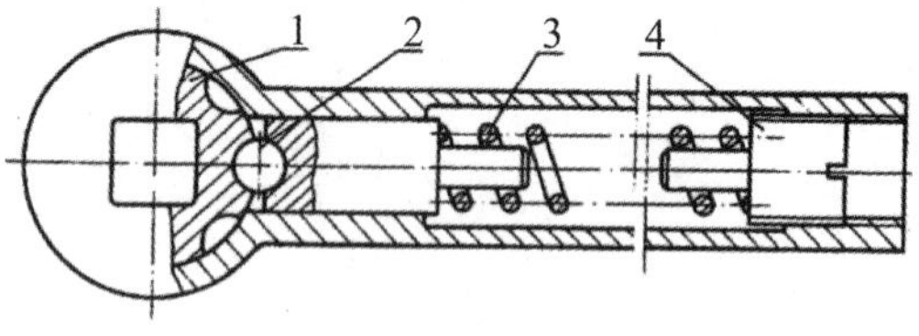


图 11-21 定力矩扳手

1-扳手卡盘；2-圆柱销；3-弹簧；4-螺钉。

**案例 11-5** 分析说明图 11-22 中各螺纹连接的防松方法和特点。

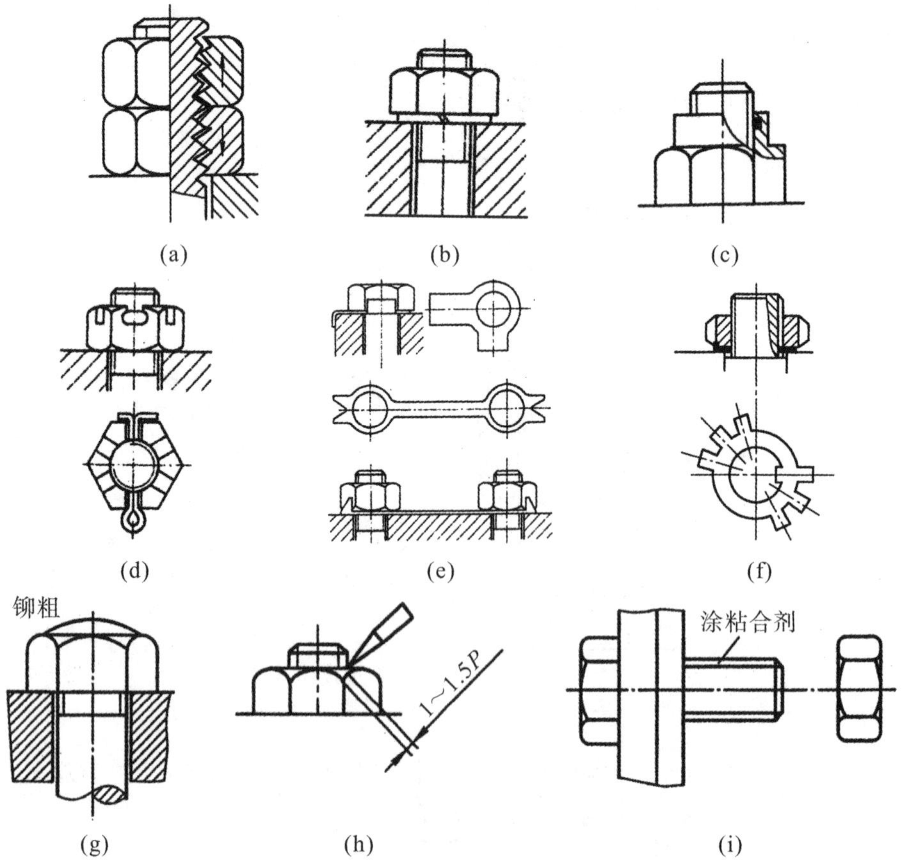


图 11-22 螺纹连接的防松方法

分析：(a)(b)(c)为摩擦防松，(d)(e)(f)为机械防松，(g)(h)(i)为破坏螺旋副运动关系防松。

(a)采用对顶螺母，两螺母对顶拧紧后，使旋合螺纹间始终受到附加的压力和摩擦力的作用。这种方法结构简单，适用于平稳、低速和重载的固定装置的连接。

(b)采用弹簧垫圈，螺母拧紧后，靠垫圈压平而产生的弹性反力使旋合螺纹间压紧。同时垫圈斜口的尖端抵住螺母与被连接件的支承面也有防松作用，一般用于不甚重要的连接。

(c)采用弹性圈锁紧螺母，螺母中嵌有纤维或尼龙圈，拧紧后箍紧螺栓来增加摩擦力。该弹性圈还起防止液体泄漏的作用。

(d)采用开口销与六角开槽螺母，六角开槽螺母拧紧后，将开口销穿入螺栓尾部小孔和螺母的槽内，并将开口销尾部掰开与螺母侧面贴紧。这种方法适用于有较大冲击、振动的高速机械中运动部件的连接。

(e)采用止动垫圈，螺母拧紧后，将单耳或双耳止动垫圈分别向螺母和被连接件的侧面折弯贴紧，即可将螺母锁住。若两个螺栓需要双联锁紧时，可采用双联止动垫圈，使两个螺母相互制动。这种方法结构简单，使用方便，防松可靠。

(f)采用圆螺母和止动垫片，使垫片内翅嵌入螺栓(轴)的槽内，拧紧螺母后将垫片外翅之一折嵌于螺母的一个槽内。

(g)采用铆合，螺栓杆末端外露长度为(1～1.5)$P$(螺距)，当螺母拧紧后将螺栓末端伸出部分铆合。

(h)采用冲点，用冲头在螺栓杆末端与螺母的旋合缝处打冲，利用冲点防松。冲点中心一般在螺纹的小径处。这种防松方法可靠，但拆卸后连接件不能重复使用。

(i)采用涂胶粘剂，通常采用胶黏结剂涂于螺纹旋合表面，拧紧螺母后黏结剂能够自行固化，防松效果良好。

### 三、学习任务

1. 用不少于300字对本节知识点进行梳理。
2. 列举分析生产生活中螺纹预紧和防松的装置。

## 第五节　螺纹连接强度的计算

### 一、理论要点

#### (一)螺栓连接的失效形式和计算准则

螺栓连接的强度计算是螺纹连接设计的基础，根据连接的工作情况，可将螺栓按受力形式分为受拉螺栓和受剪螺栓。螺栓的主要失效形式有：①螺栓杆螺纹部分发生断裂；②螺栓杆和孔壁的贴合面出现压溃或螺栓杆被剪断；③经常装拆时会因磨损而发生滑扣现象。因而其相应设计准则是保证螺栓的静力或疲劳拉伸强度、剪切强度和连接的挤压强度及耐磨性。螺栓与螺母的螺纹牙及其他各部尺寸是根据等强度原则及使用经验规定的。采用标准件时，这些部分都不需要进行强度计算。所以，螺栓连接的计算主要是确定螺纹小径 $d_1$，然后按照标准选定螺纹公称直径(大径)$d$ 及螺距 $P$ 等。

## (二)松螺栓连接强度的计算

松螺栓连接装配时，螺母不需要拧紧。在承受工作载荷前，除有关零件的自重(自重一般很小，强度计算时可略去)外，连接螺栓是不受力的，典型的应用实例如图 11-23 所示。

该螺栓连接在工作载荷 $F$ 作用下其强度条件式为：

$$\sigma=\frac{F}{\frac{1}{4}\pi d_1^2}\leqslant[\sigma] \tag{11-9a}$$

或

$$d_1\geqslant\sqrt{\frac{4F}{\pi[\sigma]}} \tag{11-9b}$$

式中，$d_1$ 为螺纹的小径(mm)；

$[\sigma]$为许用拉应力(MPa)，且$[\sigma]=\frac{\sigma_s}{S}$；

$\sigma_s$ 为材料的屈服极限；

$S$ 为安全系数；

安全系数需要根据具体情况，参照有关标准和设计规范进行。

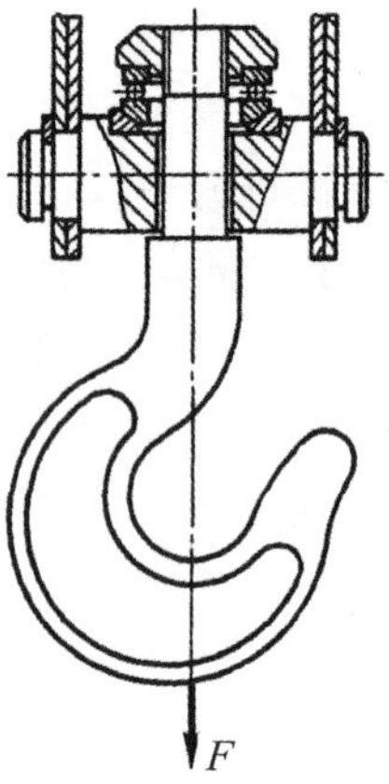

图 11-23 起重机吊钩的松螺栓连接

## (三)紧螺栓连接强度的计算

### 1. 仅受预紧力的紧螺栓连接

紧螺栓连接装配时需要拧紧，在工作状态下可能还需要补充拧紧。这时，螺栓除受预紧力 $F_0$ 的拉伸而产生拉伸应力外，还受拧紧螺纹时，因螺纹摩擦力矩而产生的扭转切应力，使螺栓处于拉伸与扭转的复合应力状态下。因此在进行强度计算时，应综合考虑拉伸应力和扭转切应力的作用。

螺栓危险截面的拉伸应力为：

$$\sigma=\frac{F_0}{\frac{1}{4}\pi d_1^2} \tag{11-10}$$

螺栓危险截面的扭转切应力为：

$$\tau=\frac{T_1}{\pi d_1^3/16}=\frac{F_0\tan(\psi+\rho')\cdot d_2/2}{\pi d_1^3/16}=\frac{2d_2}{d_1}\tan(\psi+\rho')\frac{F_0}{\pi d_1^2/4} \tag{11-11}$$

对于 M10～M68 的普通螺纹，取 $d_2/d_1$ 和 $\psi$ 的平均值，并取 $\tan\rho'=f'=0.15$，得：

$$\tau\approx 0.5\sigma \tag{11-12}$$

对于塑性材料，根据第四强度理论(最大变形能理论)，可得出螺栓在预紧状态下的当量应力为：

$$\sigma_{ca}=\sqrt{\sigma^2+3\tau^2}=\sqrt{\sigma^2+3\ (0.5\sigma)^2}\approx 1.3\sigma \tag{11-13}$$

因此，对于 M10～M68 的普通螺纹的钢制紧螺栓连接，在拧紧时虽然受到拉伸和扭转的联合作用，但在进行强度计算时可以只按拉伸强度计算，并将所受的拉力(预紧力 $F_0$)增加 30%来考虑扭转切应力的影响。这时，螺栓危险截面的强度条件可写为：

$$\frac{1.3F_0}{\pi d_1^2/4}\leqslant[\sigma] \tag{11-14}$$

式中，$[\sigma]$为螺栓的许用应力，单位为 MPa。

**2. 受横向外载荷的紧螺栓连接**

图 11-24 所示的螺栓连接，螺栓与孔之间留有间隙，被连接件承受垂直于螺栓轴线的横向工作载荷 $F$。由于螺栓受预紧力 $F_0$ 作用，被连接件受到压力，接合面间产生的摩擦力 $F_0\cdot f$ 保持连接件无相对滑动，若接合面间的摩擦力不足，在横向载荷作用下发生相对滑动，则认为连接失效。若满足不滑动条件

$$F_0 f\geqslant F \tag{11-15}$$

则连接不发生滑动。若考虑到连接的可靠性及结合面的数目，则上式可改成：

$$F_0 fm\geqslant CF$$

即：

$$F_0\geqslant\frac{CF}{mf} \tag{11-16}$$

式中，$F_0$ 为预紧力；

$C$ 为可靠性系数，通常取 $C=1.1\sim1.3$；

$m$ 为接合面数目；

$f$ 为接合面摩擦系数。对于钢或铸铁被连接件可取 $f=0.1\sim0.15$。求出 $F_0$ 值后，可按式(11-14)计算螺栓强度。

当 $f=0.15$、$C=1.2$、$m=1$ 时，代入式(11-16)可得：

$$F_0\geqslant\frac{CF}{mf}=\frac{1.2F}{1\times0.15}=8F \tag{11-17}$$

从上式可知，当承受横向外载荷 $F$ 时，预紧力 $F_0$ 应至少为横向工作载荷的 8 倍。这种靠摩擦力抵抗工作载荷的紧螺栓连接，要求保持较大的预紧力，会使螺栓的结构尺寸增加。此外，在振动、冲击或变载荷下，由于摩擦系数的变动，将使连接的可靠性降低，有可能出现松脱。

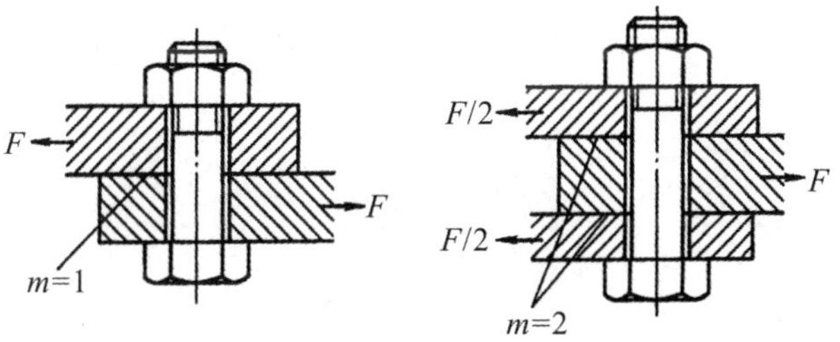


图 11-24　受横向外载荷的紧螺栓连接

为了避免上述缺陷，可以考虑用各种减载零件来承担横向工作载荷(见图 11-25)，这种具有减载零件的紧螺栓连接，其连接强度按减载零件的剪切、挤压强度条件计算，而螺纹连接只是保证连接，不再承受工作载荷，因此预紧力不必很大。但这种结构增加了结构和工艺的复杂性。

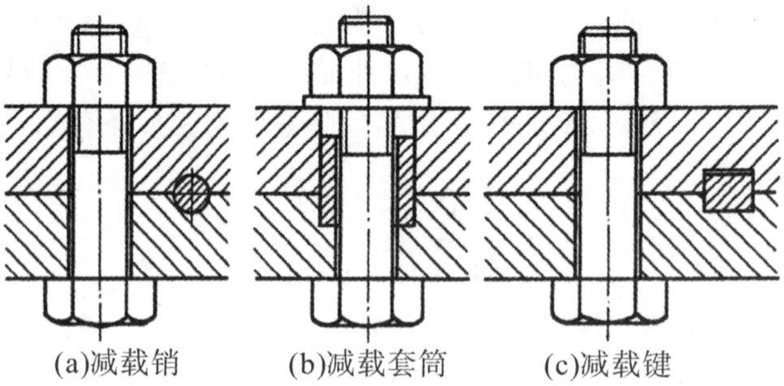


图 11-25 受横向外载荷的减载零件

**3. 承受轴向载荷的紧螺栓连接**

图 11-26 是单个螺栓连接受力变形图，这种受力形式在紧螺栓连接中比较常见，因而也是最重要的一种。这种紧螺栓连接承受轴向拉伸工作载荷 $F$ 后，由于螺栓和被连接件的弹性变形，螺栓所受的总拉力 $F_2$ 并不等于预紧力 $F_0$ 和工作拉力 $F$ 之和（即 $F_2 \neq F_0 + F$）。根据理论分析，螺栓的总拉力 $F_2$ 除了与预紧力 $F_0$、工作拉力 $F$ 有关外，还受到螺栓刚度 $C_b$ 及被连接件刚度 $C_m$ 等因素的影响。因此，应从分析螺栓连接的受力和变形的关系入手，分析螺栓所受总拉力的大小。

图 11-26(a)表示螺母刚好拧到与被连接件接触，但尚未拧紧。此时螺栓与被连接件都不受力，因而也不产生变形。

图 11-26(b)表示螺母已拧紧，但尚未承受工作载荷。此时螺栓承受预紧力 $F_0$，其伸长量为 $\lambda_b$。同时，被连接件则受到 $F_0$ 的压缩作用，其压缩量为 $\lambda_m$。

图 11-26(c)表示已承受工作载荷 $F$ 的情况。此时螺栓因拉力由 $F_0$ 增至 $F_2$ 而继续伸长，其伸长增量为 $\Delta\lambda$，其总伸长量为 $\lambda_b + \Delta\lambda$。根据变形协调条件，此时被连接件压缩变形的减小量也为 $\Delta\lambda$，总压缩量为 $\lambda_m' = \lambda m - \Delta\lambda$。同时被连接件的压缩力由 $F_0$ 减至 $F_1$。$F_1$ 称为残余预紧力。

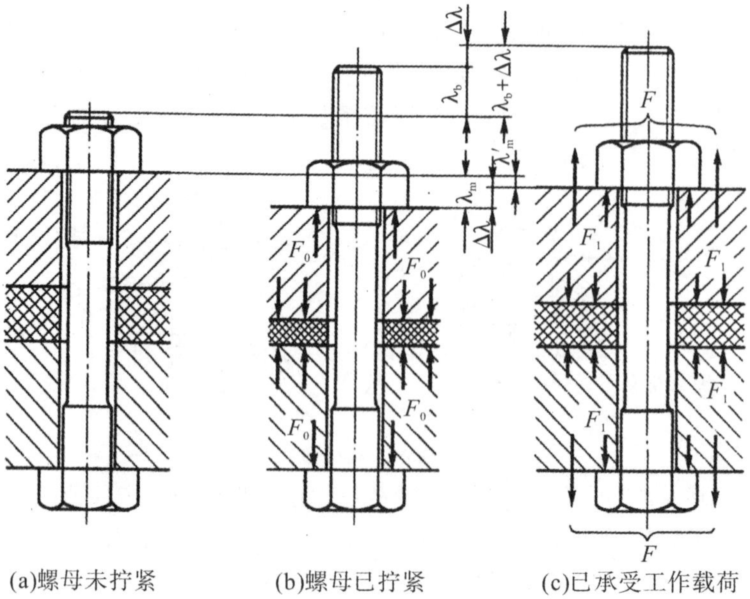


图 11-26 单个螺栓连接受力变形图

显然，连接受载后，由于预紧力的变化，螺栓的总拉力 $F_2$ 并不等于预紧力 $F_0$ 和工作拉力 $F$ 之和，而等于残余预紧力 $F_1$ 与工作拉力 $F$ 之和。

$$F_2=F_1+F \tag{11-18}$$

为了保证连接的紧密性，以防止连接受载后接合面出现缝隙，应使残余预紧力 $F_1>0$。推荐采用的残余预紧力列于表 11-3 之中。

**表 11-3　螺纹连接残余预紧力的大小**

| 有紧密性要求的连接 | 一般连接，工作载荷稳定 | 一般连接，工作载荷不稳定 | 地脚螺栓连接 |
|---|---|---|---|
| $F_1=(1.5\sim1.8)F$ | $F_1=(0.2\sim0.6)F$ | $F_1=(0.6\sim1.0)F$ | $F_1\geqslant F$ |

在一般计算中，可先根据连接的工作要求规定残余预紧力 $F_1$，其次由式(11-18)求出总拉力 $F_2$，然后按式(11-16)计算螺栓强度。

若轴向工作载荷 $F$ 在 $0\sim F$ 间周期性变化，则螺栓所受总拉力应在 $F_0\sim F_2$ 间变化。受变载荷螺栓的粗略计算可按总拉伸载荷 $F_2$ 进行，其强度条件仍为式(11-16)，所不同的是许用应力应按表 11-6 和表 11-7 在变载荷项内查取。

**4. 承受工作剪力的紧螺栓连接**

如图 11-27 所示，这种连接是利用铰制孔用螺栓抗剪切来承受横向载荷 $F$ 的，螺栓杆与孔壁之间无间隙，接触表面受挤压；在连接接合面处，螺栓杆则受剪切。因此，应分别按挤压及剪切强度条件计算。

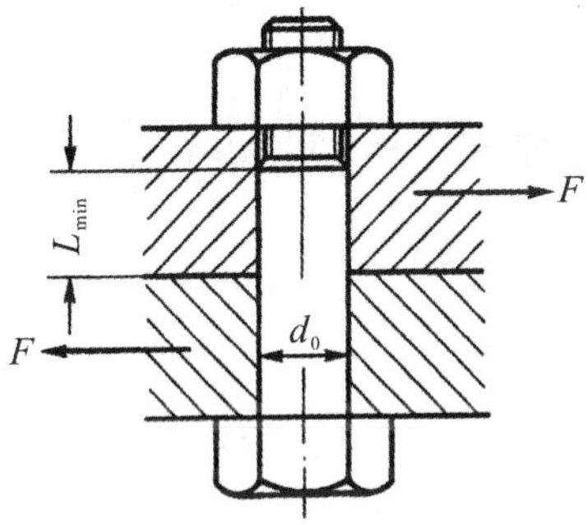


图 11-27　承受工作剪力的紧螺栓连接

计算时，假设螺栓杆与孔壁表面上的压应力分布是均匀的，又因这种连接所受的预紧力很小，所以不考虑预紧力和螺纹摩擦力矩的影响。因此有：

螺栓杆与孔壁的挤压强度条件为：

$$\sigma_p=\frac{F}{d_0L_{min}}\leqslant[\sigma]_p \tag{11-19}$$

螺栓杆的剪切强度条件为：

$$\tau=\frac{F}{\frac{\pi}{4}d_0^2}\leqslant[\tau] \tag{11-20}$$

式中，$F$ 为螺栓所受的工作剪力，单位为 N；

$d_0$ 为螺栓剪切面的直径(可取螺栓孔直径)，单位为 mm；

$L_{min}$ 为螺栓杆与孔壁挤压面的最小高度，单位为 mm，设计时应使 $L_{min}\geqslant1.25d_0$；

$[\sigma]_p$ 和 $[\tau]$ 分别是螺栓或孔壁材料的许用挤压应力和螺栓材料的许用切应力，单位为 MPa。

## 二、案例解读

**案例 11-6** 如图 11-28 所示为一钢制液压油缸，油压 $p=4\text{N/mm}^2$，$D=160\text{mm}$，沿凸缘圆周均匀分布 8 个螺栓，试确定所受总拉力。

解：(1)液压油缸上的载荷 $P$ 为：

$$P=\frac{\pi D^2}{4}p=\frac{3.14\times160^2}{4}\times4=80384\text{N}$$

(2)每个螺栓的工作载荷为：

$$F=\frac{P}{Z}=\frac{80384}{8}=10048\text{N}$$

(3)因液压油缸的螺栓联接属紧密联接，故取紧密因数为 $K=2.7$。则螺栓所受总拉力为 $F_\Sigma=KF=2.7\times10048=27129.6\text{N}$

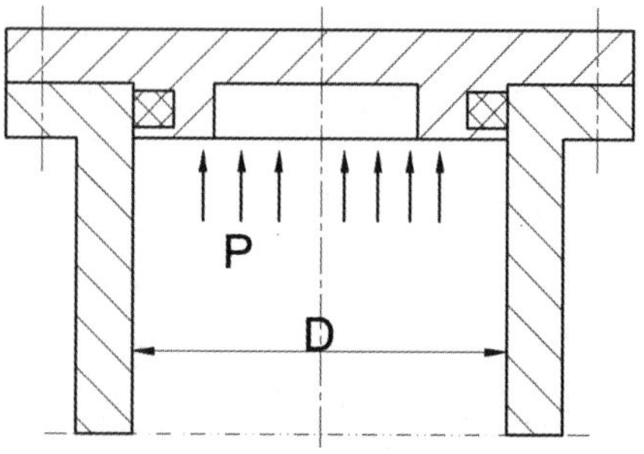


图 11-28

## 三、学习任务

1. 总结螺栓的主要失效形式有哪些？

2. 试着自行推导受横向外载荷的紧螺栓连接强度计算式、分析式中每个字母代表的含义。

# 第六节　螺纹连接件的材料和许用应力

## 一、理论要点

### (一)螺纹连接件的材料

标准螺纹连接件常用材料有低碳钢(Q215、10 钢)、中碳钢(Q235、35 钢、45 钢)和合金钢(15Cr、40Cr、30CrMnSi)。对用于特殊用途(防磁、导电)的螺纹连接件也有用特殊钢、铜合金或铝合金等。普通垫圈的材料，推荐采用 Q235、15 钢、35 钢，弹簧垫圈用 65Mn 制造，并经热处理和表面处理。

国家标准规定螺纹连接件在图纸上一般不标材料牌号，而是按材料的力学性能分出等级(简示见表 11-4 和表 11-5，详见 GB/T 3098.1—2000 和 GB/T 3098.2—2000)。螺栓、螺柱、螺钉的性能等级分为十级，从 3.6 到 12.9。小数点前的数字代表材料的抗拉强度极限的 1/100($\sigma_B/100$)，小数点后的数字代表材料的屈服极限($\sigma_S$ 或 $\sigma_{0.2}$)与抗拉强度极限($\sigma_B$)之比值(屈强比)的 10 倍。例如性能等级 5.6，其中 5 表示材料的抗拉强度极限为 500MPa，6 表示屈服极限与抗拉极限之比为 0.6。螺母的性能等级分为七级，从 4 到 12。数字粗略表示螺母能承受的最小应力 $\sigma_{min}$ 的 1/100($\sigma_{min}/100$)。在一般用途的设计中，通常选用 4.8 级左右的螺栓，在重要的或有特殊要求设计中的螺纹连接件中，要选用高的性能等级，如在压力容器中常采用 8.8 级的螺栓。选用时需注意所用螺母的性能等级应不低于与其相配螺栓的性能等级。

**表 11-4 螺栓、螺钉和螺柱的性能等级**

<table>
<tr><td>性能等级(标记)</td><td>3.6</td><td>4.6</td><td>4.8</td><td>5.6</td><td>5.8</td><td>6.8</td><td>8.8</td><td>9.8</td><td>10.9</td><td>12.9</td></tr>
<tr><td>抗拉强度极限<br>$\sigma_B$/MPa</td><td>300</td><td>400</td><td>500</td><td>600</td><td>800</td><td>900</td><td>1000</td><td>1200</td><td></td><td></td></tr>
<tr><td>屈服极限<br>$\sigma_S$ 或($\sigma_{0.2}$)/MPa</td><td>180</td><td>240</td><td>320</td><td>300</td><td>400</td><td>480</td><td>640</td><td>720</td><td>900</td><td>1080</td></tr>
<tr><td>布氏硬度/$HBS_{min}$</td><td>90</td><td>114</td><td>124</td><td>147</td><td>152</td><td>181</td><td>238</td><td>276</td><td>304</td><td>366</td></tr>
<tr><td>推荐材料</td><td>低碳钢</td><td colspan="5">低碳钢或中碳钢</td><td colspan="2">低碳合金钢、中碳钢，淬火并回火</td><td>中碳钢</td><td>合金钢淬火并回火</td></tr>
</table>

注：规定性能等级的螺栓、螺母在图纸中只标出性能等级，不应标出材料牌号。

**表 11-5 螺母的性能等级**

<table>
<tr><td>性能等级</td><td>4</td><td>5</td><td>6</td><td>8</td><td>9</td><td>10</td><td>12</td></tr>
<tr><td>螺母保证最小应力<br>$\sigma_{min}$/MPa</td><td>510($d \geqslant 16-39$)</td><td>520($d \geqslant 3-4$)</td><td>600</td><td>800</td><td>900</td><td>1040</td><td>1150</td></tr>
<tr><td>推荐材料</td><td colspan="2">易切削钢，低碳钢</td><td>低碳钢或中碳钢</td><td colspan="2">中碳钢</td><td colspan="2">中碳钢，低、中碳合金钢，淬火并回火</td></tr>
<tr><td>相配螺栓的性能等级</td><td>3.6，4.6，4.8<br>($d>16$)</td><td>3.6，4.6，4.8<br>($d \leqslant 16$)；<br>5.6，5.8</td><td>6.8</td><td>8.8</td><td>8.8($d \geqslant 16-39$)<br>9.8($d \leqslant 16$)</td><td>10.9</td><td>12.9</td></tr>
</table>

注：(1)均指粗牙螺纹螺母；

(2)性能等级为 10.12 的硬度最大值为 38HRC，其余性能等级的硬度最大值为 30HRC。

## (二)螺纹连接件的许用应力

螺纹连接件的许用应力与载荷性质(静、变载荷)、装配情况(松连接或紧连接)以及螺纹连接件的材料、结构尺寸等因素有关。螺纹连接件的许用拉应力[$\sigma$]、许用切应力[$\tau$]、许用挤压应力$[\sigma]_p$ 和相应安全系数见表 11-6 和表 11-7。

**表 11-6 螺纹连接的许用应力**

<table>
<tr><td colspan="3">螺纹连接受载情况</td><td colspan="2">许用应力</td></tr>
<tr><td colspan="3">松螺栓连接</td><td rowspan="2">$[\sigma]=\sigma_S/S$</td><td>$S=1.2\sim1.7$</td></tr>
<tr><td rowspan="3">紧螺栓连接</td><td colspan="2">受轴向、横向载荷</td><td>控制预紧力时 $S=1.2\sim1.5$<br>不严格控制预紧力时，查表 11.7</td></tr>
<tr><td rowspan="2">铰制孔用螺栓受横向载荷</td><td>静载荷</td><td colspan="2">$[\tau]=\sigma_S/2.5$<br>$[\sigma_P]=\sigma_S/1.25$(被连接件为钢)<br>$[\sigma_P]=\sigma_{bp}/(2\sim2.5)$(被连接件为铸铁)</td></tr>
<tr><td>变载荷</td><td colspan="2">$[\tau]=\sigma_S/(3.5\sim5)$<br>$[\sigma_P]$按静载荷的$[\sigma_P]$值降低 20%～30%</td></tr>
</table>

表 11-7 螺纹连接的安全系数 $S$(不能严格控制预紧力时)

| 材料 | 静载荷 | | 变载荷 | |
|---|---|---|---|---|
| | M6～M16 | M16～M30 | M6～M16 | M16～M30 |
| 碳素钢<br>合金钢 | 4～3<br>5～4 | 3～2<br>4～2.5 | 10～6.5<br>7.6～5 | 6.5<br>5 |

## 二、案例解读

**案例 11-7** 如图 11-29 所示，一钢制液压油缸，油缸壁厚为 10mm，油压 $p=1.6$MPa，$D=160$mm，试计算其上盖的螺栓连接和螺栓分布圆直径 $D_0$。注：为保证容器结合面密封可靠，允许的螺栓最大间距 $l\left(=\frac{\pi d_0}{z}\right)$为：当 $p\leqslant1.6$MPa 时，$l\leqslant7d$；当 $p=1.6\sim10$MPa 时，$l\leqslant4.5d$；当 $p=10\sim30$MPa 时，$l\leqslant(4\sim3)d$。$d$ 为螺栓的公称直径，确定螺栓数 $z$ 时，应使其满足上述条件。

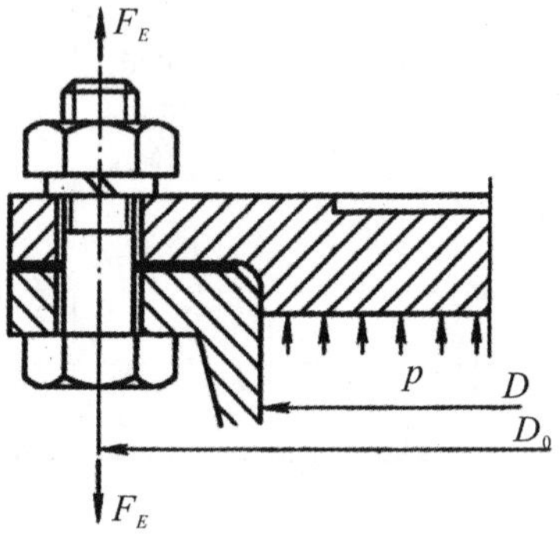


图 11-29 压力容器的螺栓连接

解：(1)确定螺栓工作载荷 $F_E$

暂取螺栓数 $Z=8$，则每个螺栓承受的平均轴向工作载荷 $F_E$ 为：

$$F_E=\frac{p\cdot\pi D^2/4}{z}=1.6\times\frac{\pi\times160^2}{4\times8}=4.02\text{kN}$$

(2)确定螺栓总拉伸载荷 $F_2$

根据前面所述，对于压力容器取残余预紧力 $F_1=1.8F_E$；则由式 (11-18)可得：

$$F_2=F_E+1.8F_E=2.8\times4.02=11.3\text{kN}$$

(3)求螺栓直径

按表 11-5 选取螺栓材料性能等级为 4.8 级，$\sigma_S=320$MPa，装配时不要求严格控制预紧力，按表 11-7 暂取安全系数 $S=3$，螺栓许用应力为：

$$[\sigma]=\frac{\sigma_S}{S}=\frac{320}{3}=107\text{MPa}$$

由式(11-15)得螺纹的小径为：

$$d_1\geqslant\sqrt{\frac{4\times1.3F_2}{\pi[\sigma]}}=\sqrt{\frac{4\times1.3\times11.3\times10^3}{\pi\times107}}=13.22\text{mm}$$

查表取 M16 螺栓（小径 $d_1=13.835$mm）。按照表 11-7 可知所取安全系数 $S=3$ 是正确的。

(4)确定螺栓分布圆直径,螺栓置于凸缘中部

从图 11-29 可以确定螺栓分布圆直径 $D_0$ 为:

$D_0=D+2e+2\times10=\{160+2\times[16+(3\sim6)]+2\times10\}=218\sim224\text{mm}$

取 $D_0=220\text{mm}$。

螺栓间距 $l$ 为:

$l=\dfrac{\pi D_0}{z}=\dfrac{\pi\times220}{8}=86.4\text{mm}$

可知,当 $p\leqslant1.6\text{MPa}$ 时,$l\leqslant7d=7\times16=112\text{mm}$ 所以选取的 $D_0$ 和 $z$ 是合宜的。

在本例题中,求螺纹直径时要用到许用应力$[\sigma]$,而$[\sigma]$又与螺纹直径有关,所以常需采用试算法。这种方法在其他零件设计计算中还要经常用到。

### 三、学习任务

1. 对教师讲过的案例进行分析。

2. 结合本节所学内容,完成以下练习。

如图 11-29 所示压力容器的螺栓连接,假如液压缸内径为 220mm,工作油压 $p$ 为 1.4MPa,缸体与缸盖用 12 个普通螺栓联接,安装时控制预紧力。试确定螺栓的公称直径。

## 第七节　提高螺栓连接强度的措施

### 一、理论要点

螺栓连接的强度主要取决于螺栓的强度,因此,研究影响螺栓强度的因素,并提高螺栓的强度,将大大提高连接系统可靠性。影响螺栓强度的因素很多,主要涉及螺纹牙的载荷分配、应力变化幅度、应力集中、附加应力、材料的力学性能和制造工艺等方面。下面简单分析各种因素对螺栓强度的影响以及提高螺栓强度的措施。

**1. 改善螺纹牙上载荷分布不均的现象**

由于螺栓螺母的刚度和变形性质不同,载荷在各圈螺纹牙上分布不均,其中旋合的第一圈的分布载荷最大,约占总载荷的 1/3。因此,改善螺纹牙上的载荷分布不均性,可以大大提高螺栓的强度。一般常用的方法有:

(1)悬置螺母[见图 11-30(a)]。螺母的旋合部分全部受拉,其变形性质与螺栓相同,从而可以减小二者的刚度差,使其变形趋于协调,螺纹牙上的载荷分布趋于均匀。

(2)环槽螺母[见图 11-30(b)]。这种结构可使螺母内缘下端(螺栓旋入端)局部受拉,其作用和悬置螺母相似,但载荷均布的效果不及悬置螺母。

(3)内斜螺母[见图 11-30(c)]。螺母下端几圈螺纹处制成 $10^\circ\sim15^\circ$的内斜角,可减小原受力大的螺纹牙的刚度,使螺栓螺纹牙的受力面由下而上逐渐外移。这样,螺栓旋合段下部的螺纹牙在载荷作用下容易变形,使螺纹牙间的载荷分布趋于均匀。

(4)环槽和内斜螺母[见图 11-30(d)]。图 11-30(d)所示的螺母结构,兼有环槽螺母

和内斜螺母的作用。

以上特殊构造的螺母制造工艺复杂，成本较高，仅限于重要或大型连接上使用。

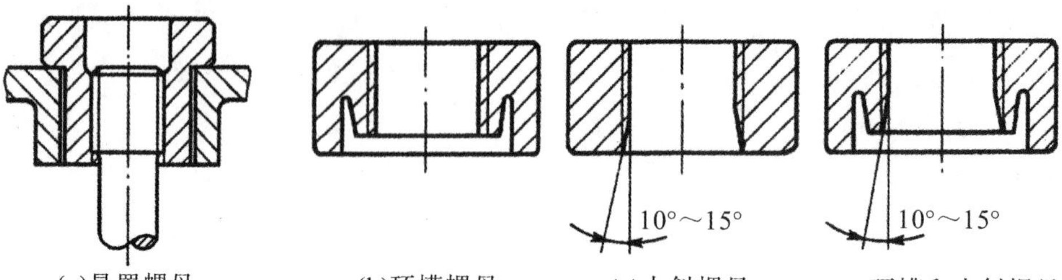


图 11-30　均载螺母结构

**2. 减小螺栓的应力变化幅度**

受轴向变载荷的紧螺栓连接，在最小应力不变的条件下，应力幅越小，螺栓越不容易发生疲劳破坏，连接的可靠性越高。当螺栓所受的工作拉力在 $0\sim F$ 之间变化时，则螺栓的总拉力将在 $F_0\sim F_2$ 之间变动。由图 11-31 可知 $F_2=F_0+\dfrac{C_b}{C_b+C_m}F$（$C_b$、$C_m$ 分别为螺栓和被连接件的刚度），在保持预紧力 $F_0$ 不变的条件下，若减小螺栓的刚度 $C_b$ 或增大被连接件刚度 $C_m$，都可以达到减小总拉力 $F_2$ 的变动范围（即减小应力幅 $\sigma_a$）的目的。但是由 $F_0=F_1+\dfrac{C_b}{C_b+C_m}F$ 可知，在预紧力 $F_0$ 给定的条件下，减小螺栓的刚度 $C_b$ 或增大被连接件刚度 $C_m$，都将引起残余预紧力 $F_1$ 减小，从而降低了连接的紧密性。因此，若在减小 $C_b$ 或增大 $C_m$ 的同时，适当增加预紧力 $F_0$，就可以使 $F_1$ 不致减小太多或保持不变。

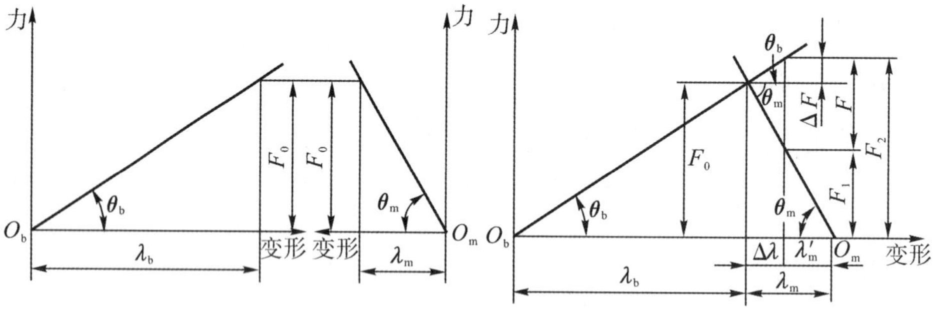


图 11-31　单个紧螺栓连接受力变形线图

减小螺栓刚度的办法有：

（1）为减小螺栓刚度，可以适当增大螺栓长度，或采用腰杆状螺栓和空心螺栓。

（2）为减小螺栓刚度，在螺母下安装弹性垫片（见图 11-32），其效果和采用腰杆状螺栓或空心螺栓相似。

（3）为了增大被连接件的刚度，可以不用垫片或采用刚度较大的垫片。对于需要保持紧密性的连接，从增大被连接件的刚度的角度来看，采用密封性好的较软的气缸垫片[见图 11-33(a)]并不合适。此时宜采用刚度较大的金属垫片或密封环[见图 11-33(b)]。

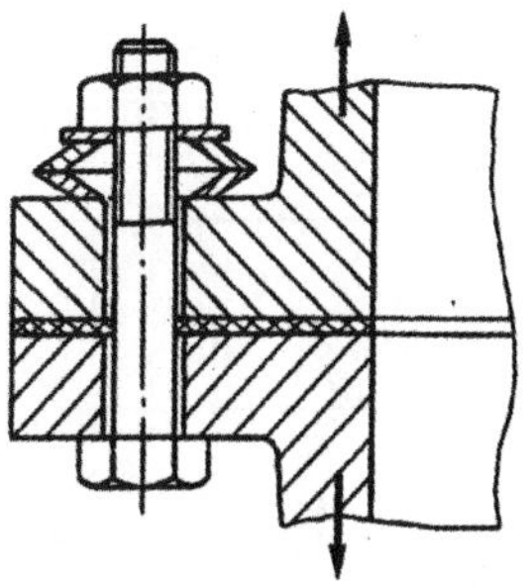

图 11-32 弹性垫片

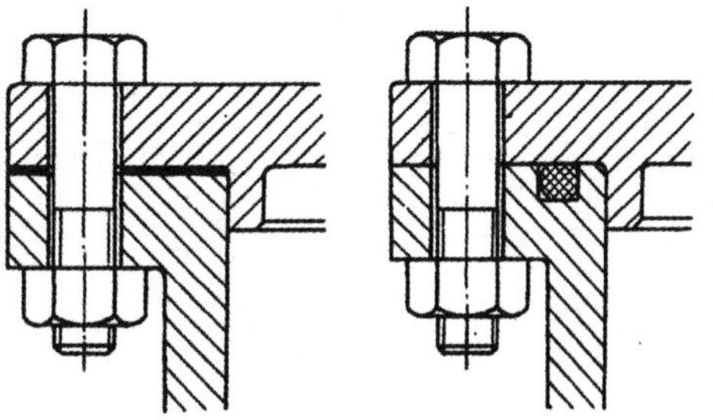

(a)较软密封 (b)密封环密封

图 11-33 气缸密封元件

**3. 减小应力集中**

螺栓上的螺纹(特别是螺纹的收尾)、螺栓头和螺栓杆的过渡处以及螺栓横截面面积发生变化的部位等,都会产生应力集中。为了减小应力集中的程度,可以加大圆角和卸载结构,或将螺纹收尾改为退刀槽等。

**4. 避免或减小附加应力**

还应注意,设计、制造或安装的疏忽,有可能使螺栓受到附加弯曲应力(见图11-34),这对螺栓疲劳强度的影响很大,应设法避免。例如,在铸件或锻件等未加工表面上安装螺栓时,常采用凸台或沉头座等结构,经切削加工后可获得平整的支承面(见图11-35)。

除上述方法外,在制造工艺上采取冷镦头部和辗压螺纹的螺栓,其疲劳强度比车制螺栓约高 30%,氰化、氮化等表面硬化处理也能提高疲劳强度。

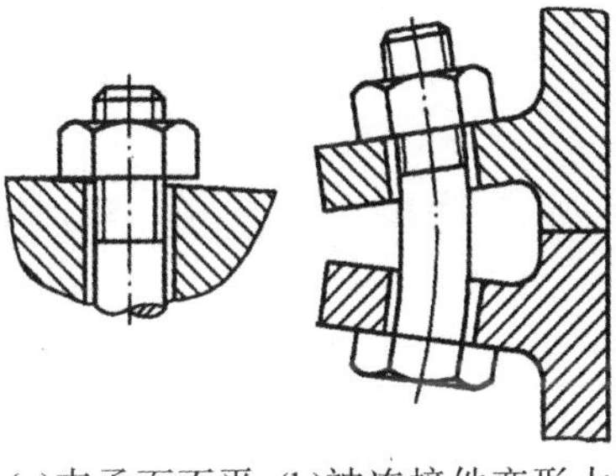

(a)支承面不平 (b)被连接件变形太大

图 11-34 引起附加应力的原因

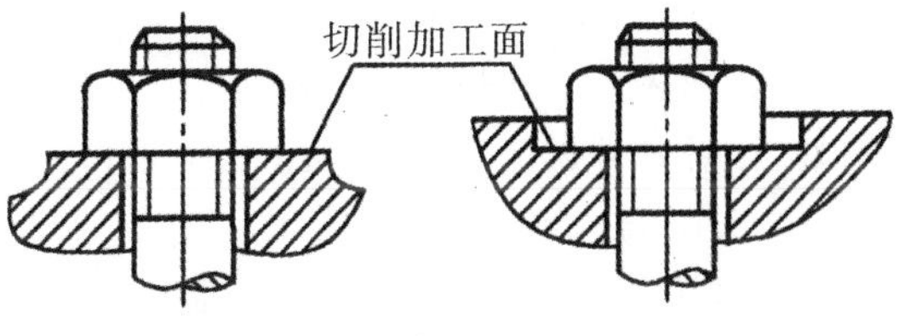


图 11-35 避免附加应力的方法

## 二、案例解读

**案例 11-8** 分析图 11-36 中螺栓联接有哪些不合理之处。

分析:图 11-36(a)为支撑面不平;图 11-36(b)为螺母孔不正;图 11-36(c)为被连接件刚度较小;图 11-36(d)为使用钩头螺栓,会使螺栓承受偏心载荷。

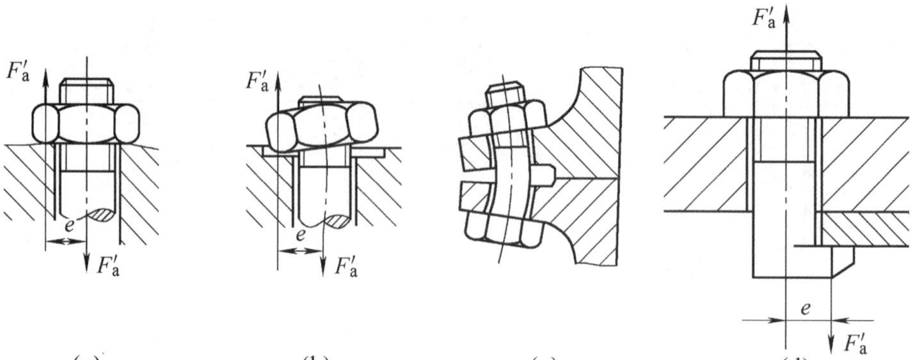


图 11-36 螺栓联接

## 三、学习任务

1. 用不少于 200 字将你对本节知识点的理解进行梳理。
2. 查询资料,进一步分析应力集中对螺栓连接有哪些影响,应如何避免。

# 第八节 螺旋传动

## 一、理论要点

### (一)螺旋传动的类型和应用

螺旋传动是利用螺杆和螺母组成的螺旋副来实现传动要求的。它主要用于将回转运动转变为直线运动,同时传递运动和动力。

根据螺杆和螺母的相对运动关系,螺旋传动的常用运动形式主要有以下两种:如图 11-38(a)所示,螺杆转动,螺母移动,多用在机床进给机构中;如图 11-37(b)所示,螺母固定,螺杆转动并移动,多用于螺旋起重器(千斤顶,见图 11-38)或螺旋压力机中。

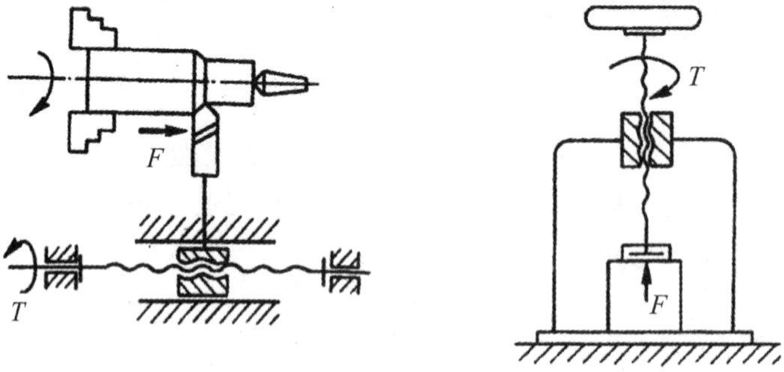


(a)机床的进给丝杠　　(b)压力机

图 11-37 螺旋传动的运动形式

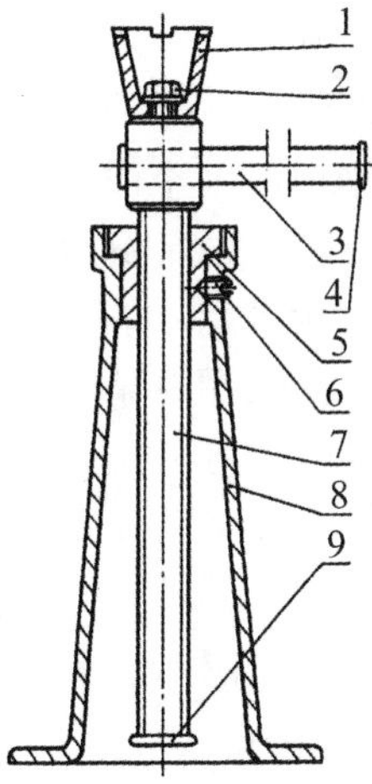


1-托杯；
2-螺钉；
3-手柄；
4-挡环；
5-螺母；
6-紧定螺钉；
7-螺杆；
8-底座；
9-挡环。

螺旋起重器

图 11-38　螺旋起重器

螺旋传动按使用要求的不同可分为三类：

**1. 传力螺旋**

以传递动力为主，要求用较小的力矩转动螺杆（或螺母）而使螺母（或螺杆）产生轴向运动和较大的轴向推力，这个轴向力可以用来做起重和加压等工作。如图 11-37(b)的压力机，图 11-38 的起重器（加压或装拆用）等。传力螺旋一般间歇性工作，工作速度不高，通常需有自锁能力。

**2. 传导螺旋**

以传递运动为主，有时也承受较大的轴向载荷，它常用作机床刀架或工作台的进给机构[见图 11-37(a)]。连续工作，工作速度较高，并要求有很高的运动精度。

**3. 调整螺旋**

用于调整并固定零件或部件之间的相对位置，如机床、仪器及测试装置中的微调机构的螺旋。调整螺旋不经常转动，一般在空载下调整。

螺旋传动按其螺旋副摩擦性质的不同，又可分为滑动螺旋（滑动摩擦）、滚动螺旋（滚动摩擦）和静压螺旋（流体摩擦）。滑动螺旋结构简单，便于制造，易于自锁，应用范围较广；缺点是摩擦阻力大，传动效率低（一般为 30%～40%），磨损快，传动精度低。滚动螺旋传动具有传动效率高、启动力矩小、传动灵敏平稳、工作寿命长等优点，故目前在机床、汽车、航空、航天及武器等制造业中应用颇广；缺点是制造工艺比较复杂，特别是长螺杆更难保证热处理及磨削工艺质量，刚性和抗振性能较差。静压螺旋是将静压原理应用于螺旋传动中制成的，降低了螺旋传动的摩擦，提高了传动效率，并增强了螺旋传动的刚性和抗振性能。

### (二)滑动螺旋的结构和材料

**1. 滑动螺旋的结构**

滑动螺旋的结构主要是指螺杆、螺母的固定和支承的结构形式。螺旋传动的工作刚度与精度等和支承结构有直接关系，当螺杆短而粗且垂直布置时，如起重及加压装置的传力螺旋，可以利用螺母本身作为支承（见图 11-38）。当螺杆细长且水平布置时，如图 11-37(a)所示机床的传导螺旋（丝杠）等，应在螺杆两端或中间附加支承，以提高螺杆工作刚度。螺杆的支承结构与轴的支承结构基本相同。

螺母的结构有整体螺母、组合螺母和剖分螺母等形式。整体螺母结构简单,但由磨损而产生的轴向间隙不能补偿,只适合在精度要求较低的螺旋中使用。对于经常双向传动的传导螺旋,为了消除轴向间隙和补偿旋合螺纹的磨损,常采用组合螺母或剖分螺母。图 11-39 是利用调整楔块来定期调整螺旋副的轴向间隙的一种组合螺母的结构形式。

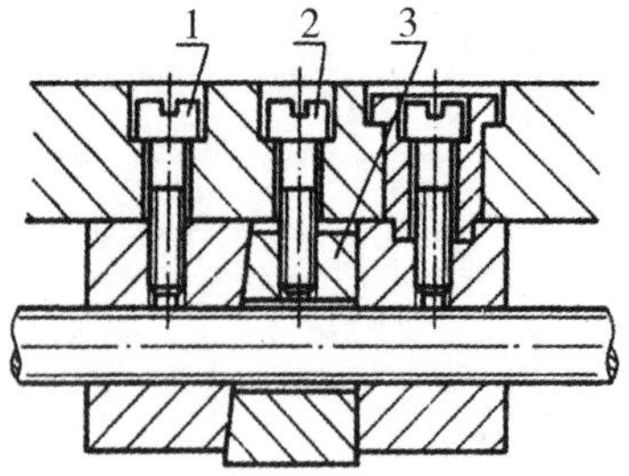

图 11-39 组合螺母
1-固定螺钉;2-调整螺钉;3-调整楔块。

**2. 螺杆和螺母的材料**

螺杆和螺母的材料要求有足够的强度、耐磨性外,还要求两者配合时摩擦系数小。一般螺杆可选用 Q275、45、50 钢;重要螺杆可选用 T12、40Cr、65Mn 钢等,并进行热处理。常用的螺母材料有铸造锡青铜 ZCuSnPbZn5,重载低速时可选用强度高的铸造铝青铜 ZCuAIFe4NiMn2;在低速轻载,特别是不经常运转时,也可选用耐磨铸铁。

螺旋传动的失效主要是螺纹磨损,因此通常先由耐磨性条件,算出螺杆的直径和螺母高度,并参照标准确定螺旋各主要参数,而后对可能发生的其他失效一一进行校核。

## (三)滚动螺旋传动简介

在螺旋和螺母之间设有封闭循环的滚道,滚道间充以钢珠,这样就使螺旋面的摩擦成为滚动摩擦,这种螺旋称为滚动螺旋或滚珠丝杠。滚动螺旋按滚道回路形式的不同,分为外循环和内循环两种(见图 11-40)。钢珠在回路过程中,其返回通道离开螺旋表面的称为外循环,不离开的称为内循环。内循环螺母上开有侧孔,孔内装有反向器将相邻两螺纹滚道联通起来,钢珠越过螺纹顶部进入相邻滚道,形成一个循环回路。因此一个循环回路里只有一圈钢珠和一个反向器。一个螺母常设置 2～4 个回路。外循环螺母为了缩短回路滚道的长度也可在一个螺母中分为两个或三个回路。

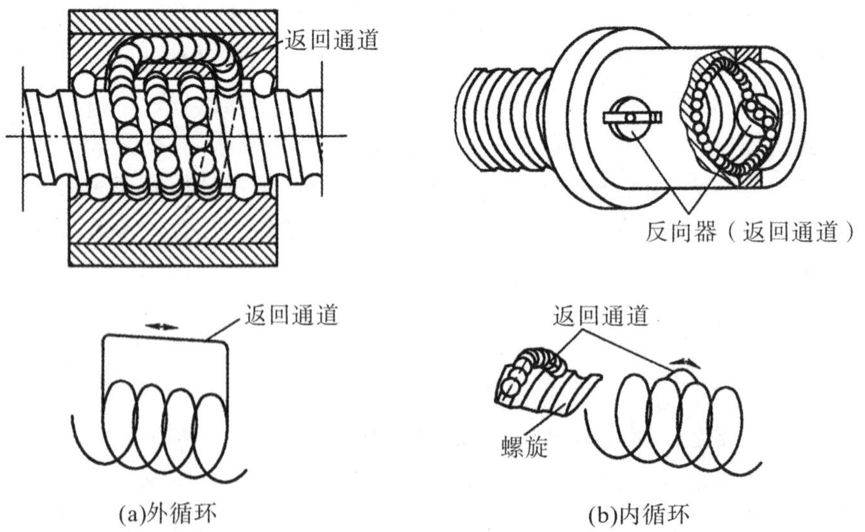


滚动螺旋

图 11-40 滚动螺旋

滚动螺旋传动具有传动效率高、启动力矩小、传动灵敏平稳、工作寿命长等优点，故目前在机床、汽车、航空、航天及武器等制造业中应用颇广。缺点是制造工艺比较复杂，特别是长螺杆更难保证热处理及磨削工艺质量，刚性和抗振性能较差。

## 二、案例解读

**案例 11-9**　分析图 11-41 中滑动螺旋的传动形式。

分析：如图 11-41(a)所示的车床横刀架螺旋传动，螺杆不能往复移动而只能原位回转，螺母与螺杆旋合并与车刀架相联接，不能转动而只能往复移动。当转动手轮使螺杆(左旋)按图示方向回转时，螺母即可带动车刀架沿横刀架上导轨右移，当螺杆反向回转时，车刀架向左移动。

如图 11-41(b)所示的应力试验机上的观察镜螺旋调整装置，当螺母(左旋)按图示方向回转时，螺杆向上移动，当螺母反向回转时，螺杆向下移动，以实现上下调整观察镜的功能。

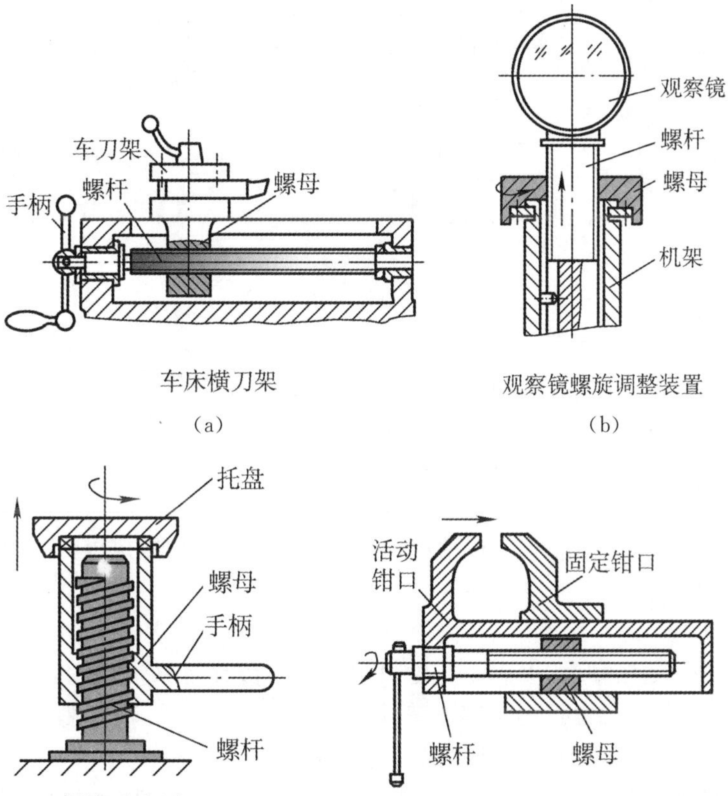


车床横刀架　(a)

观察镜螺旋调整装置　(b)

螺纹千斤顶　(c)

台虎钳　(d)

图 11-41　螺旋的传动形式

如图 11-41(c)所示的螺纹千斤顶，螺杆固定在底座上，当按图示方向转动手柄时，螺母回转并上升，当手柄反向回转时，螺母反向回转并下降，以实现举起或放下托盘上重物的功能。

如图 11-41(d)所示的台虎钳，螺杆上装有活动钳口并与螺母旋合；螺母与固定钳口联接。当螺杆(右旋)按图示方向做回转运动时，螺杆带动活动钳口右移，与固定钳口合拢，当螺杆反向回转时，活动钳口左移，与固定钳口分离，以实现夹紧与松开工件的功能。

## 三、学习任务

1. 对教师讲过的案例进行分析。

2. 结合本节所学内容，完成以下练习。

如题图 11-2 所示的传动机构中，轮 1 为原动件，其直径为 $D_1=200$mm，转速 $n_1=1000$r/min（计算时，假定轮 1 与轮 2 接触处中点的线速度相等），其他参数见图中标示。试求：

(1)工作台移动的方向。

(2)工作台最大移动速度是多少？

(3)工作台最小移动速度是多少？

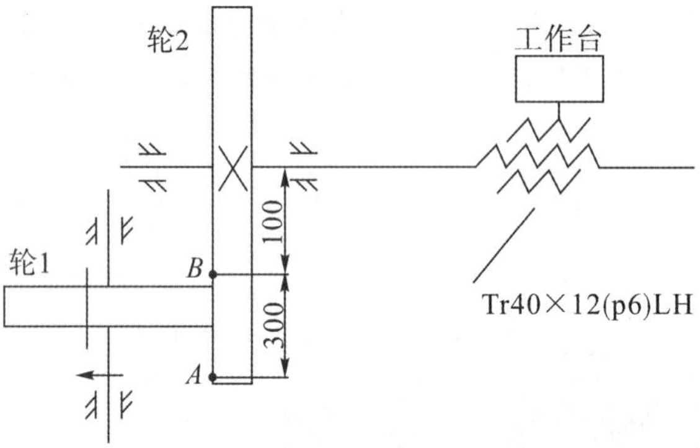


题图 11-2

# 第九节　键及花键连接

## 一、理论要点

键是标准件，一般主要用来实现轴和轴上零件之间的周向固定以传递扭矩。

### (一)平键连接

平键的两侧面是工作面，上表面与轮毂槽底之间留有间隙[见图 11-42(a)]。这种键定心性较好、装拆方便。常用的平键有普通平键、薄型平键、导向平键和滑键四种。其中普通平键和薄型平键用于静连接，导向平键和滑键用于动连接。

普通平键的端部形状可制成圆头(A 型)[见图 11-42(b)]、平头(B 型)[见图 11-42(c)]或单圆头(C 型)[见图 11-42(d)]，普通平键应用最广。

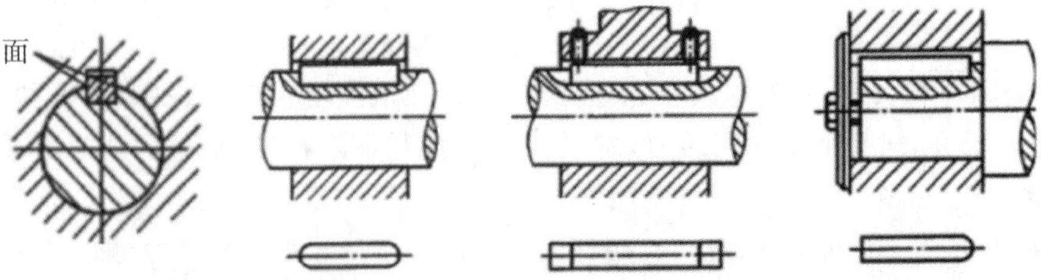


图 11-42　普通平键连接(图 b、c、d 下方为键及键槽示意图)

薄型平键与普通平键的主要区别在于，薄型平键的高度约为普通平键的 60％～70％，结构型式相同，但传递转矩的能力较低。

导向平键较长，常用螺钉固定在轴槽中，为了便于装拆，在键上制出起键螺纹孔（见图 11-43）。这种键能实现轴上零件的轴向移动，构成动连接。

滑键固定在轮毂上，轴上零件带键在轴上的键槽中做轴向移动。这样需在轴上铣出较长键槽，键可做的短些（见图 11-44）。

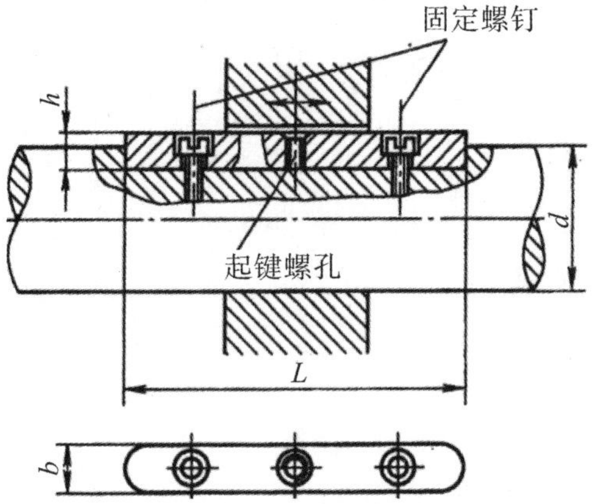


图 11-43　导向平键连接

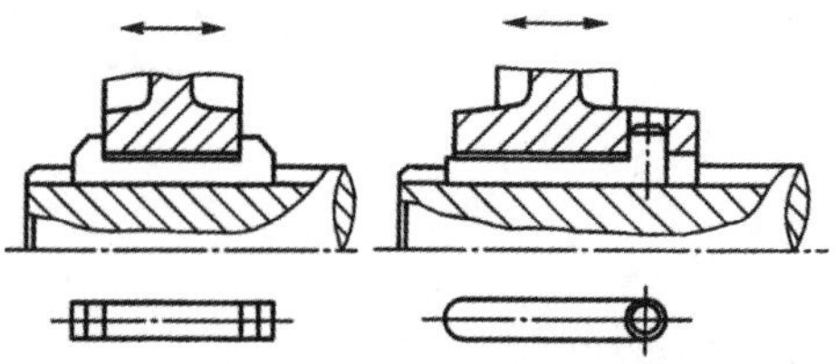

图 11-44　滑键连接（键槽已截短）

## （二）半圆键连接

半圆键也是以两侧面为工作面[见图 11-45(a)]，它与平键一样具有定心较好的优点。半圆键能在轴槽中摆动以适应毂槽底面，装配方便。它的缺点是键槽对轴的削弱较大，只适用于轻载连接。

锥形轴端采用半圆键连接在工艺上较为方便[见图 11-45(b)]。

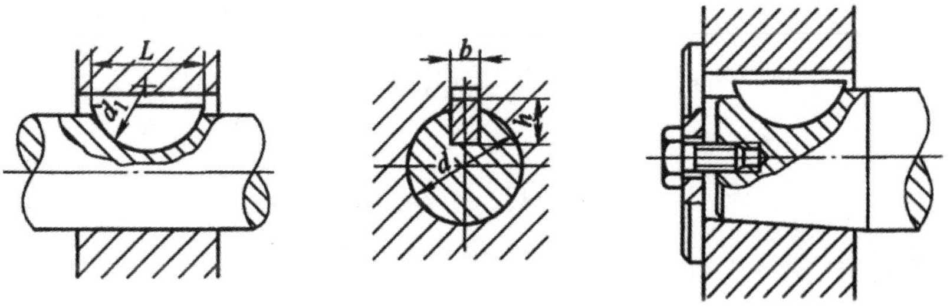


(a)　　(b)

图 11-45　半圆键连接

## （三）楔键连接

楔键的上下面是工作面[见图 11-46(a)]，键的上表面有 1∶100 的斜度，轮毂键槽的底面也有 1∶100 的斜度，并能承受单方向的轴向力，仅适用于定心精度要求不高、载荷平稳和低速的连接。

楔键分为普通楔键和钩头楔键两种[见图 11-46(b)]，钩头楔键的钩头是为了拆键用的，应注意加保护罩。

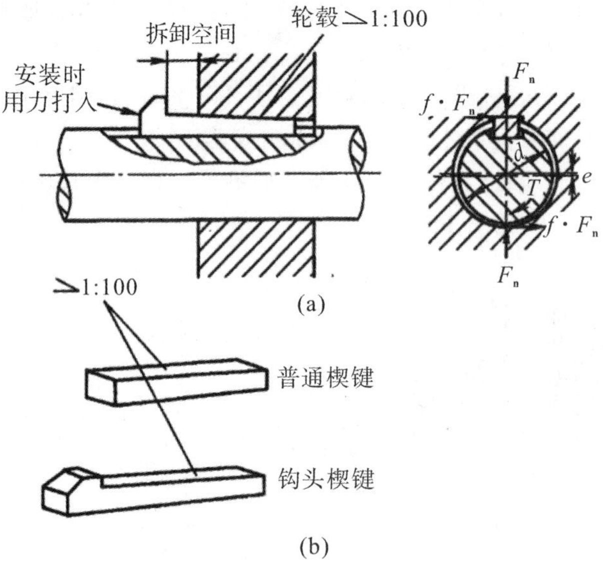


图 11-46　楔键连接

### (三)切向键连接

切向键连接如图 11-47 所示,切向键由一对楔键组成,键的工作面是楔键的窄面,装配时将两键楔紧。用一个切向键时,只能传递单向扭矩;当要传递双向扭矩时,必须用两个切向键,两者间的夹角为 120°～130°。

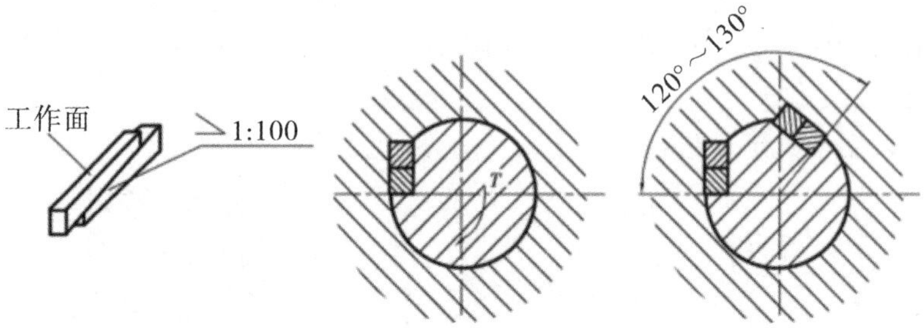


图 11-47　切向键连接

## 二、案例解读

**案例 11-10**　分析说明图 11-48 中的键联接。

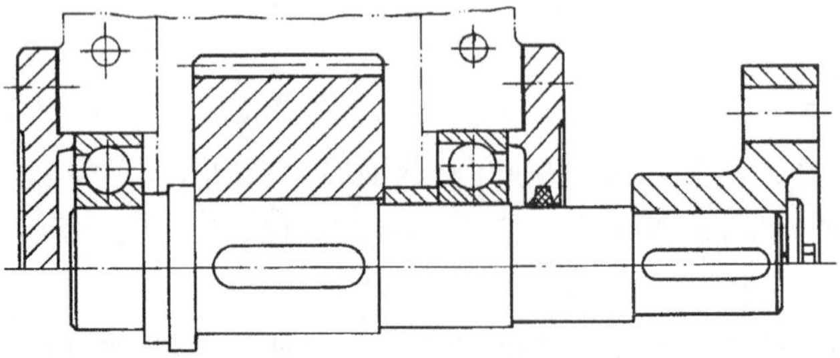

图 11-48　减速器零件之间的联接

分析:为了实现轴传递转矩的作用,轴与轴上零件(齿轮、联轴器)等必须同步运转,不允许相互之间产生相对转动,则轴与轴上零件需要用键联接。

### 三、学习任务

1. 对教师讲过的案例进行分析。
2. 列举分析一个生活生产中键连接的实例。

# 第十节 销连接

## 一、理论要点

### (一)销的类型和功用

**1. 定位销**

固定零件之间的相对位置的销,称为定位销(见图 11-49),它是组合加工和装配时的重要辅助零件。定位销通常不受载荷或只受很小的载荷,故不作强度校核计算,其直径可按结构确定,数目一般不少于两个。销装入每一被连接件内的长度,约为销直径的 1～2 倍。

**2. 连接销**

用于连接的销称为连接销(见图 11-50),可以用来传递不大的载荷。连接销的类型可根据工作要求选定,其尺寸可根据连接的结构特点按经验或规范确定,必要时再按剪切和挤压强度条件进行校核计算。

**3. 安全销**

销作为安全装置中的过载剪断元件时,称为安全销(见图 11-51)。安全销在机器过载时应被剪断,因此,销的直径应按过载时被剪断的条件确定。为了确保安全销被剪断而不提前发生挤压破坏,通常可在安全销上加一个销套。

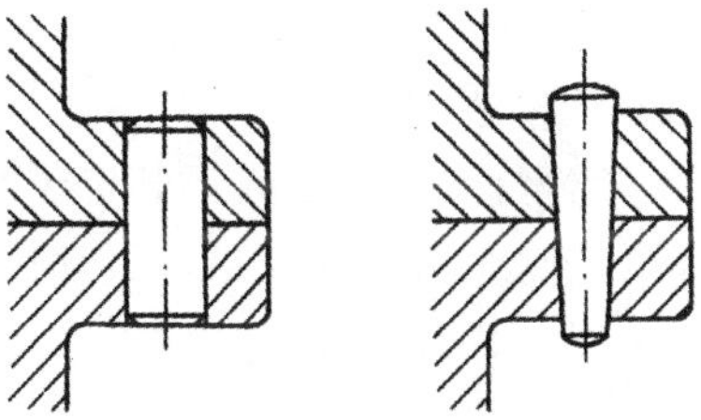

(a)圆柱销 (b)圆锥销

图 11-49 定位销

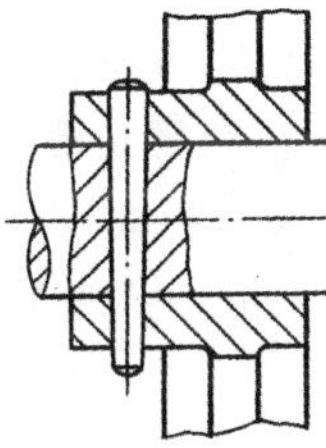

图 11-50 连接销

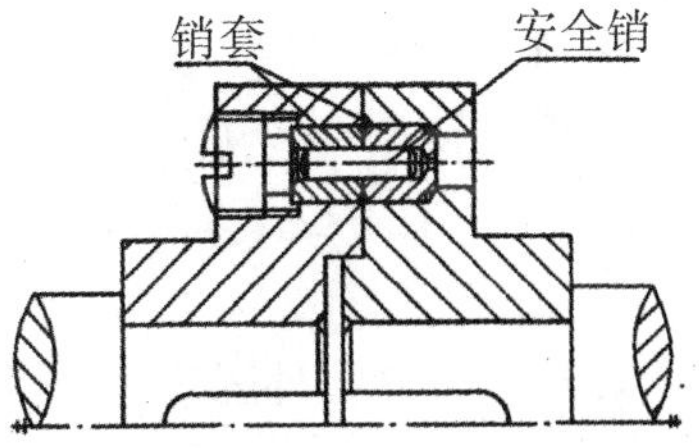


图 11-51 安全销

### (二)销的结构特点

销的种类较多,如圆柱销、圆锥销、槽销、开口销和轴销等,这些销均已标准化。

圆柱销[见图 11-49(a)]靠过盈配合固定在销孔中,经多次拆卸会降低其定位精度和可靠性。圆柱销的直径偏差有 u8、m6、h8 和 h11 四种以满足不同的使用要求。

圆锥销[见图 11-49(b)]具有 1∶50 的锥度，在受横向力时可以自锁。它安装方便，定位精度高，可多次装拆而不影响定位精度。图 11-52(a)是大端具有外螺纹的圆锥销，便于拆卸，可用于盲孔；图 11-52(b)是小端带外螺纹的圆锥销，可用螺母锁紧，适用于有冲击的场合（开尾圆锥销也适用于有冲击、振动的场合）。

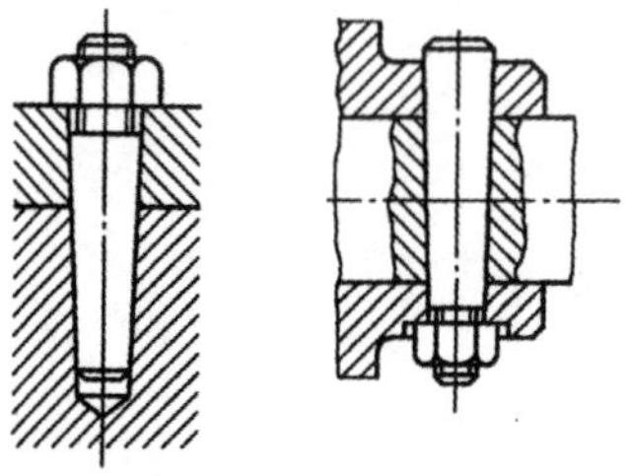

(a)　　(b)

图 11-52　特殊圆锥销

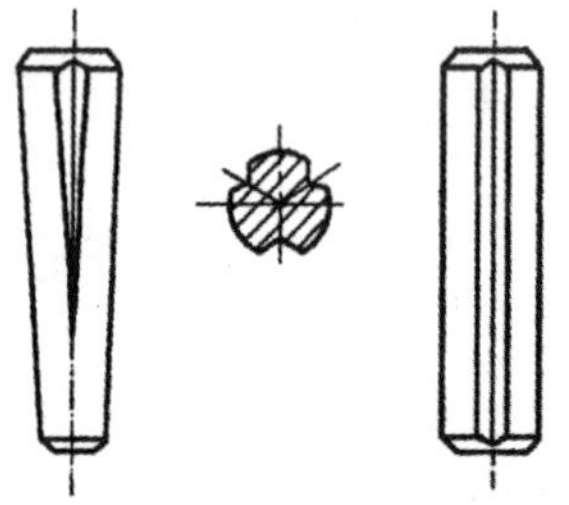

图 11-53　槽销

槽销（见图 11-53）上有辗压或模锻出的三条纵向沟槽，将槽销打入销孔后，由于材料的弹性使销挤压在销孔中，不易松脱，因而能承受振动和变载荷。

轴销（见图 11-54）用于两零件的铰接处，构成铰链连接。轴销通常用开口销（见图 11-55）锁定，工作可靠，拆卸方便。

销的主要材料为 35、45 钢，许用切应力[$\tau$]为 80MPa，许用挤压应力可以查阅相关标准。

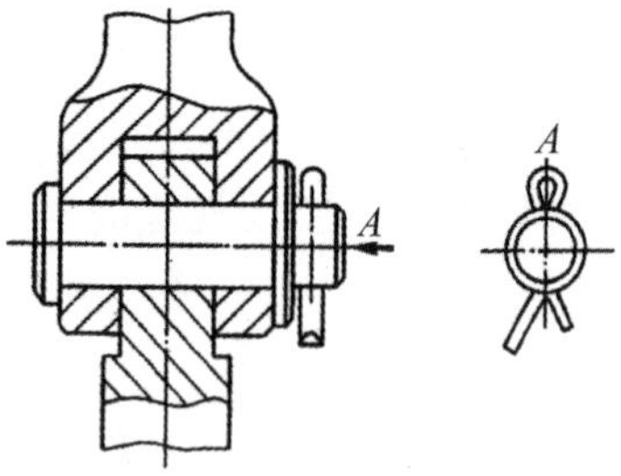


图 11-54　销轴连接

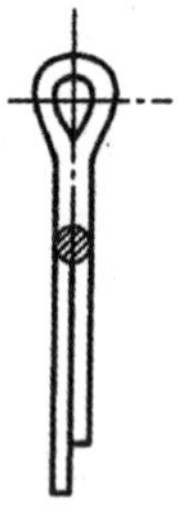

图 11-55　开口销

## 二、案例解读

**案例 11-11**　分析图 11-49(b)，图 11-50，图 11-51 所示销联接的特点。

分析：图 11-49(b)所示为圆锥定位销，锥度是 1∶50，可反复拆卸，不会破坏其定位精度，使用中一般不少于 2 个；图 11-50 所示为圆锥连接销，用来传递动力或转矩，工作时受剪切和挤压作用；图 11-51 所示为安全销，能承受载荷，为保证过载时能起安全保护作用，其强度小于被联接件强度。

## 三、学习任务

1. 分析减速器装置中的箱体和箱盖联接处销的类型和作用，具体安装位置有何要求？
2. 请用思维导图对本章内容进行梳理。

# 第十二章　滚动轴承

滚动轴承是机器中一类比较常见且重要的通用部件。它用来支撑转动零件，具有摩擦阻力小、转动灵敏、润滑方法简单和维修更换方便等优点，在各种机械中广泛使用。

轴承作为动车、高铁中的重要零部件，直接决定了高铁动车组的安全使用。我国高铁2020年完成了高端轴承产品设计以及样品制造，我国在高端轴承领域将逐步打破国外技术垄断，解决中国高铁被外资卡脖子的问题。

让我们来看看，滚动轴承的主要类型有哪些，如何正确地选用，滚动轴承的代号有什么含义，当量动载荷如何计算，如何进行轴承的润滑和密封。

**学习目标：**

(1)能够正确描述滚动轴承的组成、类型及特点。

(2)能够结合实际情况，正确地进行滚动轴承类型选择和尺寸选择。

(3)能够结合具体实例，完成滚动轴承当量动载荷计算。

(4)能够正确选择滚动轴承的润滑和密封方式。

## 第一节　滚动轴承的主要类型

滚动轴承的组成

### 一、理论要点

#### (一)滚动轴承的基本组成

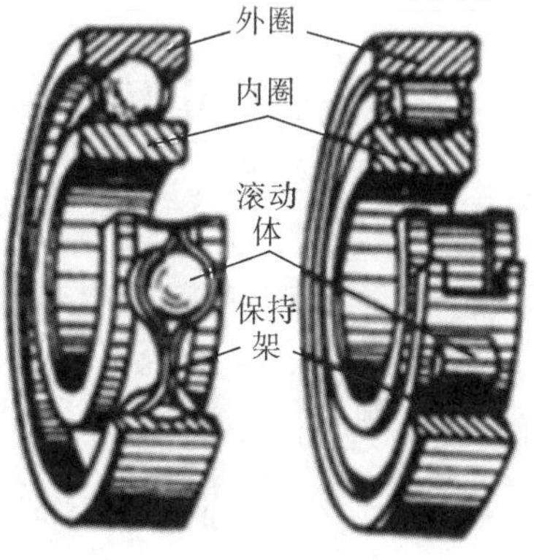

图 12-1　滚动轴承的组成

滚动轴承一般由内圈、外圈、滚动体和保持架四部分组成(见图 12-1)。内圈的作用是与轴相配合并与轴一起旋转；外圈的作用是与轴承座相配合，起支撑作用；滚动体形状大小和数量直接影响着滚动轴承的使用性能和寿命；保持架能使滚动体均匀分布，防止滚动体脱落，引导滚动体旋转。

#### (二)滚动轴承的主要类型

滚动轴承通常按照承受载荷的方向(或接触角)、滚动体的状态以及轴承的尺寸进行分类(见表 12-1)。

**1. 按承受的载荷方向或公称接触角分类**

滚动体和外圈接触处的法线与轴承径向平面(垂直于轴承轴线的平面)之间的夹角称

为公称接触角，简称接触角。接触角越大，可承受的轴向力越大。

按照载荷的方向接触角的不同，滚动轴承可以分为向心轴承和推力轴承。①向心轴承，主要用于承受径向载荷的滚动轴承，其公称接触角从 0°到 45°；②推力轴承，主要用于承受轴向载荷的滚动轴承，其公称接触角大于 45°到 90°。

**2. 按照接触特性和滚动体形状分类**

按照接触特性的不同，可以分为：球轴承、滚子轴承。

按照滚动体形状，又分为：圆柱滚子、圆锥滚子、球面滚子和滚针等。

**3. 按照工作时能否调心**

可分为：①调心轴承；②非调心轴承（刚性轴承）。

**4. 按照滚动体的列数**

可分为：①单列轴承；②双列轴承；③多列轴承。

**5. 按照组成部件能否分离**

可分为：①可分离轴承；②不可分离轴承。

**6. 按照滚动轴承尺寸大小分类**

可分为：①微型轴承；②小型轴承；③中小型轴承；④中大型轴承；⑤大型轴承；⑥特大型轴承；⑦重大型轴承。

**表 12-1　常用滚动轴承的类型和特点**

| 类型及代号 | 结构简图及承载方向 | 极限转速 | 主要性能及应用 | 二维码 |
|---|---|---|---|---|
| 调心球轴承<br>(1) | 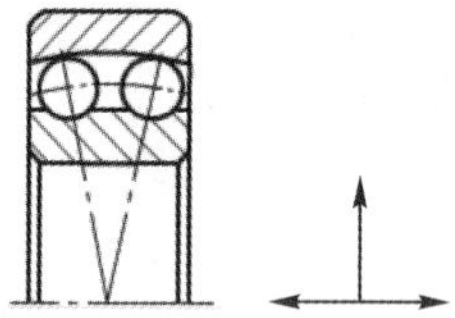 | 中 | 主要承受径向载荷，也可同时承受少量的双向轴向载荷，允许 2°～3°偏移角。外圈滚道为球面，具有自动调心性能，适用于弯曲刚度小的轴。 | |
| 调心滚子轴承<br>(2) | 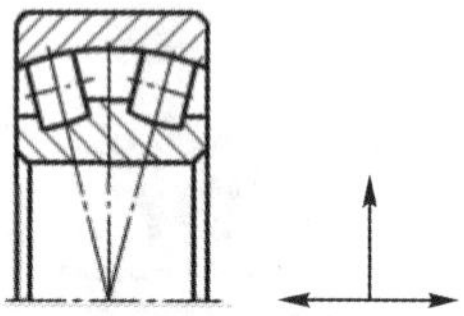 | 中 | 用于承受径向载荷，其承载能力比调心球轴承大，也能承受少量的双向轴向载荷，允许 1°～2.5°偏移角。具有调心性能，适用于弯曲刚度小的轴。 | |
| 圆锥滚子轴承<br>(3) | 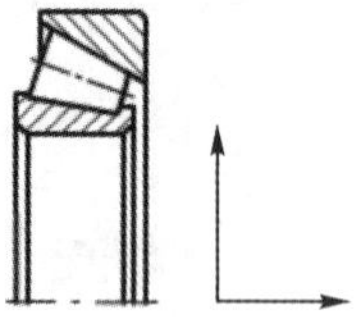 | 中 | 能承受较大的径向载荷和轴向载荷，允许 2′偏移角。内外圈可分离，故轴承游隙可在安装时调整，通常成对使用，对称安装。 | |
| 推力球轴承<br>(5) | 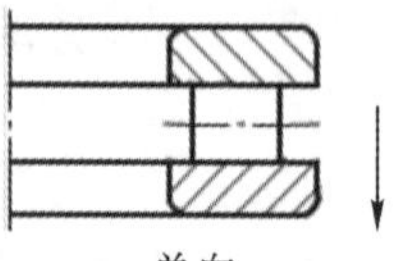<br>单向 | 低 | 只能承受单向轴向载荷，适用于轴向力大而转速较低的场合，不允许偏移。 | |

**续表**

| 类型及代号 | 结构简图及承载方向 | 极限转速 | 主要性能及应用 | 二维码 |
|---|---|---|---|---|
| 推力球轴承<br>（5） | 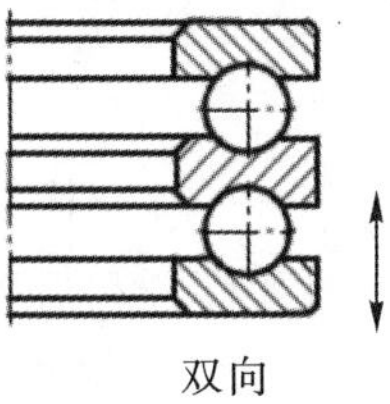 | 低 | 可承受双向轴向载荷，常用于轴向载荷大、转速不高处，不允许偏移。 | |
| 深沟球轴承<br>（6） | 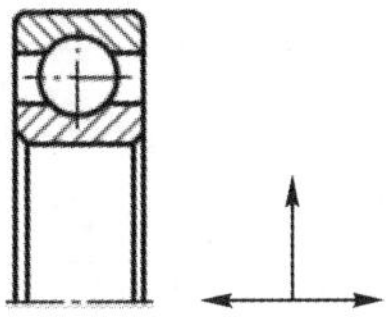 | 高 | 主要承受径向载荷，也可同时承受少量双向轴向载荷，允许 2′～10′偏移。摩擦阻力小，极限转速高，结构简单，价格便宜，应用最广泛。 | |
| 角接触球轴承<br>（7） | 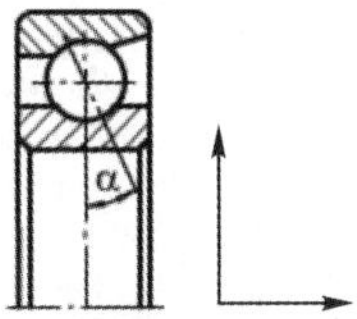 | 较高 | 能同时承受径向载荷与轴向载荷，接触角 $\alpha$ 有 15°、25°、40°三种。适用于转速较高、同时承受径向和轴向载荷的场合，允许 2′～10′偏移角。 | |
| 圆柱滚子轴承<br>（$N$） | 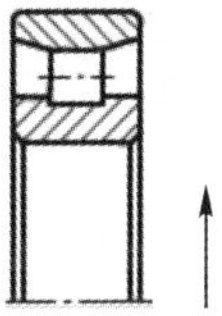 | 高 | 只能承受径向载荷，不能承受轴向载荷。承受载荷能力比同尺寸的球轴承大，尤其是承受冲击载荷能力大，允许 2′～4′偏移角。 | |

## 二、案例解读

**案例 12-1**　试说明以下设备中滚动轴承的类型。

（1）电机转子轴轴承；（2）火车车轮轴 ；（3）餐桌转盘轴。

分析：（1）为了使电机转子轴具有一定刚度，保证转子与定子的间隙，电机转子轴主要承受径向载荷，因此可以选用 60000 深沟球轴承；

（2）火车车轮轴只承受径向载荷，且承受的载荷较大，因此选用 N0000 圆柱滚子轴承；

（3）餐桌转盘轴只承受较大的轴向载荷，且转速较低，因此选用 50000 推力球轴承。

## 三、学习任务

1. 对教师讲过的案例进行分析。

2. 滚动轴承中，有哪几类滚动轴承？哪几类可以承受轴向力？哪几类既可以承受径向力又可以承受轴向力？

# 第二节　滚动轴承的代号

## 一、理论要点

国家标准 GB/T 272—93 规定：滚动轴承代号由基本代号、前置代号和后置代号三部分组成，其意义见表 12-2。基本代号是轴承代号的基础，前置代号和后置代号都是轴承代号的补充。

**表 12-2　滚动轴承代号组成**

| 前置代号 | 基本代号 | | | 后置代号 |
|---|---|---|---|---|
| | 类型代号 | 尺寸系列代号 | 内径代号 | |
| 字母 | 字母或数字<br>×(或××) | 数字<br>代号×× | 数字<br>×× | 字母或加数字 |

### (一)基本代号

基本代号是核心部分，由类型代号、内径代号、尺寸系列代号组成。

轴承类型代号：由一位或几位数字或字母组成(见表 12-1)。

尺寸系列代号由两位数字组成，前一位数字代表宽度系列(向心轴承)或高度系列(推力轴承)，后一位数字代表直径系列(见表 12-3)。

**表 12-3　尺寸系列代号**

| 代号 | 7 | 8 | 9 | 0 | 1 | 2 | 3 | 4 | 5 | 6 |
|---|---|---|---|---|---|---|---|---|---|---|
| 宽度系列 | … | 特窄 | … | 窄 | 正常 | 宽 | 特宽 | | | |
| 直径系列 | 超特轻 | 超轻 | | 特轻 | | 轻 | 中 | 重 | …… | |

内径代号表示轴承公称内径的大小，用数字表示(见表 12-4)。

**表 12-4　内径代号**

| 内径尺寸代号 | 00 | 01 | 02 | 03 | 04～99 |
|---|---|---|---|---|---|
| 内径尺寸/mm | 10 | 12 | 15 | 17 | 数字×5 |

### (二)前置代号与后置代号

前置代号和后置代号是轴承在结构形状、尺寸、公差、技术要求等改变时，在基本代号左右添加的补充代号。

前置代号在基本代号的左面，表示可分离轴承的可分部件，用字母表示，有 L、K、R、WS、GS 等。

后置代号在基本代号的右面，包括：

(1)内部结构代号：C、AC、B—如果是角接触球轴承，分别代表接触角 $\alpha=15°$、$25°$、$40°$。

(2)密封、防尘与外部形状变化代号。

(3)保持架代号。

(4)轴承材料改变代号。

(5)轴承的公差等级：

公差等级　2　4　5　6　6X　0—普通级可省略

代号 /P2、/P4、/P5、/P6、/P6X、/P0

(6)轴承的径向游隙代号。

(7)常用配置、预紧及轴向游隙代号。

(8)其他。

## 二、案例解读

**案例 12-2**　试说明滚动轴承代号 23224 和 6208—2Z/P6 的含义。

分析：(1)23224：2—类型代号(见表 12-1)，调心滚子轴承；32—尺寸系列代号(见表 12-3)，特宽轻系列；24—内径代号(见表 12-4)，$d=120$mm。

(2)6208—2Z/P6：6—类型代号(见表 12-1)，深沟球轴承；2—尺寸系列代号(见表 12-3)，其中宽度系列为 0，省略未写，轻系列；08—内径代号(见表 12-4)，$d=40$mm；2Z—轴承两面带防尘盖；P6—公差等级符合标准规定 6 级。

## 三、学习任务

1. 对教师讲过的案例进行分析。

2. 试说明下列型号滚动轴承的类型、内径、公差等级、直径系列和结构特点。

6305、5316、N316/P6、30207、6306/P5。

# 第三节　滚动轴承类型的选择

## 一、理论要点

各类滚动轴承有不同的特性，因此选用轴承时，必须根据轴承实际工作情况合理选择，一般应考虑如下因素：

**1. 承受载荷的大小、方向和性质**

(1)以承受径向载荷为主、轴向载荷较小、转速高、运转平稳且又无其他特殊要求时，应选用深沟球轴承。

(2)只承受纯径向载荷、转速低、载荷较大或有冲击时，应选用圆柱滚子轴承。

(3)只承受纯轴向载荷时，应选用推力球轴承或推力圆柱滚子轴承。

(4)同时承受较大的径向和轴向载荷时，应选用角接触球轴承或圆锥滚子轴承。

(5)同时承受较大的径向和轴向载荷，但承受的轴向载荷比径向载荷大很多时，应选用推力轴承和深沟球轴承的组合。

**2. 转速条件**

选择轴承类型时，应注意其允许的极限转速。

(1)球轴承和滚子轴承相比较，有较高的极限转速，因此转速高时应优先选用球轴承。

（2）在内径相同的条件下，外径越小，则滚动体就越轻小，运转时滚动体加在滚道上的离心惯性力就越小，因而更适用于在更高的转速下工作。故在高速时，应选用超轻、特轻及轻系列的轴承。重及特重系列的轴承，只用于低速重载的场合。

（3）可以通过提高轴承的精度等级，选用循环润滑，加强对循环油的冷却等措施来改善轴承的高速性能。

**3. 装调性能**

圆锥滚子轴承和圆柱滚子轴承的内外圈可分离，便于装拆。

**4. 调心性能**

（1）两轴承座孔存在较大的同轴度误差或轴的刚度小、工作中弯曲变形较大时，应选用调心球轴承或调心滚子轴承。

（2）跨距较大或难以保证两轴承孔的同轴度的轴及多支点轴，可使用调心轴承。

（3）调心轴承需成对使用，否则将失去调心作用。

**5. 经济性**

在满足使用要求的情况下，优先选用价格低廉的轴承。一般来说，球轴承的价格低于滚子轴承，径向接触轴承的价格低于角接触轴承，0 级精度轴承的价格低于其他公差等级的轴承。

## 二、案例解读

**案例 12-3** 确定图 12-2 所示轴承的类型。

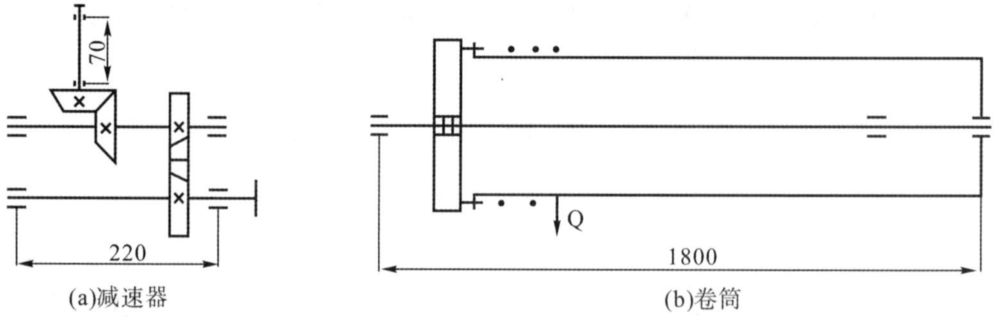


图 12-2 轴承类型的选择

分析：

（a）圆锥滚子轴承能承受较大的径向载荷和轴向载荷，内外圈可分离，轴承游隙可在安装时调整，减速器锥齿轮及斜齿轮都有轴向力及径向力，转速不太高，为便于安装及调隙，各轴都选用一对圆锥滚子轴承（3000 型）。

（b）卷筒轴轴承主要受径向力，转速很低，两轴承座分别安装，支点跨距大，轴有一定变形。调心球轴承外圈滚道为球面，具有自动调心性能，为保证轴承有较好的调心性能，选用一对调心球轴承（1000 型）。

## 三、学习任务

1. 对教师讲过的案例进行分析。

2. 请各列举一个圆锥滚子轴承、深沟球轴承的具体应用场合，并说明选用依据。

# 第四节　滚动轴承的尺寸选择

## 一、理论要点

### (一)失效形式和计算准则

滚动轴承的失效形式主要有三种:疲劳点蚀、塑性变形和磨损。

**1.疲劳点蚀**

滚动轴承工作时,各滚动体承受载荷的大小不同,导致滚动体与内、外圈的接触表面将产生接触变应力,当接触应力超过极限值时,表层下产生疲劳裂纹,并逐渐扩展到表面形成疲劳点蚀。疲劳点蚀会使滚动轴承丧失旋转精度,产生噪声、冲击和振动。因此疲劳点蚀是滚动轴承的主要失效形式。

**2.塑性变形**

滚动轴承转速很低时,一般不会发生疲劳点蚀。这时过大的静载荷或冲击载荷会使轴承滚道和滚动体接触处产生较大的局部应力,当应力超过材料的屈服极限时,滚动体和套圈接触处将出现不均匀的凹坑,即产生较大的塑性变形,导致失效。

**3.磨损**

滚动轴承在使用、维护不当或密封、润滑不良的情况下,可能导致轴承滚动体或套圈滚道产生磨粒磨损。

此外,轴承的其他失效形式还有腐蚀、锈蚀,轴承在高速运转时还会产生胶合失效,配合不当、拆装不合理等非正常原因还可能导致内外套圈和保持架破损等失效形式的产生,从而使轴承不能正常工作。

在选择滚动轴承类型后要根据滚动轴承不同的失效形式,确定其型号和尺寸,其计算准则是:

(1)对于疲劳点蚀主要进行以疲劳强度为依据的寿命计算。

(2)对于塑性变形主要进行静强度计算,使其工作能力低于轴承材料的屈服强度。

(3)对于高速轴承应验算其极限转速。

### (二)滚动轴承的寿命计算

**1.基本概念**

(1)基本额定寿命。滚动轴承的实际寿命是指单个轴承出现疲劳点蚀前转过的总转数,或在一定转速下的工作小时数。即使一批相同规格且在相同条件下工作的轴承,因轴承的制造工艺、材料及热处理等方面的差异,其寿命常会有很大的差距。因此为保证轴承工作的可靠性,在国标中规定以基本额定寿命作为计算依据。

基本额定寿命是指一批相同的轴承在相同条件下运转,其中90%的轴承未发生疲劳失效时的总转数或在一定转速下所能运转的总工作小时数,标准规定用$L_{10}$或$L_h$表示基本额定寿命。可见基本额定寿命与破坏率有关,对于每一个轴承,它能顺利在基本额定寿命期内正常工作的概率是90%,而在基本额定寿命期未结束之前发生点蚀破坏的概率仅为10%。

(2)基本额定动载荷。轴承的基本额定动载荷是指轴承的基本额定寿命为$10^6$ r时所能承受的最大载荷,用字母$C$表示。这个基本额定动载荷对向心轴承,指的是纯径向载荷,常用$C_r$表示;对推力轴承,指的是纯轴向载荷,常用$C_a$表示。

(3)基本额定静载荷。基本额定静载荷是指当内外圈之间相对转速为零时,受载荷最大的滚动体与滚道接触处的最大接触应力达到一个定值(调心轴承为4600MPa,其他类型轴承为4200MPa)时,轴承所受的载荷,用$C_0$表示。径向额定静载荷用$C_{0r}$表示。

(4)当量动载荷、当量静载荷。基本额定动载荷是在一定运转条件下确定的,而实际上轴承在许多应用场合,常常同时承受径向载荷和轴向载荷。因此在进行轴承寿命计算时,必须把实际作用在轴承上的双向载荷折算成与基本额定动载荷方向相同的假想载荷,该假想载荷称为当量动载荷,用$P$表示。

当量静载荷也是一个假想的等效载荷,它表示在此假想载荷作用下受载最大的滚动体与滚道接触处的最大接触应力,与实际径向力和轴向力共同作用下的最大接触应力相等,则该假想载荷称为当量静载荷,用$P_0$表示。

**2. 滚动轴承疲劳寿命计算**

实验证明,滚动轴承的寿命$L$($10^6$ r)与基本额定动载荷$C$(N)、当量动载荷$P$(N)的关系是:

$$L=\left(\frac{C}{P}\right)^{\varepsilon}10^6\ \mathrm{r} \qquad (12\text{-}1)$$

式中,$\varepsilon$为寿命指数,对于球轴承$\varepsilon=3$;对于滚子轴承$\varepsilon=10/3$。

实际计算时,常用小时数表示轴承寿命为:

$$L_h=\frac{10^6}{60n}\left(\frac{C}{P}\right)^{\varepsilon}\mathrm{h} \qquad (12\text{-}2)$$

式中,$n$为代表轴承的转速(r/min)。

温度的变化通常会对轴承元件材料产生影响,轴承硬度将要降低,承载能力下降。所以需引入温度系数$f_t$,对寿命计算公式进行修正,查表12-5。考虑工作中的冲击和振动会使轴承的寿命降低,引进载荷系数$f_p$,$f_p$可查表12-6。

**表12-5 温度系数$f_t$**

| 轴承工作温度(℃) | ≤120 | 125 | 150 | 175 | 200 | 225 | 250 | 300 | 350 |
|---|---|---|---|---|---|---|---|---|---|
| 温度系数$f_t$ | 1.00 | 0.95 | 0.90 | 0.85 | 0.80 | 0.75 | 0.70 | 0.6 | 0.5 |

**表12-6 载荷系数$f_p$**

| 载荷性质 | $f_p$ | 使用场合 |
|---|---|---|
| 无冲击或轻微冲击 | 1.0~1.2 | 电机、汽轮机、通风机、水泵等 |
| 中等冲击或中等惯性力 | 1.2~1.8 | 车辆、动力机械、起重机、造纸机、冶金机械、选矿机、卷扬机、机床等 |
| 强大冲击 | 1.8~3.0 | 破碎机、轧钢机、钻探机、振动筛等 |

式(12-2)修正后,寿命计算式可写为

$$\left.\begin{aligned} L_h &= \frac{10^6}{60n}\left(\frac{f_t C}{f_p P}\right)^{\varepsilon} \text{h} \\ C &= \frac{f_p P}{f_t}\left(\frac{60n}{10^6}L_h\right)^{\frac{1}{\varepsilon}} \text{N} \end{aligned}\right\} \tag{12-3}$$

式(12-3)是设计计算时常用的轴承寿命计算公式,由此确定轴承的寿命和型号。

各类机器中轴承的预期寿命 $L_h$ 的参考值见表 12-7。

**表 12-7　推荐的轴承预期计算寿命 $L_h$**

| 机器类型和使用场合 | 预期计算寿命 $L_h$($h$) |
|---|---|
| 不经常使用的仪器或设备,如闸门开闭装置等 | 300～3000 |
| 短期或间断使用的机械,中断使用不致引起严重后果,如手动机械等 | 3000～8000 |
| 间断使用的机械,中断使用后果严重,如发动机辅助设备、流水作业线自动传送装置、升降机、车间吊车、不常使用的机床等 | 8000～12000 |
| 每日 8 小时工作的机械(利用率不高),如一般的齿轮传动、某些固定电动机等 | 12000～20000 |
| 每日 8 小时工作的机械(利用率较高),如金属切削机床、连续使用的起重机、木材加工机械、印刷机械等 | 20000～30000 |
| 24 小时连续工作的机械,如矿山升降机、纺织机械、泵、电机等 | 40000～60000 |
| 24 小时连续工作的机械,中断使用后果严重。如纤维生产或造纸设备、发电站主电机、矿井水泵、船舶桨轴等 | 100000～200000 |

### 3. 滚动轴承的当量动载荷

滚动轴承的基本额定动载荷对于向心轴承,是指内圈旋转、外圈静止时的径向载荷,对向心推力轴承,是使滚道半圈受载的载荷的径向分量。对于推力轴承,基本额定动载荷是中心轴向载荷。轴承实际工作时,往往承受径向载荷和轴向载荷的复合作用。而试验得出的基本额定动载荷是径向载荷 $F_r$ 或者轴向载荷 $F_a$,计算轴承寿命时,为了与基本额定动载荷在相同条件下作比较,需要将实际工作载荷转化为等效的当量动载荷 $P$。等效转化的条件是:在当量动载荷 $P$ 作用下,轴承的寿命与实际工作载荷作用下的轴承寿命相等。

在不变的径向和轴向载荷作用下,当量动载荷的计算公式是:

$$P = XF_{\gamma} + YF_{\alpha} \tag{12-4}$$

式中,$F_r$、$F_a$ 分别是轴承所受的径向载荷及轴向载荷(N),$X$、$Y$ 分别是径向载荷系数及轴向载荷系数,可查表 12-8 获得。$e$ 值与轴承类型和 $F_a/C_{0r}$ 的比值有关。

对于向心轴承:

当 $F_a/F_r > e$ 时,表示轴向载荷的影响较大,计算当量动载荷时必须考虑 $F_a$ 的作用,此时:

$$P = XF_r + YF_a \tag{12-5}$$

当 $F_a/F_r \leqslant e$ 时,表示轴向载荷的影响较小,计算当量动载荷时 $F_a$ 可忽略(这时 $X=1$,$Y=0$),此时:

$$P = F_r \tag{12-6}$$

对于只能承受纯径向载荷的向心圆柱滚子轴承、滚针轴承、螺旋滚子轴承：

$$P=F_r \tag{12-7}$$

对于只能承受纯轴向载荷的推力轴承：

$$P=F_a \tag{12-8}$$

**表 12-8　当量动载荷的 *X*、*Y* 系数**

| 轴承类型 | | $F_a/C_0$ | $e$ | $F_a/F_r>e$ | | $F_a/F_r\leqslant e$ | |
|---|---|---|---|---|---|---|---|
| | | | | $X$ | $Y$ | $X$ | $Y$ |
| | | 0.014 | 0.19 | | 2.30 | | |
| | | 0.028 | 0.22 | | 1.99 | | |
| | | 0.056 | 0.26 | | 1.71 | | |
| | | 0.084 | 0.28 | | 1.55 | | |
| 深沟球轴承（6 类） | | 0.11 | 0.30 | 0.56 | 1.45 | 1 | 0 |
| | | 0.17 | 0.34 | | 1.31 | | |
| | | 0.28 | 0.38 | | 1.15 | | |
| | | 0.42 | 0.42 | | 1.04 | | |
| | | 0.56 | 0.44 | | 1.00 | | |
| | | 0.015 | 0.38 | | 1.47 | | |
| | | 0.029 | 0.40 | | 1.40 | | |
| | | 0.058 | 0.43 | | 1.30 | | |
| | | 0.087 | 0.46 | | 1.23 | | |
| 角接触球轴承（7 类） | 7000C（$\alpha=15°$） | 0.12 | 0.47 | 0.44 | 1.19 | 1 | 0 |
| | | 0.17 | 0.50 | | 1.12 | | |
| | | 0.29 | 0.55 | | 1.02 | | |
| | | 0.44 | 0.56 | | 1.00 | | |
| | | 0.58 | 0.56 | | 1.00 | | |
| | 7000AC（$\alpha=25°$） | — | 0.68 | 0.41 | 0.87 | 1 | 0 |
| | 7000B（$\alpha=40°$） | — | 1.14 | 0.35 | 0.57 | 1 | 0 |
| 圆锥滚子轴承（3 类） | | — | 见手册 | 0.40 | 见手册 | 1 | 0 |

**4. 角接触向心轴承轴向载荷的计算**

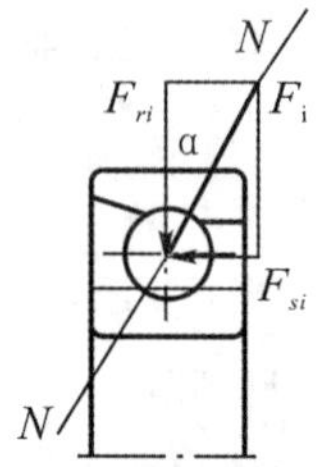


图 12-3　径向载荷产生的轴向分量

角接触向心轴承由于结构上的特点，在滚道与滚动体的接触处存在接触角 $\alpha$。因而当它受到径向载荷 $F_r$ 的作用时，会产生一个轴向力 $F_s$，通过受载区的滚动体作用在内圈上（见图 12-3）。$F_s$ 称为轴承的内部轴向力，它是轴承承受的轴向载荷的一部分。同时，有一个相反方向的反作用力作用在外圈上，如果没有外加轴向载荷与之平衡，则会使滚动体（连同内圈）与外圈分离。$F_s$ 的近似值可按照表

12-9 中的公式计算。

**表 12-9　角接触向心轴承内部轴向力 $F_s$**

| 圆锥滚子轴承 | 角接触球轴承 | | |
|---|---|---|---|
| | $a=15°$ | $a=25°$ | $a=40°$ |
| $F_s=F_r/(2Y)$ | $F_s=eF_r$ | $F_s=0.68F_r$ | $F_s=1.14F_r$ |

为使角接触向心轴承内部轴向力得到平衡，以免轴产生窜动，通常这类轴承都要成对使用，对称安装。安装方式有两种：图 12-4(a)，外圈窄边相对，称为面对面安装，也称为正装，轴向力相对，适合于传动零件位于两支承之间；图 12-4(b)，外圈宽边相对，称为背靠背安装，也称为反装，轴向力相背，适合于传动零件处于外伸端。

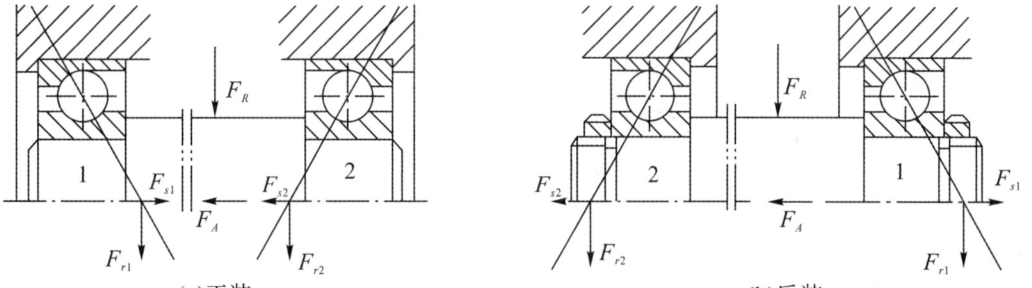


图 12-4　轴承的安装

若把轴和轴承内圈视为一体，各轴承承受的轴向载荷可以通过力学平衡计算。对于图 12-4(a)中的轴承安装，轴承受力有两种情况：

(a)若 $F_A+Fs_2>Fs_1$，则轴有左移的趋势，此时轴承 1 由于被端盖顶住而压紧(简称紧端)；而轴承 2 则被放松(简称松端)。由力的平衡条件得：

$$\left.\begin{aligned}&\text{压紧端}:F_{a1}=F_A+F_{s2}\\&\text{放松端}:F_{a2}=F_{s2}\end{aligned}\right\}\tag{12-9}$$

(b)若 $F_A+Fs_2<Fs_1$，则轴有右移的趋势，此时轴承 2 由于被端盖顶住而压紧(简称紧端)；而轴承 1 则被放松(简称松端)。由力的平衡条件得：

$$\left.\begin{aligned}&\text{放松端}:F_{a1}=F_{s1}\\&\text{压紧端}:F_{a2}=F_{s1}-F_A\end{aligned}\right\}\tag{12-10}$$

综上可知，计算角接触球轴承所受轴向力的方法可归结为：

(1)根据轴承的安装方式及轴承类型，确定轴承派生轴向力方向及大小；

(2)确定轴上的轴向外载荷的方向、大小(即所有外部轴向载荷的代数和)；

(3)判明轴上全部轴向载荷(包括外载荷和轴承的派生轴向载荷)的合力指向；根据轴承的安装形式，找出被"压紧"的轴承及被"放松"的轴承；

(4)被"压紧"轴承的轴向载荷等于除本身派生轴向载荷以外的其他所有轴向载荷的代数和(即另一个轴承的派生轴向载荷与外载荷的代数和)；

(5)被"放松"轴承的轴向载荷等于轴承自身的派生轴向载荷。

## (三)滚动轴承的静强度计算

当轴承转速很低或作间歇摆动时，轴承的失效形式主要是滚动体接触表面上接触应力过大而产生永久的凹坑，也就是材料发生了永久变形。这时，就需要按照轴承静强度来选择轴承尺寸。

通常情况下，当轴承的滚动体与滚道接触中心处引起的接触应力不超过一定值时，对多数轴承而言不会影响其正常工作。因此，国家标准规定：使受载最大的滚动体与内外圈滚道接触处的接触应力达到某一定值的载荷称作基本额定静载荷，用 $C_0$ 表示，其值可以查阅手册或产品样本。

当轴承实际承受的载荷是径向载荷和轴向载荷的复合载荷时，需按当量静载荷 $P_0$ 来计算轴承的静强度。

$$P_0 = X_0 F_r + Y_0 F_a \leqslant \frac{C_0}{S_0} \tag{12-11}$$

其中，$X_0$、$Y_0$ 分别为径向、轴向静载荷系数，其值由表 12-10 中查取；$S_0$ 为静强度安全系数，其值由表 12-11 中查取。

**表 12-10　静载荷系数 $X_0$、$Y_0$**

| 轴承类型 | | $X_0$ | $Y_0$ |
|---|---|---|---|
| 深沟球轴承 | | 0.6 | 0.5 |
| 角接触球轴承 | 7000C | 0.5 | 0.4 |
| | 7000AC | | 0.38 |
| | 7000B | | 0.2 |
| 圆锥滚子轴承 | | 0.5 | 查设计手册 |

**表 12-11　静强度安全系数 $S_0$**

| 旋转条件 | 载荷条件 | $S_0$ | 使用条件 | $S_0$ |
|---|---|---|---|---|
| 连续旋转轴承 | 普通载荷 | 1～2 | 高精度旋转场合 | 1.5～2.5 |
| | 冲击载荷 | 2～3 | 振动冲击场合 | 1.2～2.5 |
| 不常旋转及作摆动运动的轴承 | 普通载荷 | 0.5 | 普通精度旋转场合 | 1.0～1.2 |
| | 冲击及不均匀载荷 | 1～1.5 | 允许有变形量 | 0.3～1.0 |

## 二、案例解读

**案例 12-4**　7211AC 滚动轴承组合结构形式如图 12-5 所示，已知：$F_A=900\text{N}$，$F_{r1}=3300\text{N}$，$F_{r2}=1000\text{N}$。试分析轴承Ⅰ、Ⅱ所受的轴向力 $F_a$ 及当量动载荷 $P$，并说明哪个轴承是危险轴承。

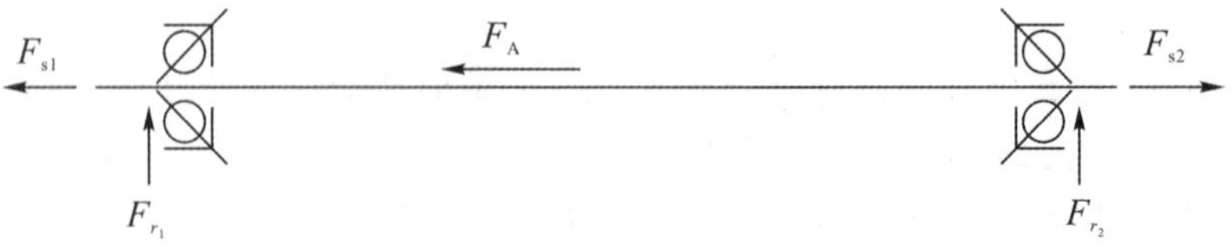


图 12-5　7211AC 滚动轴承

解：采用一对 7211AC 轴承反装

(1)根据表 12-9　7000 型轴承　$F_s=0.68F_r$

(2)求附加轴向力

$F_{s1}=0.68\times F_{r1}=0.68\times 3300=2244\text{N}$

$F_{s2}=0.68\times F_{r2}=0.68\times 1000=680\text{N}$

(3)求轴承的轴向力

$F_A+F_{S1}=900+2244=3144>F_{s2}=680$

轴有左移趋势，则：

轴承Ⅰ放松：$F_{a1}=F_{s1}=2244\text{N}$

轴承Ⅱ压紧：$F_{a2}=F_A+F_{s1}=3144\text{N}$

(4)求当量动载荷

$F_{a1}/F_{r1}=2244/3300=0.68=e$　$F_{a2}/F_{r2}=3144/1000=3.144>e$

查表 12-8　$X_1=1$　$Y_1=0$　$X_2=0.41$　$Y_2=0.87$

$P_1=F_{r1}+0\times F_{a1}=3300\text{N}$

$P_2=0.41\times F_{r2}+0.87\times F_{a2}=0.41\times 1000+0.87\times 3144=3145\text{N}$

$P_1>P_2$

∴轴承Ⅰ危险

## 三、学习任务

1. 对教师讲过的案例进行分析。

2. 结合本节所学内容完成以下练习。

一矿山机械的转轴两端各用一个 6313 深沟球轴承支承，每个轴承承受的径向载荷 $F_r=5400\text{N}$，轴上的轴向载荷 $F_a=2650\text{N}$，轴的转速 $n=1250\text{r/min}$，运转中有轻微冲击，预期寿命为 5000h，问是否适用。

# 第五节　滚动轴承的润滑和密封

## 一、理论要点

### (一)滚动轴承的润滑

轴承常用的润滑方式有油润滑及脂润滑两类。此外，也有使用固体润滑剂润滑的。润滑方式与轴承的速度有关，一般用滚动轴承的 $dn$ 值($d$ 为滚动轴承内径，mm；$n$ 为轴承转速，r/min)表示轴承的速度大小。当 $dn<(1.5\sim 2)\times 10^5\,\text{mm}\cdot\text{r/min}$ 时，适合采用脂润滑，超过这一范围，宜采用油润滑。

### (二)滚动轴承的密封

滚动轴承密封的目的：防止灰尘、水分和杂质等进入轴承，同时也阻止润滑剂的流失。良好的密封可保证机器正常工作，降低噪音，延长有关零件的寿命。滚动轴承的密封可分为接触式密封和非接触式密封。

## 二、案例解读

**案例 12-5** 分析说明图 12-6 滚动轴承的密封具体型式和特点。

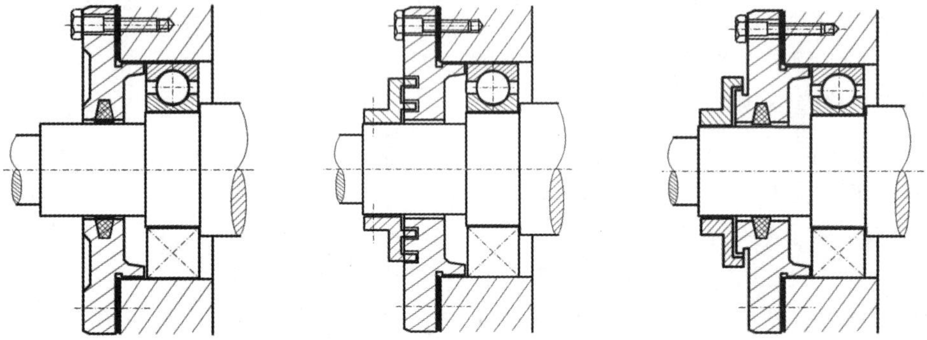

(a) (b) (c)

图 12-6 轴承常用的密封型式

分析：(a)为接触式密封，采用毡圈密封，结构简单，但摩擦较大，只用于滑动速度小于 4～5m/s 的地方。

(b)为非接触式密封，采用迷宫密封，适用于脂润滑或油润滑，工作环境要求不高，密封可靠的场合，结构复杂，制作成本高。迷宫密封是由旋转的和固定的密封零件之间曲折的狭缝所形成的，纵向间隙要求 1.5～2mm，隙缝中填入润滑脂，可增加密封效果。

(c)为混合密封，适合脂润滑或油润滑，是将以上两种密封方式组合使用，其密封效果经济、可靠。

## 三、学习任务

1. 梳理本节知识点，字数不少于 100 字。

2. 指出题图 12-1 中滚动轴承密封方式有哪些不合理和不完善的地方，提出改进意见，画出改进后的结构图。

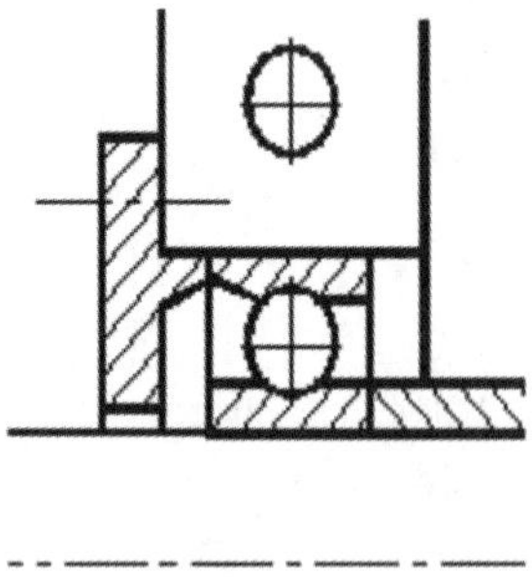

题图 12-1

# 第六节 滚动轴承的组合设计

## 一、理论要点

在确定了轴承的类型和型号以后，还必须正确地进行滚动轴承的组合结构设计，才能保证轴承的正常工作。轴承的组合结构设计，包括轴承的固定、调整、预紧、配合和装拆等。

### (一)轴承的轴向固定

滚动轴承的轴向固定，包括轴承外圈在机座内的固定和轴承内圈在轴上的固定。

图 12-7 所示为常用的内圈轴向固定的方法。

(1)图 12-7(a)为弹性挡圈：采用嵌入轴上凹槽的轴用弹性挡圈来固定轴承内圈，主要用于轴向载荷不大及转速不高的场合；

(2)图 12-7(b)为轴端挡圈：采用轴端挡圈锁紧轴承内圈，可用于中载、高速的场合；

(3)图 12-7(c)为止动垫圈和圆螺母：采用止动垫圈和圆螺母锁紧，多用于重载、高速的场合。

内圈的另一端，常以轴肩作为定位面。为了便于轴承拆卸，轴肩的高度应低于轴承内圈的高度。

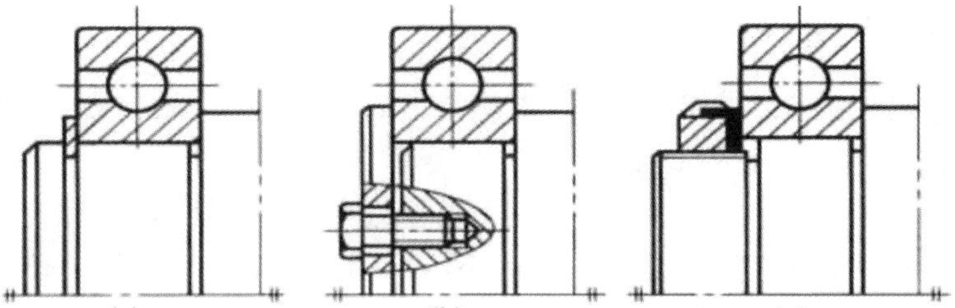

(a) (b) (c)

图 12-7 内圈轴向固定的方法

图 12-8 所示为常用的轴承外圈在座孔内轴向固定的方法。

(1)图 12-8(a)采用嵌入轴承座孔的孔用弹性挡圈来固定，用于轴向力不大且需要减小轴承组合尺寸的场合；

(2)图 12-8(b)采用嵌入轴承外圈的止动环来固定，用于轴承座孔不便做凸肩且为剖分式结构的场合；

(3)图 12-8(c)采用轴承端盖固定，用于转速高、轴向力大的场合；

(4)图 12-8(d)采用螺纹环固定，用于转速高、轴向力大且不适用轴承端盖固定的场合。

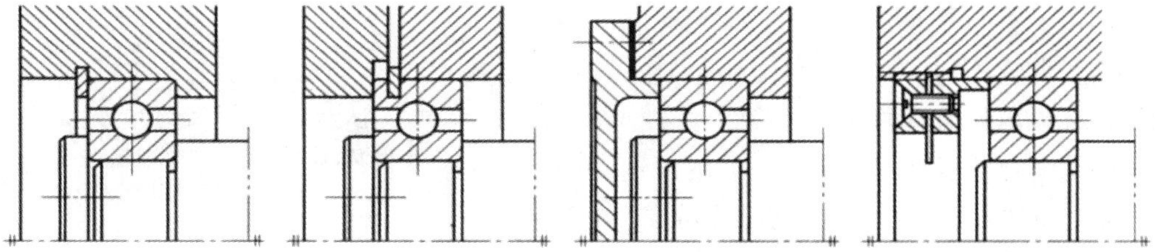

(a) (b) (c) (d)

图 12-8 外圈轴向固定的方法

### (二)轴承间隙的调整

轴承在装配时,一般要留有适当间隙,以便于轴承正常运转。常用的调整方法有:①调整垫片[见图 12-9(a)],靠加减轴承盖与机座之间的垫片厚度来调整轴承间隙;②调节螺钉[见图 12-9(b)],用螺钉通过轴承外圈压盖移动外圈的位置进行调整。调整后,用螺母锁紧防松。

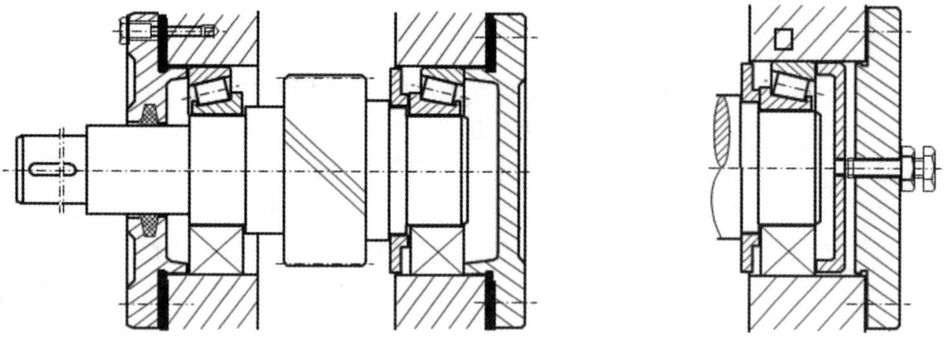

(a)　　(b)

图 12-9　轴承间隙的调整

### (三)轴承的预紧

所谓预紧,就是在安装时用某种方法在轴承中产生并保持一轴向力,以消除轴承中的轴向游隙,并在滚动体和内、外圈接触处产生初变形。

常用的预紧装置有:①夹紧一对圆锥滚子轴承的外圈而预紧[见图 12-10(a)];②用弹簧预紧,可以得到稳定的预紧力[见图 12-10(b)];③在一对轴承中间装入长度不等的套筒而预紧,预紧力可由两套筒的长度差控制[见图 12-10(c)];④夹紧一对磨窄了的外圈而预紧[见图 12-10(d)];反装时可磨窄内圈并夹紧。

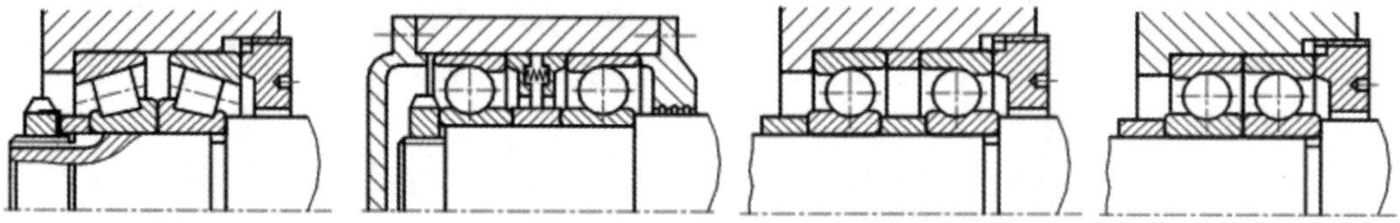

(a)　　(b)　　(c)　　(d)

图 12-10　轴承的预紧

### (四)轴承组合位置的调整

轴承组合位置的调整的目的是使轴上的零件(如齿轮、带轮等)具有准确的工作位置。圆锥齿轮和蜗杆必须调整轴系的轴向位置。图 12-11 为圆锥齿轮轴承组合位置的调整,垫片 1 用来调整圆锥齿轮的轴向位置,垫片 2 用来调整轴承游隙。

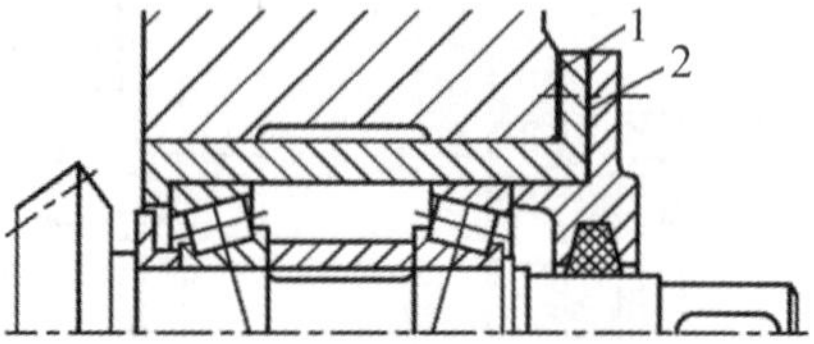


图 12-11　轴承组合位置的调整

### (五)滚动轴承的配合

滚动轴承的配合是指内圈与轴颈、外圈与座孔的配合。这些配合的松紧将直接影响轴承间隙的大小，从而关系到轴承的运转精度和使用寿命。

轴承内孔与轴颈的配合采用基孔制，轴承外圈与轴承座孔的配合采用基轴制。安装向心轴承的轴公差带代号见表 12-12。

**表 12-12　安装向心轴承的轴公差带代号**

| 运转状态 | | 载荷状态 | 深沟球轴承、调心球轴承和角接触球轴承 | 圆柱滚子轴承和圆锥滚子轴承 | 调心滚子轴承 | 公差带 |
|---|---|---|---|---|---|---|
| 说明 | 举例 | | 轴承公称内径/mm | | | |
| 旋转的内圈载荷及摆动载荷 | 电器仪表、精密机械、泵、通风机、传送带 | 轻载荷 | ≤18<br>>18～100<br>>100～200 | —<br>≤40<br>>40～140 | —<br>≤40<br>>40～100 | h5<br>j6<br>k6 |
| | 一般通用机械、电动机、涡轮机、泵、内燃机变速箱、木工机械 | 正常载荷 | ≤18<br>>18～100<br>>100～140<br>>140～200 | —<br>≤40<br>>40～100<br>>100～140 | —<br>≤40<br>>40～65<br>>65～100 | j5,js5<br>k5<br>m5<br>m6 |
| | 铁路车辆和电车的轴箱、牵引电动机、轧机、破碎机等重型机械 | 重载荷 | —<br>— | >50～140<br>>140～200 | >50～100<br>>100～140 | m6<br>p6 |
| 固定的内圈载荷 | 静止轴上的各种轮子，张紧轮、绳轮、振动筛、惯性振动器 | 所有载荷 | 所有尺寸 | | | f6、g6、h6、j6 |
| 仅有轴向载荷 | | 所有尺寸 | | | | j6、js6 |

### (六)滚动轴承的装拆

轴承结构设计中必须考虑轴承的装拆问题，而且要保证不因装拆而损坏轴承或其他零件。

轴承内圈与轴颈的配合通常较紧，可以采用压力机在内圈上施加压力将轴承压套在轴颈上。有时为了便于安装，尤其是大尺寸轴承，可用热油(不超过 80～90℃)加热轴承，或用干冰冷却轴颈。中小型轴承可以使用软锤直接敲入或用另一段管子压住内圈敲入。

在拆卸时要考虑便于使用拆卸工具，如图 12-12 所示，以免在拆装的过程中损坏轴承和其他零件。为了便于拆卸轴承，内圈在轴肩上应露出足够的高度，或在轴肩上开槽，以便放入拆卸工具的钩头，如图 12-13 所示。

用钩爪器
拆卸轴承

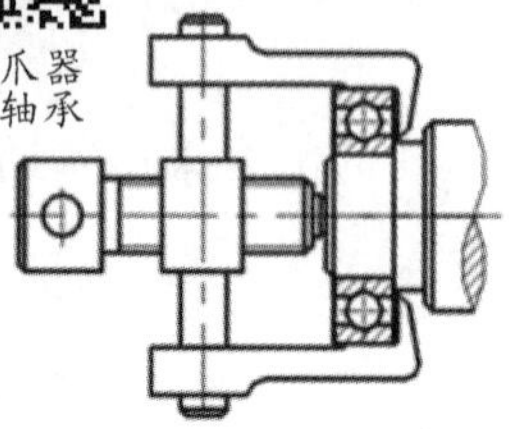

图 12-12　用钩爪器拆卸轴承

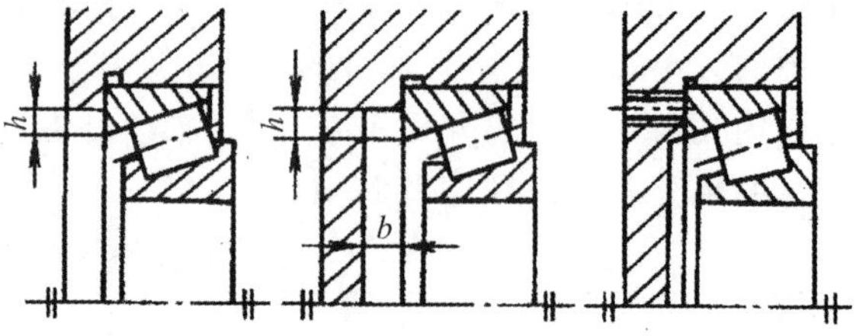


图 12-13　便于外圈拆卸的座孔结构

## 二、案例解读

**案例 12-6**　分析说明图 12-14 和图 12-15 滚动轴承的支撑结构形式。

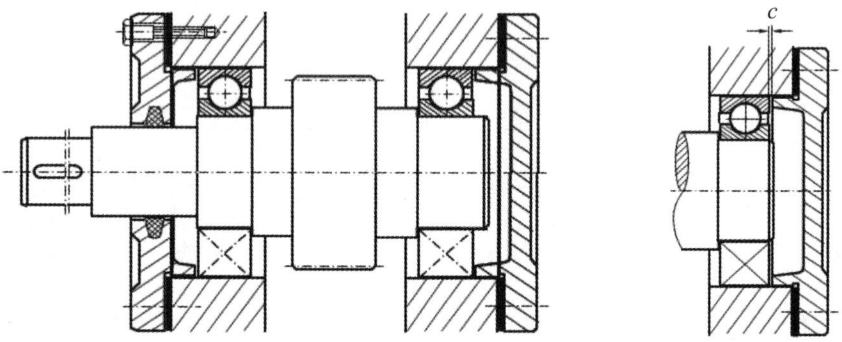


(a)　　(b)

图 12-14　滚动轴承的支撑结构形式(1)

分析:图 12-14 为两端固定(两端单向固定)。

普通工作温度下的短轴(跨距 $L<400$mm),支点常采用两端单向固定方式,每个轴承分别承受一个方向的轴向力,如图 12-14(a)所示,为允许轴工作时有少量热膨胀,轴承安装时应留有轴向间隙 $c=0.2\sim0.3$mm[见图 12-14(b)],间隙量常用垫片或调整螺钉调节。

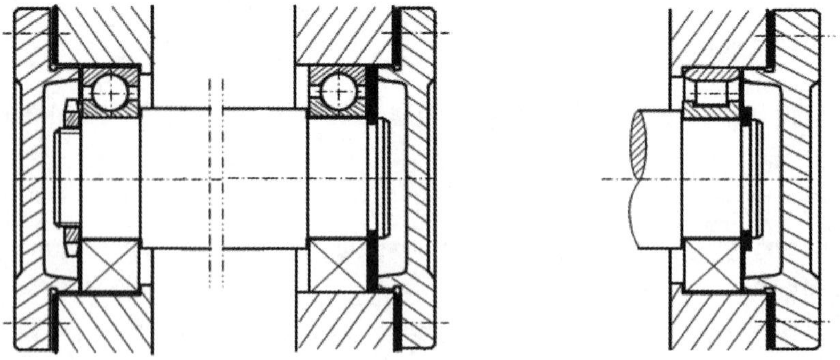

固定支点　　游动支点　　游动支点

(a)　　(b)

图 12-15　滚动轴承的支撑结构形式(2)

图 12-15 为一端双向固定、一端游动。

当轴较长或工作温度较高时，轴的热膨胀收缩量较大，宜采用一端双向固定、一端游动的支点结构。固定端由单个轴承或轴承组承受双向轴向力，而游动端则保证轴伸缩时能自由游动。为避免松脱，游动轴承内圈应与轴作轴向固定(常采用弹性挡圈)。用圆柱滚子轴承作游动支点时，轴承外圈要与机座作轴向固定，靠滚子与套圈间的游动来保证轴的自由伸缩。

## 三、学习任务

1. 滚动轴承的组合结构设计包括哪些内容?
2. 滚动轴承的配合与普通圆柱轴孔配合相比较，有什么特点?
3. 请写出在学习本章内容过程中形成的“亮考帮”。

# 第十三章　滑动轴承

滑动轴承是机器中一类比较常见且重要的部件，它具有工作平稳、可靠、无噪声等优点，通常应用在高速轻载工况条件下。

让我们来看看，滑动轴承的主要类型有哪些，常用材料是什么，如何选择滑动轴承的润滑方式，非液体摩擦滑动轴承如何进行设计。

**学习目标：**

(1)能够正确描述滑动轴承的类型及其特点。

(2)能够准确鉴别滑动轴承的材料、润滑及应用。

## 第一节　滑动轴承的特点、类型及应用

### 一、理论要点

#### (一)滑动轴承的特点

滚动轴承具有产品标准化、系列化、摩擦阻力小、起动方便等优点，在一般机械中得到了广泛应用。但是在高速、高精度、重载、结构上要求剖分的场合，径向尺寸受到限制的场合，及在特殊条件下(如在水中或腐蚀性介质中)，滑动轴承有其独特的优势，因而在一些特殊场合仍占重要地位。

滑动轴承是在滑动摩擦下工作的轴承。滑动轴承工作平稳、可靠、无噪声。在液体润滑条件下，滑动表面被润滑油分开而不发生直接接触，还可以大大减小摩擦损失和表面磨损，油膜还具有一定的吸振能力。但是滑动轴承摩擦损耗大，效率低，维护也比较复杂。

#### (二)滑动轴承的类型

滑动轴承根据承受载荷分为：承受径向载荷的向心轴承，承受轴向载荷的推力轴承以及同时承受径向和轴向载荷的向心推力轴承。

**1.向心滑动轴承**

(1)整体式向心滑动轴承(见图 13-1)。主要由轴承座、轴套或轴瓦等组成。轴套压装在轴承座中，并加止动螺钉以防相对运动。轴承座的顶部设有装有油杯的螺丝孔。轴承用螺栓固定在机架上。这种轴承结构简单、制造方便、成本低，但轴必须从轴承端部装入，装配不便，且轴承磨损后径向间隙不能调整，故多用于低速、轻载及间歇工作的地方，如绞车、手摇起重机等。

(2)剖分式向心滑动轴承(见图 13-2)。由轴承座、轴承盖、剖分式轴瓦、双头螺柱和螺

母、垫片等组成。轴承座和轴承盖的剖分处有止口，以便定位和防止轴向移动；止口处上下有一定间隙，当轴瓦磨损经修整后，可适当减少放在此间隙中的垫片来调整轴承盖的位置以夹紧轴瓦。装拆这种轴承时，轴不需轴向移动，故装拆方便，被广泛地应用。

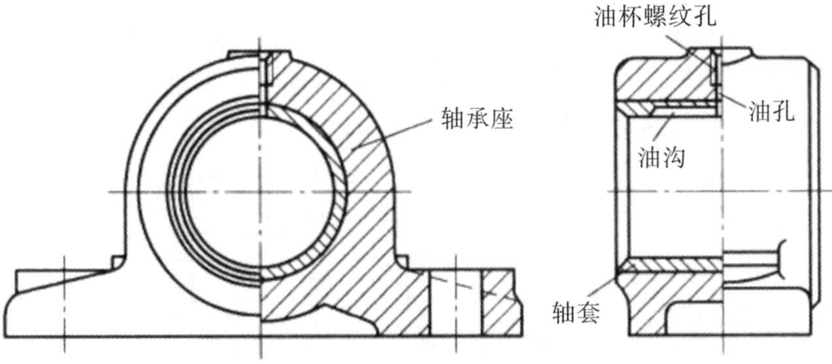


整体式向心滑动轴承

图 13-1　整体式向心滑动轴承

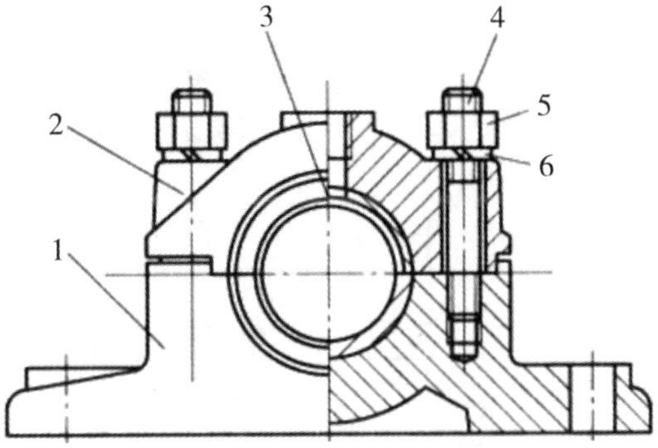


剖分式向心滑动轴承

图 13-2　剖分式向心滑动轴承

1-轴承座；2-轴承盖；3-剖分式轴瓦；4-双头螺柱；5-螺母；6-垫片。

轴瓦是滑动轴承中的重要零件。向心滑动轴承的轴瓦内孔为圆柱形(见图 13-3)。若载荷方向向下，则下轴瓦为承载区，上轴瓦为非承载区。润滑油应由非承载区引入，所以在顶部开进油孔。在轴瓦内表面，以进油口为中心沿纵向、斜向或横向开有油沟，以利于润滑油均匀分部在整个轴颈上。油沟的形式很多，如图 13-4 所示。一般油沟与轴瓦端面应保持一定距离，以防止漏油。

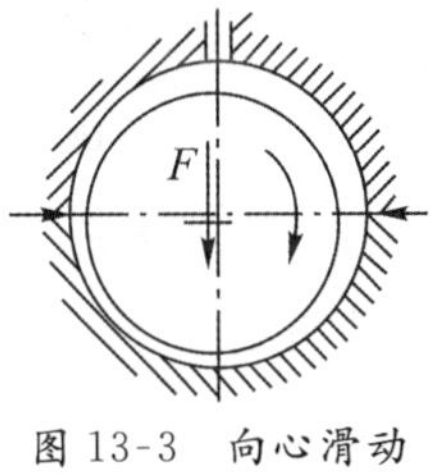


图 13-3　向心滑动轴承的轴瓦

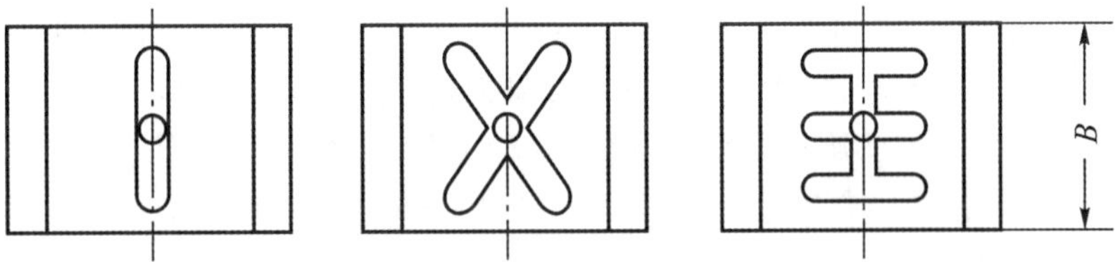


图 13-4　油沟形式

轴瓦宽度与轴颈直径之比 $B/d$ 称为宽径比，它是向心滑动轴承中的重要参数之一。对于液体摩擦的滑动轴承，常取 $B/d=0.5\sim1$；对于非液体摩擦的滑动轴承，常取 $B/d=0.8\sim1.5$。

**2. 推力滑动轴承**

轴上的轴向力应采用推力轴承来承受。止推面可以利用轴的端面，也可在轴的中段做出凸肩或装上推力圆盘(见图 13-5)。由于两平行平面之间不能形成动压油膜，通常沿轴承止推面按若干块扇形面积开出楔形(见图 13-6)。图 13-6(a)为固定式推力轴承，其楔形的倾角固定不变，在楔形顶端留有平台，用来承受停车后的轴向载荷。图 13-6(b)为可倾式推力轴承，其扇形块的倾斜角能随着载荷、转速的改变而自行调整，因此性能更为优越。可倾式推力轴承的扇形块数一般为 6～12。

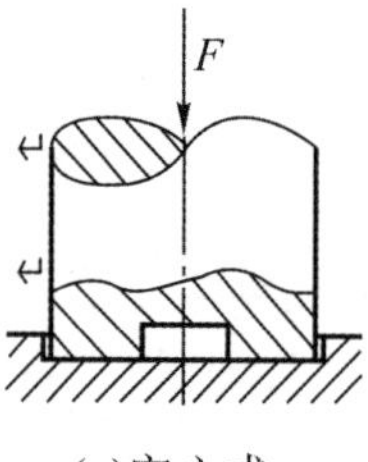

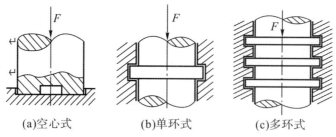


图 13-5　推力轴承结构形式

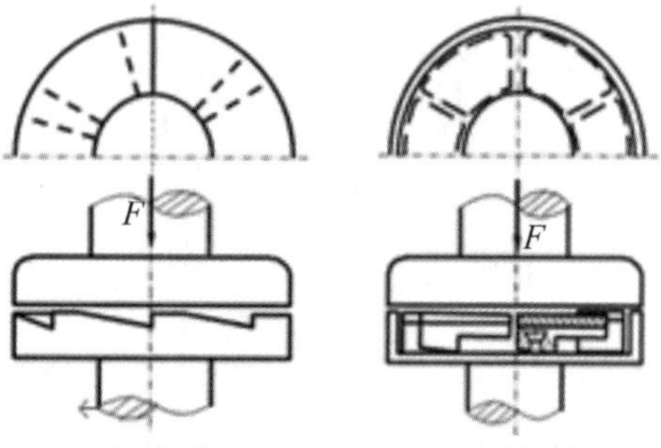


图 13-6　多楔式推力轴承

## 二、案例解读

**案例 13-1**　试举出几个滑动轴承工程应用的实例，这些滑动轴承工作条件有什么特点？

分析：

①根据装配要求需要做成剖分式：发动机曲轴、齿轮轴；②承受巨大的冲击振动载荷：机车、车辆、水泥搅拌机、破碎机、清砂机、轧钢机、大型电机；③工作转速特别高：汽轮机，纺织机械用轴承，转速 3000～6000r/min，寿命 22000h；④旋转精度高，运转平稳无噪声：精密磨床的主轴；⑤要求轴承的空间尺寸小：组合钻床径向尺寸受限制；⑥某些特殊的工作条件：水中、泥浆中、腐蚀性介质中，如军舰推进器的轴承。

水车滑动轴承

## 三、学习任务

1. 对教师讲过的案例进行分析。

2. 列举一个滑动轴承的应用实例，并分析类型及其特点。

# 第二节　滑动轴承的材料与润滑

## 一、理论要点

### (一)滑动轴承的材料

根据滑动轴承的工作情况，要求轴瓦材料具备下述性能：①对轴颈的摩擦系数小；②导热性好，热膨胀系数小；③良好的顺应性和嵌藏性；④耐磨、耐蚀、抗胶合能力强；⑤足够的机械强度。

一种材料很难满足上述全部要求，可制成双金属或三金属轴瓦满足上述多种性能要求。在工艺上可以用浇铸或压合的方法，将薄层材料黏附在轴瓦基体上。黏附上去的薄层材料通常称为轴承衬。

常用的轴瓦和轴承衬材料有下列几种：

**1. 轴承合金**

轴承合金(又称白合金、巴氏合金)有锡锑轴承合金和铅锑轴承合金两大类。

锡锑轴承合金的摩擦系数小，抗胶合性能好；对油的吸附性能好，耐蚀性好，易跑合，是优良的轴承材料，常用于高速、重载的轴承。但它的价格较贵且机械强度较差，因此只能作为轴承衬材料而浇铸在钢、铸铁或青铜轴瓦上。用青铜作为轴瓦基体是取其导热性良好。这种轴承合金的熔点比较低，为了安全，在设计、运行中常将温度控制在110～120℃。

铅锑轴承合金的各方面性能与锡锑轴承合金相近，但这种材料比较脆，不宜承受较大的冲击载荷。一般用于中速、中载的轴承。

**2. 青铜**

青铜有锡青铜、铅青铜和铝青铜等几种。青铜强度高、承载能力大、耐磨性和导热性都优于轴承合金，工作温度高达250℃。缺点是可塑性差、不易跑合、与之相配的轴颈必须淬硬。

锡青铜比轴承合金硬度高，磨合性及嵌入性差，适用于中速重载场合。铅青铜抗胶合能力强，适用于中速中载轴承。铝青铜的强度及硬度较高，抗胶合能力较差，适用于低速重载轴承。

**3. 具有特殊性能的轴承材料**

(1)多孔质金属材料。用粉末冶金法制作的轴承具有多孔组织，可存储润滑油。可用于加油不方便的场合。这种材料孔隙约占体积的10％～35％。使用前先把轴瓦在加热的油中浸渍数小时，使孔隙中充满润滑油，因而通常把这种材料制成的轴承称为含油轴承。它具有自润滑性。工作时，由于轴颈转动的抽吸作用及轴承发热时油的膨胀作用，油便进入摩擦表面间起润滑作用；不工作时，因毛细管作用，油便被吸回到轴承内部，故在相当长的时间内，即使不加油仍能工作得很好。多孔质金属材料的韧性低，只适应于平稳的无冲击载荷及中低速度情况下。

(2)灰铸铁和耐磨铸铁。普通灰铸铁或加有镍、铬、钛等合金成分的耐磨灰铸铁，或者是球墨铸铁，都可以用作轴承材料。这类材料中的片状或球状石墨在材料表面上覆盖后，可以形成一层起润滑作用的石墨层，故具有一定的减摩性和耐磨性。由于铸铁性脆、磨合性能差，故只适用于低速轻载和不受冲击载荷的场合。

(3)橡胶。具有较大的弹性，能减轻振动使运转平稳，可用水润滑。主要用于以水作润滑剂或较脏的环境中。橡胶轴承内壁上带有纵向沟槽，便于润滑剂的流通、加强冷却效果并冲走污物。

(4)轴承塑料。常用的轴承塑料有酚醛塑料、尼龙、聚四氟乙烯等。塑料轴承有较大的抗压强度和耐磨性，可用油和水润滑，也有自润滑性能，但导热性差。为改善此缺陷，可作为轴承衬黏覆在金属轴瓦上使用。表 13-1 中给出了常用轴瓦和轴承衬材料的[$p$]、[$v$]、[$pv$]等参数。

**表 13-1　常用轴瓦和轴承衬材料的性能**

| 材料及代号 | [$p$]/MPa | | [$v$]/(m/s) | [$pv$]/(MPa·m/s) | 最高工作温度/℃ | 轴颈硬度 |
|---|---|---|---|---|---|---|
| 铸锡锑轴承合金 ZSnSb11Cu6 | 平稳 | 25 | 80 | 20 | 150 | 150HBS |
| | 冲击 | 20 | 60 | 15 | | |
| 铸铅锑轴承合金 ZPbSb16Sn16Cu2 | 15 | | 12 | 10 | 150 | 150HBS |
| 铸锡青铜 ZCuSn10P1 | 15 | | 10 | 15 | 280 | 45HRC |
| 铸锡青铜 ZCuSn5Pb5Zn5 | 8 | | 3 | 15 | 280 | 45HRC |
| 铸铝青铜 ZCuAl10Fe3 | 15 | | 4 | 12 | 280 | 45HRC |

## (二)滑动轴承的润滑

### 1. 润滑剂

滑动轴承工作时需要有良好的润滑，这对减轻摩擦，提高效率；减少磨损，延长寿命；冷却和散热以及保证轴承正常工作都十分重要。

润滑剂分为：①液体润滑剂——润滑油；②半固体润滑剂——润滑脂；③固体润滑剂。

(1)润滑油。目前使用的润滑油大部分为石油系列润滑油(矿物油)。在轴承润滑中，润滑油最重要的物理性能是黏度，它也是选择润滑油的主要依据。黏度表征液体流动的内摩擦性能。

润滑油的黏度是变化的，它随着温度的升高而降低，这对于运行着的轴承来说，必须加以注意。描述黏合随温度变化情况的线图称为黏—温图，见图 13-7。

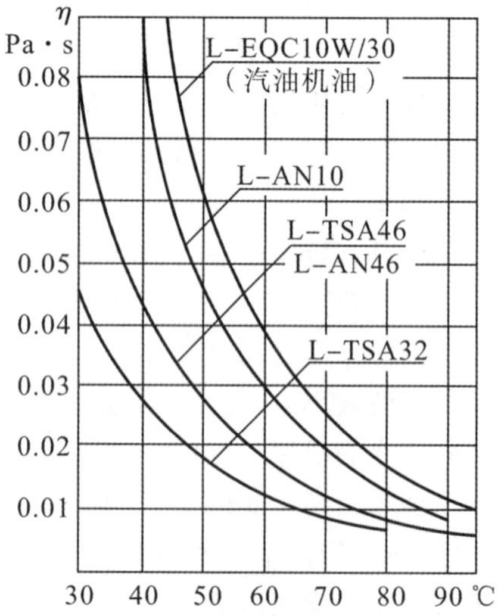


图 13-7　几种润滑油的黏—温曲线

黏度还随着压力的升高而增大，但压力不太高时（如小于 10MPa）变化极微，可略而不计。

选用润滑油时，要考虑速度、载荷和工作情况。对于载荷大、速度小的轴承宜选黏度大的油；载荷小、速度高的轴承宜选黏度较小的油。

（2）润滑脂。润滑脂由润滑油和各种稠化剂混合而成，不需经常添加，不易流失，故在垂直的摩擦表面上也可应用。润滑脂对载荷和速度的变化有较大的适应范围，受温度的影响不大，但摩擦损耗较大，润滑性能上不如润滑油好，机械效率较低，故不宜用于高速。润滑脂易变质，不如润滑油稳定。一般参数的机器，特别是低速或带有冲击的机器，都可以使用润滑脂润滑。

目前使用最多的是钙基润滑脂，其耐水性较好，但耐温性较差，常用于 60℃以下的各种机械设备中轴承的润滑。钠基润滑脂耐温性较好（115～145℃），但不耐水。锂基润滑脂性能优良，耐温耐水性均较好，广泛使用于－20～150℃范围内。

（3）固体润滑剂。固体润滑剂有石墨、二硫化钼（$MoS_2$）、聚氟乙烯树脂等多种品种。一般只在一些特殊场合下使用，如在高温介质中或在低速重载条件下。目前其应用已逐渐广泛，例如：可将固体润滑剂调和在润滑油中使用；也可以涂覆、烧结在摩擦表面形成覆盖膜；或者用固结成型的固体润滑剂嵌装在轴承中使用；或者混入金属或塑料粉末中烧结成形。

**2. 润滑装置**

滑动轴承的给油方法多种多样。

间歇润滑装置见图 13-8，其中图（a）、（b）用于人工定时加油；图（c）是润滑脂用的油杯，油杯中添满润滑脂，定期旋转杯盖，将润滑脂注入轴承内。

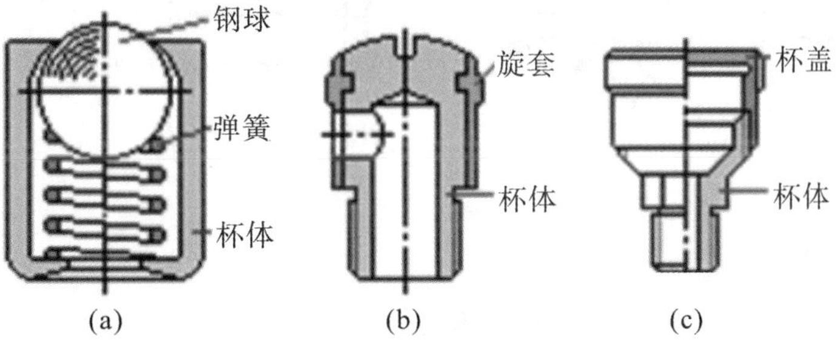


图 13-8　间歇供油装置

连续供油润滑根据所需供油量的大小可采用滴油润滑、油环润滑、浸油润滑或喷油润滑。

图 13-9（a）是滴油润滑用的针阀式油杯。平放手柄时，针杆借弹簧的推压而堵住底部油孔；直立手柄时，针杆被提起，油孔敞开，于是润滑油自动滴到轴颈上。油杯的上端面开有小孔，供补充润滑油用，平时由簧片遮盖。调节螺母用于调节针杆下端油口大小，以控制供油量。图 13-9（b）是 A 型弹簧盖油杯，扭转弹簧将杯盖紧压在油杯体上，铝管中装有毛线或棉纱，依靠毛线或棉纱的毛细管作用，将油杯中的润滑油滴入轴承。虽然这种油杯给油是自动且连续的，但不能调节给油量，油杯中油面高时给油多，油面低时给油少，停车时仍在继续给油，直到滴完为止。

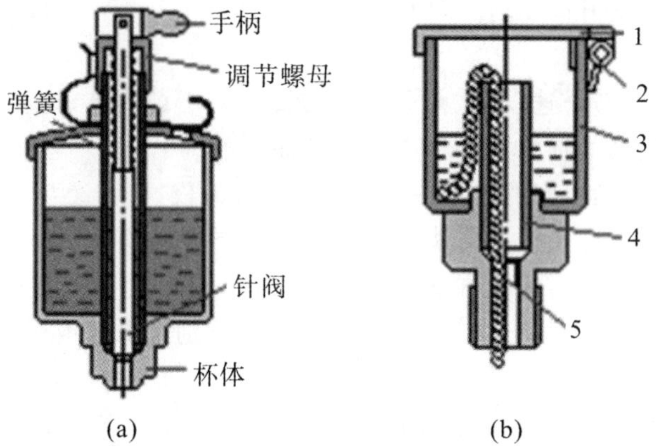


图 13-9 连续供油装置

图 13-10 所示为油环润滑，在轴颈上套一油环，油环下部浸入油池中，当轴颈旋转时，靠摩擦力带动油环旋转，把油引入轴承。油环浸在油池内的深度约为其直径的 1/4 时，给油量已足以维持液体润滑状态的需要。它常用于大型电机的滑动轴承中。

浸油润滑见图 13-11(a)，喷油润滑见图 13-11(b)。喷油润滑利用油泵循环给油，给油量充足，给油压力只需 0.05MPa，在油的循环系统中常配置过滤器、冷却器。还可设置油压控制开关，当管路内油压下降时可报警、启动辅助油泵或指令主机停车。所以这种给油方法安全可靠，但设备费用较高，常用于高速且精密的重要机器中。

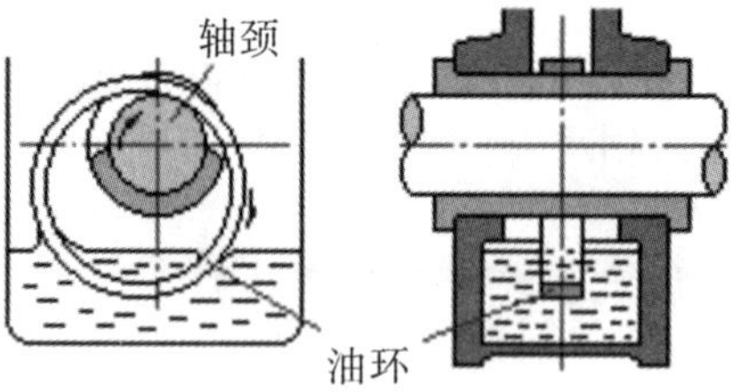


图 13-10 油环润滑

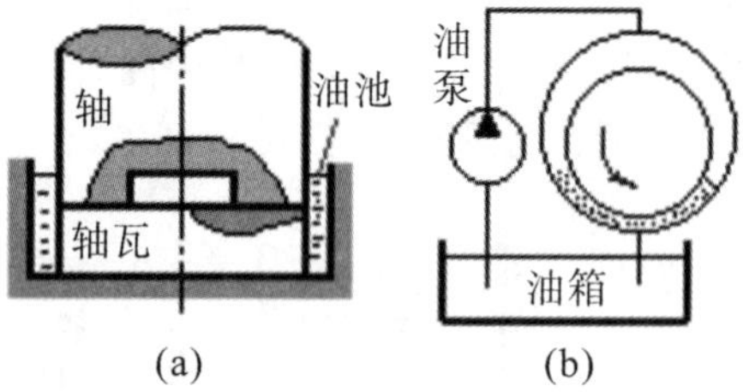


图 13-11 浸油、喷油润滑

## 二、案例解读

**案例 13-2** 试分析如何选择滑动轴承的润滑方式。

分析：滑动轴承的润滑方式可根据系数 $k$ 选定

$$k=\sqrt{pv^3}$$

式中，$p$ 为轴径的平均压力(MPa)；

$v$ 为轴径的线速度(m/s)。

当 $k\leqslant 2$ 时，用润滑脂润滑，用油壶或黄油枪定期向润滑孔和油杯内注油或注脂；

$2<k\leqslant 16$ 时，用针阀式油杯润滑；

$16<k\leqslant 32$ 时，用油环润滑或飞溅润滑；

$k>32$ 时，用油泵进行连续压力供油润滑。

## 三、学习任务

1. 对教师讲过的案例进行分析。

2. 轴瓦和轴承衬的材料有何要求？常用的材料有哪几种？

3. 列举分析 1 台机器，其用到哪些润滑装置，观察它们是怎样供油或加注润滑脂的。

## 第三节　非液体摩擦滑动轴承的设计计算

### 一、理论要点

非液体摩擦滑动轴承工作时，因其摩擦表面不能被润滑油完全隔开，只能形成边界油膜，存在局部金属表面的直接接触。因此，这类轴承的主要失效形式是工作表面的磨损和边界油膜的破裂导致的工作表面胶合。由于影响因素很多，难以精确计算，因此目前仍采用简化的条件性计算。其计算准则是：

**1. 限制轴承的平均压强**

限制轴承平均压强，以保证润滑油不被过大的压力所挤出，避免工作表面的过度磨损。

对于径向轴承：

$$p=\frac{F}{Bd}\leqslant[p] \tag{13-1}$$

式中，$F$ 为轴承径向载荷(N)；

$B$ 为轴瓦宽度(mm)；

$d$ 为轴颈的直径(mm)；

$[p]$为轴瓦材料许用压强(MPa)，

对于推力轴承(见图 13-12)，有

$$p=\frac{F}{\frac{\pi}{4}(d_2^2-d_1^2)z}\leqslant[p] \tag{13-2}$$

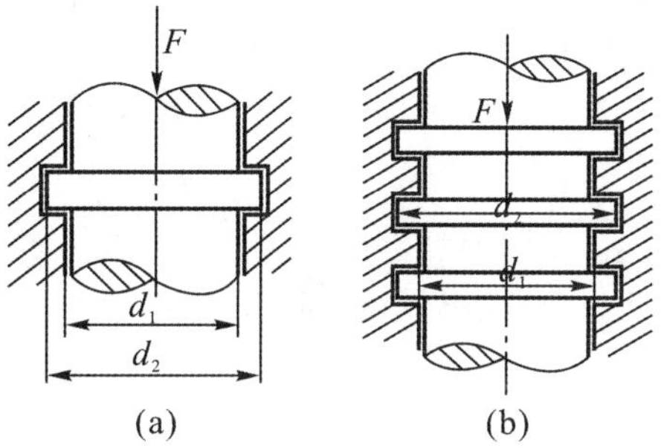

图 13-12　推力轴承

式中，$d_2$ 和 $d_1$ 为环形接触面的外径和内径，

通常 $d_1=(0.6\sim0.8)d_2$；

$z$ 为推力轴环数。

**2. 限制轴承的 $pv$ 值**

$pv$ 值与摩擦功率损耗成正比，它简略地表征轴承的发热因素。$pv$ 值越高，轴承温升越高，容易引起边界油膜的破裂。

对于径向轴承，$pv$ 值的验算式为：

$$pv=\frac{F}{Bd}\times\frac{\pi dn}{60\times1000}\approx\frac{Fn}{19100B}\leqslant[pv] \tag{13-3}$$

式中，$n$ 为轴的转速，r/min；

$[pv]$为轴瓦材料的许用值。

由图 13-12 可知，推力轴承应满足

$$v=\frac{\pi n(d_1+d_2)}{60\times1000\times2} \tag{13-4}$$

$$pv=\frac{nF}{30000z(d_2-d_1)}\leqslant[pv] \tag{13-5}$$

式中，$z$ 为轴环数。

对于多环推力轴承[见图 13-12(b)]，由于制造和装配误差使各支撑面上所受的载荷不相等，$[p]$和$[pv]$值应减少 20%～40%。

**3.限制轴径的圆周速度 v 值**

对于压强 $p$ 小的轴承，即使 $p$ 和 $pv$ 值验算合格，由于滑动速度过高，也会加速磨损而使轴承报废。因此，还要做速度的验算，其条件为：

$$v=\frac{\pi dn}{60\times1000}\leqslant[v] \tag{13-6}$$

式中，$[v]$为许用速度值(m/s)。

## 二、案例解读

**案例 13-3**　用于离心泵的径向滑动轴承，轴径 $d=60$mm，转速 $n=1500$r/min，承受的径向载荷 $F_R=2500$N，轴承材料为 ZCuSn5Zn5Pb5。根据非液体摩擦滑动轴承计算方法校核该轴承。如不可用，应如何改进(按轴的强度计算，轴径直径不得小于 50mm)？

分析：查表 13-1 得到 ZCuSn5Zn5Pb5 的许用值为$[p]=8$MPa，$[v]=3$m/s，$[pv]=15$MPa·m/s

按已知数据，并取 $B/d=1$，得

$$v=\frac{\pi dn}{60\times1000}=\frac{\pi\times60\times1500}{60\times1000}=4.71\text{m/s}$$

$$p=\frac{F_R}{Bd}=\frac{2500}{60\times60}=0.694\text{MPa}$$

$$pv=0.694\times4.71=3.27\text{MPa}\cdot\text{m/s}$$

由以上计算可知，$v>[v]$，故考虑从以下两个方面来改进。

(1)减小轴径以降低速度，取 $d=50$mm，则

$$v=\frac{\pi dn}{60\times1000}=\frac{\pi\times50\times1500}{60\times1000}=3.93\text{m/s}>[v]$$

故此方案不可用。

(2)改选材料。在铜合金轴瓦上浇注轴承合金 ZPbSb16Sn16Cu2，查表 13-1 得：$[p]=15$MPa，$[v]=12$m/s，$[pv]=10$MPa·m/s。其他参数不变则可满足要求。

## 三、学习任务

1. 对教师讲过的案例进行分析。
2. 结合本节所学内容，完成以下练习。

有一起重机卷筒的滑动轴承，采用非液体摩擦滑动轴承，轴径直径 $d=200$mm，宽径比 $B/d=1$，轴径转速 $n=300$r/min，轴瓦材料为 ZCuAl10Fe3，试问该轴承可以承受的最大径向载荷是多少？

# 第四节　其他形式滑动轴承简介

## 一、理论要点

### 1. 多油楔轴承

单油楔滑动轴承承载能力大，但稳定性差（轴颈在外部干扰力作用下易偏离平衡位置），因此采用多油楔滑动轴承，它具有稳定性好，承载能力稍低，为了提高轴承的工作稳定性和旋转精度，常把轴承做成多油楔形状，这种轴瓦按瓦面是否可调分为固定的和可倾的两类。

（1）固定瓦多油楔轴承。图 13-13 所示为常见的多油楔轴承示意图，与单油楔轴承相比，多油楔轴承稳定性好，旋转精度高，宜于高速条件下工作，但承载能力低，摩擦损耗大。它的承载能力等于各油楔中油膜压力的矢量和。

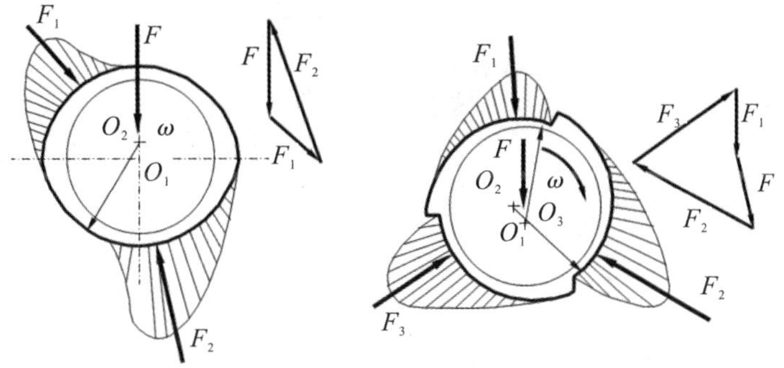


(a)双油楔（椭圆轴承）　　(b)三油楔（单向）

图 13-13　多油楔轴承示意图

（2）可倾瓦多油楔轴承。图 13-14 所示为可倾瓦多油楔径向轴承，轴瓦由三块或三块以上（通常为奇数）扇形块组成，扇形块的背面有球形窝，并用调整螺钉支持。轴瓦的倾斜度可以随轴颈位置不同而自动调整，以适应不同的载荷、速度、轴的弹性变形和倾斜，并建立流体摩擦，以保证轴承处于稳定运转状态，这是其优于固定油楔轴承之处。

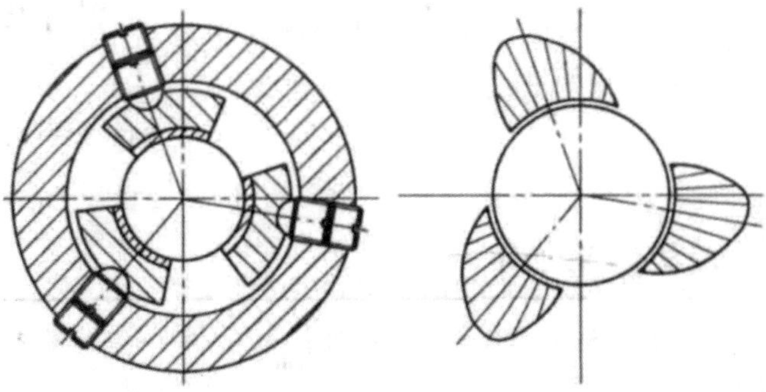

图 13-14　可倾瓦多油楔径向轴承示意图

### 2. 静压轴承与气体轴承

（1）静压轴承。静压轴承是利用专门的供油装置，把具有一定压力的润滑油送入轴承静压油腔，形成具有压力的油膜，利用静压腔间压力差，平衡外载荷，保证轴承在完全流体润滑状态下工作。

静压轴承在轴瓦内表面上开有几个(常为四个)对称油腔，各油腔的尺寸一般相同。每个油腔四周都有适当宽度的封油面(称为油台)，油腔之间用回油槽隔开，如图 13-15 所示。为使油腔具有压力补偿作用，外油路中必须为各油腔配置一个节流器。工作时，若无外载荷(不计轴的自重)作用，轴颈浮在轴承的中心位置，各油腔内压力相等，即油泵压力 $p_s$ 通过节流器降压变为 $p_c$，且 $p_c=p_{c1}=p_{c3}$。当轴颈受载荷 $F$ 后，轴颈向下产生位移 $e$，此时下油腔 3 四周油台与轴颈之间的间隙减小，流出的油量亦随之减少，根据流量连续原理，流经节流器的流量亦减少，节流器中产生的压降亦减小，但供油压力 $p_s$ 是不变的，因而 $p_{c3}$ 必然增大。在上油腔 1 处则反之，间隙增大，回油畅通，$p_{c1}$ 降低，上下油腔产生的压力差与外载荷平衡。所以，应用节流器能随外载荷的变化而自动调节各油腔内压力，节流器选择得恰当，可使主轴的位移 $e$ 达到最小值。

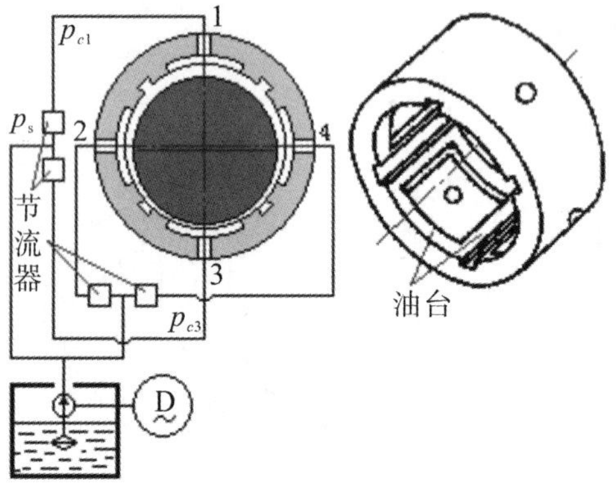


图 13-15　静压轴承的工作原理

(2)气体轴承。气体轴承是用气体作润滑剂的滑动轴承，空气因其黏度仅为机械油的 1/4000，且受温度变化的影响小，被首先采用。此外氢的黏度比空气的低 1/2，适用于高速；氮具有惰性，在高温时使用，可使机件不至生锈等。

气体轴承也分为动压轴承和静压轴承两大类。动压气膜厚度很薄，最大不超过 20μm，故对于气体轴承制造要求十分精确。气体轴承可在高速下工作，轴径转速可达每分钟几十万转，有的甚至已超过每分钟百万转；气体轴承不存在油类污染，密封简单，回转精度高，运行噪声低；同时适用于高温(600℃)、低温以及有放射线存在的场合。

气体轴承的主要缺点是承载量不大，常用于高速磨头、高速离心分离机、原子反应堆、陀螺仪表、医疗设备等方面。

## 二、案例解读

**案例 13-4**　试分析说明静压轴承的特点及应用工程实例。

分析：①静压轴承是依靠外界供给的压力油而形成承载油膜，使轴颈和轴承处于流体摩擦润滑状态，摩擦系数小，一般 $f=0.0001\sim0.0004$，因此起动力矩小，效率高。例如测力天平的轴承。

②提高油压就可提高承载能力，所以在重载的条件下可以获得流体摩擦润滑状态。例如球磨机和轧钢机的轴承。

③静压轴承承载能力和润滑状态与轴径转速的关系很小，即使轴径不旋转，也可形成油膜，具有承载能力，因而在转速极低的条件下也可以获得流体摩擦润滑。例如巨型天文望远镜的轴承。

④静压轴承的承载能力不是靠油楔作用形成的。因此，工作时不需要偏心距，旋转精度高。

⑤静压轴承必须有一套专门的供油装置，结构较复杂，成本高。

## 三、学习任务

1. 对教师讲过的案例进行分析。
2. 试述多油楔轴承的工作原理及主要特点。

# 第十四章　轴

轴是机器中的重要组成部件之一，主要用来支承回转零件并传递转矩和运动。

让我们来看看，各类轴的特点与应用场合，轴的常用材料有哪些，轴的结构如何设计。

**学习目标：**

(1)能够正确描述轴的类型、功用，合理选择轴的材料。

(2)能够结合具体实例，设计符合要求的轴系结构。

(3)能够结合相关参数，完成轴的强度计算。

## 第一节　轴的类型和材料

### 一、理论要点

#### (一)轴的类型

根据承受载荷情况、轴线形状的不同，可作如下分类：

- 轴
  - 按轴承受载荷情况分
    - 转轴：既承受弯矩又传递扭矩
    - 传动轴：只传递转矩而不承受弯矩(或弯矩很小)
    - 心轴：只承受弯矩而不承受扭矩
  - 按轴线形状不同分
    - 直轴
      - 光轴
      - 阶梯轴
    - 曲轴
    - 挠性轴

#### (二)轴的材料和热处理

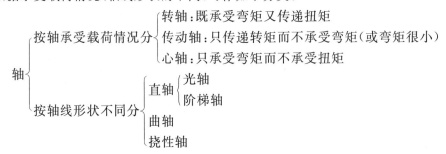

轴应具有高的静强度和疲劳强度，足够的韧性，即具有良好的综合力学性能，此外还应具有良好的工艺性特点。

轴的材料一般选用碳素钢和合金钢。对于载荷不大、转速不高的一些不重要的轴可采用碳素结构钢来制造，以降低成本；对于一般用途和较重要的轴，多采用中碳的优质碳素结构钢制造。对于传递较大转矩，要求强度高、尺寸小与重量轻或要求耐磨性高或要求在高温、低温条件下工作的轴，可采用合金钢制造。值得注意的是：钢材的种类和热处理对其弹性模量的影响很小，采用合金钢或通过热处理并不能提高轴的刚度。

## 二、案例解读

**案例 14-1**　分析图 14-1 各轴承受载荷的情况，并根据承受载荷情况的不同，指出轴的类型。

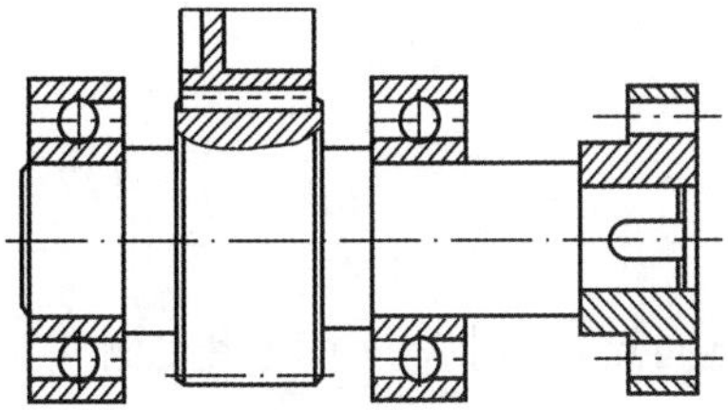

(a)齿轮减速器轴

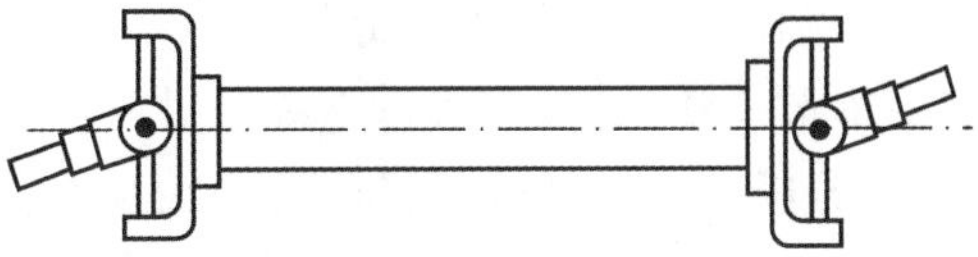

(b)汽车的传动轴

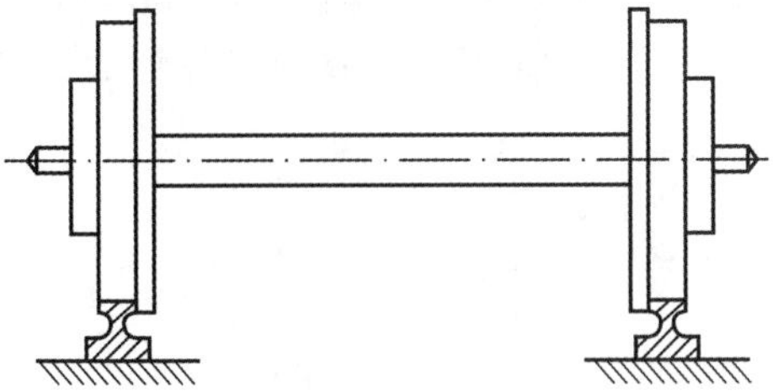

(c)铁路车辆轮轴

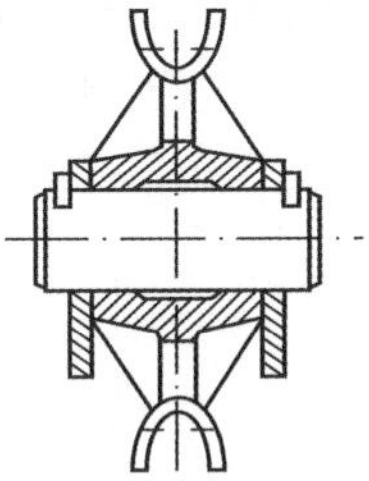

(d)滑轮轴

图 14-1　轴的类型(按承载情况)

分析：(a)齿轮减速器中的轴工作中既承受弯矩又承受扭矩，因此为转轴。这类轴在各种机器中最常见。(b)汽车的传动轴是只承受扭矩而不承受弯矩(或弯矩很小)的轴，因此为传动轴。(c)铁路车辆的轮轴。(d)滑轮轴只承受弯矩而不承受扭矩，因此为心轴。(c)铁路车辆的轮轴随轴上回转零件一起转动称为转动心轴，而(d)滑轮轴固定不转动称为固定心轴。

**案例 14-2**　按照轴线形状的不同，分析图 14-2 各轴的特点。

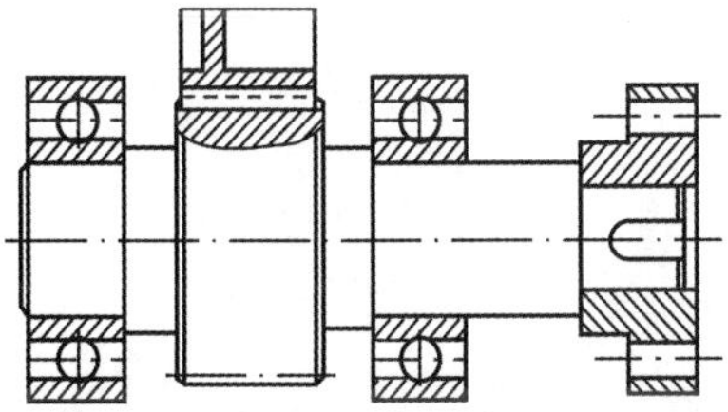

(a)齿轮减速器轴

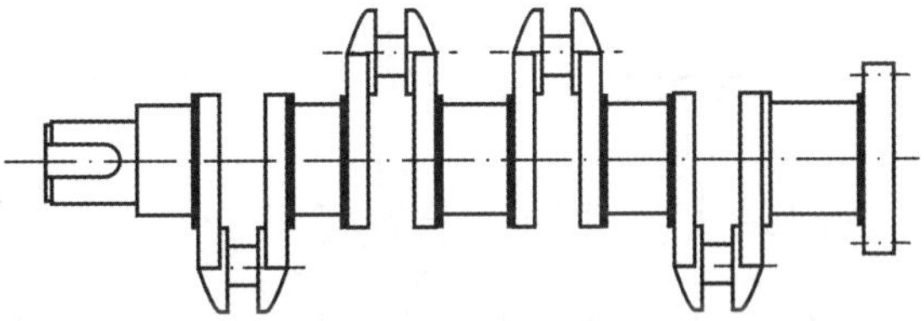

(b)曲轴

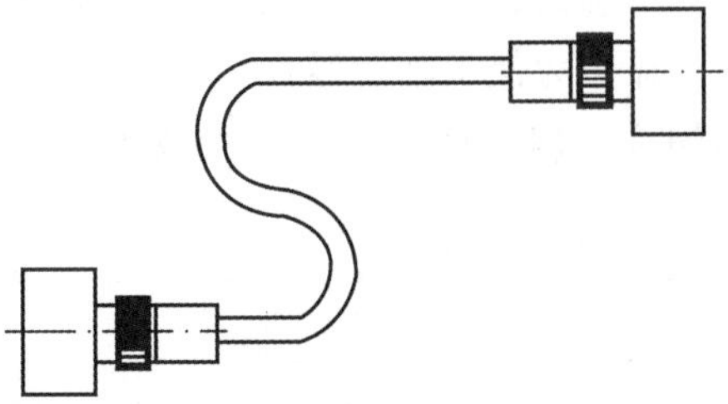

(c)挠性钢丝轴

图 14-2　轴的类型(按轴线形状)

分析：(a)为直轴，有光轴和阶梯轴两种，光轴形状简单，加工容易，应力集中源少，(a)

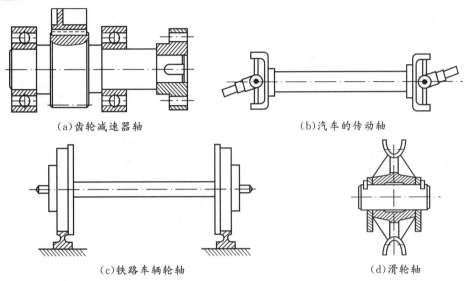

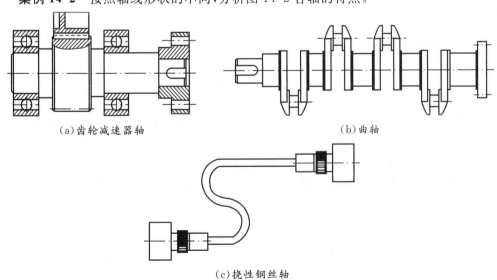

为阶梯轴则正好与光轴相反；(b)为曲轴，常用于往复式机械中，例如多缸内燃机中的曲轴，通过连杆可将旋转运动改变为往复直线运动或相反的运动变换；(c)为挠性钢丝轴，由多层紧贴在一起的卷绕钢丝层组成的，常用于手提式喷砂器和研磨机、汽车转速表，启动某些装置的阀门和开关等。

### 三、学习任务

1. 对教师讲过的案例进行分析。

2. 用本节所学内容，完成以下练习。

(1)请分析和对比转轴、心轴、传动轴存在什么异同点，分别举一个应用实例或设计相关应用场景。

(2)如题图 14-1 所示的传动系统，齿轮 2 空套在轴Ⅲ上. 齿轮 1、3 均和轴用键连接，卷筒和齿轮 3 固连，而和轴Ⅳ空套。试分析各轴所受到的载荷，并判定各轴的类别(轴的自重不计)。

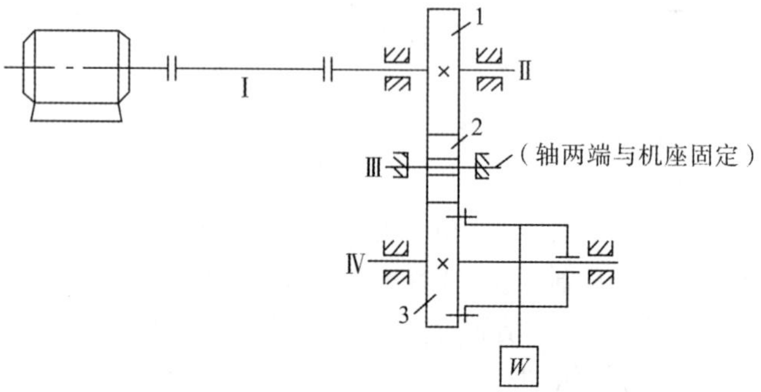


题图 14-1　传动系统

## 第二节　轴的结构设计

### 一、理论要点

#### (一)轴上零件的装配方案

所谓轴上零件的装配方案，就是确定轴上主要零件的装配方向、顺序和相互关系。如图 14-3 中的装配方案是：齿轮、套筒、右端轴承、轴承端盖、半联轴器依次从轴的右端向左安装，左端只装轴承和轴承端盖。为便于轴上零件的装拆，常设计成阶梯轴。对于剖分式箱体中的轴，轴径一般从轴端逐渐向中间增大。确定装配方案时，一般考虑几个方案，进行分析比较与选择。

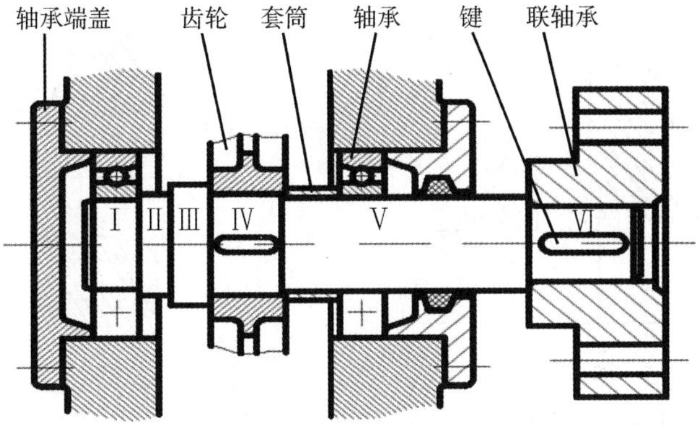


图 14-3　轴的结构

## (二)轴上零件的定位

**1. 轴上零件的轴向定位**

轴上零件的轴向定位方法很多，常用的有轴肩、轴环、套筒、轴承端盖、圆螺母、挡圈、圆锥面等。

轴肩定位是最实用可靠的轴向定位方法。轴肩可分为定位轴肩和非定位轴肩，为了保证零件较为可靠的定位，轴肩或轴环应有足够的高度 $h$，定位轴肩的高度 $h$，一般取为 $h=(0.07\sim0.1)d$，其中 $d$ 为与零件配合处的轴的直径，单位为 mm。滚动轴承的定位轴肩(如图 14-3 中Ⅰ、Ⅱ轴段间的轴肩)高度必须低于轴承内圈端面的高度，便于轴承的拆卸，轴肩的高度可查手册中轴承的安装尺寸。非定位轴肩高度没有严格的规定，一般取为 1～2mm，以便于加工和装配。轴肩处的过渡圆角半径 $r$ 必须小于与之相接触的零件轮毂端部的圆角半径 $R$ 或倒角尺寸 $C$，如图 14-4(b)所示。

轴环[见图 14-4(a)]的功用与轴肩相同，轴环宽度 $b\geqslant1.4h$。

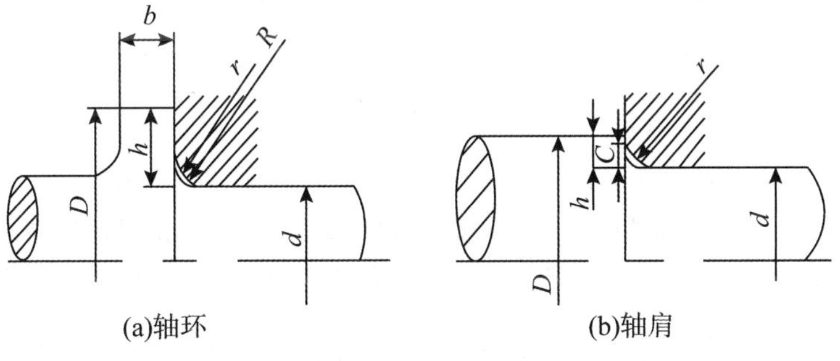


图 14-4　轴环、轴肩圆角与相配零件的倒角(或圆角)

套筒定位(见图 14-5)结构简单，定位可靠，一般用于轴上相距不大的两个零件之间的定位。但套筒与轴的配合较松，如果轴的转速很高时，不宜采用套筒定位。

轴承端盖用螺钉与箱体连接而使滚动轴承的外圈得到轴向定位。在一般情况下，整个轴的轴向定位也常利用轴承端盖来实现(见图 14-3)。

轴端挡圈(见图 14-6)适用于固定轴端零件，可以承受较大的轴向力。对于承受冲击载荷和同心度要求较高的轴端零件，也可采用圆锥面定位。

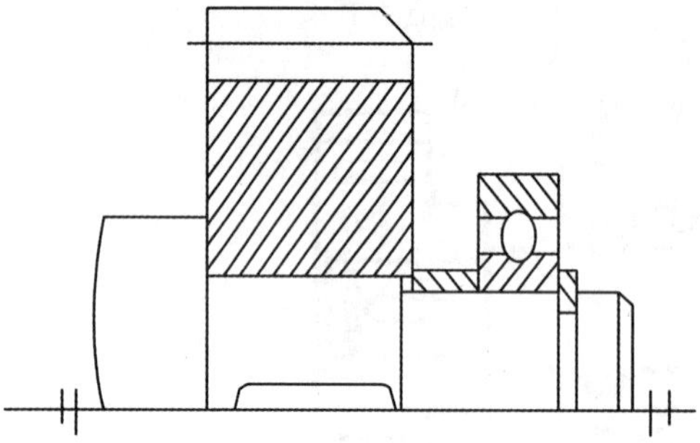

图 14-5　套筒

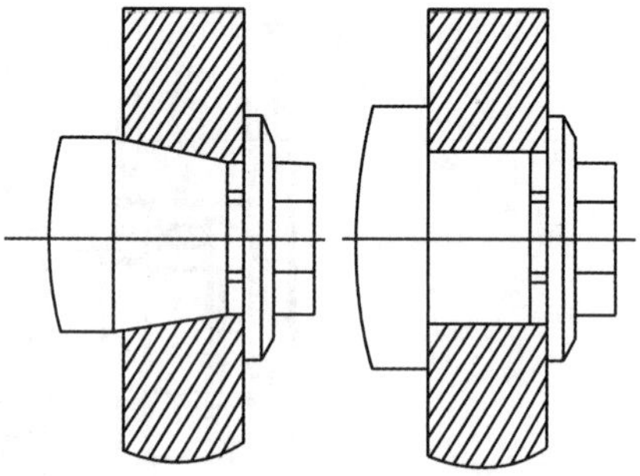

图 14-6　轴端挡圈

弹性挡圈(见图 14-7)、锁紧挡圈(见图 14-8)、紧定螺钉(见图 14-9)、圆锥销(见图 14-10)等适用于零件上的轴向力不大的场合。

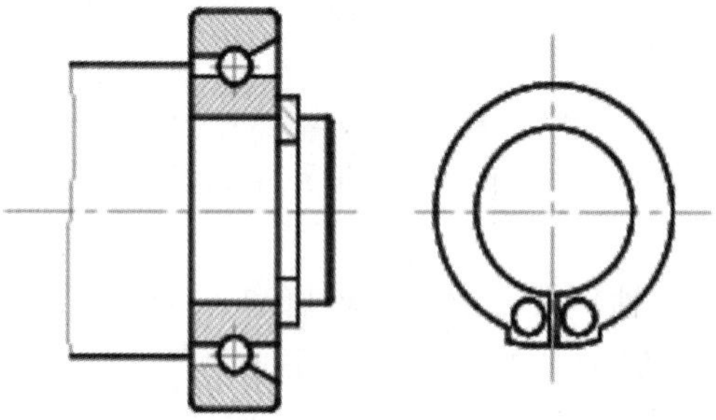

图 14-7　弹性挡圈

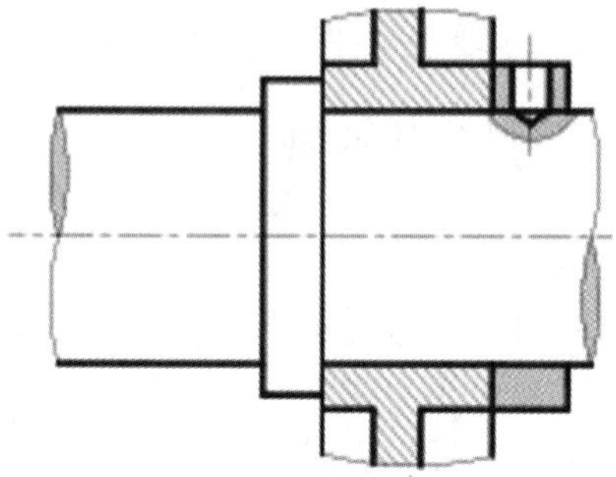

图 14-8　锁紧挡圈

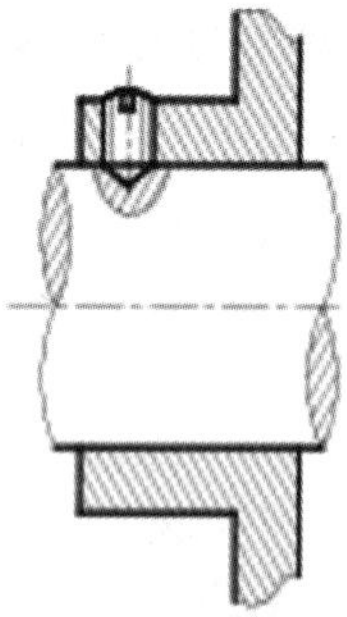

图 14-9　紧定螺钉

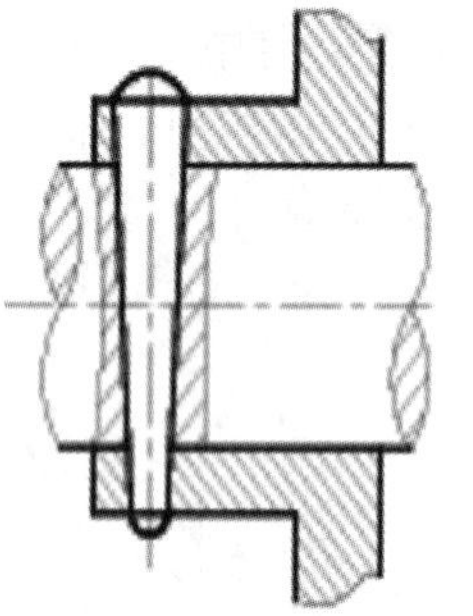

图 14-10　圆锥销

圆螺母一般用于固定轴端的零件,有双圆螺母(见图 14-11)和圆螺母与止动垫圈(见图 14-12)两种型式。当轴上两零件间距离较大不宜使用套筒定位时,也常采用圆螺母定位。

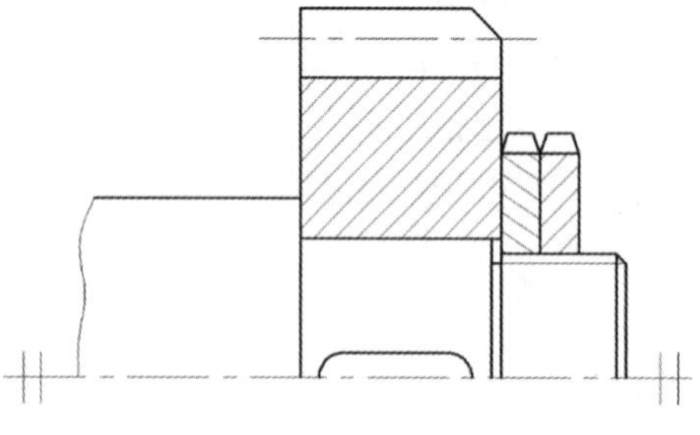

图 14-11　双圆螺母

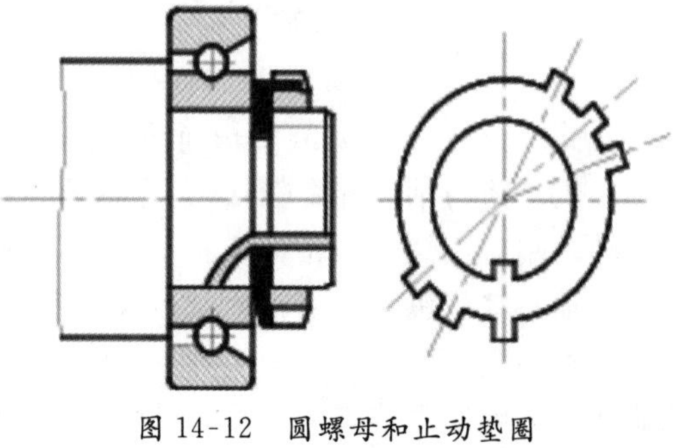

图 14-12　圆螺母和止动垫圈

**2. 轴上零件的周向定位**

周向定位的目的是限制轴上零件与轴发生相对转动，从而促使两者之间的运动和动力（转矩）的传递。常用的周向定位零件有键、花键、销、紧定螺钉以及过盈配合等。

## 二、案例解读

**案例 14-3**　分析图 14-3 轴上零件的定位方案。

分析：在图 14-3 中有三处定位轴肩：Ⅰ、Ⅱ轴段间的轴肩是左轴承的定位轴肩，使轴承内圈得到轴向定位；Ⅲ、Ⅳ轴段间的轴肩是轴上传动件的定位轴肩；Ⅴ、Ⅵ轴段间的轴肩是轴伸端上传动件的定位轴肩，其他轴肩均为非定位轴肩。

采用了套筒对轴上传动件和右轴承进行轴向定位，轴承端盖用螺钉与箱体连接而使滚动轴承的外圈得到轴向定位。

轴上传动件的周向定位采用键连接，轴与轴承之间采用过盈联接防止相对转动。采用键连接时，为加工方便，各轴段的键槽宜设计在同一加工直线上，并应尽可能采用同一规格的键槽截面尺寸。

## 三、学习任务

1. 对教师讲过的案例进行分析。

2. 指出题图 14-2 中轴的结构有哪些不合理和不完善的地方，并提出改进意见和画出改进后的结构图。

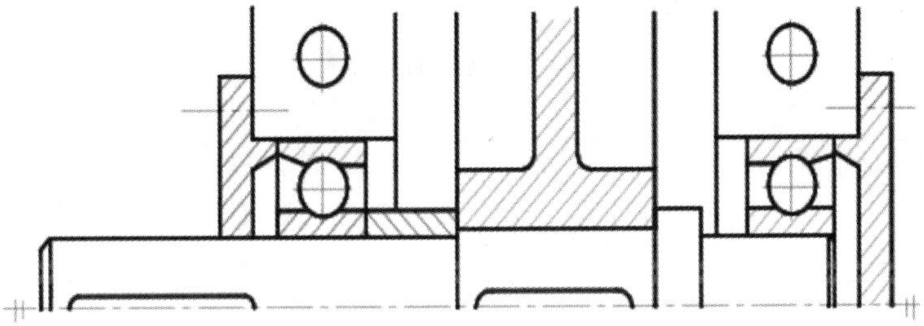

题图 14-2

3. 请写出在学习本节内容过程中形成的“亮考帮”。

# 第三节　轴的强度计算

## 一、理论要点

### （一）传动轴的强度计算

传动轴是指只传递扭矩而不承受弯矩（或弯矩很小）的轴，这类轴的强度计算较简单，只需计算其扭转强度。

对于圆截面的实心传动轴，其扭转强度条件为：

$$\tau_{\max}=\frac{T}{W_T}\leqslant[\tau] \tag{14-1}$$

式中，$\tau_{max}$ 为轴的最大扭转切应力，单位为 MPa；

$[\tau]$为许用扭转切应力，单位为 MPa，根据轴的材料查机械设计手册相关表格获得；

$T$ 为轴传递的转矩，单位为 N·mm，$T=9.55\times10^6\dfrac{P}{n}$，$P$ 为轴传递的功率，单位为 kW，$n$ 为轴的转速，单位为 r/min；

$W_T$ 为轴的抗扭截面系数，单位为 $mm^3$，对于实心圆轴，$W_T=0.2d^3$，$d$ 为轴的直径，单位为 mm。

由式(14-1)可得轴的直径为：

$$d\geqslant\sqrt[3]{\frac{9.55\times10^6P}{0.2[\tau]n}} \tag{14-2}$$

注意事项：

(1)若轴上开有键槽，需考虑键槽对轴强度的削弱，计算时应适当增大轴径(参考表 14-1)；

(2)计算得到的轴径应圆整尽量采用标准系列，在滚动轴承、联轴器配合处的直径，必须符合滚动轴承、联轴器内径的标准系列，轴的标准直径见表 14-2。

**表 14-1 轴上有键槽时轴径的增大值**

| 轴的直径(mm) | <30 | 30～100 | >100 |
|---|---|---|---|
| 有一个键槽时的增大值% | 7 | 5 | 3 |
| 有两个相隔 180°键槽时的增大值% | 15 | 10 | 7 |

**表 14-2 轴的标准直径**

(单位：mm)

| | | | | | | | | | | | | |
|---|---|---|---|---|---|---|---|---|---|---|---|---|
| 10 | 11 | 12 | 14 | 16 | 18 | 20 | 22 | 25 | 28 | 30 | 32 | 36 |
| 40 | 45 | 50 | 56 | 60 | 63 | 71 | 75 | 80 | 85 | 90 | 95 | 100 |

## (二)转轴的强度计算

转轴既承受弯矩又传递扭矩，在力学上表现为承受弯扭组合作用，轴上零件的位置和轴承与轴承支承间的距离尚未确定之前，先按扭转强度初步估算轴的最小直径，待轴系结构确定后，轴上所受载荷大小、方向、作用点及支承跨距已确定，再按弯扭组合强度校核。

对于圆截面的实心转轴，其弯扭组合强度条件为：

$$\sigma_d=\frac{M_d}{W_Z}=\frac{\sqrt{M^2+(\alpha T)^2}}{0.1d^3}\leqslant[\sigma_{-1}] \tag{14-3}$$

式中，$\sigma_d$ 为轴的当量弯曲应力，单位为 MPa；

$M_d$ 为轴的当量弯矩，单位为 N·mm，$M_d=\sqrt{M^2+(\alpha T)^2}$；

$M$ 为轴的合成弯矩，单位为 N·mm，$M=\sqrt{M_H^2+M_V^2}$，$M_H$ 为水平面的弯矩，$M_V$ 为垂直面的弯矩；

$\alpha$ 为由转矩性质而引入的折合系数，转矩不变时，$\alpha\approx0.3$；转矩为脉动循环时，$\alpha\approx0.6$，对频繁正反的轴，转矩可认为对称循环，$\alpha\approx1$；

$T$ 为轴传递的转矩，单位为 N·mm；

$W_Z$ 为轴的抗弯截面系数，单位为 $mm^3$，对于直径为 $d$ 的实心圆轴，$W_Z \approx 0.1d^3$；

$[\sigma_{-1}]$为轴的许用弯曲应力，根据轴的材料查机械设计手册相关表格获得。

由式(14-3)可得轴的直径为：

$$d \geqslant \sqrt[3]{\frac{M_d}{0.1[\sigma_{-1}]}} \tag{14-4}$$

由式(14-4)求得的直径如小于或等于由结构确定的轴径，说明原轴径强度足够，否则应增大各轴段的直径。

当计算只承受弯矩的心轴时，可利用式(14-3)，此时 $T=0$。

## 二、案例解读

**案例 14-4**　设计如图 14-13 所示的带式输送机减速器的输出轴。已知该轴传递功率为 $P=5\text{kW}$，转速 $n=140\text{r/min}$，齿轮分度圆直径 $d=280\text{mm}$，螺旋角 $\beta=14°$，法向压力角 $\alpha_n=20°$。作用在右端联轴器上的力 $F=380\text{N}$，方向未定。$L_1=200\text{mm}$，$L_2=150\text{mm}$，载荷平稳，单向运转。轴的材料为 45 钢调质处理。

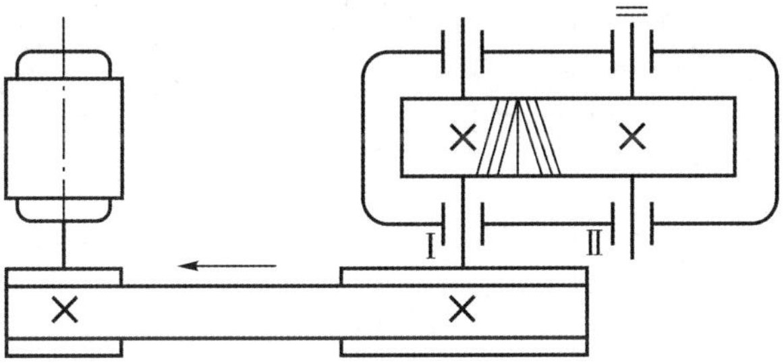


图 14-13　带式输送机减速器

解题思路：

(1)按扭转强度条件估算轴的最小直径；

(2)作出轴的计算简图；

(3)分别画出水平面内和垂直面内的受力图，求出这两个平面内的支反力；

(4)分别画出水平面内和垂直面内的弯矩图，求出水平弯矩和垂直弯矩；

(5)计算轴的合成弯矩 $M$，画出合成弯矩图；

(6)计算轴的转矩 $T$，画出转矩图；

(7)计算当量弯矩 $M_d$，画出当量弯矩图；

(8)根据弯扭组合强度条件公式校核轴的强度。

解：

(1)确定许用应力，根据轴的材料查机械设计手册相关表格获得轴的许用弯曲应力 $[\sigma_{-1}]=60\text{MPa}$。

(2)根据式(14-2)扭转强度条件估算轴的最小直径，输出轴右端与联轴器相接处轴径最小，输出轴最小值径为：

$$d \geqslant \sqrt[3]{\frac{9.55\times10^6 P}{0.2[\tau]n}}$$

查机械设计手册相关表格，45 钢取$[\tau]=40$，则：

$$d \geqslant \sqrt[3]{\frac{9.55\times10^6\times5}{0.2\times40\times140}}=34.93$$

考虑键槽的影响，取 $d_D=34.93\times(1+5\%)=36.68$mm，圆整后取标准直径 $d_D=40$mm。

(3)齿轮上作用力的计算

齿轮所受的扭矩为：

$$T=9.55\times10^6\frac{P}{n}=9.55\times10^6\frac{5}{140}=341071\text{N}\cdot\text{mm}$$

齿轮作用力：

圆周力：$F_t=\frac{2T}{d}=\frac{2\times341071}{280}=2436\text{N}$

径向力：$F_r=\frac{F_t\cdot\tan\alpha_n}{\cos\beta}=\frac{2436\times\tan20^\circ}{\cos14^\circ}=858\text{N}$

轴向力：$F_a=F_t\tan\beta=2436\times\tan14^\circ=833\text{N}$

(4)画出轴的空间受力图。

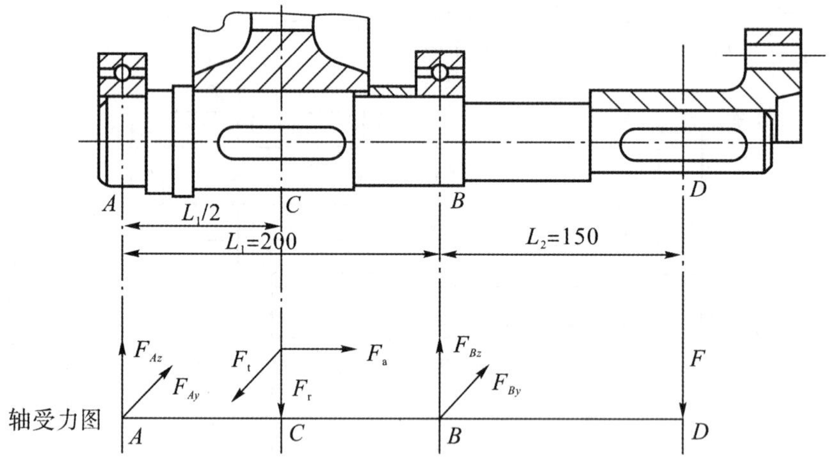


(5)求水平支反力，画水平面弯矩图。

水平支反力：$F_{AX}=F_{BX}=\frac{F_t}{2}=\frac{2436}{2}=1218\text{N}$

水平弯矩：$M_{CX}=F_{AX}\cdot\frac{l_1}{2}=1218\times\frac{200}{2}=121.8\text{N}\cdot\text{m}$

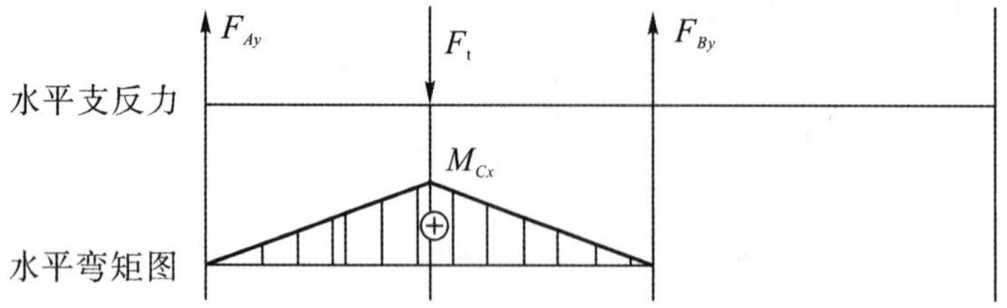


(6)求垂直支反力，画垂直弯矩图。

垂直面支反力：$F_r\cdot\frac{L_1}{2}-F_a\cdot\frac{d}{2}-F_{AZ}\cdot L_1=0$

$$F_{AZ}=\frac{F_r\cdot\frac{L_1}{2}-F_a\cdot\frac{d}{2}}{L}=\frac{858\times\frac{200}{2}-833\times\frac{280}{2}}{200}=-154\text{N}\ (\text{方向向下})$$

$F_{BZ}=F_r+F_{AZ}=858+154=1012\text{N}$

垂直弯矩：$M_{CZ1}=F_{AZ}\cdot\dfrac{L_1}{2}=154\times\dfrac{200}{2}=15.4\text{N}\cdot\text{m}$

$M_{CZ2}=F_{BZ}\cdot\dfrac{L_1}{2}=1012\times\dfrac{200}{2}=101.2\text{N}\cdot\text{m}$

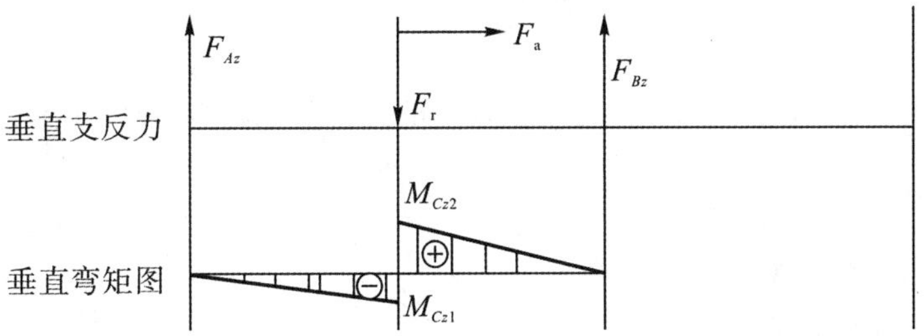


(7)求 $F$ 力在支承点的反力及弯矩：

$F_{1F}=\dfrac{FL_2}{L_1}=\dfrac{380\times150}{200}=285\text{N}$

$F$ 力在 $B$ 点产生的弯矩：

$M_{BF}=FL_2=380\times150=57\text{N}\cdot\text{m}$

$F$ 力在 $C$ 点产生的弯矩：$M_{CF}=F_{1F}\times\dfrac{L_1}{2}=285\times\dfrac{200}{2}=28.5\text{N}\cdot\text{m}$

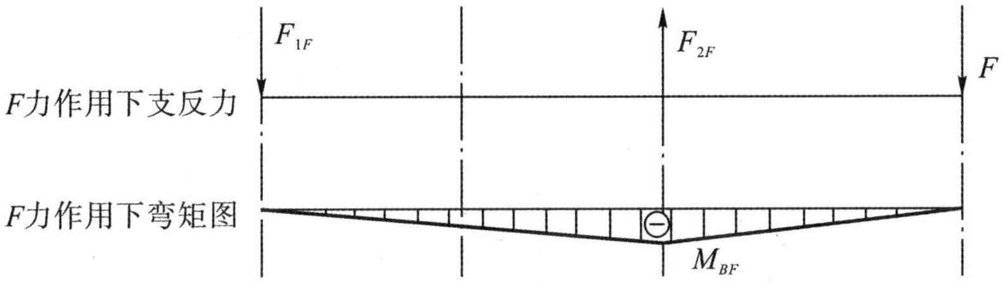


(8)求合成弯矩，并画合成弯矩图。

按最不利因素考虑，将联轴器所产生的附加弯矩直接相加，得：

$M_{C1}=\sqrt{M_{CX}^2+M_{CZ1}^2}+M_{CF}=\sqrt{121.8^2+15.4^2}+28.5=151\text{N}\cdot\text{m}$

$M_{C2}=\sqrt{M_{CX}^2+M_{CZ2}^2}+M_{CF}=\sqrt{121.8^2+101.2^2}+28.5=186.8\text{N}\cdot\text{m}$

(9)求扭矩，画扭矩图。

$T=F_t\cdot\dfrac{d}{2}=2436\times\dfrac{280}{2}=341\text{N}\cdot\text{m}$

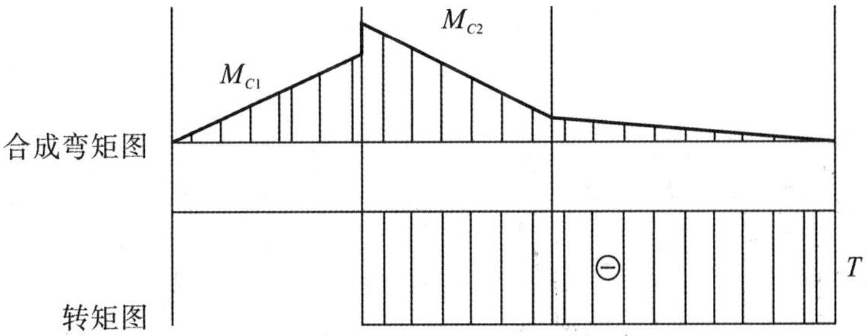


由图可知，$C$-$C$ 截面最危险，求当量弯矩

$M_d=\sqrt{M_{C2}^2+(\alpha T)^2}$

由于轴的应力为脉动循环应力，$\alpha$ 取 0.6，

得 $M_d=\sqrt{186.8^2+(0.6\times341)^2}=277\text{N}\cdot\text{m}$

则 $d\geqslant\sqrt[3]{\dfrac{M_d}{0.1[\sigma_{-1}]}}=\sqrt[3]{\dfrac{2.77\times10^3}{0.1\times60}}=35.87\text{mm}$

考虑 $C$ 截面处键槽的影响，直径增加 5%。

$d_C=1.05\times35.8=37.59\text{mm}$

由轴系结构设计确定 $C$ 处与齿轮配合处轴的直径为 65mm，强度足够。

## 三、学习任务

1. 对教师讲过的案例进行分析。

2. 结合本节所学内容，完成以下练习。

题图 14-3 所示为单级斜齿圆柱齿轮减速器。已知电动机额定功率 $P=5.5\text{kW}$，转速 $n_1=960\text{r/min}$，低速轴转速 $n_2=130\text{r/min}$；大齿轮分度圆直径 $d_2=280\text{mm}$，轮毂宽 $b_2=80\text{mm}$，斜齿轮螺旋角 $\beta=12°$，法向压力角 $\alpha_n=20°$，设支撑处选用 6 类型轴承（深沟球轴承）。

求：(1)完成低速轴的结构设计；

(2)按弯扭组合强度校核低速轴的强度。

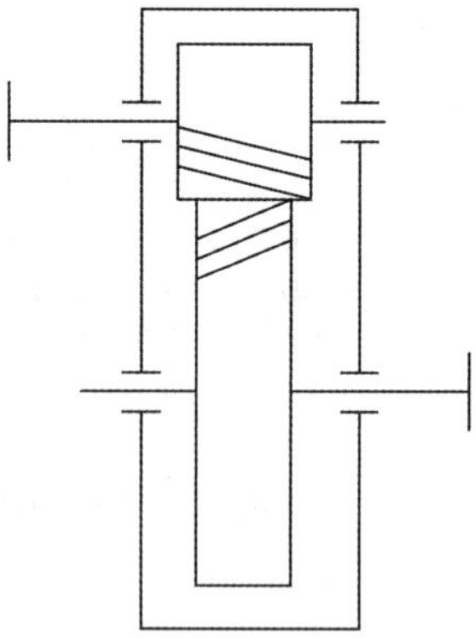

题图 14-3　单级斜齿圆柱齿轮减速器

# 第十五章　联轴器、离合器和制动器

联轴器、离合器和制动器是机器中常见的传动部件。

让我们来看看，联轴器、离合器和制动器大多数已经标准化和系列化，并由专业化生产企业批量生产，可依据机器的工作条件合理选用。

**学习目标：**

(1)能够准确阐述联轴器、离合器、制动器的组成及特点。

(2)能够正确区分联轴器、离合器、制动器的类型及其应用场合。

## 第一节　联轴器的类型及其应用

### 一、理论要点

联轴器只有在机器停止运转时，经过拆卸后才能使两轴分离。由于制造及安装误差、承载后的变形以及温度变化的影响，联轴器联接两轴的相对位置会发生变化，往往存在着某种程度的相对位移与偏斜，如图 15-1 所示。因此，设计联轴器时要从结构上采取各种不同的措施，使联轴器具有补偿各种相对位移的能力。

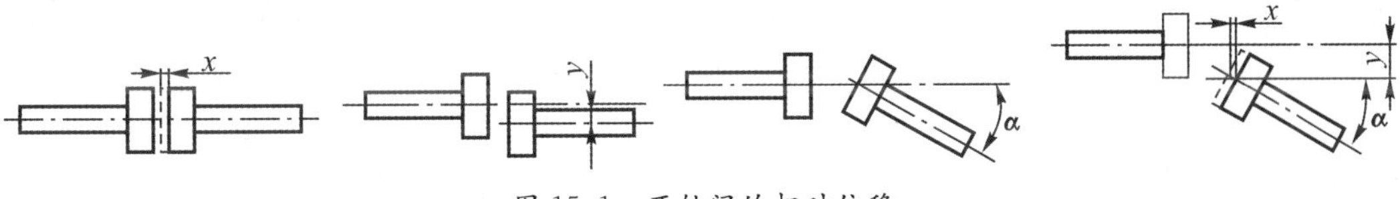


图 15-1　两轴间的相对位移

根据对各种相对位移有无补偿能力(即能否在发生相对位移条件下保持连接的功能)，联轴器可分为刚性联轴器(无补偿能力)和挠性联轴器(有补偿能力)两大类。挠性联轴器又可按是否具有弹性元件分为无弹性元件的挠性联轴器和有弹性元件的挠性联轴器。

#### (一)刚性联轴器

刚性联轴器有套筒式、夹壳式和凸缘式等。它们的特点是结构简单、成本低，但对两轴的对中要求较高。这里主要介绍较为常用的凸缘联轴器，如图 15-2 所示。

凸缘式联轴器用螺栓将两个半联轴器的凸缘连接起来，以实现两轴连接。联轴器中的螺栓可以用普通螺栓，也可以用铰制孔螺栓。

凸缘联轴器有两种主要的结构形式：一种是普通凸缘联轴器，如图 15-2(b)所示，靠铰制孔用螺栓来实现两轴同心，螺杆承受挤压与剪切来传递转矩。另一种如图 15-2(c)所示，靠凸肩和凹槽来实现两轴同心，通过预紧普通螺栓，在凸缘接触表面产生的摩擦力传递转矩。为安全起见，凸缘联轴器的外圈还应加上防护罩或将凸缘制成轮缘形式。制造安装凸缘联轴器时，应准确保证两半联轴器的凸缘端面与孔的轴线垂直，使两轴精确同心。

凸缘联轴器的材料通常为铸铁，如 HT200，重载或圆周速度大于 30m/s 时，可采用铸钢或锻钢，如 ZG270－500 或 35 钢。

凸缘联轴器

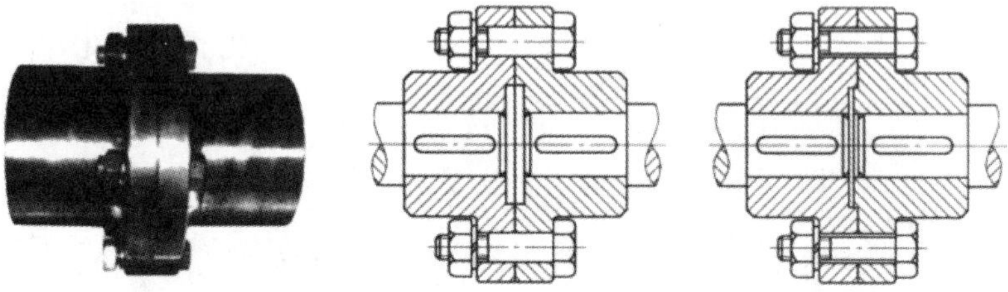

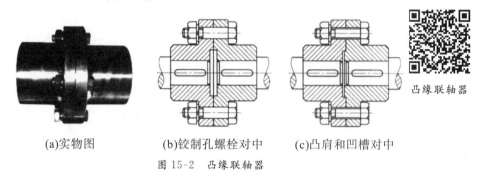

(a)实物图　(b)铰制孔螺栓对中　(c)凸肩和凹槽对中

图 15-2　凸缘联轴器

凸缘联轴器的结构简单，使用方便，应用较广，可传递较大的转矩。但不能缓冲吸振，对两轴的对中性的要求很高。常用于载荷较平稳、两轴对中性较好的场合。

## (二)挠性联轴器

**1. 无弹性元件的挠性联轴器**

(1)滑块联轴器。联轴器由两个半联轴器与十字滑块组成，如图 15-3(a)所示。十字滑块两侧互相垂直的凸榫分别与两个半联轴器的凹槽组成移动副。联轴器工作时，十字滑块随两轴转动，同时又相对于两轴移动以补偿两轴的径向位移。这种联轴器径向位移补偿能力较大($y\leqslant 0.04d$，$d$ 为轴的直径)，同时也有少量的角度和轴向补偿能力，如图 15-3(b)所示。如果两轴线不同心或偏斜，滑块将在凹槽内滑动，会产生离心力和磨损，并给轴和轴承带来附加动载荷，所以不宜用于高速场合，一般转速不超过 300r/min。这种联轴器多用中碳钢制成，其摩擦表面需淬火处理。

滑块联轴器(a)　滑块联轴器(b)

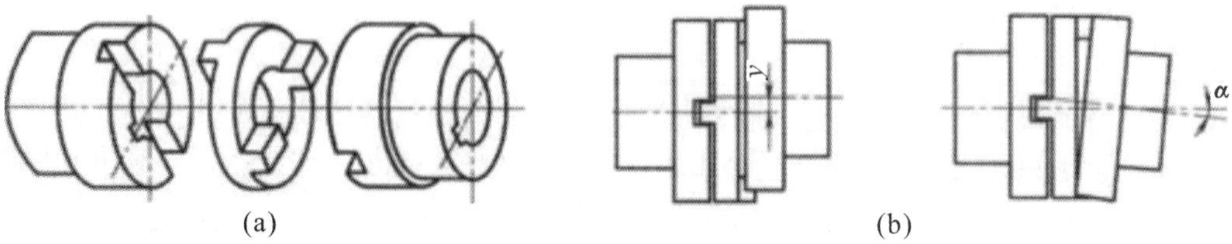


(a)　(b)

图 15-3　滑块联轴器

(2)齿式联轴器。齿式联轴器是由两个有外齿的套筒和两个有内齿的外壳所组成，如图 15-4(a)所示。套筒与轴用键相连，两个外壳用螺栓连成一体，工作时靠啮合的轮齿传递转矩。

齿式联轴器有较好的补偿两轴相对位移的能力。为了补偿两轴相对位移，轮齿间留有较大的间隙，外齿轮的齿顶制成球形，齿面制成鼓形，如图 15-4(b)所示。齿式联轴器可补偿两轴的径向位移 $y$ 和角位移 $\alpha$，如图 15-4(c)所示。

齿轮材料通常为 45 钢或 ZG310－570，齿面需淬火，齿轮圆周速度小于 3m/s 时，可调质处理。齿式联轴器能传递很大的转矩，并可补偿适量的综合位移，工作可靠，安装精度要求不高，但结构复杂，质量大，制造成本高，常用于重型机械中。

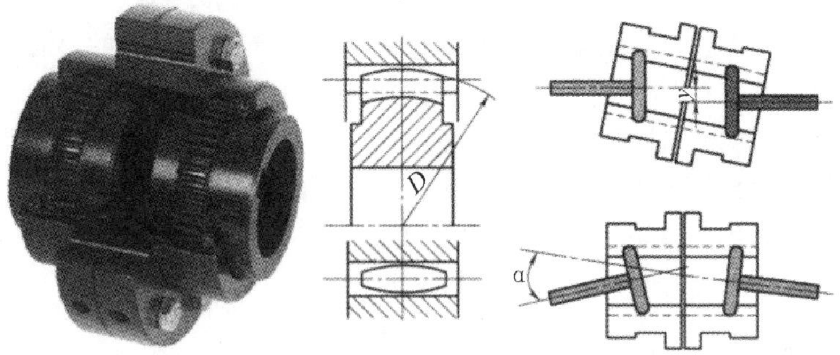


(a)实物图　(b)齿形　(c)补偿相对位移

图 15-4　齿式联轴器

齿式联轴器

(3)万向联轴器。万向联轴器的中间是一个相互垂直的十字头，十字头的两对圆销通过铰链分别与两轴上的叉形接头相连，叉形接头分别与两轴通过销相连接，如图 15-5 所示。因此，当一轴固定时，另一轴可以在任意方向偏斜 $\alpha$ 角，角位移最大可达 35°～45°。

当主动轴以等角速度 $\omega_1$ 回转时，从动轴的角速度 $\omega_2$ 将在一定范围($\omega_1 \cos\alpha \leqslant \omega_2 \leqslant \omega_1/\cos\alpha$)内做周期性的变化，从而引起动载荷。

为消除从动轴的速度波动，通常将单个万向联轴器成对使用，称为双万向联轴器，如图 15-6 所示。欲使主、从动轴的角速度相等，必须满足以下两个条件：

①主动轴、从动轴与中间件的夹角必须相等，即 $\alpha_1 = \alpha_2$。

②中间件两端的叉面必须位于同一平面内。

显然，中间件本身的转速仍旧是不均匀的，所以转速不宜过高。

万向联轴器常用合金钢制造，其结构紧凑，维修方便，能补偿较大的角位移，广泛应用于汽车、拖拉机、轧钢机和组合机床等机械的传动系统中。

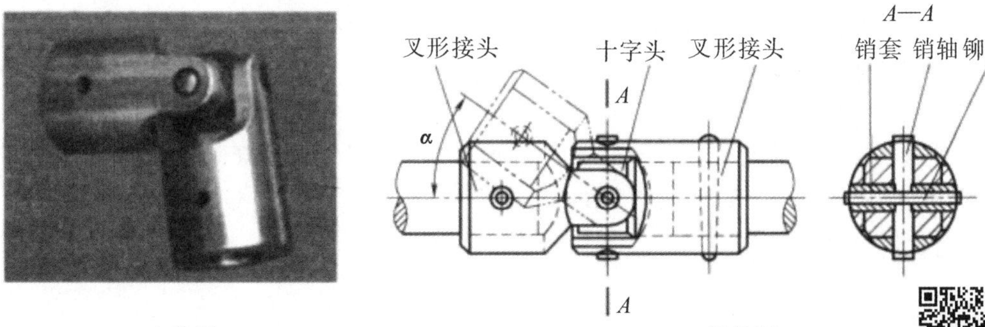


(a)实物图　(b)结构图

图 15-5　单万向联轴器

单万向联轴器

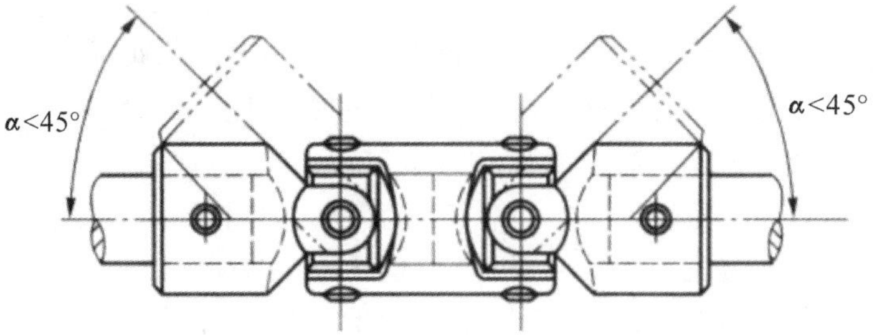


双万向联轴器

图 15-6　双万向联轴器

(4)滚子链联轴器。滚子链联轴器的半联轴器为两个齿数相同的链轮,分别用键与两轴连接,双排环形滚子链同时与两个半联轴器的链轮啮合,从而实现两轴连接和转矩传递,如图 15-7 所示。为了改善润滑条件并防止污染,一般将联轴器密封在罩壳内。

滚子链联轴器结构简单、尺寸紧凑、质量小、成本低、装拆方便、维修容易、工作可靠、使用寿命长,可在恶劣环境下工作,具有一定的位移补偿和缓冲吸振性能。缺点是反转时有空行程,不适用于正反转变化多、启动频繁的传动和立轴传动,不宜用于高速传动。

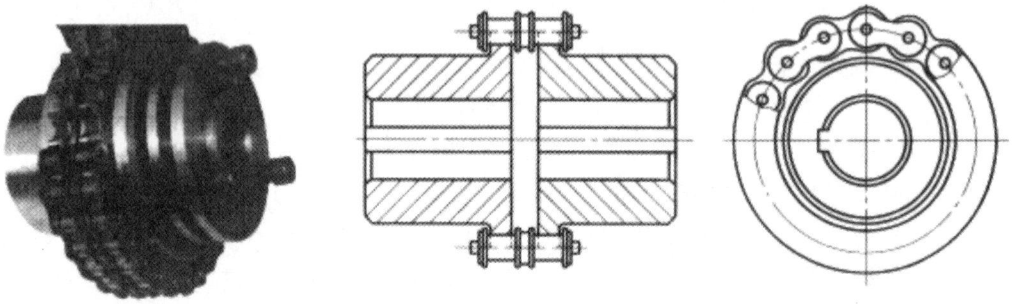

(a)实物图　　(b)结构图

图 15-7　滚子链联轴器

**2. 有弹性元件的挠性联轴器**

挠性联轴器包含有弹性元件,它不仅可以补偿两轴间的相对位移,而且有缓冲吸振的能力。用于频繁启动和正反向传动、承受变载荷、高速运转和两轴对中不精确的场合。常用的有弹性套柱销联轴器、弹性柱销联轴器、梅花形弹性联轴器、轮胎式联轴器等。

(1)弹性套柱销联轴器。弹性套柱销联轴器结构和凸缘联轴器很相似,只是用带橡胶弹性套的柱销代替了连接螺栓,与轴连接可采用圆柱孔或圆锥孔形式,如图 15-8 所示。它靠弹性套的弹性变形来缓冲、减振和补偿被联接两轴的相对位移。半联轴器的材料常用 HT200,有时也采用 35 钢或 ZG270－500,柱销材料多用 35 钢。这种联轴器可按标准(GB/T 4323－2017)选用,必要时应验算其承载能力。

这种联轴器制造容易,装拆方便,成本较低,但弹性套易磨损,寿命较短,主要用于载荷平稳、正反转或启动频繁、传递中小转矩的场合。

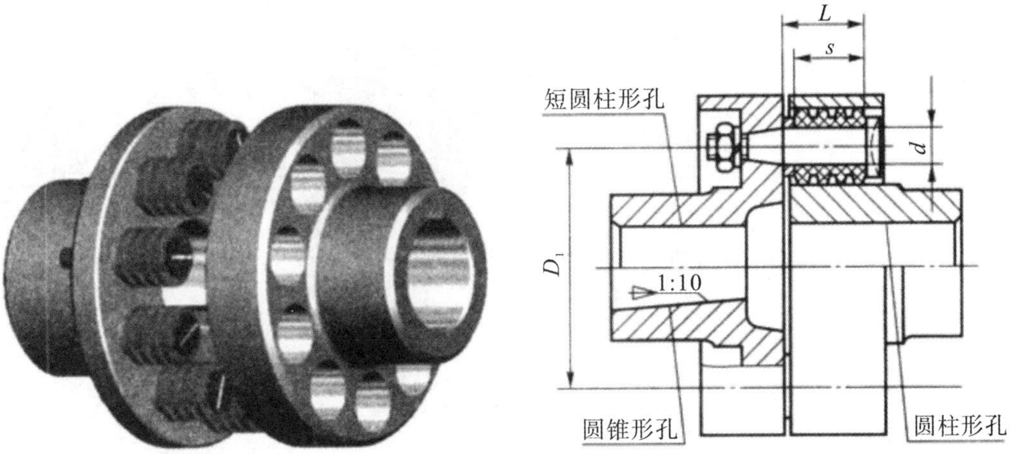


图 15-8　弹性套柱销联轴器

(2)弹性柱销联轴器。弹性柱销联轴器是利用非金属材料制成的柱销置于两个半联轴器凸缘的孔中,以实现两轴连接的联轴器。柱销通常用尼龙材料制成,具有一定的弹性。为防止柱销脱落,两侧装有挡板,如图 15-9 所示。

这种联轴器与弹性套柱销联轴器相比,结构简单,制造安装方便,寿命长,适用于轴向窜动较大、起动频繁、正反转多变的场合。由于尼龙柱销对温度较敏感,故工作温度应限制在－20～70℃的范围内。

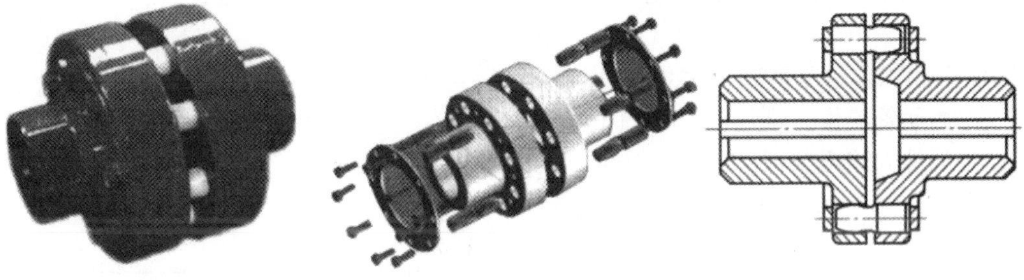

(a)实物图　(b)三维图　(c)结构图

图 15-9　弹性柱销联轴器

(3)轮胎式弹性联轴器。轮胎式弹性联轴器是由橡胶或橡胶织物制成的轮胎弹性元件 1,通过压板 2 和螺栓 3 与两半联轴器 4 相连,如图 15-10 所示。这种联轴器因具有橡胶轮胎弹性元件,可补偿较大的轴向位移,能缓冲吸振,绝缘性能好,运转时无噪声,结构简单、工作可靠。缺点是径向尺寸较大,当转矩较大时,会因过大扭转变形而产生附加轴向力。适用于潮湿多尘、冲击大、起动频繁、经常正反转及相对位移较大的场合。

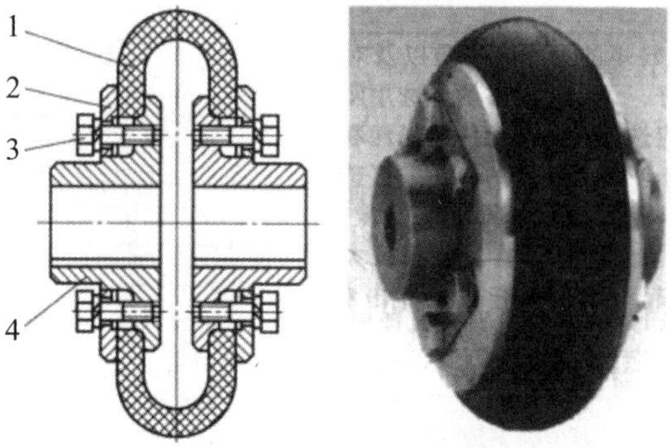


(a)结构图　　(b)实物图

图 15-10　轮胎式弹性联轴器

轮胎式弹性联轴器

## (三)联轴器的选择

大多数联轴器已经标准化和系列化，一般机械设计者的任务是正确选用。对于标准联轴器而言，其选择的主要任务是确定联轴器的类型和型号。通常可根据机械的工作要求(例如轴的同心条件、载荷、转速、安装、维修、工作温度、绝缘要求以及制造等因素)，参考各类联轴器的特性选定适当的类型。然后按转矩、轴径和转速，从标准中选择适当的型号和结构尺寸。必要时，可根据转矩对联轴器中某些零件进行校核验算。

在确定联轴器的型号时，考虑机器起动时的惯性力、机器在工作中承受过载和受到可能的冲击等因素，按轴上的最大转矩作为计算转矩 $T_{ca}$，$T_{ca}$ 按下式确定：

$$T_{ca}=K_A T \tag{15-1}$$

式中，$K_A$ 为工作情况系数，其值见表 15-1；

$T$ 为联轴器传递的名义转矩(N·m)。

根据计算转矩 $T_{ca}$ 及所选的联轴器的类型，按照 $T_{ca} \leqslant [T]$ 的条件由联轴器标准选定该联轴器型号，$[T]$ 为该型号联轴器的许用转矩。

**表 15-1　工作情况系数 $K_A$**

| 工作机 | 原动机 | | | |
|---|---|---|---|---|
| | 电动机<br>汽轮机 | 单缸内燃机 | 双缸内燃机 | 四缸和四缸以上内燃机 |
| 转矩变化很小的机械，如发电机、小型通风机、小型离心泵 | 1.3 | 2.2 | 1.8 | 1.5 |
| 转矩变化较小的机械，如透平压缩机、木工机械、运输机 | 1.5 | 2.4 | 2.0 | 1.7 |
| 转矩变化中等的机械，如搅拌机、增压机、有飞轮的压缩机 | 1.7 | 2.6 | 2.2 | 1.9 |
| 转矩变化和冲击载荷中等的机械，如织布机、水泥搅拌机、拖拉机 | 1.9 | 2.8 | 2.4 | 2.1 |
| 转矩变化和冲击载荷较大的机械，如挖掘机、碎石机、造纸机械 | 2.3 | 3.2 | 2.8 | 2.5 |
| 转矩变化和冲击载荷大的机械，如压延机、起重机、重型轧机 | 3.1 | 4.0 | 3.6 | 3.3 |

## 二、案例解读

**案例 15-1**　在电动机与增压泵间用联轴器相联。已知电动机的功率 $P=7.5\text{kW}$，转速 $n=960\text{r/min}$，电动机轴直径 $d_1=38\text{mm}$，增压泵轴直径 $d_2=42\text{mm}$，试选择联轴器型号。

分析：

(1)选择类型。

为了缓和冲击和减轻振动，可初选用弹性套柱销联轴器。

(2)求计算转矩。

$$T=9550\frac{P}{n}=9550\times\frac{7.5}{960}=74.6\text{N}\cdot\text{m}$$

由表 15-1 查得，工作机为增压泵时工作情况系数 $K_A=1.7$，即计算转矩为：

$$T_{ca}=K_AT=1.7\times74.6=126.8\text{N}\cdot\text{m}$$

(3)确定型号。

由设计手册选取弹性套柱销联轴器 LT6，其公称转矩为 250N·m，半联轴器材料为 45 钢时，许用转速为 3800 r/min，允许的轴孔直径为 32～42mm。以上数据均能满足本例的要求，可使用。

## 三、学习任务

1. 对教师讲过的案例进行分析。

2. 在带式运输机的驱动装置中，电动机与减速器之间、齿轮减速器与带式运输机之间分别用联轴器连接，有两种方案：(1)高速级选用挠性联轴器，低速级选用刚性联轴器；(2)高速级选用刚性联轴器，低速级选用挠性联轴器。试问上述两种方案哪个好，为什么？

# 第二节　离合器的类型及其应用

## 一、理论要点

离合器在机器运转过程中，可使两轴随时接合或分离；用来操纵机器的起动、停车、变速或换向，从而减小起动力矩，停车不必关闭原动机，满足机器的不同速度和运动方向的要求。

离合器按其工作原理可分为嵌合式和摩擦式两类。嵌合式离合器能保证被连接两轴同步运转，但是不宜用于在受载下接合或高速接合的场合。摩擦式离合器则可在任何不同的转速下离合。

**1、牙嵌离合器**

牙嵌离合器由两个端面带牙的半离合器 1、3 组成，如图 15-11 所示。半离合器 1 用平键与主动轴连接，半离合器 3 用导向平键或花键与从动轴连接，通过操纵机构操纵使其轴向移动以实现离合器的接合与分离。为了使两轴对中，在半离合器 1 上固定有对中环 2，从动轴可在对中环内自由转动。滑环 4 操纵离合器的分离与接合。

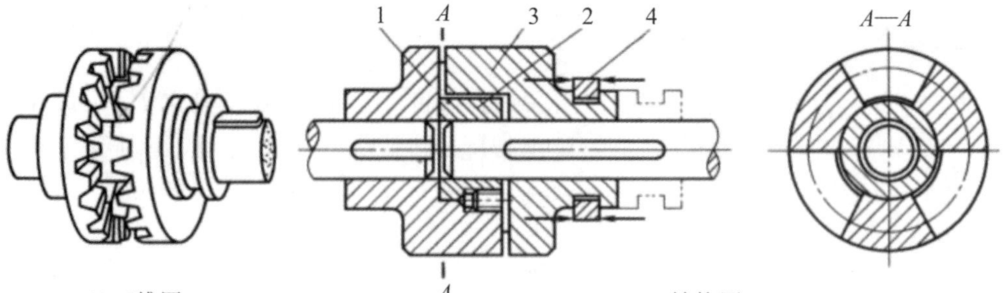


(a)三维图　　　　(b)结构图

图 15-11　牙嵌离合器

1、3-半离合器;2-对中环;4-滑环。

牙嵌离合器常用的牙型有:三角形、梯形、锯齿形和矩形等。三角形牙便于接合与分离,强度较弱,多用于轻载的情况。矩形牙接合分离困难,只能用于静止状态下手动离合的场合,应用较少。梯形牙的强度高,承载能力大,能自行补偿磨损产生的间隙,并且接合与分离方便,应用广泛。锯齿形牙根强度高,承载能力最大,但只能单向工作,多在重载情况下使用。

牙嵌离合器常用材料为低碳合金钢,如 20Cr、20MnB,经渗碳淬火等热处理后使牙面硬度达到 56～62HRC。或采用中碳合金钢,如 40Cr、45MnB,经表面淬火等热处理后硬度达 48～58HRC。对于不重要的传动也可用 HT200 制造。

牙嵌离合器结构简单,尺寸紧凑,工作可靠,承载能力大,传动准确,但在接合时有冲击,故适用于低速或静止情况下接合。

**2. 圆盘摩擦离合器**

圆盘摩擦离合器是在主动摩擦盘转动时,由主、从动盘的接触面间产生的摩擦力矩来传递转矩的。它是一种能在高速下离合的机械式摩擦离合器,在机床、汽车、摩托车和其他机械中被广泛应用。圆盘摩擦离合器有单圆盘式和多圆盘式两种。

如图 15-12 所示为单圆盘摩擦离合器,离合器的圆盘 1 采用键连接在主动轴上,圆盘 2 可以沿导向键在从动轴上移动,移动滑环 3 可使两圆盘接合或分离。工作时轴向压力 $F_a$ 使两圆盘的工作表面产生摩擦来传递转矩。

单圆盘摩擦离合器结构简单,散热性好,但传递转矩小,多用于轻工机械,如包装机械、纺织机械等。

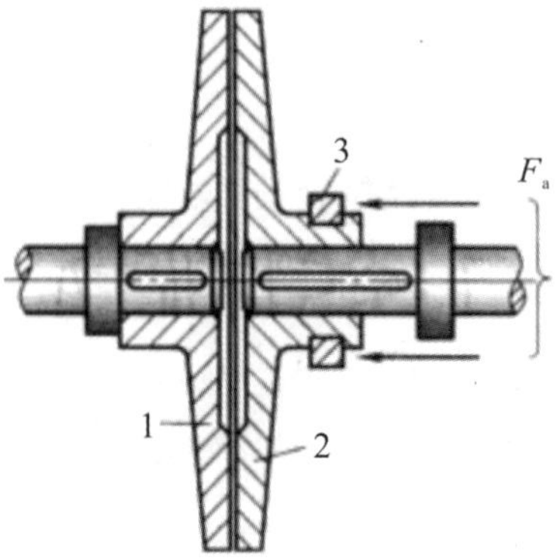


1、2-圆盘;
3-滑环。

图 15-12　单圆盘摩擦离合器

为了传递较大的转矩，可采用多圆盘摩擦离合器，如图 15-13 所示。图中主动轴 1 与外壳 2 相连接，从动轴 3 与套筒 4 相连接。外壳内装有一组外摩擦片 5，并随外壳一起转动。内摩擦片 6 的凸齿与套筒 4 上的凹槽相配合，故内摩擦片 6 可与从动轴 3 一起转动并可沿轴向移动。在套筒 4 上开有三个轴向槽，其中安置可绕销轴 10 摆动的曲臂杠杆 8。当滑环 7 向左移动时，压下曲臂杠杆 8 的右端，通过曲臂杠杆 8 的左端、压板 9 使两组摩擦片压紧，离合器即处于接合状态。若滑环向右移动时，曲臂杠杆 8 在弹簧 11 的作用下右端抬起，使摩擦片被松开，离合器即分离。

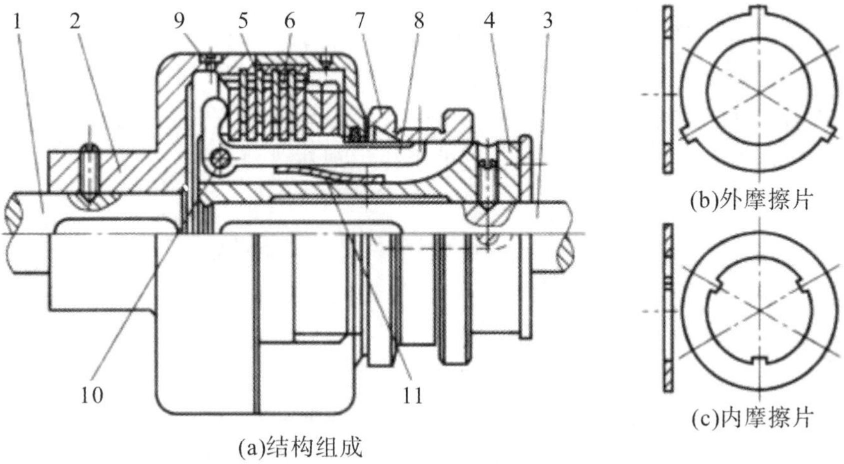


图 15-13　多圆盘摩擦离合器

1-主动轴；2-外壳；3-从动轴；4-套筒；5-外摩擦片；6-内摩擦片；7-滑环；8-曲臂杠杆；9-压板；10-销轴；11-弹簧

多圆盘摩擦离合器的优点是：两轴能在任何转速下接合，接合与分离过程平稳，过载时会发生打滑，适用载荷范围大。其缺点是：外廓尺寸较大，结构复杂，成本较高，在接合、分离过程中要产生滑动摩擦，故发热量较大，磨损也较大；且滑动时两轴不能同步转动。

摩擦离合器也可用电磁力来操纵，称为电磁离合器，其中电磁摩擦离合器是应用最广泛的一种。电磁摩擦离合器在电路上还可进一步实现各种特殊要求，如快速励磁电路可以实现快速接合，提高了离合器的灵敏度。相反，缓冲励磁电路可抑制励磁电流的增长，使启动缓慢，从而避免启动冲击。

## 二、案例解读

**案例 15-2**　一机床主传动换向机构中采用如图 15-13 所示的多盘摩擦离合器，已知主动摩擦盘 4 片，从动摩擦盘 5 片，接合面内径 $D_1=60\text{mm}$，外径 $D_2=110\text{mm}$，功率 $P=4.4\text{kW}$，转速 $n=1214\text{r/min}$，摩擦盘材料为淬火钢对淬火钢，试求所需的操纵轴向力 $F_Q$？

分析：(1)载荷计算：离合器传递的公称转矩为：

$$T=9.55\times10^6\frac{P}{n}=9.55\times10^6\times\frac{4.4}{1214}=3.46\times10^4\,\text{N}\cdot\text{mm}$$

计算转矩为：

$$T_{ca}=KT=1.5\times3.46\times10^4=5.19\times10^4\,\text{N}\cdot\text{mm}$$

(2)求解轴向力 $F_Q$：参考设计手册，取摩擦系数 $f=0.2$，许用压强$[p]=0.3\text{MPa}$

由 $T_{max}=\dfrac{zfF_Q(D_2+D_1)}{4}\geqslant KT$ 得：

$$F_Q\geqslant\frac{4KT}{zf(D_2+D_1)}=\frac{4\times5.19\times10^4}{8\times0.2\times(60+110)}=0.76\times10^3\,\text{N}$$

(3)压强验算：取 $F_Q=0.8\times10^3\,\text{N}$

$$p=\frac{4F_Q}{\pi(D_2^{\,2}-D_1^{\,2})}=\frac{4\times0.8\times10^3}{\pi(110^2-60^2)}=0.12\text{MPa}<[p]$$

所需操纵轴向力：$F_Q\geqslant0.76\times10^3\,\text{N}$

## 三、学习任务

1. 对教师讲过的案例进行分析。
2. 比较嵌合式离合器与摩擦式离合器的工作原理和优缺点。

# 第三节　制动器的类型及其应用

## 一、理论要点

制动器是用来降低机械的运转速度或迫使机械停止运转。制动器的工作原理多是利用摩擦副中产生的摩擦力矩来实现制动的。下面介绍三种常见的结构型式。

**1. 带式制动器**

图 15-14 所示为带式制动器。当杠杆 3 加上作用力 Q 后，收紧闸带 2 而抱住制动轮 1，靠带与轮缘间的摩擦力达到制动目的。这种制动器结构简单，径向尺寸紧凑，包角大而制动力矩大。缺点是制动带磨损不均匀，容易断裂而且对轴的作用力大，一般用于起重设备及绞车中。

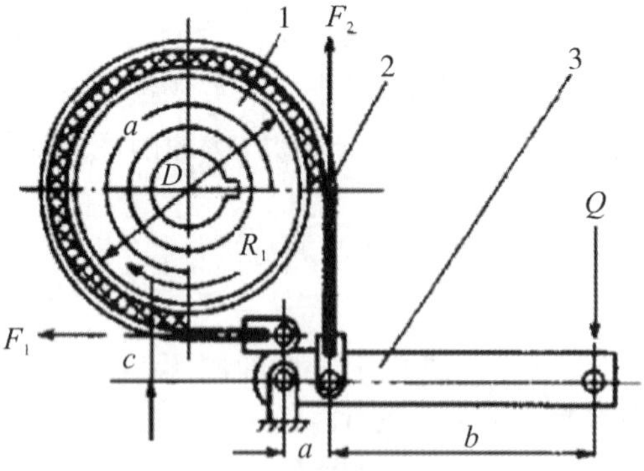


图 15-14　带式制动器

1-制动轮；2-闸带；3-杠杆。

**2. 块式制动器**

图 15-15 所示为块式制动器，依靠瓦块与制动轮间的摩擦力来制动。通电时，电磁线圈 1 的吸力吸住衔铁 2，再通过弹簧 4 及制动臂 3 使瓦块 5 松开，将制动轮 6 释放，机器便能自由运转。当需要制动时，则切断电流，电磁线圈释放衔铁 2，依靠弹簧使瓦块 5 抱紧制

动轮 6。其结构原理如图 15-16 所示。

由于瓦块对制动轮的包角小，$2\beta=140^{\circ}$，所以它的制动力矩比带式制动器小。瓦块间隙容易调整，维修方便，而且已标准化，此种制动器广泛用于各种起重运输机械与提升设备中。

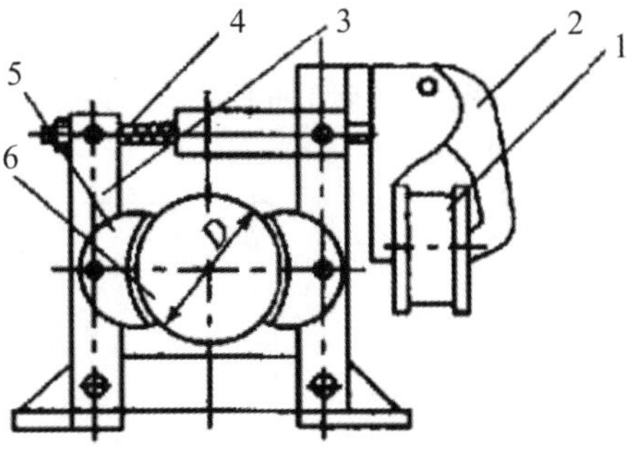


图 15-15　块式制动器

1-电磁线圈；2-衔铁；3-制动臂；
4-弹簧；5-瓦块；6-制动轮

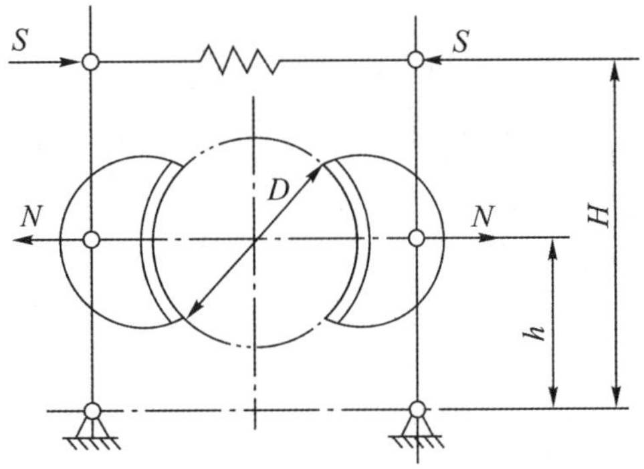


图 15-16　块式制动器原理图

**3. 内张蹄式制动器**

图 15-17 所示为内张蹄式制动器。图中制动鼓 4 与车轮相连，制动蹄 2 外包摩擦片，其一端由销轴 1 与机架铰接，另一端与卧式油缸 5 的活塞相连，并用拉簧 3 使左右两个制动蹄 2 拉紧，使摩擦片不与制动鼓 4 接触。当需要制动时，通过油管向油缸 5 供压力油，油缸两端的活塞使制动蹄左右张开，靠摩擦片制动制动鼓；需要松闸时，油缸 5 内的压力油返回系统，两制动蹄由拉簧 3 向内拉紧，实现分离松闸。这种制动器结构紧凑，容易密封以保护摩擦面，常用于安装空间受限的场合，如各种车辆的制动。

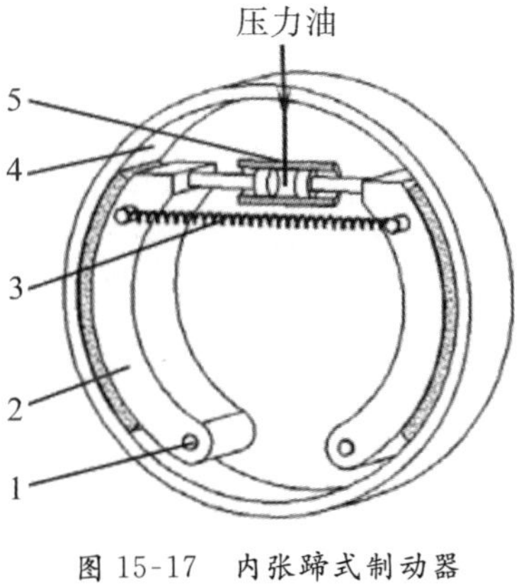


图 15-17　内张蹄式制动器

1-销轴；2-制动蹄；3-拉簧；4-制动鼓；5-油缸。

## 二、案例解读

**案例 15-3**　试分析：为了减小制动器尺寸和省力，一般把制动器安装在高速轴上还是低速轴上？为什么？

分析：制动器是利用摩擦力来降低运动物体的速度或迫使其停止运动的装置。常闭式制动器经常处于紧闸状态，施加外力时才能解除制动（例如，起重机用制动器）。常开式制动器经常处于松闸状态，施加外力时才能制动（例如，车辆用制动器）。为了减小制动力矩，常将制动器装在机械系统的高速轴上。则所需制动力矩小，以减小制动器的尺寸。

## 三、学习任务

1. 对教师讲过的案例进行分析。

2. 观察和分析各种自行车上不同的制动器和制动系统，绘制出两种以上的制动系统原理简图。

# 参考文献


1. 曹彤，和丽. 机械设计制图[M]. 4版. 北京：高等教育出版社，2011.
2. 陈立德. 机械设计基础[M]. 2版. 北京：高等教育出版社，2008.
3. 成大先. 机械设计手册[M]. 5版. 北京：化学工业出版社，2008.
4. 初嘉鹏，贺凤宝. 机械设计基础[M]. 北京：中国计量出版社，2001.
5. 陈立德. 机械设计基础[M]. 北京：高等教育出版社，2000.
6. 陈秀宁. 机械设计基础[M]. 2版. 杭州：浙江大学出版社，1999.
7. 段志坚，徐来春. 机械设计基础[M]. 北京：机械工业出版社，2012.
8. 樊智敏，孟兆明. 机械设计基础[M]. 北京：机械工业出版社，2012.
9. 冯立艳. 机械原理[M]. 北京：机械工业出版社，2012.
10. 郭瑞峰，史丽晨. 机械设计基础——导教·导学·导读[M]. 西安：西北工业大学出版社，2005.
11. 机械设计手册编委会. 机械设计手册(单行本)[M]. 4版. 北京：机械工业出版社，2007.
12. 刘江南，郭克希. 机械设计基础[M]. 2版. 长沙：湖南大学出版社，2009.
13. 刘显贵，涂小华. 机械设计基础[M]. 北京：北京理工大学出版社，2007.
14. 刘静，朱花. 机械设计基础[M]. 2版. 武汉：华中科技大学出版社，2020.
15. 毛炳秋. 机械设计基础[M]. 北京：高等教育出版社，2010.
16. 孟玲琴，王志伟. 机械设计基础[M]. 2版. 北京：北京理工大学出版社，2009.
17. 濮良贵，纪名刚. 机械设计[M]. 8版. 北京：高等教育出版社，2006.
18. 邱宣怀. 机械设计[M]. 4版. 北京：高等教育出版社，2005.
19. 任金泉. 机械设计课程设计[M]. 西安：西安交通大学出版社，2002.
20. 师忠秀. 机械原理[M]. 北京：机械工业出版社，2012.
21. 孙恒，陈作模，葛文杰. 机械原理[M]. 7版. 北京：高等教育出版社，2006.
22. 王洪. 机械设计基础[M]. 北京：北京交通大学出版社，2010.
23. 吴宗泽，罗圣国. 机械设计课程设计手册[M]. 3版. 北京：高等教育出版社，2006.
24. 吴宗泽. 机械设计实用手册[M]. 3版. 北京：化学工业出版社，2005.
25. 吴宗泽. 机械零件设计手册[M]. 北京：机械工业出版社，2004.
26. 薛铜龙. 机械设计基础[M]. 北京：电子工业出版社，2011.
27. 徐广红，张柏清，钟礼东. 机械设计基础[M]. 江西：江西高校出版社，2008.
28. 席伟光. 机械设计课程设计[M]. 2版. 北京：高等教育出版社，2002.
29. 阎邦椿. 机械设计手册[M]. 5版. 北京：机械工业出版社，2010.
30. 于惠力，李广慧，尹凝霞. 轴系零部件设计实例精解[M]. 北京：机械工业出版社，2009.
31. 杨可桢，程光蕴，李仲生. 机械设计基础[M]. 5版. 北京：高等教育出版社，2006.
32. 杨昂岳. 机械设计典型题解析与实战模拟[M]. 长沙：国防科技大学出版社，2002.

33. 赵韩. 机械系统设计[M]. 北京:高等教育出版社,2005.

34. 中国机械工程学会,中国机械设计大典编委会. 中国机械设计大典[M]. 南昌:江西科学技术出版社,2002.

35. 钟毅芳,吴昌林,唐增宝. 机械设计[M]. 2 版. 武汉:华中科技大学出版社,2000.

36. 郑文纬,吴克坚. 机械原理[M]. 7 版. 北京:高等教育出版社,1997.

# 附　录

## 一种多款水果的自动采摘 & 分拣装置

指导教师：朱花、陈慧明

设计者：赵紫峰、张芮、林陈荣、符祥氛、吴基锴

一种多款水果的自动采摘分拣装置

### 一、作品简介

1. 采摘头部分：采摘头由电机驱动，结合丝杆结构、连杆滑块机构，联合实现控制抓头的抓取和旋转动作。

2. 采摘杆部分：采摘杆包括伸缩杆和带控制按钮的手柄组成，带有褶皱柔性管以起缓冲作用。

3. 水果收集部分：该部分通过电子秤、拔叉和管道，联合实现对水果大小的分拣、计重及计数等功能。

### 二、创新点

1. 利用摩擦力矩的不同完成爪头的抓取和采摘两个动作，同时引入剪枝刀，利于剪切树枝较韧的水果。

2. 传输管采用柔性螺旋管与挡板配合设计，防止水果在传输过程遭损坏。

3. 水果收集箱内融合了称重、重量阈值设定等功能，实现了根据水果大小进行计重、分拣、计数等功能，实现“采摘—分选—计量”一条龙。

### 三、推广价值

1. 采摘动作简便有效，能较好地提升果农采摘水果的效率，一个电机可同时控制两个动作，减少采摘杆的重量，降低果农器械购置和使用成本。

2. 提供了个性化自定义分装装置，方便对水果进行分装和销售，更切合果农们的实际需求。

# 菠萝高效自动采摘装置

指导老师：朱花
设计者：黄金宝、葛杨文、高志武、吕新宇、贾茹晴

菠萝高效自动采摘装置

## 一、作品简介

1. 采摘部分：车体在向前行进的过程中，利用八字型导向板分离菠萝果实与叶子，并聚拢菠萝果实。再利用链式锯条通过电机的驱动，做循环运动将菠萝根茎切断、并实现果实的分离，进而完成采摘动作，从而解决了人工重复弯腰手动采摘菠萝的问题。

2. 传送装框部分：将采摘的菠萝通过传送带输送到机器的一侧，顺着滑道进入收集装置中。

3. 行车运动部分：整个机器主体位于植株上方，车轮位于植株两侧过道，实现对整垅菠萝的持续、快速采摘，并尽量减少机器对植株的损伤，车轮采用双电机控制，加装精准调速模块，可人为根据田野地形、植株种植密度调节行进速度，以保证采摘的高效进行。

## 二、创新点

1. 特制的"V"型挡板对中装置，实现和保证了收割的全面性与自动性。

2. "一体式"浮动采摘结构，实现自适应确定切割位置，精准快速收割，解放人力，实现了便捷高效、精准采摘。

3. 传动及盘锯电机配装"调速器"，可根据田地地形及菠萝的种植密度调节转速，保证采摘的高效性和稳定性。

## 三、应用价值

团队设计的这款采摘装置操作简单高效且便捷、适用范围广。不仅可代替人工完成多项工作、减少了人工成本，同时装置可快速不间断地完成整行采摘与收集，可为广大农民产生巨大的经济效益，具有广阔的市场前景。

**获奖情况：**

荣获 2018 年全国大学生机械创新设计大赛，全国一等奖。

荣获 2019 年全国三维数字化创新设计大赛，全国二等奖。

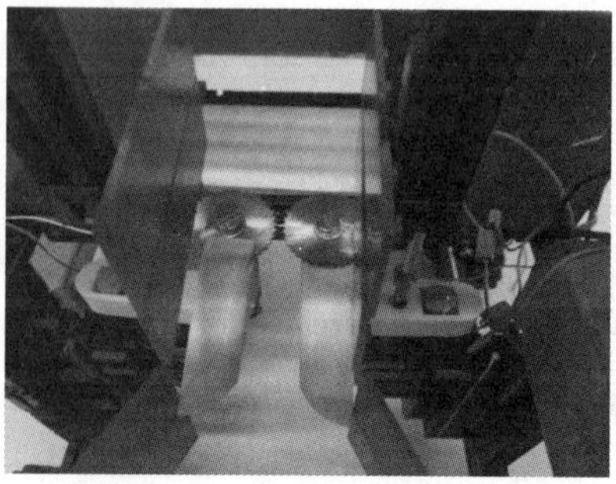

# “药来张口”——家用全自动配药仪

指导老师：朱花、黄经纬

设计者：张京华、罗鑫、张华、黄金宝

“药来张口”——家用全自动配药仪

## 一、作品简介

1. 离心计数装置：产生离心力能将形状和大小不同的药物进行分离。依次通过轨道出口，红外计数装置记录药物数量。

2. 储药罐装置：多个储药罐能够分别储存多种不同的药物。不进行配药时，药物被密封板密封储存起来。配药时，储药罐旋转到对准密封板的缺口进行配药

3. 吸药装置：可以自适应不同形状、不同尺寸的药片，使配药仪的适应性大大提升。

4. 柔韧性传动装置：柔性传送绳能在不破坏药板的情况下对药版进行压紧和传送。

## 二、创新点

1. 挡板将使药片按设计好的路线运动，以达到药物依次通过计数装置的目的。

2. 当吸气电机吸到药物时，产生内外压差，同时电机发出的声音频率改变。通过利用声控模块来检测药物是否被吸住。

3. 利用柔性材料的弹性，在不破坏药板的前提下，实现压紧药板的功能。并通过转动杆达到传送的目的。

## 三、推广价值

1. 本装置轻巧便携，极大地方便老人的出行。

2. 适用于需要长期服用药物的老年人，目标群体庞大，前景广阔。

**获奖情况**

2020 年全国大学生机械创新设计大赛，省级一等奖。

# 全自动水笔芯加墨环保装置

指导老师：朱花

参赛学生：曾德伟、黎业钲、郭长建、胡凯、张建国、卢剑霞、肖才

全自动水笔芯加墨环保装置

## 一、作品简介

针对现有中性笔笔芯无法循环使用、笔尖损坏后无法书写以及笔芯残留物回收不便等问题，团队设计了一款全自动水笔芯加墨环保装置。

整个装置将机械设计与电气控制相结合实现了全自动，笔芯的重复利用可节约大量相关制作原料以及降低残留污染物的排放，该装置的推广还能够为人们的生活提供便捷，本作品对节能减排具有重大意义。

## 二、创新点

1. 装置采用步进电机和直流电机相结合的方式控制运动系统，更好地满足了高精度的要求，减小注墨工作的误差。

2. 利用C51单片机实现了全自动控制技术，无需人工操作，大大提高了工作效率。

3. 装置设有芯头的回收以及循环利用，笔芯残余墨水和笔芯塑料管清洗功能，且底部装有锁止万向轮可移动，使得装置使用灵活、适用范围广泛。

## 三、应用价值

1. 极大地降低水笔芯使用所带来的白色污染。

2. 采用全自动填充技术，无需人工操作，使用简单、高效、人性化。

3. 装置内部添加了针对这些材料的回收机构，可及时有效地回收处理这些废弃物，避免这些废弃物给人类和生态环境带来危害。

## 四、获奖情况

荣获2015年全国大学生节能减排科技竞赛，全国三等奖。

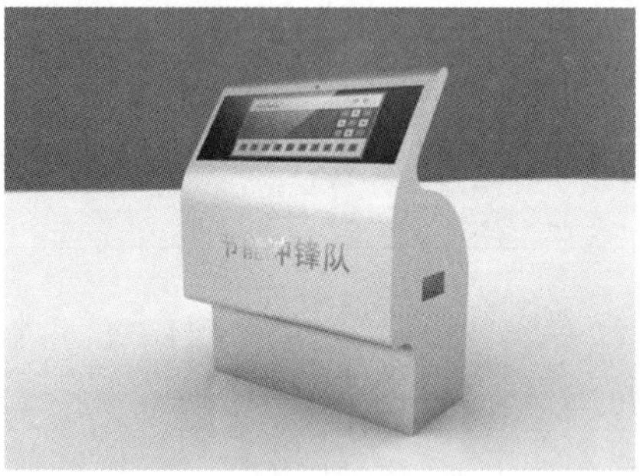

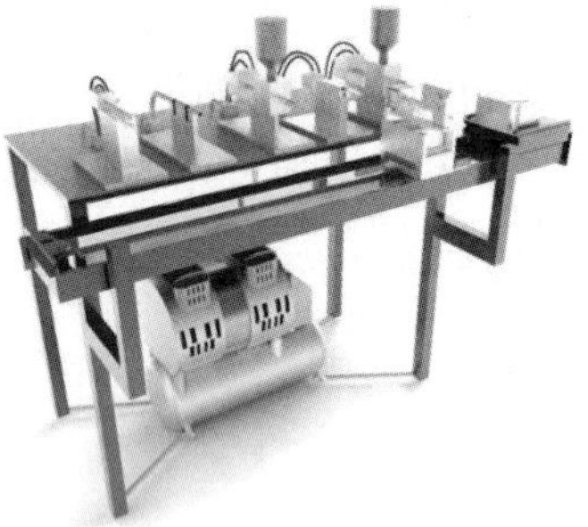

# 以机械原理实现自控的节能晾晒装置

指导老师：朱花

参赛学生：万奇龙、郭长建、黄珍里、魏国猛、柳帅、李小梅、肖迪良

以机械原理实现自控的节能晾晒装置

## 一、作品简介

现有的自动防雨晾晒装置基本都是通过电子感应来实现防雨功能，这种装置一般结构比较复杂、性能不够稳定、使用和维修成本较高。而本团队发明的，属于纯机械自动控制的新型防雨晾晒装置。

整个装置主要由四部分组成：机架、帆布架、集雨装置和触发箱。当下雨时，雨水可通过集水装置进入触发箱，打湿箱内纸巾，纸巾上的钢球突破纸的张力从盒内落入正下方的接球盒内，使帆布架向集雨装置端倾斜，安装在帆布架上的滚动杆在重力作用下往下翻滚，从而带动帆布展开，使得装置达到遮雨的目的；当雨停后集水盒中设置的排水孔使雨水不断流出从而重量不断减小，当小于触发箱内平衡块重量时，集雨端将上升，则帆布收拢,从而达到重新晾晒的目的。

## 二、创新点

1. 本装置为纯机械结构,无需电源和传感器,巧妙利用小球和雨水势能驱动,节能环保。

2. 本装置在下雨时能够自动展开帆布防雨,在雨停后又能够自动收起帆布,继续晾晒,实现了机械智能。

3. 本装置巧妙利用纸巾遇水即化的特点,反应灵敏;且设有多个钢球,能更好地适应多变的天气。

## 三、应用价值

现有的自动防雨晾晒装置基本都是通过电子感应来实现防雨功能,这种装置一般结构比较复杂、性能不够稳定、使用和维修成本较高。

本装置为纯机械结构,不像电子产品一样易损坏,所以可减少用户的维护支出,可以极大方便人们的日常晾晒、改善人们的生活。

装置还可减少电池生产和使用后被废弃所造成的污染,更能体现绿色环保的理念。

**获奖情况:**

荣获 2015 年全国大学生节能减排科技竞赛,全国二等奖。

荣获 2016 年全国三维数字化创新设计大赛,省级一等奖。

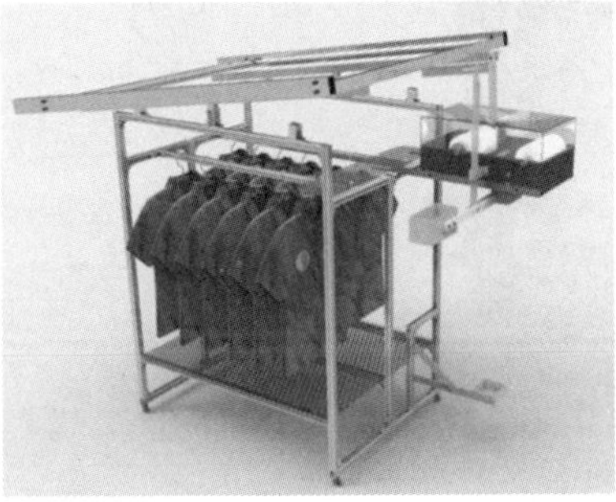

# "莓你不行"草莓采摘机

指导老师:刘静、罗小燕

设计者:郑良胜、郎志勇、周亮民、林冲、王青峰

"莓你不行"
草莓采摘机

## 一、作品简介

"莓你不行"草莓采摘机操作轻便、快捷、高效,可以满足草莓种植户、大型草莓种植园、农家乐等不同用户的需求,将草莓采摘、称重、装盒、运输、储藏等功能集于一体,采用人机结合的作业模式,采摘过程轻松且不损伤草莓。草莓采摘机包括采摘机构、升降机构、推送机构、称重机构、储藏机构等。

## 二、创新点

1. 采摘杆利用负压原理吸取草莓，通过杆端部旋转的刀片将草莓果梗剪断，吸口端部采用特殊牙型结构，防止草莓碰触到刀片，吸口内置海绵，有效保护草莓不受损伤，采摘精准快捷。

2. 采摘后的草莓直接放置于草莓盛放盒，通过称重装置控制草莓的装盒重量，无需二次分拣即可销售，避免了对草莓的二次伤害。

3. 升降装置采用螺旋传动和同步带传动结合，造价低廉，传动平稳性好。

## 三、应用价值

目前草莓大多靠人工采摘，采摘效率低，贮藏难度大。市场上现有的草莓采摘机，大多结构复杂，造价昂贵。本作品将草莓采摘、称重、装盒、运输、储藏等功能集于一体。满足草莓种植户、大型草莓种植园、农家乐等不同用户的需求，结构简单、成本低廉、采摘效率高、劳动强度低、市场潜能巨大、应用前景广阔。

**获奖情况：**

荣获第八届全国大学生机械创新设计大赛国家二等奖。

# 多功能护理床椅一体机

多功能护理床椅一体机

指导老师：刘静

设计者：肖宇、杨辉辉、童安阳、丁峰、邱庆胜

## 一、作品简介

针对下肢无力的老人，为了满足他们的基本生活需求，本作品将轮椅、床、如厕装置组合一体，解决老年人上下床困难、如厕不方便等问题。作品包括升降机构、平躺机构、如厕装置、床椅结合装置和物联网 App 控制装置等。

## 二、创新点

1. 床与轮椅相结合，实现老人独立上下床。升降结构调节轮椅高度，再通过电磁铁吸附使轮椅与床结合一起。

2. 老人独立如厕，不用他人护理。通过虹膜机构的原理，使 6 块小档板沿正六边形的边界轨道进行移动，实现便袋随时收紧，防止如厕后异味散出。

3. 采用阿里云的服务器，实现入网和 App 控制，检测老人是否处于睡觉状态、轮椅是否倾斜，还具有定位、测量老人体温以及语音提醒吃药等功能。

## 三、应用价值

随着经济的发展，社会制度体系越来越完善，国家对待老年人的政策越来越好。我国拥有数量庞大的老年人，助老装置市场具有很大的开发空间。我们团队研发的多功能护理床椅一体机具有多种功能，独创的如厕模块、升降模块以及床椅结合模块，使老人可以独立如厕，省去护理人员将老人从轮椅抱到床上或从床上抱到轮椅上的过程，实现轻松换位。本作品能满足失能老人的日常需求，减轻护理人员的负担，具有广阔的市场前景。

**获奖情况：**

荣获第九届全国大学生机械创新设计大赛国家一等奖。

荣获 2021 年“挑战杯”大学生课外学术科技作品竞赛，全省特等奖。

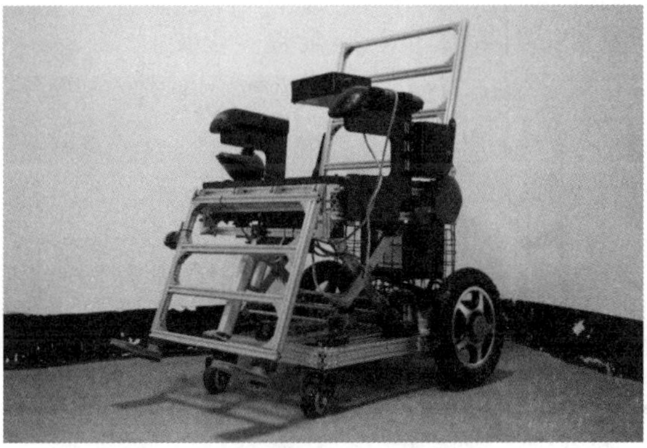

# 仿生蝎子机器人

仿生蝎子
机器人

指导教师：朱花

设计者：邹杰旭、何远、饶江磊、张华、邓多多

## 一、作品简介

1. 尾部仿生部分。采用 20kg 舵机驱动，结合多级齿轮啮合结构、云台机构，联合实现控制尾部的升降。

2. 仿生钳子部分。由 20kg 舵机和齿轮组成，实现物体的夹取与放置。

3. 气体传感部分。该部分搭载 MQ-4 可燃气体传感器、SGP30 二氧化碳传感器、DHT11 温湿度传感器，将测得数据传至物联网平台，再显示至终端，有延时低、速度快、信号稳定等优点。

## 二、创新点

1. 仿生尾部采用齿轮啮合机构，除实现蝎子尾部动作的模仿外还能保持精确的传动，对机器稳定运行有着至关重要的作用。

2.仿生钳部使用机械爪的设计，由钻头粉碎样本，再由机械爪进行收集处理，带出矿洞，对矿洞样本进行分析。

3.本团队自行设计并上线一款小程序，结合阿里云物联网平台实现仿生蝎子机器人与终端实时连接。

4.使用SLAM技术，通过单目相机OpenMV将矿井内的山体结构进行点云地图构建，经过电脑的稀疏直接算法构建矿井的三维模型。

## 三、推广价值

1.能够对矿井环境进行实时监测预警，保障工人生产安全。

2.能够构建矿井三维地图，便于开采工作的开展。

3.对矿井岩石等资源进行采样，便于对矿井的相关分析。

**获奖情况：**

荣获2022年三维数字化创新设计大赛，全国一等奖。

荣获2022年大学生机械创新设计大赛，全省一等奖。

# 交错式小型立体停车库

交错式小型立体停车库

指导老师：刘静

设计者：周亮民、吴祖祺、许子羽、徐德全、彭宗玉

## 一、作品简介

交错式小型立体停车库可以在不破坏原有小区空间分布的情况下停放更多的车辆，实现存车、取车过程全自动化，并可同时存取汽车、电动车和自行车。

停车库主要由两大装置组成，包括横向运载装置和竖直运载装置。整体呈立式建筑，主要由交错式车架、齿条横移机构、丝杆横移机构、齿条提拉机构、滑轮升降机构、气缸卡位装置以及控制电路等构成。存车者只需把汽车放入停车架，按存车按钮，汽车通过滑轮升降机和电机驱动装置自动升入空中停放。若二层停车位不够时，可在长度方向和高度方向灵活扩充，通过加大长度和增加层数，来扩充车库数量。停车库一二层中间还设置有隔层，可在隔层上停放二轮车，达到了一物多用的功能。

停车库可安放在大多数小区靠围墙或建筑物立面的位置，在占地面积相同的条件下，交错式的运载和停放车架可极大地提高空间利用率。产品可解决大多数小区停车难的问题。机器结构简单、加工方便、易于维修。

## 二、创新点

1. 整个停车库设计为立式建筑，结构简单，在占地面积相同的条件下，可以同时停放四轮车和两轮车，交错式的运载和停放车架，提高空间利用率；

2. 停取车内部水平位移运载和竖直运载机构同时进行，提高存取效率；

3. 通过中央系统控制，整个存车、取车过程全自动化，智能分配车库；

4. 运载器采用轮系机构，运行平稳，工作噪声低；

5. 气缸销卡位装置，自动实现精准插销控制二轮车的存放。

## 三、应用价值

交错式小型立体停车库，能够有效地解决车位少，违法占道停车的问题。在国内一些经济发达，人口密度又较大的城市中，迫切需要开发高效快捷的立体停车库。本设计能够实现停车过程的精确控制，存取车效率高、速度快、自动化程度高，具有广阔的推广应用前景。

**获奖情况：**

荣获第八届全国大学生机械创新设计大赛慧鱼组一等奖。

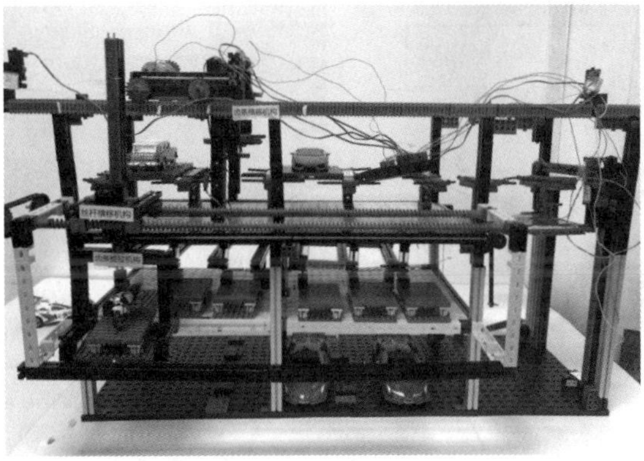

# 智能早餐供应站

指导老师：朱花

设计者：甘世成，熊子阳，兰昊宇，彭天奇，杨超

智能早餐供应站

## 一、作品简介

1. 循环暂储装置：将熟食从保温箱中取出，送入由主轨与副轨组成的循环储存稳定平台上单，当用户下单后系统智能寻找最优路径，使食品承载板快速移动至旋转推送机构下方。

2. 旋转推送装置：由铝杆固定的滚筒拨板自动下降，随后拨板旋转对应角度将用户所需的食品数目推送至漏斗处。

3. 自动打包装置：传送筐将纸袋运送至指定位置，一侧的吸附板将纸袋拉起，另一侧的吸附板将纸袋拉开，食品通过漏斗掉入袋当中。

## 二、技术难点与创新

1. 循环存储机构中，巧妙地采用了主轨道与两个副轨道的组合方式，解决了机构在运行时，承载板会产生抖动的现象。

2. 对早餐的推送装置做出了优化，由平移式改为了旋转式，在功能实现的前提下，减少了所需的自由度。

3. 吸附机构吸取纸袋时，做出了吸附板与纸袋承载板同时升降的设计，使得吸取纸袋的高效性与准确性得以提高。

## 三、应用价值

本次设计的智能早餐供应站可以扩大熟食售卖市场，提高商家售卖效率，便捷民众的购买方式，提高用户体验，保证民众的早餐食用率。具有极大的市场潜力。

**获奖情况：**

获授权国家发明专利、新型专利各 1 项。

荣获 2022 年电子商务“创新、创意及创业”挑战赛，全校一等奖。

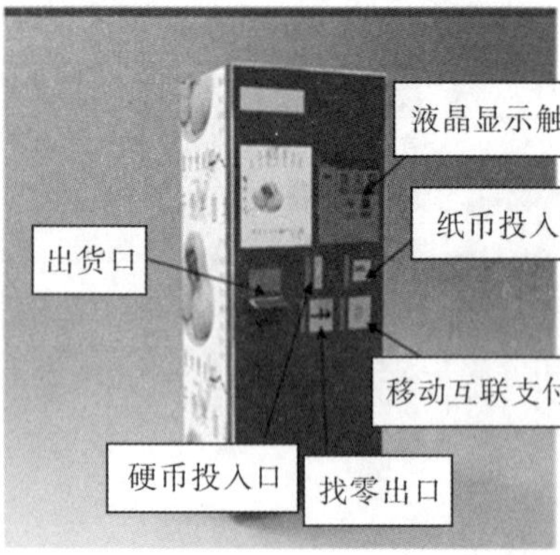


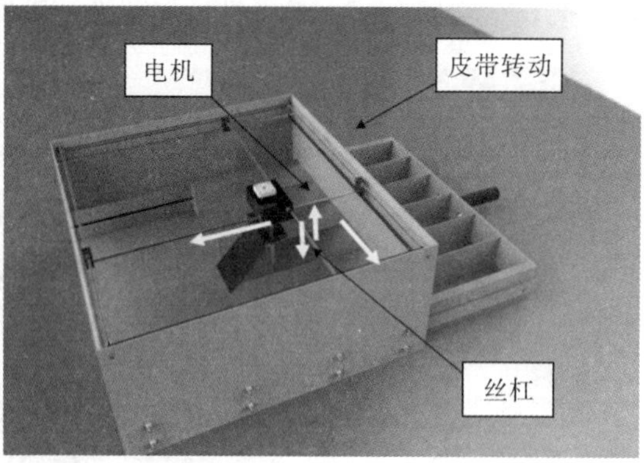